yenova DECORATION 业之峰装饰

# 室内装饰材料与装修施工实例教程

第2版 视频指导版

陈雪杰 业之峰装饰 编著

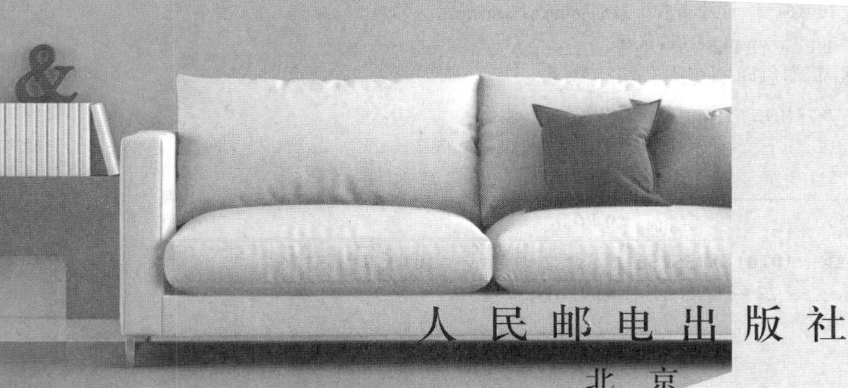

人民邮电出版社
北京

**图书在版编目（CIP）数据**

室内装饰材料与装修施工实例教程 : 视频指导版 / 陈雪杰，业之峰装饰编著. -- 2版. -- 北京 : 人民邮电出版社，2016.11（2024.6重印）
ISBN 978-7-115-35447-1

Ⅰ. ①室… Ⅱ. ①陈… ②业… Ⅲ. ①室内装饰—建筑材料—装饰材料—高等职业教育—教材②室内装饰—工程施工—高等职业教育—教材 Ⅳ. ①TU56②TU767

中国版本图书馆CIP数据核字(2016)第226960号

## 内 容 提 要

室内设计什么最难学，很多学生会说是材料和施工，因为它们不直观。而材料与施工恰恰又是最重要的，直接决定了装修的好坏和利润的来源，因此还必须学好。材料该怎么学，要掌握的不是理论上的各种实验数据，而是这些材料有什么种类，有什么优缺点，针对不同特点该怎么用以及怎么选购这些材料，这就是学于应用又应用于学。至于施工，不用自己去亲自做，但起码要知道设计是怎么落到实处的，这样才能避免设计成为“纸上谈兵”。

本书通过装饰材料的种类及应用、装饰材料的选购，让学生知道设计常用的装饰材料有哪些，其特点是什么，该怎么用又该怎么选购。同时，通过各个施工流程的图解和要点讲解，让学生彻底搞清楚施工过程中是如何一步步实现设计意图的。

本书可作为各级各类院校的相关教材，也可供已经步入行业岗位的室内设计师作为掌握材料与施工的参考用书使用。

◆ 编　　著　陈雪杰　业之峰装饰
　责任编辑　王　威
　执行编辑　刘　佳
　责任印制　焦志炜

◆ 人民邮电出版社出版发行　　北京市丰台区成寿寺路 11 号
　邮编　100164　　电子邮件　315@ptpress.com.cn
　网址　http://www.ptpress.com.cn
　山东百润本色印刷有限公司印刷

◆ 开本：787×1092　1/16
　印张：19　　　　　　2016 年 11 月第 2 版
　字数：511 千字　　　2024 年 6 月山东第 18 次印刷

定价：49.80 元

**读者服务热线：(010)81055256　印装质量热线：(010)81055316**
**反盗版热线：(010)81055315**

# 前 言

“纸上得来终觉浅”，家庭装修的实践性非常强。基于此，我和国内知名的业之峰装饰合作编写了这本教材。

本书有两大特点，一是强调实用，二是施工全过程图解。本书通过装饰材料的种类及应用、装饰材料的选购，让学生知道设计常用的装饰材料有哪些，其特点是什么，该怎么用又该怎么选购。同时，通过各个施工流程的图解和要点讲解，让学生彻底搞清楚施工是怎么一步一步实现设计意图的。

本书在编写过程中，将施工与材料两部分作为重点介绍的内容。在施工方面，严格遵循现行国家标准《建筑装饰装修工程质量验收规范》，系统而清晰地阐述了建筑装饰装修各子、分工程所涉及的施工工艺技术要点和质量验收标准等内容；针对装修中另外一个非常重要的领域——“材料”，本书给出了十分详细的讲解，诸如材料的种类、选购、应用和保养。不仅如此，针对装修中涉及的其他问题：装修风格、装修方式、装修污染的检测与治理、装修预算等内容本书也有涉猎。可以说本书介绍了现代家居装修的全过程，将专业性较强的装修知识融会贯通，令读者轻松了解装修重点，再由重点举一反三，覆盖装修全局和细节。

全书内容丰富、表述严谨，并充分结合当今装饰市场的实际状况，理论与实践相结合，使读者可以尽快对家庭装修内容有更细致的了解。由于装修行业的特殊性，在教学过程中，尤其要注重课本理论与学习实践相结合，在学习理论知识的同时，建议多增加市场调研、实地参观、动手操作等环节，将知识转换为更实际的生产力。为了方便自学，本书还配备了施工全过程录像，由业之峰装饰提供。

本书的编写内容，力求做到资料翔实，科学严谨，使用面广。本书在编写过程中，参考并引用了已公开发表的文献资料和相关书籍的部分内容，并得到了许多专家和朋友的帮助及支持，尤其是北京业之峰诺华装饰股份有限公司提供了非常具有专业性的意见，对此我们表示衷心感谢。

由于编者水平有限，书中错漏之处在所难免，敬请广大读者批评指正。

编者

2016 年 6 月

# 目 录

# 第1章 装饰施工概述

Chapter 1

## 1.1 装饰施工流程及注意要点

装饰施工工艺流程对于施工的顺利进行和最后装修的质量会造成很大的影响，甚至可以说装饰施工工艺流程的制定和执行是反映施工水平的一杆标尺。在施工中不少质量问题就是因为没有严格遵照标准的施工工艺流程而造成的，比如电位尚未确定，墙面瓷砖却已经铺设完成；又如门锁已经安装但门扇还没有油漆等。这类问题很多是因为施工流程错乱而造成的。所以掌握相应的装饰施工工艺流程对于装饰工程而言也是非常重要的。

装饰施工工艺流程在不同工程上可能都会有一些调整，但最重要的是各个工种的协调。有时工程较急，甚至需要几个工种同时开工，这时就更需要协调。按照通常的施工习惯大致上可以将施工按如下步骤进行。

### 1.1.1 墙体改造

墙体改造主要是对户型进行调整。不少业主对于原有户型不太满意，所以在设计时会对原有墙体进行拆除并根据自身需要重新布局。墙体改造工序主要就是依照新设计的平面布置图进行拆墙和砌墙的施工。

墙体改造施工工序中需要注意的主要环节如下。

（1）隔断墙才能拆除，承重墙则是不能破坏的。承重墙是指在砌体结构中支撑着上部楼层重量的墙体，在工程图上显示为黑色墙体，打掉会破坏整个建筑结构；非承重墙是指隔墙不支撑着上部楼层重量的墙体，只起到把一个房间和另一个房间隔开的作用，一般在图纸上以细实线或虚线标注。

（2）拆除墙体的施工造成的噪声是非常大的，因而最好选择在非节假日和非午休时间进行，以免对邻居的日常生活造成干扰而引起一些不必要的纠纷。

（3）在一些私密空间新砌的隔断墙如果采用的是轻钢龙骨加石膏板的做法，必须在中间夹上吸音棉，以提高隔断墙的隔音效果，此外还能起到隔热保温的作用，如图 1-1 所示。

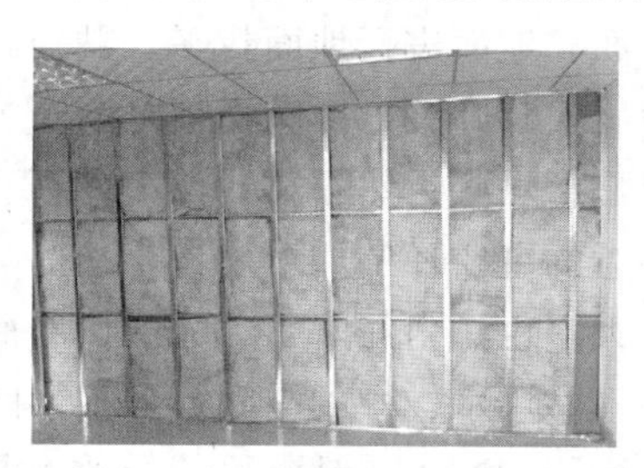

图 1-1　轻钢隔断墙夹上吸音棉

### 1.1.2　水电改造

水电改造通常是针对毛坯房和二手房而言的，目前不少的房产在销售时已经做好了一定的装修，通常称为精装修。精装修的房子已经将水电工程完成，通常都不需要再进行改造了。装修中的水电改造属于隐蔽工程，也是最容易出现问题的工程。水电改造主要包括 3 个项目：水路改造、电路改造、煤气工程改造（由有资质专业施工队施工）。

水电改造施工工序中需要注意的主要环节如下。

水电工程从材料到施工的质量需要严格控制，一则因为目前水电改造大多采用暗装的方式，一旦出现问题则维修极不方便；二则水电工程一旦出现问题，损失的可能不止是金钱，还可能造成极大的安全隐患。相对而言，明装线路更利于维修，但不够美观，明装与暗装对比图如图 1-2 所示。

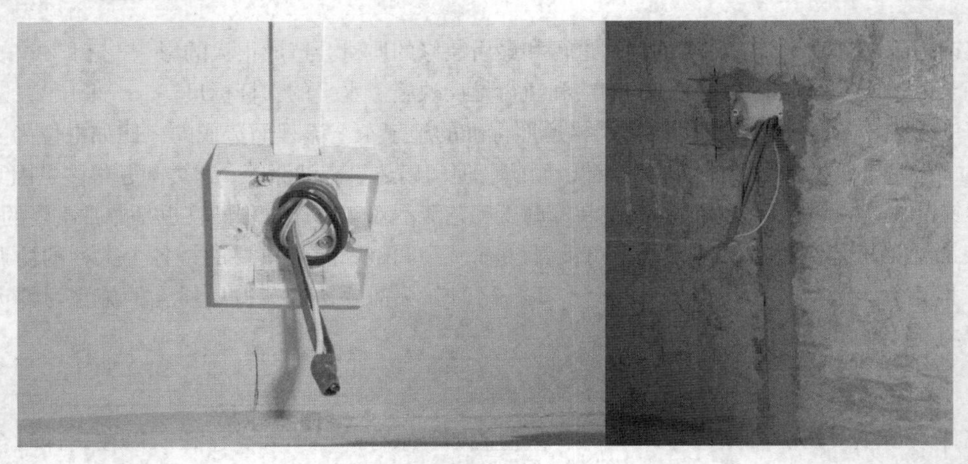

图 1-2　明装与暗装线路对比

（1）电位的数量要仔细询问业主的需要，根据业主的实际需求设定电位的数量。原则上是“宁多勿少”。多了一两个最多就是显得不美观，但少了就会对日常生活造成不便。

（2）目前不少家庭，橱柜都采用橱柜厂家定做的方式，因而在水电改造的同时需要联系橱柜厂家来进行实地测量和设计，根据橱柜的设计确定插座、开关的数量和位置以及水槽的大小和位置，这样才能保证厨房水电改造的顺利进行。

（3）给排水设备有厂家来提供：设备数据（全屋净水系统、排水系统）提前预留。

水电改造是一个非常复杂的工序，在这里只是简单地介绍一下工序要求，具体内容会在其后的水电工程相关章节中详细介绍。

### 1.1.3　泥水工程

泥水工程通常是对室内的墙面和地面进行地面找平、贴瓷砖、做防水、装地漏等处理，贴砖必须在水电改造基本完成后（安装开关、插座面板之前）才能进行。这里的砖通常是指瓷砖，但也有少部分室内空间会贴上一些天然石材，如大理石、花岗石等。

泥水工程施工工序中需要注意的主要环节如下。

（1）装修工程中的防水工程大多也是由泥水工人完成，因而也可以将防水工程归入这个工序。做防水需要特别注意，在一些用水较多的空间，如卫生间、生活阳台等处绝对不能省略防水处理，也不能漏刷少刷。漏刷少刷一点都有可能导致渗漏，一旦渗漏不仅对自己的室内造成损害，甚至还会因为渗漏到楼下造成不必要的麻烦。

（2）在泥水工程施工的同时，可以请空调商家派人将空调孔打好。打空调孔时粉尘极多，所以应该尽量在泥水施工的同时和油漆工程前完成。

### 1.1.4 木工工程

木工工程是所有工程中最重要的一个环节。木工工程质量的好坏将直接影响到装饰后的整体效果。同时木工工程也是各种施工工序中施工时间较长的一个，涉及的材料和配件也比较多。木工的工作包括衣柜、鞋柜、电话柜等各类家具的制作，室内天花板、天棚吊顶（石膏花、石膏线）的施工，门及门套的制作，背景墙的制作等。

木工工程施工工序中需要注意的环节主要有以下几点。

（1）近些年随着成品家具和用品的盛行，不少室内空间都采用购买成品家具和用品的方式，比如购买成品衣柜、书柜、橱柜和成品门等，所以目前木工的工作量相比以前有了大幅下降。相对而言，现场制作家具跟木工的手工工艺水平有很大的关系，木工的工艺水平参差不齐，如果工人的手工工艺水平不够，那现场制作的家具质量就很难保证了。而成品家具则是工厂标准化生产流程的产品，在工艺和质量上相对现场制作的家具还是更有保证的。

（2）木地板的施工通常也是由木工来完成。木地板的安装最好安排在油漆工程之后进行，这样可以避免经常被踩和沾染上油渍。现在很多商家在销售木地板的同时还可以提供木地板的安装，由商家提供安装可以避免在地板出现问题时无法分清造成该情况的原因是施工问题还是材料本身的问题。

### 1.1.5 油漆工程

油漆工程是装修中的面子工程，木工做完后最终效果还是要靠油漆工程来完成，所以业内有“三分木，七分油”的说法。油漆工程通常包括木制品油漆和墙面乳胶漆及其他各类特种涂料的施工。

油漆工程施工工序中需要注意的环节主要有以下几点。

（1）在油漆工程施工时，需要停掉那些会制造粉尘的施工，给油漆施工营造一个相对干净、无尘的环境，以避免粉尘对于油漆施工的影响，这样才能确保油漆施工的质量。

（2）墙面乳胶漆的施工必须是一底两面，即刷一遍底漆，刷两遍面漆。底漆能提高面漆附着力，并有抗碱、防霉变、耐老化的作用。不少施工省略掉了底漆，这样可能造成以后墙漆出现脱落、起块、霉斑等各种问题。

（3）墙面乳胶漆刷最后一遍面漆最好安排在安装开关插座、铺地板之类工程之后，这些安装工程难免会对墙面造成一定的污损，所以将最后一遍面漆留到安装工程之后进行可以在一定程度上弥补这些问题。

### 1.1.6 安装工程

安装工程指的是各种材料和制品的安装，包括：开关插座的安装、厨卫铝扣板天花板的安装、橱柜的安装、卫浴产品及配件的安装、暖气的安装、门锁的安装、灯具的安装等。

安装工程施工工序中需要注意的环节主要有以下几点。

（1）目前厨卫空间的吊顶多采用铝扣板天花板，铝扣板天花板安装可以找商家提供，这样出了问题责任明确。如果由装饰公司安装出了问题很难说清楚是材料的问题还是安装的问题。同时在安装铝扣板天花板时还需要同时考虑浴霸和厨卫灯具的安装。尤其是浴霸，通常是由商家提供安装，因而要协调好铝扣板天花板和浴霸安装的时间，最好是同步进行。

（2）橱柜安装也是由厂家提供。需要注意的是，安装橱柜时需要提前买好水槽、抽油烟机、燃气灶、微波炉、消毒柜等设备，到时候和橱柜一起安装。目前非常流行整体橱柜，甚至连冰箱等设备都整合在橱柜里，所以在橱柜设计、定做之前就必须把需要的相关电器和用具的尺寸确定。

（3）门锁的安装最好也安排在油漆工程结束之后进行，如果之前就安装好了门锁，上漆时门锁容易沾上油漆，不易清除。

### 1.1.7 工程验收

最终的验收需要按照《装修工程质量规范》进行验收，验收后按照装修的实际工程量进行最后的总结算。这里需要特别说明的是，在施工中有时难免需要根据业主和实际的需要进行一些工程的增减，所以在这方面需要和业主协调好，最终按照实际工程量进行结算。除了工程施工质量的验收外，根据目前的室内装修污染日益突出的问题，最好增加一个室内污染检测。不少劣质装修工程污染严重，造成居住者身体危害的报道频频见诸报端。这也促使人们将装修的环保性放在装修质量的首位，所以在装修完毕家具进场前进行一个全面的环境质量检测是非常必要的。

工程验收需要注意的环节如下。

（1）在家具进场前就必须进行一次环境质量的检测，否则家具进场后就不好确定具体是家具造成的环境污染还是装修造成的环境污染。毕竟目前市面上不少成品家具本身在环保上就存在很多问题。

（2）装修完毕及家具入场后不要立即入住，必须保证在室内通风透气的基础上空置一段时间，最好是一个月以上，让房子“换换气，排排毒”。通风透气一段时间可以大幅度地降低室内的环境污染。不过，需要注意的是，室内甲醛释放期为 3～15 年，尤其前三年为高挥发期，封闭一段时间后，室内甲醛浓度又会增高，所以必须长时间保持室内通风。

（3）室内多放一些阔叶类植物，植物能够美化环境，不少植物如芦荟、吊兰等本身就具有吸收有毒有害物质的功能，一盆这样的植物就相当于一个微型空气净化器。但是，针对浓度较高的室内污染，植物没有办法起到根本性的治理作用。就目前室内污染治理技术来看，最为有效的还是光触媒治理。

## 1.2 装饰材料

生产技术的进步和生活水平的提高，推动了建筑装饰材料的迅猛发展。装饰材料的更新换代速度非常快，市面上的新材料层出不穷，老产品也在不断地升级。一些装饰材料因为本身的缺陷和新产品的推出，其应用慢慢减少甚至逐渐被市场淘汰，如 PVC 天花板、镀锌水管、107 胶等。

### 1.2.1 装饰材料的发展趋势

装饰材料除了向多品种、多规格、多花色等常规模式发展外，在装饰材料的用材方面，越来越多的装饰材料采用高强度纤维或聚合物与普通材料进行复合，这也是提高装饰材料强度同时又降低其重量的最佳方法。近些年常用的铝合金型材、镁铝合金铝扣板、人造石、防火板等产品就是其中的典型代表。同时装饰材料还在向大规格的方向发展，比如陶瓷墙地砖，过去的幅面往往较小，现在则多采用 600mm×600mm、800mm×800mm，甚至 1000mm×1000mm 的墙地砖。

此外，由于现场施工的局限性，很多的产品开始进入工业化生产的阶段，比如橱柜、衣柜、玻璃隔断墙和各类门窗等产品目前很多都是采用厂家生产并安装的方式。相对来说，厂家生产出来的产品在精致度和质量上更有保证。

学习材料就必须把握装饰材料未来的发展趋势，环保化、成品化、安装标准化、控制智能化是装饰材料发展的未来方向，而且材料在不断地更新换代，只有不间断地进行学习，才能跟上装饰材料的发展步伐。“工欲善其事，必先利其器”，掌握好材料知识就等于掌握了一把能够帮助设计师做出完美设计的利器。

### 1.2.2 装饰材料的主要种类

市场的装修材料种类繁多，按照装修行业的习惯大致上可以分为主材和辅料两大类。主材通常指的是那些装修中大面积使用的材料，如木地板、墙地砖、石材、墙纸和整体橱柜、洁具卫浴设备等，很多时候这些材料由业主自购。辅料可以理解为除了主材外的所有材料。辅料范围很广，包括水泥、沙子、板材等大宗材料，其他的如腻子粉、白水泥、胶黏剂、石膏粉、铁钉、螺丝、气钉等小件材料也均可视为辅料。甚至水电改造工程中使用的水管以及各类管件、电线、线管、暗盒等也可视为辅料。这些辅料大多由装饰公司提供。

按照大致的材质种类分，装饰设计中最为常用的材料品种可以如表 1-1 所示分类。

**表 1-1　主要装饰材料**

| 材料类别 | 材料种类 |
| --- | --- |
| 装饰板材 | 胶合板（夹板）、细木工板（大芯板）、防火板、铝塑板、密度板、饰面板、铝扣板、刨花板、三聚氰胺板、石膏板、实木条、矿棉板等 |
| 装饰陶瓷 | 釉面砖、通体砖、抛光砖、玻化砖、陶瓷锦砖（马赛克）等 |
| 装饰玻璃 | 钢化玻璃、玻璃砖、中空玻璃、夹层玻璃、浮法玻璃、热反射玻璃、夹丝玻璃、平板玻璃、压花玻璃、裂纹玻璃、热熔玻璃、彩色玻璃、镭射玻璃、玻璃马赛克等 |
| 装饰涂料 | 乳胶漆、仿瓷涂料、多彩涂料、幻彩涂料、防水涂料、防火涂料、地面涂料、清漆、聚酯漆、防锈漆、磁漆、调和漆、硝基漆等 |
| 装饰织物与制品 | 地毯、墙布、窗帘、床上用品、挂毯等 |
| 装饰塑料 | 塑料墙纸、塑料管材、塑料地板等 |
| 装饰灯具 | 吊灯、吸顶灯、落地灯、台灯、壁灯、筒灯、射灯、园林灯等 |
| 装饰石材 | 大理石、花岗石、人造石、文化石等 |
| 装饰木地板 | 实木地板、复合木地板、实木复合地板、竹木地板 |
| 装饰门窗 | 防盗门、实木门、实木复合门、模压门、塑钢门窗、铝塑复合门窗、铝合金门窗、新型木门窗等 |

续表

| 材料类别 | 材料种类 |
| --- | --- |
| 装饰水电材料 | 电线、线管样、开关面板、PPR 管、铜管、铝塑复合管、镀锌铁管、PVC 管等 |
| 装饰厨卫用品 | 橱柜、水槽、座便器、蹲便器、浴缸、水龙头、热水器、淋浴房、面盆、浴霸、地漏、卫浴配件等 |
| 装饰骨架材料 | 木龙骨、轻钢龙骨、铝合金龙骨等 |
| 装饰线条 | 木线条、石膏线条、金属线条等 |
| 装饰辅料 | 水泥、沙、钉、勾缝剂、各类胶黏剂、五金配件（铰链、滑轨、合页、锁具、拉篮、拉手、地弹簧）等 |

除了表 1-1 所示的材料品种之外，设计师还应该掌握各类家电、家具、饰品的相关知识。这些虽然都不属于装饰材料的范畴，但它们都是完整的室内设计必不可少的组成部分。以热水器为例，新型即热式热水器的功率可达 5～8kW，这对于电线的要求就不同于常见储水式热水器。不了解相关的电器知识，对于设计而言也会造成相当的困扰，而且不少业主在选购家具、饰品时常常会征询设计师的意见，所以说掌握家电、家具、饰品相关知识对设计师而言也是非常必要的。

## 1.3 市场上主要的装修方式介绍及优劣分析

目前常用的装修方式主要有包清工、半包、包工包料和套餐这 4 种。这 4 种装修方式有其各自的优劣势。

### 1.3.1 包清工

包清工又叫清包，指的是业主自己选购所有材料，找装饰公司或者装修工程队进行施工，只支付对方工钱的装修方式。业主选择清包一方面可能是由于资金有限，另一方面可能是因为对装修公司不信任，所以装修全过程亲力亲为。

采用包清工方式对于普通业主而言是个不小的挑战，一旦选择清包的装修方式就意味着业主必须花大量的时间和精力在装修上。因为一个完整的装修涉及的材料种类非常之多。包清工需要花大量的时间逛市场，了解行情，选材，还要搬运材料，如果材料不按时到位，容易延误工期。不仅要自己购买材料，还要监督工人施工，这期间对人精力的损耗可想而知。

从理论上讲，清包既可以省钱，又能自己完全掌控材料质量。但是从实际情况看，多数业主在完全不懂材料和施工的情况下，花费了大量的时间和精力，却不仅没有省钱，而且还在购买材料过程中上当受骗，买到一些假冒伪劣或者不合用的产品。此外，如果装修质量出现问题，很难说清到底是所购材料质量有问题，还是施工质量有问题，万一出现问题，责权也不容易界定。所以如果业主对于材料施工不了解，不推荐采用这种方式。但是如果有足够的精力和时间，对建材、装饰这一行业非常熟悉，了解材料的质量、性能和价格，并且擅长砍价的话，业主可以考虑用此方式。

### 1.3.2 半包

半包是介于清包和全包之间的一种方式，指业主只购买价值较高的主材，比如瓷砖、木地板、壁纸、洁具等，而将种类繁杂价格较低的辅料，比如水泥、沙、钉、胶黏剂等交给装修公司提供的方式。

半包的方式主料由业主自己采购能控制装修的主要费用，辅料种类繁多，不易搞清楚，由装修公司负责可以省心很多。这样业主能够在一定程度上参与装修，同时又不用在装修上浪费太多的时间和精力，是目前市场上采用最多的一种装修方式。

### 1.3.3 包工包料

包工包料指的是装修公司将施工和材料购买全部承办，业主只需要购买一些家具、家电等产品即可入住。采用这种装修方式对于业主而言是最省事的，但能不能省心就需要看装修公司的负责程度了。其实这是国外最常见的装修方式，但因为国内装修市场混乱的局面造成很多的装修问题和事故，也造成了业主对于装修公司的不完全信任。因而目前国内采用这种包工包料方式的并不是市场的主流。采用包工包料方式最重要是找到一家有良好信誉的装修公司，相对而言，品牌装修公司在这方面会做得更好。

如果没有足够的时间和精力来装修，对装饰材料也不太了解，但对所选装饰公司很信任，而且家里的装饰工程也很复杂，需要购买的装饰材料很多的话，就可以选择这种装修方式。

### 1.3.4 套餐

套餐装修就是把材料部分即墙砖、地砖、地板、橱柜、洁具、门及门套、窗套、墙漆、吊顶以及辅料和施工全部涵盖在一起报价。套餐装修的计算方式是用建筑面积乘以套餐价格，得到的数据就是装修全款。以建筑面积 100 $m^2$ 的户型装修报价为参考，假设套餐价格为 399 元/$m^2$。

套餐费用：

装修费用=建筑面积 × 套餐价格（元/$m^2$）=最后装修费用（含所有的主材）

即装修费用=100$m^2$ × 399 元/$m^2$=39900 元（含所有的主材）

装饰公司采用套餐的初衷是所有品牌主材全部从各大厂家、总经销商或办事处直接采购，由于采购量非常大，又减少了中间流通环节，拿到的价格也全部是底价，把实惠让给消费者。但是实际上套餐是个很复杂、争议很大的东西。一方面套餐在个性化上有着先天的欠缺，另一方面有些装饰公司以很低的套餐价格吸引客户，但是在装修工程中不断增加款项，造成了很多纠纷。

## 1.4 主要的装修风格

装修的设计风格有很多，按照学院派的分法至少有十几种，常见的有现代主义风格、自然主义风格、欧式风格、美式田园风格、东南亚风格、后现代风格、中式风格、和式风格等，如图 1-3 ~ 图 1-7 所示。装修风格的确立让设计师更容易把握设计的立足点，同时也让客户更容易表达自己所需的装修效果。关于这些风格的讲解有专门的室内设计原理课程，这里就不再一一详述了。

装饰风格可以任意选定，但有一点很重要，就是在设计中必须追求和谐统一，不管采用哪种风格的设计都必须在整体上统一协调，最忌讳就是在某本书上看到某个背景墙很漂亮，用在自己的设计上，之后又看到另一本杂志上的某处设计很新颖，又用在自己的设计上。这样拼凑的结果就是导致自己的设计成为一个“四不像”。设计上可以借鉴，但一定需要考虑整体的统一性。但风格、主义也不是绝对的，其实各个风格完全可以混合搭配在一起，若一定要具体给定某个风格，反而不能概括全面。比如中式风格就不一定必须全部采用中式元素的材料和做法，实际上在中式风格也可以和其他风格混合在一起，比如在中式风格的设计中也可以采用一些现代感很强的装饰玻璃、金属和其他饰面等各种现代元素的材料。只要能够做到设计的最终融合和谐，那就是好设计，这个就要具体考验每个设计师的功力了。

图 1-3　东南亚风格（业之峰装饰提供）

图 1-4　中式风格

图 1-5　简欧式风格（业之峰装饰提供）

图 1-6　巴洛克风格（业之峰装饰提供）

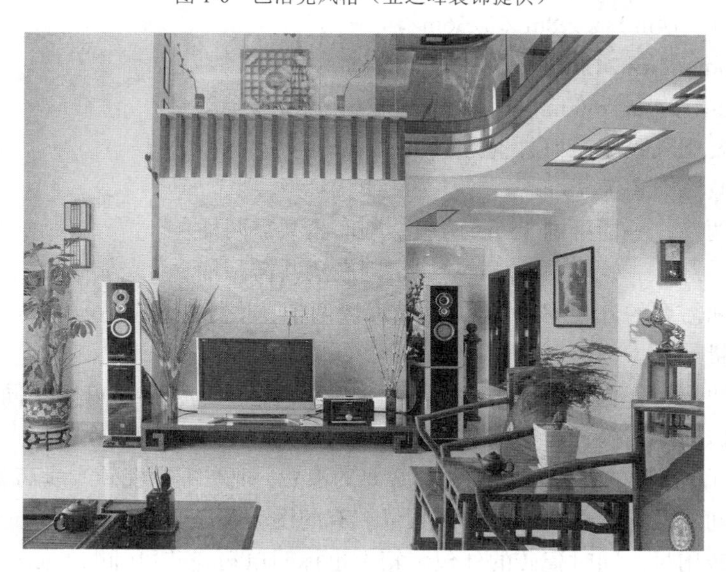

图 1-7　中式和现代主义风格混合效果

# 1.5 装修面积的计算方法

正常情况下，装修面积与房子的实际面积不可能完全一样，即使按照房地产商提供的户型图也会有诸多误差。所以，在装修之前有必要对房子的装修面积进行测量，也就是装修中常说的“量房”。量房通常是预算的第一步，只有经过精确的量房才能进行比较准确的报价，设计师也需要在量房时感受一下将要施工的现场，这对于设计也是很有帮助的。

量房时需要测量的内容大致分为墙面、天棚、地面、门窗等几个部分。

## 1.5.1 乳胶漆、墙砖、壁纸等墙面材料用量计算

墙面装修面积的计算根据材料的不同在计算方法上也会有所不同：乳胶漆、壁纸、软包、装饰玻璃的计算是以长度乘以高度的面积计算，单位是“$m^2$”。长度、高度是以室内将施工的墙面净长度、净高度计算；踢脚板的计算按室内墙体的周长计算，单位为 m。

（1）乳胶漆用量计算。

首先要清楚一桶乳胶漆能够刷多少面积。乳胶漆出售时通常都是以桶为单位计算的，市场上常见的有 5L 装和 20L 装两种，其中又以 5L 装的最为常见。按照标准的施工程序的要求，底漆的厚度为 30μm，刷一遍即可，5L 底漆的施工面积一般在 $70m^2$ 左右；面漆的厚度为 60～70μm，面漆需要刷两遍，所以 5L 面漆的施工面积一般在 $35m^2$ 左右。

其次就是涂刷总面积的计算，有两种方法，粗略计算可以用室内地面面积乘以 2.5～3，采用“2.5”还是“3”，要看室内的具体情况，如果室内的门、窗户比较多，就取“2.5”，少的话就取“3”。这个算法只是适用于一般情况，比如多面墙采用大面积落地玻璃的别墅空间就不适用。还有一种方法是实量，就是把需要涂刷的墙面、天花板的长宽都实量出来，算出总面积，再扣掉门窗等不需要刷乳胶漆的面积。这个方法很麻烦，但却非常精确。

一个长 6m，宽 4m，高 2.8m 的空间乳胶漆用量计算如下。

墙面面积：$(6m+4m)\times 2.8m\times 2=56m^2$。

顶面面积：$6m\times 4m=24m^2$。

总面积：$56\ m^2+24\ m^2=80\ m^2$。

门窗与不需要刷乳胶漆面积总量为 $10\ m^2$。

则需要刷乳胶漆面积为 $70\ m^2$。

面漆：需刷两遍，一桶可刷 $35\ m^2$ 两遍，则面漆共需两桶。

底漆：需刷一遍，一桶可刷 $70\ m^2$ 一遍，则底漆共需一桶。

那么这个空间需要的乳胶漆总量为 5L 装面漆两桶，底漆一桶。

（2）瓷砖用量计算。

瓷砖多是按块出售，也有按照面积以平方米出售的。选购瓷砖最好购买同一色批号的整箱瓷砖。购买瓷砖前应精确计算要铺贴的面积和需要的块数，毕竟现在稍好点的瓷砖一块动辄也需要七八十元，精确的计算可以避免不必要的浪费。现在不少瓷砖专卖店备有换算图表，购买者可根据房间的面积查出所需的瓷砖数量。有的图表甚至只要知道贴瓷砖墙面的高度和宽度即可查出瓷砖用量。同时瓷砖的外包装箱上也标明单箱瓷砖可铺贴的面积。在测算好实际用料后，还要加上一定数量的损耗。损耗需要根据室内空间转角的多少确定，通常将损耗

定在总量的5%左右即可。

以长4m，高3m的房间一面铺墙砖为例，采用600mm×600mm规格的地砖。

计算法则：（房间长度÷砖长）×（房间高度÷砖宽）=用砖数量

房间长4m除以砖长0.6m约等于7块；房间高3m除以砖宽0.6m等于5块；长7×宽5=用砖总量35块；再加上通常的5%左右的损耗约为2块，那么这个房间墙面铺装的数量大致为37块。

还可以采用常用的房间面积除以墙砖面积的方法来算出用砖数量，但在精确度上不如上面这个方法。此外，地砖用量的算法与墙砖一样，可以参照计算。

（3）壁纸用量计算。

壁纸用量的计算通常是以墙面面积除以单卷壁纸能够贴的面积得出具体需要的卷数。一般壁纸的规格为每卷长10m，宽0.53m，一卷壁纸满贴面积约为5.3m$^2$。但实际上墙纸的损耗较多，素色或细碎花的墙纸好些，如果在墙纸的拼贴中要考虑对花，图案越大，损耗越大，因此要比实际用量多买10%左右。

（4）防水涂料用量计算。

在室内需要做防水的地方主要有卫生间、阳台和厨房。其实上，楼房在建造过程中是会做一层建筑防水的。目前中国建筑工程防水的对象90%以上为混凝土构建物。混凝土一般具有开裂性、裂缝动态性、潮湿性、渗水等特性。因此，单纯依靠混凝土结构自防水是不能杜绝渗漏的，而只能在某种程度上降低渗漏，原因是混凝土的结构缺陷难以消除。所以目前建筑渗漏已经成为当前建筑质量投诉的热点问题。很多新建房屋在1～2年之后就会出现不同程度的渗漏现象。在这种情况下，只依靠建筑防水就目前现状看恐怕并不牢靠。室内再做防水等于是做到了双保险，同时也避免在装修过程中破坏了原建筑防水层。

防水涂料用量也有一定的计算公式。

卫浴间防水面积（m$^2$）=（卫生间地面周长-门的宽度）×1.8m（高）+（地面面积）。

当然这个是指将墙面的防水面都做成1.8m的高度，通常1.8m就够了。如果卫生间隔壁墙面是一个到顶的衣柜，那可以将防水刷到顶，这时只要把高度换一下就可以了。

厨房防水面积（m$^2$）=（厨房地面周长-门的宽度）×0.3m（高）+（地面面积）+洗菜池那面墙的宽×1.5m。

购买防水涂料都是按重量计算的，一般而言丙烯酸类，每平方米用量为3kg；聚氨酯类每平方米用量约为2kg；聚合物高分子类每平方米用量约为3kg；柔性水泥灰浆每平方米用量约为3kg。通常购买的防水涂料也会标称1m$^2$要用多少千克的。

### 1.5.2 石膏板、石膏线等天花材料用量计算

天花面积计算也和材料有关系，不同材料的计算方法会有所不同。

吊顶（包括梁）的装饰材料一般包括涂料、各式吊顶、装饰角线等。涂料、吊顶的面积以顶棚的净面积“平方米”计算。很多装饰公司会按照造型天花的展开面积进行计算，所谓展开面积就是把造型天花像纸盒一样展开后计算，比如跌级和圆造型按（周长×高度）+平面天花面积，这样算出的面积会比较多一些，根据造型的复杂程度，一般多出10%～40%。

天花装饰角线的计算是按室内墙体的净周长以“米”计算。

### 1.5.3 木地板、地砖等地面材料用量计算

地面面积的计算也同样和材料有很大关系，地面常见的装饰材料一般包括：木地板、地砖（或石材）、地毯、楼梯踏步及扶手等。

地面面积按地面的净面积以“平方米”计算，门槛石或者窗台石的铺贴，多数是按照实铺面积以“平方米”计算，但也有以米或项计算的情况。具体计算方法参照前文。

楼梯踏步的面积按实际展开面积以“平方米”计算；楼梯扶手和栏杆的长度可按其全部水平投影长度（不包括墙内部分）乘以系数 1.15 以“延长米”计算；其他栏杆及扶手长度直接按“延长米”计算。

木地板用量计算方法如下。

地面瓷砖用量计算和墙面瓷砖的用量计算基本一致，这里就不再重复了。装饰木地板的用量和瓷砖用量计算方法基本一致，主要有两种方法。粗略的计算方法：（房间面积 ÷ 地板面积）× 1.05（损耗）=使用地板块数；精确的计算方法：（房间长度 ÷ 地板长度）×（房间宽度 ÷ 地板宽度）=使用地板块数。以长 6m，宽 4m 的房间为例，假设选用的是市场上常见的 900mm × 90mm × 18mm 规格木地板，计算如下：

房间长 6m ÷ 板长 0.9m ≈ 7 块；房间宽 4m ÷ 板宽 0.09m ≈ 45 块；长 7 × 宽 45=用板总量 315 块；再加上木地板施工时通常有的损耗为 5%～8%，大概是 16 块；那么总共需要木地板 331 块。如果是按照面积购买，只要用总块数乘以单块面积即可。

总之，工程量的结算最终还是要以实量尺寸为准，以图纸计算还是难免会有所偏差。面积的计算直接关系到预算的多少，是甲乙双方都非常重视的一点，力求做到精确。

## 1.6 装修污染监测与治理

人类绝大多数时间是在室内度过，而室内空气污染物的浓度往往比室外污染物浓度高得多。目前各界都在强调污染的治理，但是主要是针对大气污染，对于室内污染治理，尤其是室内装修污染治理仍然不够重视。装修中的污染是业主最头疼的事情，很多因装修污染导致业主家人生病、致癌和引发纠纷的报道使得人们谈污染色变。

### 1.6.1 装修中的主要污染及其危害

（1）甲醛：甲醛是室内装修的头号污染物。甲醛是一种无色易溶解的刺激性气体，具有强烈气味，是世界卫生组织认定的一类致癌物，并且认为甲醛与白血病发生之间存在着因果关系。吸入过量的甲醛后，会引起慢性呼吸道疾病、过敏性鼻炎、免疫功能下降等问题。此外，甲醛还是鼻癌、咽喉癌、皮肤癌的诱因。甲醛的主要来源有胶合板、细木工板、密度板和刨花板等胶合板材和各类胶黏剂、化纤地毯、油漆涂料等装饰材料。

（2）苯：苯是一种无色、具有特殊芳香气味的液体，较为容易感知。苯可以抑制人体的造血机能，致使白红血球和血小板减少。人吸入过量的苯物质后，轻者可能导致头晕、恶心、乏力等问题，严重的可导致直接昏迷。过度吸入苯会使得肝、肾等器官衰竭，甚至诱发血液病。苯主要来源于油漆、合成纤维、塑料、燃料、橡胶以及一些合成材料等。

（3）氡：氡是一种天然放射性气体，无色无味。氡能够影响血细胞和神经系统，有时严重的还会导致肿瘤的发生。氡主要来源花岗石、大理石等天然石材。

（4）二甲苯：短时间内吸入高浓度的甲苯或二甲苯，会出现中枢神经麻醉的症状，轻者头晕、恶心、胸闷、乏力，严重时会导致昏迷，甚至由此引发呼吸衰竭而死亡，二甲苯主要来自于油漆、各种涂料的添加剂以及各种胶黏剂、防水材料。

（5）TVOC：TVOC 叫做总挥发性有机化合物，主要来源于涂料、黏合剂等。TVOC 能引起头晕、头痛、嗜睡、无力、胸闷等症状。

（6）氨：氨气刺激性强，易溶于水，对眼、喉、上呼吸道作用快。长时间接触低浓度氨，会引起喉炎、声音嘶哑、肺水肿等症状。

室内装修污染物的排放与季节和气候也有很大的关系。夏季是室内空气污染的高峰期，随着室温的升高，各种建筑材料和家具中的有害气体的释放量也随之增加。例如甲醛的沸点为 19℃，所以往往天气较冷的秋冬季节感觉气味会比夏季小得多。如果室内温度持续升高到 30℃时，室内有害气体浓度就要高得多了。相对而言，室内装修污染对于儿童的危害更大，他们比成年人更容易受到室内空气污染的危害。一方面，儿童的抵抗力比成年人要低，另一方面儿童的身体正在成长发育中，呼吸量按体重比比成年人高近 50%，有儿童的家庭在装修时更是要特别关注室内的装修污染。

### 1.6.2 绿色环保装修

绿色环保装修指的是装修后的室内空气中的有毒有害气体、物质的含量（浓度）达到国家环保标准的装修。不少人有个误区，认为所谓绿色环保装修是指装修后的室内完全无毒、无有害物质，实际上这是根本做不到的。装饰材料或多或少都含有一定量的有毒、有害物质，实际上只要这些有毒有害物质的含量不会对人体造成危害即可。例如，在国家《居室空气中甲醛的卫生标准》中，对室内空气中甲醛含量的环保标准是 0.08mg／m³，低于这个标准的，就其甲醛含量而言就可以称为绿色环保装修。因此只要室内空气中的有毒有害气体、物质低于国家标准，就可以称为绿色环保装修。民用建筑工程室内污染物浓度国家标准如表 1-2 所示。

**表 1-2　民用建筑工程室内污染物浓度国家标准**

| 污染物种类 | 1 类民用建筑工程 |
|---|---|
| 氡（Bg/m³） | ≤200 |
| 游离甲醛（mg/m³） | ≤0.08 |
| 苯（mg/m³） | ≤0.09 |
| 氨（mg/m³） | ≤0.2 |
| TVOC（mg/m³） | ≤0.5 |

在实施绿色环保装修时，选择适用的环保装饰材料十分重要。环保装饰材料指在生产制造和使用过程中既不会损害人体健康，又不会导致环境污染和生态破坏的健康型、环保型、安全型的室内装饰材料。装修中用量最大的当属各种板材和涂饰材料，装修中如果使用了达不到环保标准的大芯板、刨花板、胶合板等合成板材和一些不达标的油漆、涂料，其释放的甲醛等有害物质在短时间内很难挥发干净，一次装修往往会造成几年的污染。因而要做到绿色环保的装修，环保材料的选择就显得尤为重要，环保型材料主要有以下两种。

（1）基本无毒无害型。装饰材料中有一些是基本上无毒无害的，尤其是一些天然材料，其有毒有害物质基本上可以完全忽略不计，如乳胶漆、石膏、砂石、天然木材、部分天然大理石和花岗石、实木地板等。

（2）低毒、低排放型。这些材料是市场上的主流，只要能够达到国家环保标准的材料都可以归入此类型中。如有害物质达到国家标准的大芯板、胶合板、密度板等板材以及各种人工复合而成的材料等。这些达到国家环保标准的材料本身还含有一定的有毒、有害物质，但对于人体已经没有危害，在装修中也可以放心使用。

完成绿色环保装修需要注意以下几点。

（1）尽量减少确定含有有毒有害物质的材料，也就是上文中所说的低毒、低排放型材料。以大芯板、胶合板、密度板等人造板材为例，由于这些板材大多采用胶黏加工而成，在室内还是会有一定量的甲醛释放。实验研究证明：把达标的家具，达标的木地板，达标的衣柜放在一个有限的空间内就会造成室内装修污染。虽然购买的是达到环保标准的板材，但因为室内空间是固定的，如果用量过多，室内空间中的有毒有害物质含量同样会超标。反过来，虽然采用了不达标的产品，如果使用量很少，它造成的空间有毒有害气体，例如甲醛，释放到空气中的浓度，只要不超过国家的 0.08mg / $m^3$ 这个标准值，是不会造成对人体的伤害的。因而适当控制那些确定含有有毒有害物质的材料数量是做到绿色环保装修的一个关键。

（2）装修完毕不要立即入住。这点很重要，装修完毕起码要空置一到两周的时间，保持通风状态来稀释室内的有害物质。其实最简便有效地减少室内污染的办法就是长时间保证室内通风换气，即使是装修后环保达标的室内空间也应经常通风。通风对流时间越长，材料中释放出的有毒、有害物质在室内空气中的浓度就越低。尤其是夏季，高温导致材料的有害物质释放量最高，即使其他季节不超标，到了夏季也很容易超标。但也正是这个季节，室内都因为开空调导致门窗紧闭，通风很差，这样很容易导致室内有毒有害物质含量超标。

（3）室内多摆放一些阔叶植物。其实很多植物本身就有吸收甲醛、苯、一氧化碳等有害物质的功能，摆上一些这样的植物既能美化环境，还能吸取那些有害物质，一举两得。但是，不少业主有一个误区，认为植物就能够彻底地解决室内污染问题，其实这是不可能的，植物只能是改善而不能根治污染，具体原因在后面会讲解。

（4）注意家具中的有害物质。很多人有个误区，认为装修是造成室内污染的源头，实际上外购的成品家具有时候有毒污染物含量更高，其甲醛含量动辄可以超标数倍甚至数十倍。不光板式家具，商家宣传的环保布艺沙发也同样能够造成室内污染，因为各种布艺家具中经常使用含苯的胶黏剂，也会在室内造成苯污染。所以在家具搬进室内后才进行空气检测是很难判定到底是装修污染还是家具污染。最好的做法是在家具进场前先做一次检测，家具进场后再进行一次检测。

（5）尽可能将阳光引入室内，发挥阳光杀菌抗霉的作用。尤其是厨房这些极易滋生细菌污垢的空间，适当引入阳光对环境净化非常有利。

（6）控制施工过程中产生的污染。有些材料本身是纯天然的环保材料，但是在施工过程中却会带来污染。比如天然的棉麻织物壁布，本身是环保的，但是在刷光油，贴壁纸的过程中却会产生污染。这点也需要特别注意。

### 1.6.3　装修污染的治理方法

在目前的室内装修中，健康问题越来越引起消费者的重视。很多人已经了解到室内污染的危害，也希望改善生活的环境，但往往做了很多努力却达不到期望的效果。这很大程度是因为在治理方法的认识上仍然存在误区。

（1）民间土法。

目前有很多流行于老百姓中的口口相传的各种土方，方法多样，种类繁多，诸如茶叶、盐、醋、菠萝等各种材料均可用于治理污染。但是客观分析，这些方法类似于早年民间的巫医，跳个舞、念个咒就能“包治百病”，偶尔倒也能治好几个，但是恐怕更多的只是“信则灵”的心理作用而已。

（2）通风治理。

采用通风的方法治理污染已经深入人心，很多人在装修完成后都会空置几周时间排放污染。通过加强室内的空气流动性，确实可以稀释室内污染的浓度，达到一定的治理效果。可是很多人不知道的是甲醛的释放期长达3～8年之久，且3年内为高挥发期，单纯依靠短时间的空置也只是治标不治本，随着时间的延长，室内的污染浓度又会慢慢累积。所以，采用通风清除有害气体，必须做好长时间的打算。而且这种方法也只适用于污染较轻、通风条件好，可长时间通风放置的空间。对于污染程度较重、通风条件不好的居室则难以达到治理的效果。

（3）植物治理。

有些室内植物比如芦荟、吊兰、虎皮兰不仅能够绿化、美化居室环境，还可吸收室内污染物，堪称人类居室的“环保卫士”。可是需要注意的是，这些植物吸收的效能是有限的。比如芦荟，能吸收$1m^3$空气中所含的90%的甲醛。以一个$100m^3$的居室为例，假设层高是常见的3m，吸收完全部甲醛需要在空间内立体摆放300盆芦荟，这能实现吗？所以采用植物进行治理只是理论上可行，在实际中不具备可操作性。此外，植物是通过光合作用吸收甲醛的，无光时就无此功能。而且如果室内污染浓度过高，植物本身都会被毒死，更别提治理了。我们鼓励在室内多摆放一些既美观又能吸收污染的植物，但是不支持采用植物根治污染的方法。

除了直接采用植物吸收污染物，目前技术还可以从植物中提取出来的纯草本植物清除剂，通过喷洒植物提取液吸收分解去除污染物，相比较而言其效果更好，也更为实际。

（4）活性炭。

活性炭是一种物理吸附，利用炭对异味、有害气体具有吸附性的原理，吸附空气中的大分子气体悬浮颗粒，从而达到过滤净化空气的目的。活性炭技术很早以前就开始使用，具有稳定、无毒无副作用的优点，而且成本合理，尤其对苯等挥发性有机物的吸附效果很好，不会产生二次污染。

活性炭是具有时效性的，一段时间后，活性炭的吸附饱和度过高，就不再具备吸附作用。这时可以将活性炭放在室外阳光下暴晒，将活性炭中的有毒物质挥发掉，饱和度降低，就可以继续使用。

活性炭具有很多优点，但是也存在见效较慢，对甲醛、TVOC的去除效果较低的问题。活性炭可以作为室内空气污染轻微超标的长期治理方法。

（5）空气交换。

空气交换是指源源不断地将室内空气与室外空气进行交换，室内污染中的有毒有害空气被不断交换出去，而室外的新鲜空气被不断交换进来，这样就完成了污染的治理。比如新风系统就是采用这个原理进行室内空气污染的治理，将室内污染空气排出室外，将室外的新鲜空气经过过滤装置后输送到室内，使室内在不开窗的情况下，24小时保持空气新鲜，使污染气体不能对室内空气构成污染。

空气交换是室内污染治理的一种比较有效的方法。但是使用空气交换治理污染的实质其实是转移污染，而且这种方法对于室外空气也是有较高要求的，同时设备使用本身也会产生一定的能耗。就目前情况来看，更多适用于办公空间，家居空间采用极少。

（6）光触媒。

光触媒技术是从日本引进，应用较多，对重度污染治理见效快的一种方法。光触媒其实是一种纳米级的金属氧化物材料，它涂布于产生污染的基材表面，干燥后形成薄膜，在光线的作用下，产生强烈催化降解功能，能有效地降解空气中有毒有害气体和杀灭多种细菌，是当前国际上治理室内环境污染最理想材料。就目前现状看，光触媒技术是最为实用也是最为有效地治理室内装修污染的一种方法。

除了以上方法，臭氧、负离子也都能较为有效地去除污染，市场有一些空气净化器，就是将负离子、臭氧、活性炭等组合在一起，进行多层过滤，以达到空气污染治理的效果。对于新装修的空间，合理的做法是请专门的空气检测与治理机构或者公司，先对于室内污染的浓度进行一个测试，再采用光触媒技术结合其他相关技术进行综合治理。在日常使用时，则多配置一些植物，尽量保持室内通风，以达到最好的环境效果。

## 1.7 智能家居

现在，不少家装公司主张为业主打造智能家居系统，让生活更舒适。“智能家居”听起来又炫又酷，但目前普及率不高。

### 1.7.1 智能家居概念

采用智能家居系统，当您回到家中，随着门锁被开启，家中的安防系统自动解除室内警戒，廊灯缓缓点亮，空调、新风系统自动启动，最喜欢的背景交响乐轻轻奏起。在家中，只需一个遥控器就能控制家中所有的电器。每天晚上，所有的窗帘都会定时自动关闭；入睡前，床头边的面板上，触动“晚安”模式，就可以控制室内所有需要关闭的灯光和电器设备，同时安防系统自动开启处于警戒状态。在外出之前只要按一个键就可以关闭家中所有的灯和电器。在炎热的夏天，可以在下班前在办公室通过电脑打开空调，回到家里便能享受清凉；在寒冷的冬季，则可以享受到融融的温暖。回家前启动电饭煲，一到家就可以吃上香喷喷的米饭。如果不方便使用电脑，打个电话回家一样可以控制家电。在办公室或在出差时打开电脑上网，家中的安全设备和家用电器立即呈现在你的面前……这一切都是智能家居控制系统能做的事情。

家居智能化技术起源于美国，智能家居不再是一幢被动的建筑，相反，成了帮助主人尽量利用时间的工具，使家庭更为舒适、安全、高效和节能。智能家居，或称智能住宅，在英文中常用 Smart Home。智能家居可以定义为一个过程或者一个系统。它综合运用互联网、物联网、计算机、多媒体等技术，对家庭中的设备、居民生活及家居环境等进行综合管理。具体实现手段就是利用相关技术，将家庭内的电器设备进行连接，形成家庭网关，并将各子设备的设置与控制集成在一个操作系统中。用户可在一个操作界面上完成对所选定家庭设备的控制，并可实现远程操作。与普通家居相比，智能家居不仅具有传统的居住功能，提供舒适安全、高品位且宜人的家庭生活空间；而且还能优化人们的生活方式，帮助人们有效安排时间，增强家居生活的安全性，甚至为各种能源费用节约资金。智能家居各项技术已经十分成熟，消费者可根据自身需求来选择和定制，但投入不菲。一套系统的造价从数万到上百万不等。但是如果只选择安防和智能两大基本简易型配置，其价格不到一万元。

### 1.7.2 智能家居系统的常用功能

网络化的智能家居系统可以为您提供家电控制、照明控制、窗帘控制、电话远程控制、室内外遥控、防盗报警，以及可编程定时控制等多种功能和手段，使生活更加舒适、便利和安全。

智能家居控制系统几个常用功能如下。

#### 1. 安防系统

安防是智能家居的一项主要功能，也是居民对智能家居的首要要求。这项功能还可以细化为报警和监控录像。

防盗报警可通过智能家居控制器接入各种红外探头、门磁开关，并根据需要随时布防撤防，相当于安装了无形的电子防盗网。当家中无人时，家庭智能终端处于布防状态时，若有人从外部试图进入屋内，红外探头探测到家中有人走动就会触发报警装置，装置会发出报警声并通过家中座机拨打设置好的业主手机和物业保安中心。业主接到电话后，还可以通过网络远程打开监控录像，通过摄像头察看家中情况。

智能家居还具有防灾报警功能，它是通过接入烟雾探头、瓦斯探头和水浸探头，全天候24小时监控可能发生的火灾、煤气泄漏和溢水漏水，并在发生报警时联动关闭气阀、水阀，为家庭构建坚实的安全屏障。

此外，求助报警功能也是智能家居的一项重要功能。通过智能家居控制器接入各种求助按钮，使得家中的老人小孩在遇到紧急情况时通过启动求助按钮快速进行现场报警和远程报警，及时获得各种救助。

#### 2. 温控系统

智能家居同样可连接中央空调、地暖等设备。通过此项功能，系统可以根据业主的设置，在环境温度达到设定值时，自动开启和关闭相关设备。

#### 3. 灯光系统

可根据预先设置，达到不同的照明效果。比如在业主起夜时，灯可以渐渐变亮，以免突然点亮刺眼。同时还可以在室内无人时自动关闭，或在外出旅游时使灯定时开启，造成屋内有人的现象等。

#### 4. 窗帘系统

智能控制系统可以完成窗帘的定时控制、应急控制，也就是火灾报警或其他紧急状态下无条件收起窗帘，并有根据太阳光线的变化，系统通过室外传感器获取的阳光信息，分析后自动控制窗帘调整的阳光追踪功能等。

#### 5. 家庭影院系统

在使用家庭投影设备时，无须再自己调灯光、放幕布、调整投影机，只要在中央系统中选择电影模式，各设备将自动调整成理想状态。

智能家居还具有远程控制功能。利用电话或手机可在办公室或其他地点进行远程控制家庭电器开关及安防系统布防等，如下班前利用电话打开家里的空调，回到家后便可以享受温暖如春的环境。

### 1.7.3 智能家居安装需要注意的问题

智能家居听起来很“炫”，但安装起来要考虑的问题不少。

**1. 前期沟通**

安装前要与出售设备的商家确定需要加入系统的电器，和设计师协商好电器摆放位置及所需功能等。系统商根据业主要求出具布线图，在装修阶段水电改造时就要结合智能家居布线图进行布线及与电路线的连接。

这里需要特别注意的是，电器摆放位置一定要提前确定。系统内的电器位置是绝对不能挪动的，否则就无法控制。如果需要变动位置，一定要在施工完成前进行，一旦施工完成后再要变动，就要打开墙、地面重新布线。目前市场上也有无线布置系统，即在每个电器旁安装一个无线模块，再在适当位置安装信号发射器。但是空间形状、家具等都会影响信号传输，而且费用也很高。智能系统目前还是以选择有线方式为主，如果随后添加少数设备，才考虑选择无线方式。

**2. 兼容问题**

电器设备与智能系统还存在一个兼容的问题，不是所有电器设备都与智能系统兼容，所以购买前就要仔细确认。最好是购买前就和智能系统设备商确定购买的电器设备品牌和型号是否兼容。

**3. 隐私问题**

智能系统利用了网络，而网络都是存在一定漏洞的，有可能被一些技术高超的黑客侵入。这和我们平时上网的网络被侵入是一样的原理。比如监控录像设备，就很有可能被他人通过网络控制。针对这种情况，建议在卧室等私密空间不要安装监控录像设备。

总之，随着人们现在生活水平的提高及对家居功能的高级需求不断增加，利用智能家居平台还可以扩展更多的生活服务和健康服务，智能家居的功能将会越来越丰富，越来越精彩。智能家居未来的发展前景不可限量。

## 1.8 装修预算常见问题及解决方法

装修预算在装修中也是非常重要的，同时也是甲方（业主）与乙方（装饰公司）最关心的环节。甚至可以说，装饰预算是决定一个项目能否拿下的一个关键。

### 1.8.1 装修费用的构成

一般而言，装修费用主要由装修公司收费（包括材料费、人工费、设计费、管理费、利润）和业主自购材料、家具、家电和饰品费用两大部分构成。

（1）材料费、人工费：材料费、人工费是装修公司收费的大头，约占到装修公司总收费60%～80%。目前装饰行业的人工费越来越高，人工费往往成了收费的主要部分，这在一些中低档装修中尤为常见。

（2）设计费：很多的家装公司都号称提供免费设计。这其实是个很不好的行业现象。当设计师的设计变成免费的时候，那设计师也自然会更多地依靠回扣等非正常手段来获取自己的利益了。这其实也是间接损害业主的利益，毕竟天下没有白吃的午餐。此外，虽然装饰公司会给设计师底薪和提成，但是免费的口号还是会伤害到设计本身。因为免费，很多设计师也只是在网上找图或者只是简单拼凑了事。设计师本质成了一个业务员，功夫更多体现在嘴皮子上。设计师对设计原创和材料、施工工艺的掌握不够也就成了行业的通病。这些不能不说是免费设计带来的弊病。但目前国内大多装饰公司都是这样操作的，这种情况只能期待在装饰行业继续发展完善时解决了。

（3）管理费：管理费一般情况都是按工程直接费的比例收取，通常比例是 3%～5%。从工地管理的角度来说，不同的管理者成本是不一样的，一个工地的管理由一名专业工程师负责和由一名民工包工头承担，管理费用是不同的。实际上，一个好的工地管理虽然管理费比较高，但是在施工过程中保证了质量，节约了材料，总体来讲可以为消费者节约成本。此外还有材料搬运费和垃圾清运费，占到工程直接费的 3%～4%。

（4）装修公司利润：各个公司利润都不一样，但通常情况下大型的品牌装饰公司利润可以达到 30%～40%，甚至还能更高。但装饰公司除去给设计师提成和项目经理的分成，真正能够到手的只有 20%左右，这个还要根据各个公司的管理水平而定。相对而言，中小型装饰公司总利润大概在 20%，装修队则更少。这里要给业主一个忠告，一般性的压价可以，但起码要给公司留下 20%左右的利润，如果价格压得过低导致装饰公司无利可图，那很可能将导致公司采用非正常手段获利，比如装修中途加钱，材料上选购便宜的产品甚至偷工减料等手段。那样业主将防不胜防，得不偿失。

（5）业主自购家具、家电和饰品：这块也是装修费用中的主要部分，具体需要花多少钱需要业主在装修前根据自己的情况确定。

## 1.8.2 装修预算的主要问题

### 1. 材料品名、规格不详

在预算上需要对材料的品牌与型号有明确说明，这样可以有效避免在材料的使用上发生争执。很多业主选择主材自购的方式，不良装饰公司就在辅料上下工夫，或者辅材价格虚高或者辅料为劣质货。辅料在施工完成后往往是看不到的，但是辅料对于装修与主材是同等重要的。试想，如果辅料出现问题，主材买的再好又有什么用呢？

### 2. 漏报项目

漏报项目有时候确实是因为工作人员疏忽造成的。但是部分不良装饰公司也存在故意少报工程项目，先以总价低诱惑业主签下合同，待施工进行到该项目时，以前期出报价单时疏忽漏报为由，要求追加工程款。一般漏报会选择一些不起眼的工程项目，如踢脚线、门槛石、防水等。再以报价单中有“最终结算以实际工程量为准”的规定，理直气壮地要求增加费用。

### 3. 损耗打高

材料的损耗是客观存在的，要弄清楚哪些地方有损耗，哪些地方不应该有，不该有损耗的地方出现了损耗就是弄虚作假了。而且损耗也是有一定比值的，如果超过这个数字，就要怀疑其中有水分了。

### 4. 拆项重复收费

拆项是将一个项目分成几个部分汇报。比如假定市场上铺地砖价格为 45 元/$m^2$，大家都很关注铺砖价格，如果直接报 45 元/$m^2$ 那就没有吸引力了。而铺砖本身是含地面找平的。这时就将铺砖价格定为 35 元/$m^2$，再单列一个找平项为 20 元/$m^2$。表面看铺砖很便宜，但是加上找平项，实际价格却更贵了。这种预算报法实际就是利用业主不懂施工工艺而恶意为之。

**5. 无中生有**

无中生有指的是明明没有的施工项目或收费项目却出现在报价单里。比如木地板、铝扣板、门窗等项目基本上都是由材料商来负责安装的。安装费已经含在材料费里，但是在报价单里赫然出现了这些项目的安装费，这多出来的安装费就是无中生有的。

**6. 数量虚增**

业主往往喜欢在装修前对价格进行逐项讲价，但是却很容易忽略施工量的审核。装饰预算或者装修合同上通常都会有"最终结算以实际工程量为准"。所以最终的结算很可能是和业主之前拿到的预算不符。正确的做法是在施工结束后，甲方乙方一起做一次施工项目工程量的统计。

在数量上也有少报工程量以总价诱惑甲方的情况，这个通常是发生在签单之前。譬如铺木地板、扇灰、做柜子等，涉及面积的，就会把数量报得比较小，到结算时就不止这个数字了。

**7. 工艺做法不明确**

预算上不仅应有项目名称、材料品种、价格和数量，还应该有关键的工艺做法。预算书中必须加入工艺做法，或对预算中每个项目的工艺做法做详细说明。因为具体的施工工艺和工序，直接关系到装修的施工质量和造价。没有工艺做法的预算书，有很多不确定因素，会给今后的施工和验收带来后患，更会给少数不正规的装饰公司偷工减料、粗制滥造开了"方便之门"。比如家装毛坯房的乳胶漆施工正规做法是三遍扇灰、三遍打磨再加上一底两面刷乳胶漆。如果只有两遍扇灰、两遍打磨、一底一面刷乳胶漆价格肯定就不能一样。这时在预算表中的乳胶漆项内必须注明三遍扇灰、三遍打磨、一底两面刷乳胶漆的工艺说明。

### 1.8.3　装修预算控制要点

**1. 审核设计图纸**

一套完整、详细、准确的设计图纸是预算报价的基础，因为报价都是依据图纸中具体的尺寸、材料及工艺等情况而制定的，图纸要是不准确，预算也不准确。另外，一些未在图纸上出现的工程，如线路改造，灯具、洁具的安拆也应在预算表上说明。

**2. 价格的比较方法**

有很多消费者在选择装修公司时，只比较预算书上的价格。哪家的报价最低，就让哪家来做。多年来，"马路"装修队给装修业主带来的烦恼不少，很多"马路"装修队利用业主不是专业人士，不懂装修，更不懂价格的情况，打着"低价"的幌子接单，然后再在装修过程中多收费、乱收费。其实预算书上的价格，是和材料选择、工艺工序分不开的。单纯比较价格、选择最低的装修公司，往往会得不偿失。在核查预算的报价时，一定要把材料的品牌、型号，以及施工的工艺工序都考虑在内，才能得出一个较为客观的评价。

**3. 量入而出**

很多时候装修会出现大大超出预算的情况，这大多是没有按照事先的预算采购造成的。比如在采购中本来预算买个普通浴缸，但看到一些品牌按摩浴缸打特价，忍不住手痒，多几次这样的情况，支出自然会大大超过预算。

**4. 确保预算中没有重大的漏项**

做到这点除了事先详细列单计算外，还必须对大多数要采购的材料大体价格进行一个摸底。很多的小物品虽然不起眼，但其实价格不菲，比如水龙头，看起来不起眼，但买个好点的起码也要好几百。做好这点除了需要列好清单，还需要事先到建材市场大致摸摸价格。

**5. 不要轻易在装修中途更换设计**

不少业主在装修的途中又对目前的设计感觉不满意，临时决定更改，这样一来，不少工程需要拆掉重做，这样造成的费用绝对不是小数目。装修其实是个遗憾的艺术，永远不可能做到十全十美，换了一个设计后说不定又后悔，还是觉得当初那个好，所以在设计确定前要多推敲，一旦确定轻易不要再更改。

**6. 付款方式**

各地各个公司付款方式不都一样，但通常都是四个付款期，即开工预付款、中期进度款、后期进度款以及工程尾款。不管怎么定，有几个要点是必须注意的，一是付款方式必须在合同中体现，这样才能保障双方的利益；第二是进度款一定是在已完成工程验收合格后再支付。

## 1.9 装修过程中需要特别注意的细节

### 1.9.1 一套完整的设计方案应包括的内容

全套室内设计图纸大致上可以分为施工图和效果图两大类。对于那些不是很熟悉装修的业主而言，看效果图是让他们清楚装饰后效果最直观的方式，也是装饰公司打动业主的最佳方式。而对于施工队而言，施工图则是施工时最重要的参照物。

**1. 效果图**

效果图分为手绘效果图和电脑效果图两种，如图 1-8 和图 1-9 所示。

手绘效果图的优点是可以快速表现，当设计师进行设计时，随手勾画的草图对于设计的构思和创作有着极大的帮助，同时在和与业主交流出现障碍时，也可以通过快速的勾画让业主对于自己的设计有一个相对直观的认识。这也是很多装饰公司强调手绘的原因。不少学生不懂手绘的精髓就在于一个“快”字，画一幅手绘效果图耗时四五个小时，这样的手绘效果图再精细再漂亮也失去了意义，因为一张写实的电脑效果图也不过只需要几个小时，手绘图再精细能和电脑效果图比吗？

对于那些对装修和图纸一窍不通的业主而言，简单的手绘稿并不能让他完全明白设计的真实效果，而电脑效果图恰好能够弥补这种不足。电脑效果图的最大优点就是真实，电脑效果图制作高手能够非常写实地呈现设计效果，看这样的电脑效果图业主就能够非常清楚自己的空间装修完成后的真实效果。但电脑效果图的问题是即时性较差，再厉害的电脑效果图高手也不能在短短的几分钟、十几分钟完成制作，而且电脑效果图还有个问题就是不方便修改，画得不好再进行修改又需要花费大量时间，这点又恰恰是手绘的优势。手绘不行可以马上再画一张，甚至可以在原图上直接修改。由此可见，手绘效果图和电脑效果图都各有优劣，都是设计师必须重视的基础技能。

图 1-8 电脑效果图

图 1-9 手绘效果图

### 2. 施工图

施工图是数量最多的一种图纸，也是施工时最直接的参照图纸。效果图只是反映施工完成后的效果，而在施工时则必须按照施工图来进行。施工图主要由平面图、立面图和节点大样图等构成。因为施工图是施工的参照图纸，因而在严谨性上要强于效果图很多，不管是手绘效果图还是电脑效果图，在制作时很多尺寸都是采用大致的估算，这其实并不精确，但在绘制施工图时则不能这样，必须非常精确，可以说是不能出丝毫差错。施工图出错会给施工带来很大麻烦，甚至直接导致施工重做。

## 1.9.2 精装修

根据由建设部制定的《商品住宅装修一次到位实施导则》的要求：精装修住宅是在交房屋钥匙前，所有功能空间的固定面全部铺装或粉刷完成，厨房和卫生间的基本设备全部安装完成。精装修推出的初衷是解决一些装修行业的固有问题。从房主方看，装修过程中的环境污染、用电安全、擅改房屋结构等隐患以及由此出现诸多的邻里矛盾；从承担装修的工程方看，“散兵游勇”的施工质量和监管力度仍然堪忧，工程质量问题不断；从材料市场看，装饰材料质量良莠不齐，很多难以过关，业主防不胜防，为换料来回奔波难免影响工作。此外，精装修可以体现出规模化和产业化的优势，并且省时、环保。

目前很多房地产公司都提供带精装修的房产，这些精装修往往都号称是上千甚至数千每平米的标准，其实这些价格大多是虚高，而且这笔钱也是羊毛出在羊身上，最终价格还是要体现在房价上。此外，精装修的房子并不见得就质量好，目前房地产公司提供的很多精装房都出现了各种问题，如开裂、漏水、不平整、污染超标等。甚至这些情况还出现在一些国内著名的房地产公司。精装修的房子还有一个很严重的问题，那就是千篇一律的设计，你家和隔壁家甚至隔壁的隔壁家都是一样的，唯一的区别可能就在家具上。家家户户的需求可能都不一样，但结果却是一样的。只是在现阶段，中国人迫切需要解决的是住房问题，对于个性化的设计需求还不是那么迫切，这个问题也就显得不是那么突出，等到生活水平更进一步提高，住房不再是困扰生活的首要问题，个性化的设计装修就会得到更多的重视。

与国外几乎没有出现过“毛坯房”相比，我国算是“独步世界”。如今，方方面面都在与国际逐渐接轨，精装房势必会被越来越广泛地采用。但是在推广精装房的过程中也必须解决精装房精装不精，价格虚高，设计千篇一律，质量问题多的问题。

## 1.9.3 家庭装修监理的选择

目前有一种新兴的职业，叫做家庭装修监理。其实监理这个职业很早就有，早期主要是针对一些大中型的建筑工程及装饰项目而言。但随着家庭装修的兴起，同时也是因为在家庭装修中出现的工程质量问题过多，这个职业便应运而生了。家庭装修监理的职责就是对家庭装修进行监督管理，确保工程中不出现偷工减料的情况，保证工程质量。但就现实而言，目前的家庭装修监理也是问题很多。

第一，很难找到真正对于工程非常熟悉的监理，因为很多监理实际上是由家装公司设计师转行过去的，设计师对于工程会有一定程度的了解，但真正做到精通的则很少。所以找监理首先要看资质，这需要找专门的监理公司，有些装饰公司也有监理，但实际上装饰公司监理的立场还是在装饰公司那边，很难做到真正为业主着想。

第二，很多时候是一个监理跑多个工地，如果工地之间距离远的话，那就真的成了鞭长莫及了，很多找了监理的业主对于监理不满意大多也是基于这一点。

一般一个家装工程的装修时间是一到两个月，对于上班族而言，要花这么长的时间盯在工地是很件很困难的事情，而且由于本身对于装修也不是很懂，待在工地整天盯着也不见得能够及时发现问题，所以请一个合格的监理是个不错的选择。请监理的费用是按照装修工程总预算的额度来定的，不同公司比例不一样，但一般的家庭装修 2000～3000 元就行了。其实如果有认识的朋友或者亲属是从事家庭装修行业，请他们做监理要更好，他们可能本身没有监理证书，但是只要真正能够站在业主的立场，自己也懂，一般家庭装修监理下来还是没有什么问题的。有很多业主把自己家里的老人放在工地监督，这是最不可取的。第一，工地施工过程中各种有毒有害物质的释放量很高，老人体质弱，时间长很容易出问题；第二，在监督过程中很容易和施工工人发生矛盾，争吵起来气坏老人可能会更得不偿失；第三，老人对装修能够懂多少？新材料、新技术对于上了年纪的人可能是闻所未闻的，在那里天天盯着到底能够起到多大作用呢？恐怕更多的是心理作用而已。

### 1.9.4 其他装修施工需要特别注意的环节

（1）不得拆改任何承重结构和抗震构件。承重结构是指作为房屋主要骨架的受力构件，如承重墙、梁、柱、楼板等。此外，抗震构件如构造柱、圈梁等也是非常重要的承重构件。在承重墙上不得随意拆改和开门窗洞及打较大的洞口；也不得拆门窗洞两侧的墙体，扩大门窗的尺寸；房间与阳台之间的墙体，只允许拆除门窗，窗台下的墙体最好不要拆除；在钢筋混凝土墙、柱上不得开凿任何孔洞，更不得截断其中的钢筋。

（2）不得增加楼板净载荷。室内不得砌筑厚度大于 120mm 的黏土砖隔墙。再砌隔墙时，应选用轻质材料，比如轻钢龙骨石膏板隔墙就是个不错的选择，如果有隔音的要求，只需要在石膏板隔墙内填充隔音棉即可。

（3）在墙面、地面直接埋设电线必须使用电线套管。因为不置入电线套管的电线，当电线塑料护套线破损或被虫、老鼠咬破以后，可能会使墙面和地面带电，影响人身安全。

（4）厨房、厕所的地面防水层需完善。渗漏的问题主要集中在厨房、厕所等空间，因为这些地方管道最多且最容易积水。因此在这些空间做防水就十分重要。防水除了必须无漏刷少刷外，必须进行积水测验 24 小时，到楼下观看天花板有无渗漏现象，如果发现有渗漏现象，应该重新再做防水。

（5）不得破坏或者拆改煤气表具和水表以及水、电、煤气等配套设施。煤气与自来水属于专业工程范围，其位置有统一安装规定和要求，施工时不得随意拆改。如果需变动其位置，应向煤气、自来水等相关部门申请，由专业人员来更改。

# 第2章 装修前期准备

## 2.1 选择装饰公司

装修最重要的是选择一家合适的装饰公司，有些知名的装饰公司，装修品质虽然有保证，价格却不是普通消费者能够承受的。但如果只图便宜随便选择一家装修公司，装修质量不能得到保证，中途返工可能会造成更大的浪费。所以在与装修公司签订合同前，最好对意向中的装修公司进行详细考察。

### 2.1.1 公司资质及实力考察

在选择装饰公司时，业主可能最关心这家公司是否是正规企业、实力怎样。其实在挑选时，业主不妨可以从以下几方面考察装饰公司的实力。

（1）营业执照。一个正规的从事家庭装修的公司，必须有营业执照。营业执照的营业范围内有室内外建筑装饰设计施工项目，比如有“装饰工程”“家庭装修”这类的经营项目，可以进行家庭装修的施工。另外，执照上的“年检章”是证明该企业本年度通过了工商局的年检，属合法经营。此外，还有一种情况是挂靠，这种情况在装饰行业也是非常普遍的。所谓“挂靠”，就是指一些小型企业或个人，向大型装饰施工企业上缴一定费用，使用这些公司的名义来承揽工程。严格来说，挂靠其实也是一种欺骗行为。要判别是否挂靠很简单，只要审核营业执照的注册地址与其公司办公场所是否相符即可。

（2）资质。资质是建设行政主管部门对施工队伍能力的一种认定，它从注册资本金、技术人员结构、工程业绩、施工能力、社会贡献等六个方面对施工队伍进行审核。取得资质的装饰企业，其技术力量有保证。但是现实情况是有资质等级，特别是有高资质等级的单位不愿承接家庭装修这样的小单。市场上大部分承接家庭装修业务的公司都是有营业执照、营业范围内有装饰装修项目但却没有建设行政主管部门认定的资质。

据统计，从事装修业务的公司仅北京市就有数万家。其中包括三种情况：一种是有两证的公司（工商行政管理部门发的营业执照和建设行政管理部门发的资质等级证书）；另一种是有一证的单位（工商行政管理部门核发的营业执照）；最后一种是无照无证单位，就是常说的装修游击队。

（3）办公场所。选择装饰公司，可以登门造访。进入装饰公司的办公室，有些细微之处可以显示该公司的实力。首先，办公室的位置和面积反映着公司的实力。往往是那些租用高档写字楼，或占用单独楼宇的装饰公司，最能提供完善的服务。公司的员工多，需要的办公空间也会大一些，这从一个侧面反映了公司实力。

（4）查看样板间。选择装饰公司最好去看看这家公司的样板间，尤其是正在施工的样板间，可以看到公司的施工工艺和工序是否正规，施工现场管理是否严格等。如果条件允许，最好由施工单位提供地址，自己抽时间随机探访，也叫突然造访，可以真实地反映现场情况。在施工现场可以看看现场使用的材料是否符合环保要求，现场卫生状况也反映管理水平和能力；看施工工艺水平，通常大面儿的活基本没问题，关键要看边角细节的处理。

（5）口碑。通过身边的同事、朋友，也通过网络了解装修公司的口碑。如果能遇到业主，可以听听主人的中肯评价。

归根结底，装修质量的好坏，取决于施工队的素质。目前，大多数的装饰公司并没有专门隶属于公司的技术工人，基本都是由项目经理或者工头临时联系。这也是一个公司装饰工程质量时好时坏的原因之一。但是相对而言，严格管理的品牌装饰公司在这方面还是有保障的。如果不放心，消费者还可以聘请监理公司，用监理的专业知识约束装饰企业的行为。

### 2.1.2 合同签订注意事项

确定装饰公司，初步选定适合自己的设计师和工长后，就可以签订装修合同了。签合同的作用主要是为了双方出现纠纷时维权用的。在签合同的时候，也马虎不得。没有签合同就冒然开工的，是万万不可行的。

装修合同条款必须特别注意以下几点。

（1）工期约定填写清楚，明确开工日期以及竣工日期。

（2）装修形式约定清楚，避免界定责任困难（具体的装修形式见第1章第3节）。

（3）合同金额明确。

（4）环保要求明确。

（5）安全事故责任如何承担明确。

（6）付款方式及时间写清楚。

（7）违约责任明确。

（8）签定保修条款，明确时间及保修内容。

**小贴士** **签订装修合同的注意事项1：**下笔签字时要慎重，由于装修合同所涉及的内容特别繁冗复杂，千万别因为不耐烦而轻易下笔。一定要认真阅读并理解后再签字。因为你一旦签字，合同就生效了，日后一旦发生纠纷，就只能走法律程序了。

**小贴士** **签订装修合同的注意事项2：**审查装修公司的合同文本是否齐全，一份完整的家装合同包括主合同、补充合同、图纸、预算书、施工材料明细单等。

装饰公司通常都有固定模板的装修合同，甚至有些城市还有相关政府职能部门认定的装修合同。如果这些装修合同除约定内容之外，还有双方需要明确或者约定的内容，可以再签订一份装修补充协议。

有不少这样的补充协议，包括材料验收、施工验收、项目变更、环保标准、保修条款、处罚标准、工地管理都有非常细致的说明。可是这么细致的条款很怀疑其有多大的可操作性。要完全落实这些条款对业主的专业水平有着很高的要求，同时也需要花费大量的时间。现实情况下可能大多数业主都无法执行，其结果往往是花费了大量时间，还闹出了很多的纠纷。其实，比较可行的做法还是踏踏实实选好一家合适的装饰公司，实在不放心的话还可以聘请一位负责任的第三方监理，业主只是参与监控。

# 2.2 设计沟通

设计沟通是做好装修的一个重要环节，从设计师的资历上，也能看出装饰公司的实力。因为有实力的公司才请得起好的设计师，好的设计师应该有相关的学历背景和工程经验，例如环境艺术设计或者室内设计专业的毕业生。其实装修的过程就是一个沟通的过程，在沟通的过程中，取得相互的信任是最为重要的。设计师应本着诚恳负责的态度，并通过自己的成功设计案例赢得客户的信任。

## 2.2.1 设计沟通的主要内容

作为设计师，要尽量了解业主的想法和要求，对于一些细节，也要进行详细了解。事先了解得越充分，后续设计和施工中的问题就越少。若对业主需求没理解清楚就出方案，设计好了再全盘否定，无论对于设计师，还是业主都是比较麻烦的事情。

对业主而言，切忌盲目追风。比如看到东家的背景墙好，要照样搬来，看到西家的玄关不错，也要弄上一个，这样就会干扰设计师的创作，最后设计出来的东西，双方都不会满意。在设计师完成初稿以后，应该给业主详细讲解，由业主提出修改意见，再商量定夺。宁可在图纸上多花些时间，以免日后返工费时费工费料，图纸确定后，接下来就是按图施工。

对于设计师而言，需要在设计前掌握的主要内容如下。

（1）了解业主的想法。业主对自己的空间有明确的要求是对设计非常有利的。但是有些业主自己都不知道喜欢什么样的风格，或者只有很模糊的概念。这时就需要设计师通过图片或者书籍进行装饰案例的介绍，耐心地给业主引导，启发双方的思路，找到结合点，最终确定业主的装饰风格。

（2）大致的装修费用。了解客户的资金概算和档次定位，比如装修方面的预备支出，家具电器设施方面的预备支出等。了解大致的装修费用可以让设计师把方案设计控制在费用之内，不会太高出费用标准，也不会低于业主对装修的档次要求。有些业主很不愿意将自己的预算告之设计师，希望多谈几家，看看哪家的报价最低，这其实是不对的。这样很容易造成设计错位，最终受损的是业主自己。

（3）空间现状。取得室内空间的原始结构平面图，了解空间的缺陷，了解业主对空间布局规划的初步想法。例如，每个房间的功能和布局安排，房间的面积及非承重墙是否改动等。此外设计师应去空间实地感受，这点对设计很有作用。

（4）家庭成员结构、职业、生活习惯等。了解业主的家庭人口结构、日常社交往来、亲朋好友的聚会方式等，为空间功能规划提供依据。如家庭成员中有小孩，就需要特别注意安全方面的设计；有些家庭还养宠物，这些宠物甚至被视为家庭的成员，在设计中，也难免要把他们的因素考虑进去，例如为他们营造一个小窝等；再比如职业往往决定了业主的喜好，这也是非常重要的因素，在设计中必须考虑进去；生活习惯也能影响设计，比如喜欢锻炼的要考虑放置运动器材，喜欢看书的要在书房设计中特别用心，有宗教信仰的需要将其信仰充分考虑等。

（5）主要家具、电器设备的选择。了解电视、音响、电话、冰箱、洗衣机等电器的摆放位置。了解准备添置的厨卫设备的品牌、规格、型号和颜色等。了解准备选购的家具的款式、材料、颜色等。这些配套事先了解清楚，才能真正做到设计风格的统一。

（6）对影音设计、照明设计和颜色的看法。例如了解业主对色彩的认知，特别喜欢或特别讨厌那一类的色彩，也会有一些业主会对影音设计和照明设计有特殊的需求。

### 2.2.2 设计沟通中的常见问题

在设计沟通中，往往会采用问答的方式进行。在一问一答中，充分理解业主的需求。设计师还应注意在问答中营造一种轻松的氛围，像朋友闲聊一样进行沟通，在沟通过程中取得业主的信任。一旦取得了业主的信任，后续工作进行就变得非常轻松了。

设计师在沟通中咨询的问题列举如下。

（1）你对见过的哪种风格最感兴趣（最好通过图片确认）？

（2）你最喜欢的色彩是什么？

（3）你有宗教信仰吗？

（4）在装修中有没有禁忌？

（5）家庭成员有哪些，职业是什么？

（6）你对以前房屋的设计及装修有何遗憾？

（7）装修预计费用大致是多少？

（8）有无特殊大件物品（如钢琴）需要安置？

（9）你有没有特殊物品需要展示？

（10）对于需要装修的空间有没有什么不满意的地方？

（11）你养宠物吗？

（12）这次装修后的更换周期大概是多长时间？

（13）平时在家里喜欢干什么，阅读、看电影、锻炼，还是……

（14）家里平常客人多不多、聚会多不多？

（15）对灯光设计有无特殊要求？

（16）是否安装家庭影院设备？对音响要求高不高？

（17）家具准备买什么样的？

（18）配置什么样的家用电器？

（19）餐厅使用人数、频率是多少？

（20）家中有无藏酒？是否需要配餐柜、酒柜、陈列柜？

（21）厨房是开放式还是封闭式？

（22）做饭次数多不多，什么口味？

（23）书房是展示藏书还是每天会使用？

（24）在书房主要是工作、阅读，还是会客、品茶？

（25）藏书种类主要是杂志、书籍、工具书，还是纯装饰书？

（26）你喜欢什么类型的床？尺寸是多大？

（27）卧室是否需要视听设备？

（28）老人房居住者是否有特殊身体状况？

（29）孩子多大？

（30）卫生间是要浴缸还是淋浴？

（31）家中谁的衣物最多？比例是多少？

（32）你想保留独立的阳台还是让它成为居室的部分？

（33）阳台有无特殊功能？如储物、健身、养花？

（34）采用中央空调还是分体空调？

（35）电话和电脑的位置在哪里？

（36）收纳空间的设计有什么具体要求？

### 2.2.3 设计方案的审查

装修设计要以方案设计的形式，形成一整套的设计文件，包括效果图和施工图。对方案设计进行审查，可最后确定装修的用材、施工方法及达到的标准。因此，装修方案设计应重点审查以下内容。

（1）图纸的审查。设计图纸是建筑的语言，它必须完整的表达设计方案的构思和设计目标。合格的装修设计首先必须具备完整的设计图纸。设计图纸主要包括：设计说明、平面布置图、各装修部位立面图、复杂工艺部位剖面图、节点大样图、固定家具制作图、电气平面图、电气系统图、给排水平面图、天花布置图、材料表等，如图 2-1 所示。审查图纸时除审核平面布置图是否合理外，还应重点审核施工图，考察其设计尺寸及作法是否合理。立面图是否符合空间设计的要求，整体风格是否统一；详图设计是否规范，并符合空间的要求等。

（2）材料及施工工艺说明的审查。这是方案设计能否落到实处的关键，也是审查的主要内容。应就各装饰部位的用材用料的规格、型号、品牌、材质、质量标准等进行审核。对各装饰面的装修作法、构造、紧固方式等是否符合国家有关的施工规范进行逐一审查。

（3）工程造价的审查。这也是甲乙双方关注的重点，应该对每项子项目所用材料的数量、单价、人工费用等进行核对，以保证造价的合理性、科学性。详见第 1 章 1.8 节，装修预算常见问题及解决方法。

## 2.3 施工交底

施工交底全称为施工技术交底，目的是使得甲乙双方在装修前即对施工做到心里有底。交底由业主、项目经理、设计师三方共同对房屋基本情况，设计方案的施工要求进行交代，让施工人员了解房屋情况和设计意图，便于施工中工序的连接。在装修的整个过程中，现场交底是签订装修合同后的第一步，同时也是以后所有步骤中最为关键的一步。施工交底不仅仅涉及客户和施工负责人，还需要设计师和工程监理的参与才能保证交底的合理与有效。交底工作大致需要做以下几个方面的工作。

### 2.3.1 对房屋基本情况进行检查

共同对居室进行检测。对墙、地、顶的平整度及给排水管道、电、煤气等通畅情况进行检查，比如使用响鼓锤检查原建筑地面墙面有没有空鼓，如图 2-2 所示（注：响鼓锤是用来检查水泥基层及铺贴的瓷砖是否有空鼓的一个工具，见图 2-3）；使用检测尺检查墙、地、顶的平整度，如图 2-4 所示（注：检测尺是用来检查垂直度、平整度、方正的工具，见图 2-5）；卫生间下水是否堵塞、网线或 TV 接孔是否完整、入户门是否完好等，检查完毕需要甲乙双方签字确认。

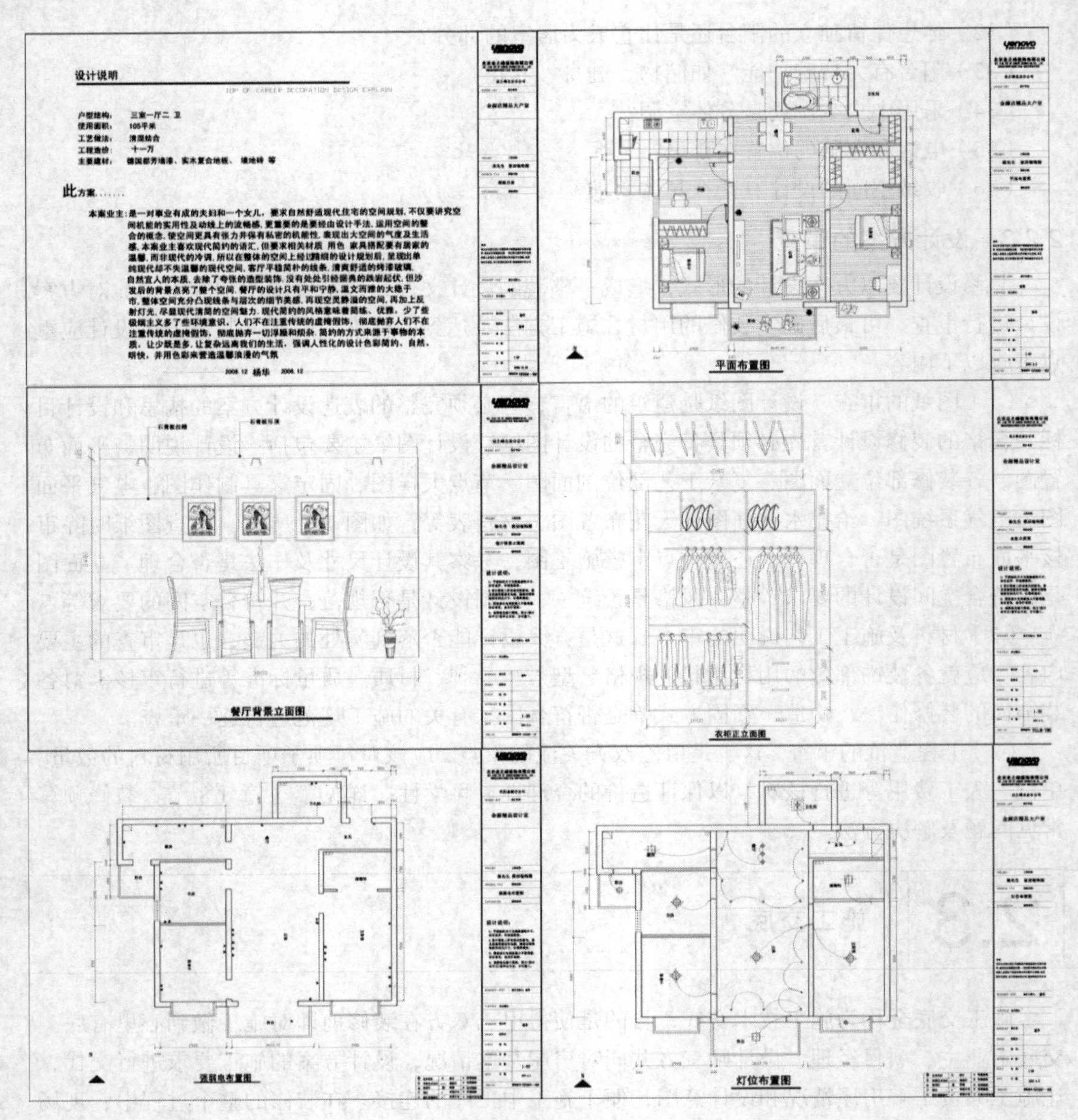


图 2-1 审查各类图纸

图 2-2 检查空鼓

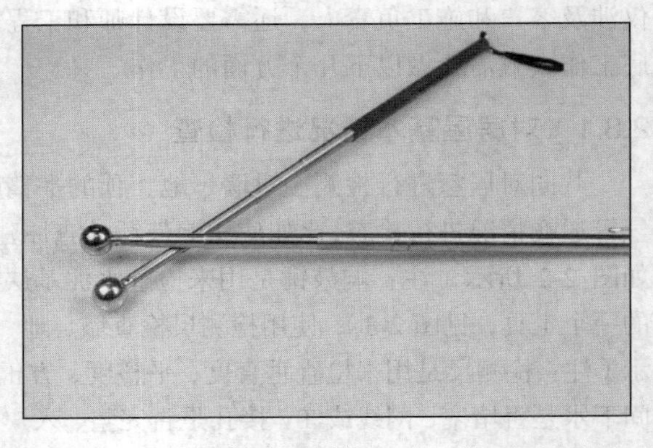

图 2-3 响鼓锤

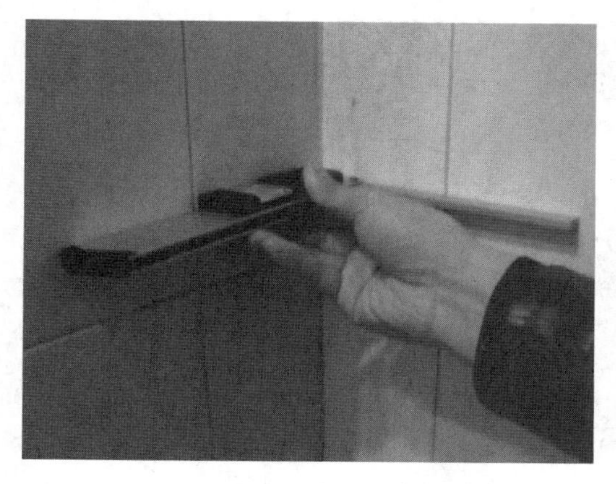

图 2-4 检测垂直、方正

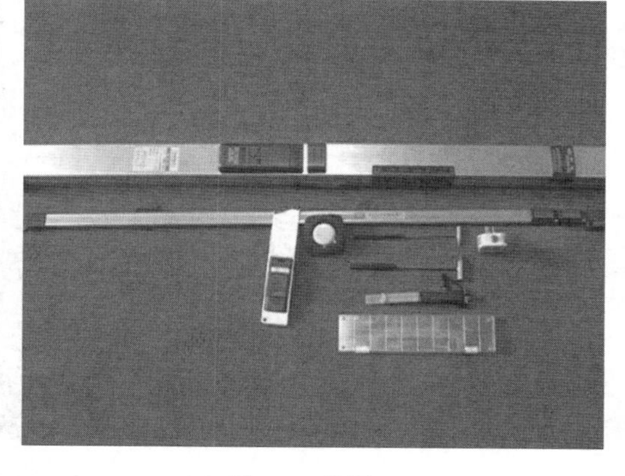

图 2-5 检测尺

小贴士：在施工前交底的过程中，要注意房屋状况检查、施工项目的外延尺寸、施工结构和具体制作项目的结构图。同时不能忽视水电控制开关和阀门的设置位置，并做好具体检查。

### 2.3.2 设计师向施工负责人详细讲解图纸

在现场，设计师应详细向施工负责人讲解图纸内容及特殊施工工艺要求，如木工的细木工制品的造型，瓷砖腰线的位置、电工线路怎样走、开关插座有多少个、在哪里、水暖工是否需要改变上下水的走向、卫生洁具是否需要移位等。施工负责人记录在纸面或者在装修部位进行标注，如图 2-6 所示。

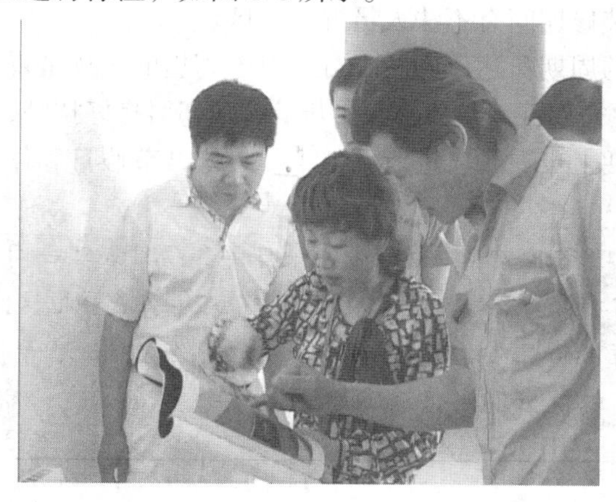

图 2-6 设计师向施工负责人讲解图纸并进行标注

### 2.3.3 确认交底内容

项目经理应该把现场进行的交底工作详细记录，此外，还要确认装修施工现场已有的设备的数量、品质、保护的要求等，用文字说明（如果用文字难以表达清楚，就需要用说明性的草图或正规图纸来做出更深入的说明）并由甲乙双方签字确认，如图 2-7 所示。

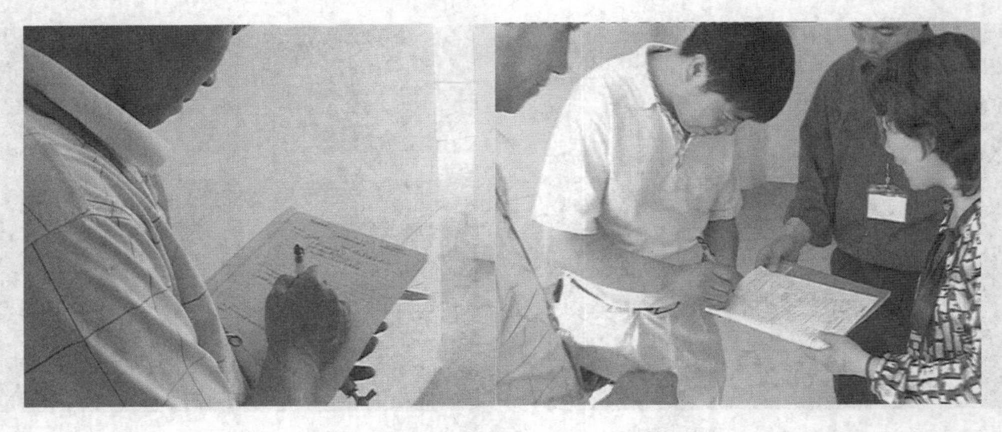

图 2-7 交底内容记录完善并双方签字确认

### 2.3.4 办理相关施工手续

办理好相关手续、协调好和物业的关系也是装修顺利进行的必要条件。根据物业的规定，装修前通常需要到物业办理相关手续。通常必须由业主随同设计师或项目经理到物业处交装修申请，办理施工手续。有时有些不良的物业会在装修期间多方刁难以索取费用，所以协调好与物业的关系也是施工顺利进行的一个关键。通常施工的相关手续如下。

（1）在小区物业出具的装修协议上签字。

（2）提供装修的图纸，主要是水电路改造和拆改的非承重墙体项目。

（3）办理“开工证”，施工时用来贴在门上，是便于物业检查的工期证明。

（4）出入证，主要是为工人办理的，以免装修期间有不法人员混入小区。

此外，还需要注意协调好邻里关系。装修的周期长达一到两个月，对于邻里的干扰是肯定存在的。尤其是那些楼盘里较晚装修的房子更需要注意这一点，在开工前和邻居打好招呼，让他们事先有个准备是很有必要的。同时在工期上也要相应进行调整，尽量避开节假日和休息时间进行拆墙、锯板等噪声较大的工程。

小贴士：交底后要和装修公司一起去物业办理开工手续，最好带着设计师和项目经理一同去。物业一般会要求你写出家里需要做什么样的装修项目，建议大家不要把这件事情当成走过场，实实在在地写，而且对于像水电改造、暖气改造、拆墙等项目，更要跟物业人员深入沟通，以免出现问题无法补救。

## 2.4 装饰材料的购买

在正式开工前，肯定必须备下装饰材料。不少业主采用自购主材的方式，这种情况负责装修的工长有必要给业主出示一张购买材料的清单，并且注明需要运到现场的时间。

### 2.4.1 装饰材料卖场的分类

装饰施工经常出现跨区甚至跨市的情况，所以了解施工现场周边的装饰材料市场是一个必不可少的环节。通常可以把周边的材料市场大致分为三类：一是大型的建材超市，例如百安居，东方家园等；二是建材市场，建材市场是由一个个私人小店组合而成，没有统一的管理；三是路边小店，这些小店一般在小区附近开设，规模不大。

（1）建材超市。建材超市由超市统一进货，统一销售，和我们日常的百货超市在运营上基本一致。建材超市相对而言材料最为齐全且质量和售后服务都有不错的保证。在建材超市购买材料可以杜绝买到假货的可能，但建材超市价格也是相对最贵的。

（2）建材市场。建材市场里的货品也是非常齐全的，一般都是由一个个的专营某类材料的个体店铺组合而成。在这里购买材料价格要比在建材超市便宜，而且在价格上浮动的空间比较大，可以随意砍价。建材市场由于是个体经营，在材料上也可能出现一些以次充好的情况，这点需要业主特别注意。

（3）路边小店。路边小店的材料不会很齐全，一般都是备施工时临时缺辅料的补充。

### 2.4.2 装饰材料采购要点

大多数材料最好选择在大型建材超市或者建材市场一次性集中采购。一般而言，大型建材超市或建材市场距离工地肯定有一段较远的距离，所以在这些地方购买材料需要事先计划好，集中采购，这样即节省时间而且由于集中采购数量大比较容易获得优惠。

在建材超市购买尽量选择其进行优惠促销的时候。一般而言，建材超市在“五一”“十一”等节假日都会大幅度打折进行促销，这时候购买无疑是最划算的。没有碰上这些优惠也不是没有办法，有些人会在建材超市看好需要购买材料的品牌、类型和价格，然后再到建材市场购买，这也是个不错的办法。施工过程中如果需要补充材料，比如钉子、胶水等，这时候就可以选择在路边小店购买，这样可以节省路上奔波的时间。

### 2.4.3 装饰材料入场时间及顺序

装饰材料的定购与施工关系紧密，有时因定购材料过迟或送货时间不当，往往会出现材料供应不及时或材料来了可暂时用不了以致无处存放。装修材料最好是根据施工进度提前订购，因为很多的材料并不是现买现有的。提前订购可以避免因为材料不到位耽误工期的情况。有些装修队伍是第二天需要用到哪种建材，只提前一天告诉业主，这时候怎么想办法购买都来不及了。尤其是对那些采用包清工方式的业主，需要购买的材料非常多，所以在装修前最好就确定好需要购买的材料数量和入场时间顺序表以免到时候因为材料不到位影响施工的进度。

装修的基本流程：

开工前材料进场，主体拆改——定做物品的设计和测量——水电改造——各种隐蔽工程——木工制作——闭水实验——铺瓷砖——墙面乳胶漆——油饰工程——橱卫吊顶——木门、橱柜等安装——木地板工程——壁纸工程——各种安装——保洁——家具、电器、配饰入场材料入场时间顺序安排如下。

**【开工前】**

（1）防盗门。

最好一开工就安装防盗门，防盗门的定做周期为一周左右。

（2）水泥、沙子、腻子等辅料。

一开工就要能拉到工地，不需要预定。

（3）白乳胶、原子灰、砂纸等辅料。

一开工就要能拉到工地，不需要预定。

墙体改造完毕。

（4）橱柜、厨房电器。

墙体改造完毕就需要橱柜商家上门测量，确定整体橱柜设计方案，其方案会影响到水电改造工程。方便的话可以在施工交底前就确定橱柜设计，以便施工队、设计师交底时橱柜设计师到场与各方协调水电走向等。

目前很多厨房采用的是整体橱柜设计，各种厨房电器会与橱柜整合在一起。厨房的主要电器，如油烟机、燃气灶、消毒柜等，建议定制橱柜前下订单，先确定电器的型号、颜色、尺寸，将尺寸交橱柜公司用于橱柜设计，并安排橱柜安装同时送货。

（5）散热器和地暖系统。

墙体改造完毕就需要商家上门改造供暖系统。散热器可以与水管同时订购，以便水工确认接口的型号尺寸，贴好瓷砖后再安装即可。安装地暖的用户，在水电改造完毕后，即可进行地暖的施工，要注意保留地暖管在地下的走向位置图。

（6）水槽、面盆。

橱柜设计前需要确定水槽、面盆规格、尺寸，水槽、面盆会影响到橱柜设计方案和水改方案。

（7）烟机、灶具、小厨宝。

橱柜设计前需要确定其型号和安装位置，因为其会影响到电改方案和橱柜设计方案。

（8）室内门。

墙体改造完毕需要商家上门测量，有了精确的尺寸，即可订购成品门。现场制作的门则不需要。

（9）塑钢门窗等。

同成品门一样，墙体改造完毕后需要商家上门测量定做。

**【水电改造前】**

（10）水路、电路改造管材等相关材料。

墙体改造完毕后水电工入场进行水电改造，在水电改造施工之前要确定PPR水管等水电相关材料已入场。可在预定水电施工日期前几天订购。

（11）热水器。

热水器有燃气热水器和电热水器两大类，其型号和安装位置会影响到水电改方案，需要在水电改造前确定。太阳能热水器需在开工初期在水管铺设之前订购，以便厂商安排上门勘测以配合水管铺设。由于涉及水管和电线排布，所以在水电施工时期安装比较好。

（12）浴缸、淋浴房。

其型号和安装位置会影响到水电改造方案，需水电施工前确定产品规格和型号，安装则在瓷砖、挡水施工完毕后进行。

（13）排风扇、浴霸。

其型号和安装位置会影响到电改方案。在水电安装之前购买，以便电工预留电线，确定线路走向，安装时安排与开关、灯具一起安装即可。

**【水电改造后】**

（14）防水材料。

水电改造完毕即进行防水工程，防水涂料不需要预定，施工前一两天购买即可。

（15）瓷砖、勾缝剂。

水电改造完毕即铺瓷砖，瓷砖有时还需要裁切，最好提前一周左右预定。

（16）石材。

窗台、地面、门槛石、踢脚线等可能用到石材，需要提前三到四天确定尺寸预定。

（17）地漏。

不需要预定，铺瓷砖时同时安装。

**【木工进场前】**

（18）龙骨、石膏板、铝扣板。

铝扣板需要在施工前提前三四天确定尺寸预定，其余不必预定，一般在水电管线铺设完毕购买即可。

（19）大芯板、夹板、饰面板等板材。

木工进场前购买，不需要预定。

（20）电视背景材料。

有些背景材料如玻璃等材料需要提前一周预定。

（21）门锁、门吸、合页等五金。

不需要预定，房门安装到位后可订购门锁。建议和成品门同时订购。

（22）玻璃胶、胶枪。

不需要预定，木工进场前几天购买即可。

**【较脏工程完成后】**

（23）木地板。

水电、墙面施工结束后，可以开始木地板的安装。提前一周定货，如果商家负责安装需要提前两三天预约安装地板。

（24）乳胶漆、油漆。

乳胶漆不需要预定，油漆工墙面处理（批腻子）开始后可以订购乳胶漆和油漆。

（25）壁纸、壁布。

地板安装完毕后可以贴壁纸，进口壁纸需要提前20天左右订货，如果商家负责铺装，铺装前两三天预定。

**【全面安装前】**

（26）灯具。

非定做灯具均不需要预定。

（27）水龙头、厨卫五金件。

一般不需要定做，但挂墙龙头需要提前定位，与水管工程同步。其余龙头可以在装修工程后期购买，与洁具安装同步。

（28）镜子。

如果定做，需要四五天的制作周期。镜子一般是在保洁前最后安装。需要注意的是，镜灯的电位位置需在水电施工前预留（镜灯有些设计是需靠镜子遮挡）。

（29）马桶等洁具。

不需要预定洁具，安装可以稍微晚一点进行，避免损坏。

（30）开关、插座面板。

不需要预定开关。开关数量不需过早确定，容易产生较大误差。一般建议墙面油漆结束后，电工准备安装开关和灯具前提前几天订购即可。

**【装修施工结束后】**

（31）家具沙发、床垫、床上用品、窗帘、饰品等软装品。

可以在装修施工全部结束后采购。通常装修施工结束后还会空置几周，刚好可以利用这段时间订购这些软装饰物品。其中需要特别注意的是家具最好提前 15 天左右订购为宜。一般的家具厂商生产周期为 10 天左右，如果所定家具为外地厂商的产品，到货的时间会更长。如果所订产品为进口产品，而国内无货，则需要较长时间，有的产品要一个月以上才能到货。

装修时可以根据自己的需要对材料的入场时间顺序表进行相应地调整，数量的确定需要对房子进行精确地实际测量才能确定。业主如果对于某些材料的数量知道如何计算，比如电线的数量，水管的数量等，可以询问施工的师傅或者直接让师傅开单自己再去采购。

## 2.5 开工前其他准备工作

在装饰材料准备好之后，开工之前还必须进行一些其他的准备工作。

### 2.5.1 施工机具及现场准备

装饰工程所用施工机具大致可分为手使工具及电动工具，尤其是木工作业，需要的机具比较大，在施工正式开始前，装饰公司施工负责人应对项目所要用到的机具进行安排。此外，还应对施工现场进行一些必要的准备。

（1）现场实地勘察。

了解施工现场的环境，确定材料堆放地点、施工用水及用电情况、了解允许施工时间及道路运输情况。

（2）工期安排。

进行工期的基本安排，安排时间在重要施工步骤，比如水电路的改造，瓷砖的粘贴。

（3）联系好垃圾的清理工作。

装修产生的垃圾属于建筑垃圾，有些装修工人不负责任，把它倒在生活垃圾区里，这是不允许的，很容易造成纠纷，事先一定要联系好。

### 2.5.2 成品保护

05 施工工艺之开工前的准备工作

在房屋装修的过程中，成品、半成品保护是一个很容易被忽略的问题。其实成品保护是一个很重要的环节，像刷漆、贴壁纸、刷乳胶漆等施工，都需要对原墙面进行打磨，这样就会产生粉尘，尤其刷漆还可能会出现漆点溅射的问题。因为粉尘颗粒很细微，所以如果成品保护不到位，粉尘还是很容易钻到已有设备和物品中去，使得原有物品很容易受到破坏，由此造成不必要的返工和麻烦。尤其是目前很多房子出售是带有精装修或者全装修的，施工前已经做好了入户门、地面砖、开关面板、栏杆、配电箱、煤气表等，如果不在正式施工前保护好，等装修完工后发现瓷砖污染、损坏、门窗被刮花、下水道堵塞，这才明白是因为事先没做保护引起的，这下“装修”就真的变成“边装边修”了。成品保护通常采用大约 3mm 厚的保护膜和纸板进行保护，保护膜可以最大限度地保护业主屋内门窗、水电设施及其他物品的损伤，并能够有效降低装修过程中发生意外的概率。

成品、半成品保护主要包含以下内容。

（1）室内原有成品设备。

如开关面板，强、弱电盒，可视对讲底座，不锈钢扶手，栏杆，配电箱，煤气表，水表等，装修时要用保护膜包裹严密，并用胶带四周封边，不能露缝，如图 2-8 所示。

图 2-8　室内原有成品设备

（2）入户门。

入户门的门里门外连门框地面都贴保护膜，有了这样的保护，就不用担心门上油漆被划伤了，如图 2-9 所示。

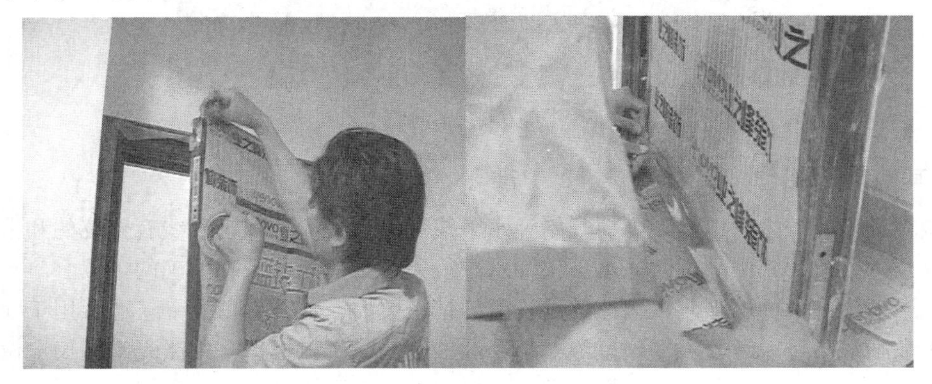

图 2-9　成品门保护

（3）窗户。

在窗户内侧玻璃、窗框、窗架上贴保护膜进行保护（窗户护栏如果不拆除也需要保护），如图 2-10 所示。

图 2-10　窗户成品保护

（4）瓷砖、木地板等地面保护。

如果精装房已经铺贴好地砖，在施工前即需对地面进行保护。未铺贴瓷砖的工地在铺贴瓷砖后的其他工种施工时，所用高凳、梯子、手推车车腿最好用软物包好以免刮伤地面。在木工、油漆、抹浆等工序施工时，要将地面等用纸板或保护膜遮盖以防污染，如图2-11所示。特别是卫生间的地砖要做好保护，工人在施工期间一直要在卫生间取水，如果将水泥、腻子等洒在地砖上，事后将很难清除。

图2-11 地面保护

### 2.5.3 其他前期工作

在做完成品保护之后，工人师傅开始弹水平线和涂刷地保。弹水平线有传统的和采用激光水平仪两种方法，其中采用激光水平仪弹水平线无疑是最为精密和准确的。

激光水平仪是一种用来测试墙体的垂直度的精密仪器，如图2-12所示。通常用于找阴阳角、方正和画水平线。激光水平仪是绝对精密和准确的，所以根据采用激光水平仪定位然后弹线完全可以放心，施工准确性更好，同时也极大地提高了施工效率，如图2-13所示。

图2-12 激光水平仪

通常毛坯房的地面都有一层厚厚的土和水泥颗粒，很难清理干净，如果这层松散的水泥颗粒夹在地面基层和地板之间，极容易造成地面空鼓。处理的方法可以在毛地面上刷上一层地面处理剂，如图2-14所示。地面处理剂可以封解水泥地面上的松散颗粒，使地面基层更加牢固，并且能杜绝扬尘，增强地面基层与地板或地砖的结合能力，从而大大降低地面空鼓的概率。

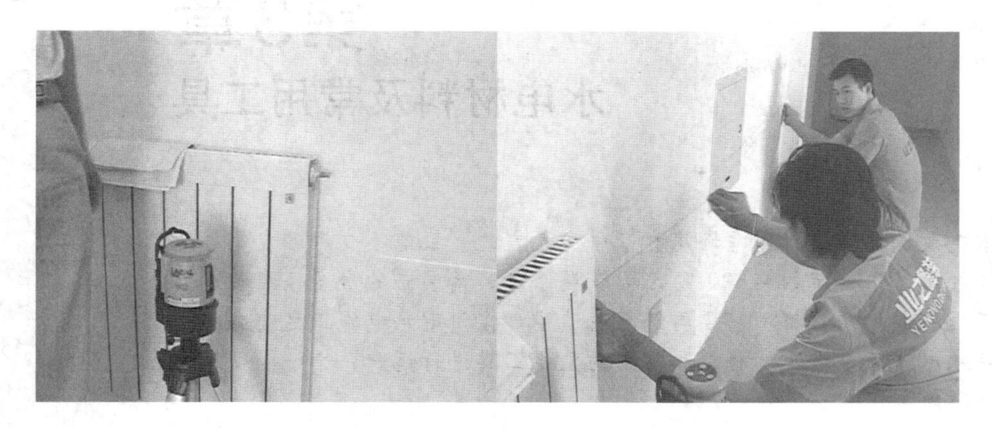

图 2-13 激光水平仪定位及弹线

图 2-14 刷地面处理剂

# 第3章 水电材料及常用工具

Chapter

水电改造通常是针对毛坯房和二手房而言的。目前不少房产在销售时已经做好了一定的装修，称之为精装修房。精装修的房子已经将水电工程完成，通常都不需要再进行改造了。在讲解水电施工之前有必要将水电施工中涉及的材料和常用的主要工具进行逐一介绍，以便更好地理解施工。

## 3.1 电线

目前很多水电改造都是采用暗装的方式，水电线路被埋在墙体内，一旦出了问题，不光维修起来麻烦，而且还会有安全隐患。因而在水电材料的选择和选购上需要特别注意，产品必须合格并达到水电改造的要求。

### 3.1.1 电线的主要种类及应用

电路改造材料中最为重要的就是电线，尤其是目前有不少电器设备功耗很高，甚至达到数千瓦以上，对于电线的要求也更高。不少精装修房在出售时电气线路就已经做好了，这时虽然看不到电线，但还是应该检查电气线路质量，比如可以查看插座和电线是否来自正规厂家的品牌产品、住宅的分支回路有几个等。一般来说，分支回路越多越好，根据国家标准，一般住宅都要有 5～8 个回路，空调、卫生间、厨房等最好都要有专用的回路。通常一般家庭住宅用电最少应分 5 个回路，即：空调专用线路、厨房用电线路、卫生间用电线路、普通照明用电线路、普通插座用电线路。电线分路可有效地避免空调等大功率电器启动时造成其他电器电压过低、电流不稳定的问题，同时又方便了分区域用电线路的检修，而且即使其中某一路出现跳闸，不会影响到其他路的正常使用，避免了大面积跳电的问题。

（1）概述。

电线又称导线，供配电线路使用的电线分为绝缘导线和裸导线两种。裸导线主要用于户外高压输电线路，较为少用。室内供配电线路常用的导线主要为绝缘导线。绝缘导线按其绝缘材料不同，又可分为塑料绝缘导线和橡胶绝缘导线；按照股芯的数量可以分为单股和多股，截面积在 6mm$^2$ 及以下的为单股，较粗的导线则多为多股线。

按线芯导体材料不同，又分为铜芯和铝芯导线，铜芯导线型号为 BV，铝芯导线型号为 BLV，其中铜芯线是最为常用的品种，各种规格铜芯导线如图 3-1 所示。常见的电线一般会有一层塑料绝缘层包裹，全称为塑料绝缘铜芯电线，型号为 BVV，是室内装修中最为常见的品种。如果采用铝芯型号则为 BLVV。

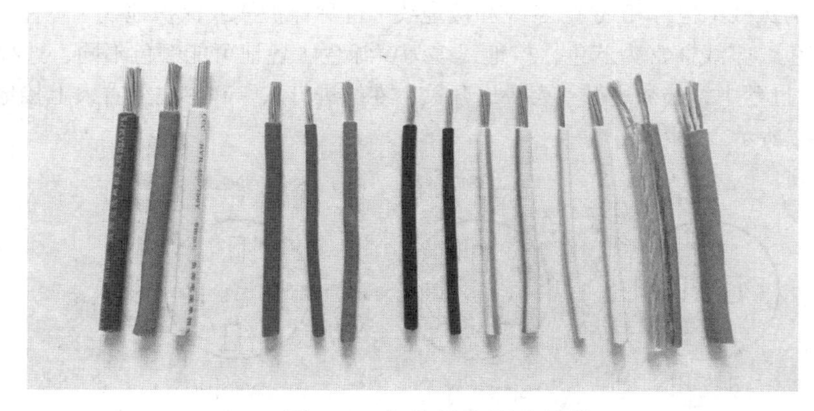

图 3-1 各种规格铜芯导线

铝材导线虽然价格便宜，但是比铜芯导线的电阻率大。在电阻相同的情下，铝线截面是铜线的 1.68 倍，从节能的角度考虑，为了减少电能传输时引起的线路上电能损耗，使用电阻小的铜比电阻大的铝好得多，而且铜的使用寿命也远远超过铝。此外铝线质轻，机械强度差，且不易焊接，所以在室内装修电改造中尤其是以暗装方式敷设时，必须采用铜芯导线，因为暗线在更换时需要较大力气才能从管内被拉出，而铝线容易被拉断。所以，一般家居空间和办公空间必须采用铜芯线。

（2）电线的线径。

室内装修用电线根据其铜芯的截面大小可以分为 1.5mm$^2$、2.5mm$^2$ 和 4mm$^2$ 等几种，长度通常一卷为 100m ± 5m。电线截面大小代表电线的粗细，直接关系到线路投资和电能损耗的大小。截面小的电线价格较为便宜，但线路电阻值高，电能损耗随之增加；反之，截面大的电线价格较贵，但是却可以减少电能损耗。电器功耗越高，需要采用的线径越大。一般情况，进户线为 10.0mm$^2$，插座用线多选用 2.5mm$^2$，可以采用串联方式，在没有超过负荷的情况下，可分区域串联多个插座。空调、厨房、直热式电热水器、按摩浴缸等大功率电器插座均要走专线，其电线多为 4mm$^2$ 电线或线径更粗的电线；普通照明灯具国家标准用 1.5mm$^2$ 电线，但在实际施工中照明灯具也多用 2.5mm$^2$ 电线，在没有超负荷的情况下通常采用串联方式。

电线的线径决定了电线的安全载流量，电线的截面积越大，其安全载流量就越大。铜线的线径每平方毫米允许通过的电流为 5～7A，所以电线的截面积越大，能够承载的电流量就越高。因此在电线的截面积选择上应该遵循“宁大勿小”的原则，这样才有较大的安全系数。

（3）强电、弱电。

电线有强弱之分，日常常见的为强电电源线，弱电电源线则包括电话线、有线电视线、音响线、对讲机、防盗报警器、消防报警和煤气报警器等。弱电信号属低压电信号，抗干扰性能较差，所以弱电线应该避开强电线（电源线）。国家标准规定，在安装时强弱电线要距离 500mm 以上以避免干扰。

（4）布线。

室内电器布线要有超前意识，原则上是“宁多勿少”。以网线为例，早些年在家庭各个房间安装网线并不普遍，但现在父子、夫妻同时上网现象十分普遍，所以即使现在用不上也可以在各个房间预留。电话线和电视线同样如此，多了没有关系，但是少了则肯定会造成生活上的影响。等到需要时再来重新补线，又要穿墙打洞，极不方便。

电线还分为火线（也称相线）、零线和接地线（也称保护线或保护地线）三种，广东地区火线通常为红色，零线通常为蓝色，接地线多为黄绿色（各地可能颜色不同，选择时需要问清楚）。在布线过程中，必须遵循"火线进开关，零线进灯头"和"左零右火上接地"的规定接线，如图 3-2 所示。

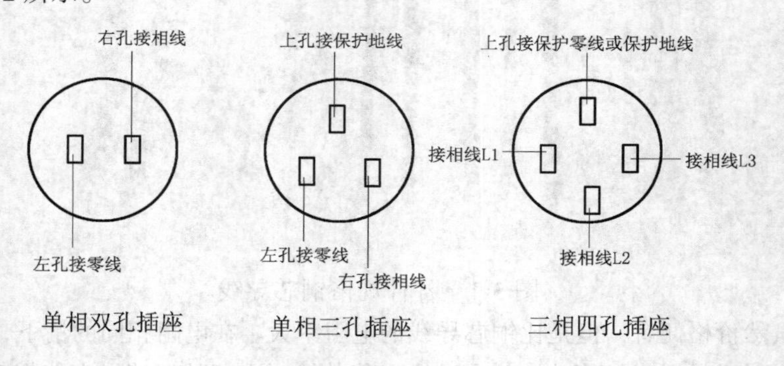


图 3-2 插座接线方式

像空调、洗衣机、热水器、电冰箱等常见电器设备的插座多为单相三孔插座，火线、零线、保护地线分别接入三个插孔。很多人忽略了保护地线的作用，只将一相火线与一相零线接入电源插座，将地线抛开不接，这样做对于电器的使用不会造成什么问题，但是一旦电器设备出现漏电，就可能导致触电伤人和火灾事故。

### 3.1.2 电线的选购

国内发生的很多火灾事故，事后调查有不少都是因为电线质量不过关或者线路老化以及配置不合理造成的。因此，在购买电线时一定要特别注意，以免造成不必要的危害。市场上电线品牌很多，价格也有很大差距，这也给电线的选购造成了很大的困扰，选购质量好的电线需要从以下几个方面考虑。

看外观。最好选择那些具有中国电工产品认证的"长城标志"产品，同时必须具有产品质量体系认证书和合格证，并且有明确的厂名、厂址、检验章、生产日期和生产许可证号。相对而言，选择一些大厂家品牌产品会更有保证，如图 3-3 所示。

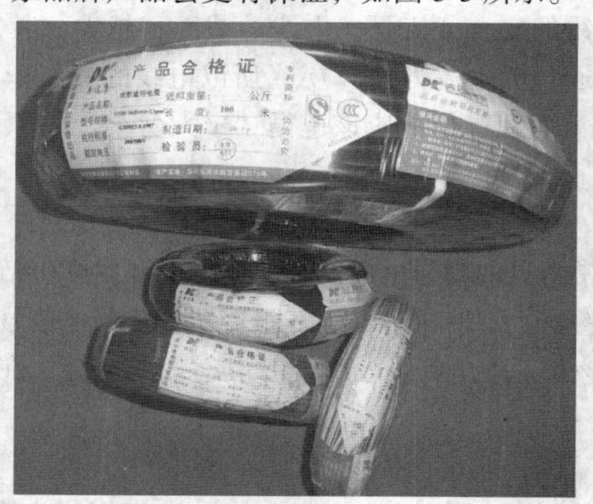


图 3-3 合格产品的各种标记

（1）电线铜芯。电线铜芯质量是电线质量好坏的关键，好的电线铜芯采用的原料为优质精红紫铜。看电线铜芯的横断面，优等品铜芯质地稍软，颜色光亮，色泽柔和，颜色黄中偏红。次品铜芯偏暗发硬，黄中发白，属再生杂铜，电阻率高，导电性能差，使用过程中容易升温而引起安全隐患。

（2）塑料绝缘层。电线外层塑料皮要求色泽鲜亮，质地细密，厚度为 0.7～0.8mm，用打火机点燃应产生无明火。可取一截电线用手反复弯曲，优等品应手感柔软，弹性大且塑料绝缘体上无龟裂。次品多是使用再生塑料，色泽暗淡，质地疏松，能点燃明火。

## 3.2 电线套管

目前电改造多是采用暗装的方式，电线敷设必须用穿管的方法来实现。电源线管敷设完成后，再穿电源线，保证日后维修时能够抽出电线套管。穿管的目的是为了避免电线受到外来机械损伤和保证电气线路绝缘及安全，同时还方便日后的维修。电线套管也叫电线护套线，主要有 PVC 管和钢管两大类。

### 3.2.1 电线套管的主要种类及应用

（1）PVC 电线套概述。

塑料管材有聚氯乙烯半硬质电线管（FPC）、聚氯乙烯硬质电线管（PVC）和聚氯乙烯塑料波纹电线管（KPC）3 种，其中 PVC 塑料电线套管是应用最为广泛的一种，如图 3-4 所示。

PVC 塑料管耐酸、碱腐蚀、易切割、施工方便，但是耐机械冲击、耐高温及耐摩擦性能比钢管差。PVC 塑料管应用非常广泛，尤其是在居室电路改造中，几乎使用的全部是 PVC 塑料护套管。通常做法是在墙面或者地面开出一个槽，开槽深度一般是 PVC 管直径再加上 10mm，然后将电线套入 PVC 塑料管中埋入槽内。明装电线出于保护作用也同样必须使用 PVC 塑料线槽来进行保护，不同的只是它不需要埋进墙内或者地面中，而是暴露在外面，如图 3-5 所示。

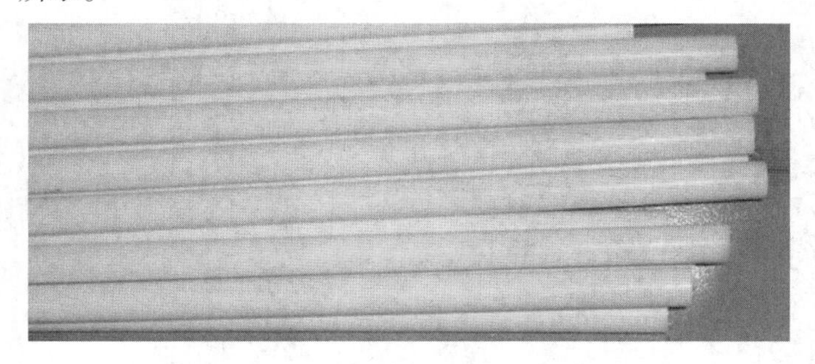

图 3-4 PVC 塑料电线套管

图 3-5 明装电线

（2）PVC 电线套管种类及应用。

PVC 电线套管管径常用的有 16mm、20mm、25mm、32mm、40mm、50mm 等多种，装修用多为 25mm 和 20mm，也称为 6 分管和 4 分管。按照国家标准，电线套管的管壁厚度必须达到 1.2mm。此外出于散热的考虑，管内几根电线的总截面积不能超过 PVC 电线套管内截面积的 40%，因为如果某根电线出了问题，可以从 PVC 管内将该电线抽出，再换一根好的。但是如果 PVC 管中穿了过多的电线，那就很难抽出那根出了问题的电线，这样会给维修造成很大麻烦。

电线套管还需要注意的是在同一管内或同一线槽内，强弱电线不能同管铺设，以避免使电视、电话的信号接收受到干扰。国家标准是强电弱电间隔 500mm。

（3）钢管电线套管主要种类及应用。

钢管电线套管主要有镀锌钢管、扣压式薄壁钢管和套接紧定式钢管等。镀锌钢管适用于照明与动力配线的明设及暗设；扣压式薄壁钢管和套接紧定式钢管适用于 1kV 以下、无特殊要求、室内干燥场所的照明与动力配线的明设及暗设。套接紧定式钢管也叫 JDG 镀锌钢管，是应用最为广泛的一种钢管电线套管，如图 3-6 所示。

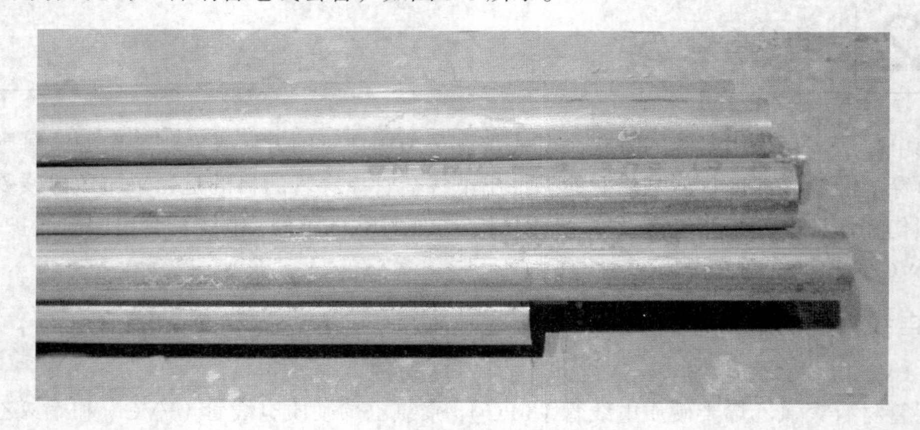

图 3-6 镀锌钢管样图

钢管布线可以应用于室内和室外，但对金属管有严重腐蚀的场所不宜采用。相对而言，家装多采用 PVC 电线套管，而公共空间装修则更多的会应用一些钢管布线。

钢管电线套管和 PVC 电线套管一样，管内电线的总截面积不能超过钢管电线套管内截面积的 40%，钢管应用如图 3-7 所示。

图 3-7 钢管应用

### 3.2.2 电线套管的选购

PVC 塑料管应具有较好的阻燃、耐冲击性，产品应有检验报告单和出厂合格证。管材、连接件及附件内、外壁应光滑、无凹凸，表面没有针孔及气泡。管子内、外径尺寸应符合国家统一标准，管壁厚度应均匀一致。同时要求有较高的硬度，可以放在地上用脚踩，最起码不能轻易地踩坏。

钢管电线套管要求壁厚应均匀一致，镀层完好、无剥落及锈蚀现象，管材、连接套管及金属附件内、外壁表面光洁，无毛刺、气泡、裂纹、变形等明显缺陷。

## 3.3 开关、插座

### 3.3.1 开关的主要种类及应用

（1）开关主要种类。

开关的品牌和种类很多，按启闭形式可分为扳把式、跷板式、纽扣式、触摸式和拉线式等多种，按额定电流大小可分为 6A、10A、16A 等多种。按照使用用途分，室内装修常用的有单控开关、双控开关和多控开关。单控开关的意思就是一个开关控制一个或者多个灯具，比如办公室有多盏筒灯，它们由一个开关控制，那这个开关就是单控开关。双控开关的意思则是两个开关共同控制一个或者多个灯具，比如走道和卧室就比较适合安装双控开关，这头打开，那头关闭，非常方便。除此之外，按开关的装配形式可以分为单联（一个面板上只有一只开关）、双联（一个面板上有两只开关）、多联（一个面板上有多只开关），如图 3-8 所示；按开关的安装方式可以分为明装式、暗装式，其中暗装开关需配接线盒（底盒），接线盒有铁制盒（适用于钢管敷设）和塑料盒（适用于 PVC 塑料管敷设）；按开关的功能可以分为定时开关、带指示灯开关等；按照性能的不同可以将开关分为转换开关、延时开关、声控开关、光控开关等。

图 3-8 单联、双联、三联开关（双控还是单控在外观上看不出来）

（2）开关的应用。

开关高度一般为 1200～1400mm，距离门框门沿为 150～200mm，同时开关不得置于单扇门后面。开关的设计要以便利性为设计原则，对于走道、卧室等空间最好设计一个双控开关，能够这头打开，那头关闭，避免日常使用不便。

### 3.3.2 插座的主要种类及应用

（1）插座的主要种类。

室内用的插座多为单相插座，有两孔和三孔两种。两孔插座的有相（火）线（L）和零线（N），不带接地（接零）保护，主要用于不需要接地（接零）保护的小功率家用电器；三孔插座除了以上两根线以外，还有保护接地（零）线（PE），用于需要接地（接零）保护的大功率家用电器，如图 3-9 所示。

插座从外观上看有二二插、二三插等种类，有些插座还自带开关，如图 3-10 所示。插座按功能分可以分为普通插座、安全插座、防水插座等。安全插座内部有安全保护弹片，当插头插入时保护弹片会自动打开，插头拔离时保护门会自动关闭插孔，可有效防止意外事故的发生。有小孩的家庭和幼儿园等空间，最好采用这种安全插座，避免小孩触电危险。

图 3-9　带开关的两孔和三孔插座

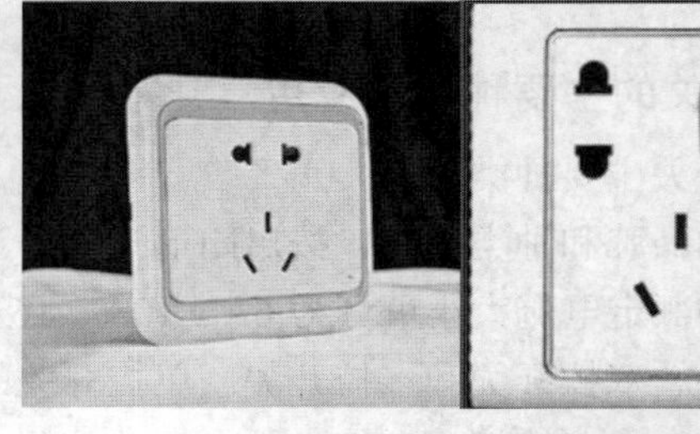

图 3-10　二三插及带开关的二三插

空调有专门的空调插座，外观上和普通插座差不多，但是在使用上有很大区别，这点需要特别注意。在卫生间等水汽较多的空间，安装电热水器尤其是直热式电热水器最好采用具有防水功能的带开关防水插座为宜，如图 3-11 所示。除此之外，现在还有一种安装在地面上的地插座，平时与地面齐平，脚一踩就可以把插座弹出来，主要用在有很多办公桌的办公空间，可以避免从墙面插座上接线致使地面到处是电线。此外，在居室中用来插火锅可以防止来回走动时绊倒电线，如图 3-12 所示。

图 3-11　空调插座及带保护盒防水插座

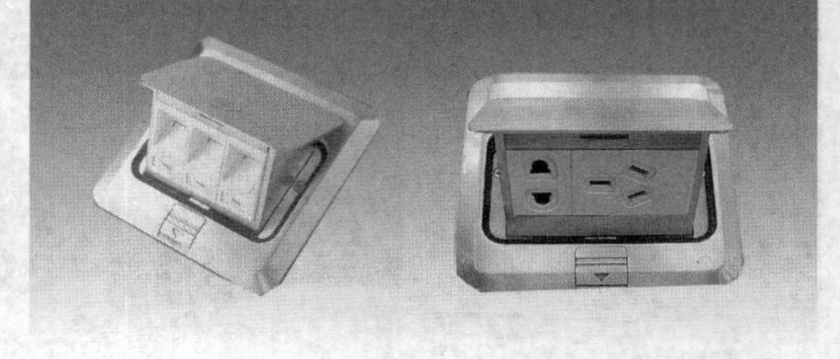

图 3-12　地插

插座的规格有 50V 级的 10A、15A；250V 级的 10A、15A、20A、30A；380V 级的 15A、25A、30A。住宅供电一般都是 220V 电源，应选择电压为 250V 级的插座。插座的额定电流选择，由电器的负荷电流决定，一般应按 2 倍以上负荷电流的大小来选择。如果插座的额定电流和负荷电流一样，长时间使用插座容易过热损坏，甚至发生短路，严重时可以熔坏插座，造成火灾隐患。图 3-13 所示，即为被大功率柜式空调熔坏的插座。一般来说，普通家用电器所使用的插座额定电流可选 10A 的；空调、电磁炉、电热水器等大功率电器宜采用额定电流为 15A 以上的插座。

图 3-13　被大功率柜式空调熔坏的插座

除了上述的普通电源插座，还有一些弱电插座，如电视插座、电话插座、网络插座等，如图 3-14 所示。电话插座和网络插座外形上可以是一样的，区分的办法是看插孔内的芯数，电话插为四芯，网络插为八芯，此外，两者的接口大小也不一样。

图 3-14　电话插座、网络插座和单孔及双孔电视插座

（2）插座的应用。

插座的设计需要考虑全面，由于目前大多采用暗装的方式，在使用中发现插座少了，再想增加是件很困难的事情，所以在设计之初就必须考虑好日常使用的方方面面。同时还必须与业主多沟通，了解业主是否有自己的特殊需求。

插座的设计有一个重要原则就是“宁多勿少”，多了最多是影响到美观和浪费一点钱，但是少了会给以后的日常生活带来诸多不便。插座的设计需要有一个预见性。目前可能用不上，但将来一旦要用，那么再安装会极其不便，比如儿童房网线插座，小孩小可能用不上，但是将来肯定还是要用到的，所以最好还是预留，以防万一。电视插座也是如此。

安全性也是插座必须重点考虑的环节，比如阳台、卫生间和儿童房等空间的插座最好采用防水和安全插座，避免发生意外。还需要特别注意的是整体橱柜插座位的设定。现在很多的整体橱柜已经将电冰箱、电磁炉、电烤箱、电饭锅、电炒锅、洗碗机、消毒柜等电器设备整合在一起，安排插座时一定要充分考虑到插座的数量和高度，这样使用起来才会得心应手。尤其是目前橱柜大多采用厂家定做的方式，确定插座数量和位置时需要和厂家的橱柜设计师共同协商确定。

一般情况下，家居室内墙面固定插座的布置可以遵循以下标准进行：即每间卧室电源插座四组，空调插座一组；客厅电源插座五组，空调插座一组；厨房电源插座五组，排气扇插座一组；走廊电源插座两组，阳台电源插座一组。其中空调插座和电冰箱插座必须采用带接地保护的三孔插座。弱电插座根据业主需要定。当然这只是一般规定，针对不同的需要，可以再做增减。

暗装和工业用插座距地面不应低于 300mm；在儿童活动场所应采用安全插座；通常挂壁

空调插座的高度约为 1900mm，厨房插座高度约为 950mm，挂式消毒柜插座高度约为 1900mm，洗衣机插座高度约为 1000mm，电视机插座高度约为 650mm。

### 3.3.3 开关、插座的选购

开关、插座的选购需要注重品牌，不要图便宜买一些杂牌产品。在装修中其实最不能省的就是电材料及水材料，这些材料一旦出现问题，往往都伴随着较为严重的后果，所以需要特别小心。比如市场上很多知名品牌开关会有“连续开关一万次”的承诺，正常情况下可以使用十年甚至更长时间，价格虽贵，但综合比较还是划算的。

（1）外观。品质好的开关、插座大多使用防弹胶等高级材料制成，也有镀金、不锈钢、铜等金属材质，其表面光洁，色彩均匀，无毛刺、划痕、污迹等瑕疵，具有优良的防火、防潮、防撞击性能。同时包装上品牌标志应清晰，有防伪标志、国家电工安全认证的“长城标志”、国家产品 3C 认证和明确的厂家地址电话，内有使用说明和合格证。

（2）手感。插座额定的拔插次数不应低于 5000 次，插头插拔需要一定的力度，松紧适宜，内部铜片有一定的厚度；开关的额定开关次数应大于 10000 次，开启时手感灵活，不紧涩，无阻滞感，不会发生开关按钮停在中间某个位置的状况；还可掂一掂开关重量，优质的产品因为大量使用了铜银金属，分量感较足，不会有轻飘飘的感觉。

## 3.4 漏电保护器

### 3.4.1 漏电保护器主要种类及应用

（1）概述。

漏电保护器是漏电开关、漏电断路器、自动空气开关、自动开关的统称，做总电源保护开关或分支线保护开关用，同时具有过载、短路和欠电压保护功能。它是一种既有手动开关作用，又能自动进行失压、欠压、过载和短路保护的电器。当电气线路或电器等发生漏电、短路或过载时，漏电保护器会瞬间动作（通常为 0.1s），断开电源，保护线路和用电设备的安全。如果出现人触电的情况，断路器也同样瞬间动作，断开电源，保护人身安全。

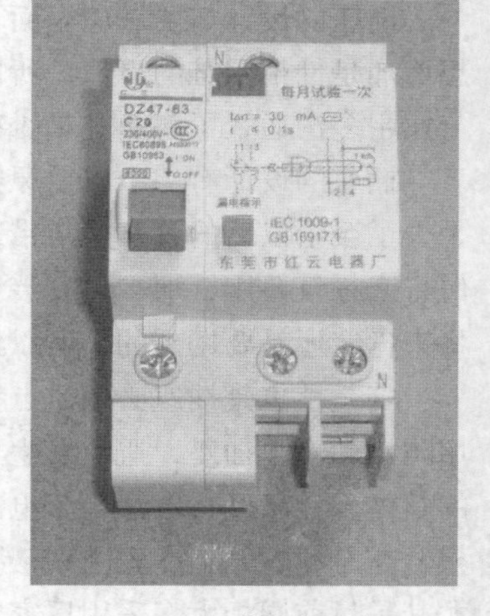

图 3-15 漏电保护器样图

（2）漏电保护器的应用。

漏电保护器最为重要的一个参数就是漏电动作电流。漏电动作电流指的是使漏电保护器发生动作的漏电电流数量。正确合理地选择漏电保护器的额定漏电动作电流非常重要：一方面在发生触电或泄漏电流超过允许值时，漏电保护器可以马上动作，保护设备及人身安全；另一方面，漏电保护器在达不到额定动作电流的正常泄漏电流作用下不会动作，防止其频繁断电而造成不必要的麻烦。为了保证人身安全，额定漏电动作电流应不大于人体安全电流值，国际上公认 30mA 为人体安全电流值，所以用户漏电保护器可以选用额定动作电流为 30mA 的漏电保护器。漏电保护器样图如图 3-15 所示。

一般小型漏电保护器以额定电流区分主要有 6A、10A、16A、20A、25A、32A、40A、50A、

63A、80A、100A 等。通常插座回路漏电开关的额定电流选择一般 16A、20A；开关回路的漏电保护器额定电流一般选择 10A、16A；空调回路的漏电保护器一般选择 16A、20A、25A；总开关的漏电保护器一般选择 32A、40A。

漏电保护器对人身安全和设备安全起着不可替代的作用，但绝对不要主观地认为有了漏电保护器就什么也不怕了，随便带电操作，认为反正有漏电保护器保护，不会出现问题。一方面漏电保护器必须在漏电设备形成漏电电流并且达到一定值时才能起作用；另一方面漏电保护器对相间短路和相线与工作零线之间的短路是不起作用的，如果人体同时触及两相电或者同时触及相线与工作零线时，漏电保护器是起不到保护作用的。所以不装漏电保护器是不行的，但是装上了漏电保护器也绝对不是万无一失的。

### 3.4.2 漏电保护器的选购

（1）额定电压和额定电流应不小于电路正常工作电压和工作电流。

（2）漏电保护器是国家规定必须进行强制认证的产品。在购买时一定要购买具有“中国电工产品认证委员会”颁发的《电工产品认证合格证书》的产品，并注意产品的型号、规格、认证书有效期、产品合格证和认证标志等。选购时应选择正规厂家的漏电保护器产品。

（3）选购时可试试漏电保护器的开关手柄，好的漏电保护器分开时应灵活、无卡死、滑扣等现象，且声音清脆。关闭时手感应有明显的压力。

## 3.5 其他电路改造材料及设备

### 3.5.1 配电箱的主要种类及应用

配电箱就是分配电的控制箱，是用来安装总开关、分路开关和漏电开关等电气元器件的箱体。电源总线接入总配电箱，再从总配电箱分出各个支路接入用户配电箱。通常每栋住宅建筑的首层都设有一个总配电箱，每层又会设一个分层配电箱，在分层配电箱中每户单元都设有单独记录用电量的电度表和短路及过载保护的总漏电开关。从总开关再将电源引入每户单元中，入户后一般在住户大门口处设有一个户配电箱，在户配电箱内根据用电负荷分出几个回路，每个回路上都设有分路漏电开关。

配电箱有金属外壳和塑料外壳两种，根据安装方式则有明装式和暗装式两类。配电箱样图如图 3-16 所示。

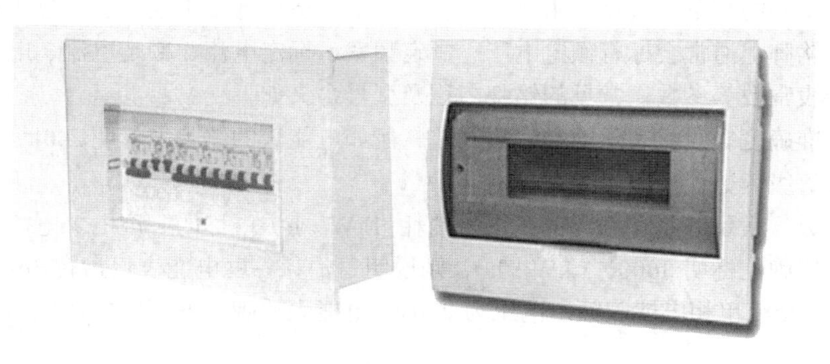

图 3-16 配电箱样图

出于美观考虑，在住宅和办公室等空间安装的配电箱以暗装为主，其主要结构部件有透明罩、上盖、箱体、安装轨道或支架、电排、护线罩和电气开关等，箱体周围及背面设有进出线敲落孔，以便于接线。在一些不需要讲究美观性的空间，如工厂、出租房等空间则更多地采用明装式配电箱。

### 3.5.2 电表的主要种类及应用

（1）概述。

电表是用来测量电能的仪表，俗称电度表、火表。电能表分单相电能表、三相三线有功电能表、三相四线有功电能表和无功电能表，其中单相电能表是室内应用最为广泛的，如图 3-17 所示。

图 3-17 单相电能表

市场上常见的单相电能表主要有机械式和电子式两种。机械式电能表具有高过载、稳定性好、耐用等优点，但是机械式电能表容易受电压、温度、频率等因素影响而产生计数误差，而且长时间使用容易磨损。电子式电能表采用专用大规模集成电路，具有高过载、高精度、功耗低、体型小和防窃电等优点，而且长期使用不需调校。电子式电能表常见的有 DDS6、DDS15、DDSY23 等型号。选择家用电能表时，应尽量选择单相电子式电能表。

（2）电表应用。

电能表有不同的容量，选择太小或太大容量，都会造成计量不准，容量过小还会烧毁电能表。电能表铭牌上通常会标有额定电压、额定频率、标定电流、额定电流、电源频率准确度等级、电能表常数等参数。常见的铭牌名称及型号含义如下。

电源频率准确度等级：表示的是读数误差，例如电能表的铭牌上标明 2.0 级，则说明电源频率准确度等级读数误差小于 ± 2%。

电能表常数：表示的是在额定电压下每消耗 1kW · h（俗称的一度电）电能表的转数，例如电能表的铭牌上标明 3600r/（kW · h），则说明每消耗一度电能表铝盘转 3600 圈。

额定电压：交流单相电能表额定电压为 220V，电能表铭牌上的额定电压应与实际电源电压一致。

额定频率：额定频率一般都为 50Hz。

标定电流（额定电流）：表示电能表计量电能时的标准计量电流，常见的标定电流有 1A、

2A、2.5A、3A、5A、10A、15A、30A 等种类。

额定最大电流：电能表能长期正常工作，误差和温升完全满足要求的最大电流值。额定最大电流不得小于最大实际用电负荷电流。

例如，电能表的铭牌上标明 5（20）A，则说明标定电流为 5A，额定最大电流为 20A。

# 3.6 PPR 给水管

## 3.6.1 PPR 给水管的主要种类及其应用

（1）概述。

PPR 管是目前室内应用最广泛的一种管道材料，在家居水路改造中应用尤其广泛。PPR 管学名叫“无规共聚聚丙烯”，属于聚丙烯产品的第三代，此外还有一些诸如 PPH 和 PPB 的水管材料，也属于聚丙烯大家族的成员，在性能上不及 PPR 管。市场上有些商家利用其相似的特点，用 PPH 和 PPB 管冒充 PPR 管进行销售。

（2）PPR 管应用。

PPR 管的管径可以从 16mm 到 160mm，一般常用的是管径 20mm 和 25mm 这两种，市场上通常俗称为 4 分管、6 分管。PPR 管分为冷水管和热水管两种，区别是冷水管上有一条蓝线，而热水管则是一条红线。相比而言，热水管的耐热性更好，在水温为 70℃以内、压力为 10MPa 以下，其理论寿命可以达到五十年。冷水管对于热水的耐受性较差，所以不能用冷水管替代热水管，但是可以使用热水管替换冷水管。PPR 冷热水管如图 3-18 所示。

通常来说，水管最容易出现的问题就是渗漏。而渗漏最容易出现的地方就是在管材和接头的连接处。PPR 管最大的优点在于其能够使用热熔器将管材和接头热熔在一起，使其成为一个整体，这样就最大限度地避免了水管的渗漏问题，如图 3-19 所示。此外 PPR 管还具有施工方便的优点，采用的是热熔即插连接，无需套丝，数秒钟就可完成一个接头连接，所以格外受到装饰施工部门的推崇。

图 3-18　PPR 冷热水管

图 3-19　将管材和接头热熔在一起

PPR 水管也有其自身的问题。其耐高温性和耐压性稍差，过高的水压和长期工作温度超过 70℃，也容易造成管壁变形；同时 PPR 管长度有限，且不能弯曲施工，如果管道铺设距离长或者转角处较多，在施工中就要用到大量接头。但是从综合性能上来讲，PPR 管可以算是当前最好的水路改造的管材。

PPR 水管还有不少与之配套的配件，这些小配件种类繁多，常用的有三通、管套、弯头、直接等，这些配件起着连接、分口、弯转 PPR 管的作用，可以根据施工的需要选用，如图 3-20 所示。

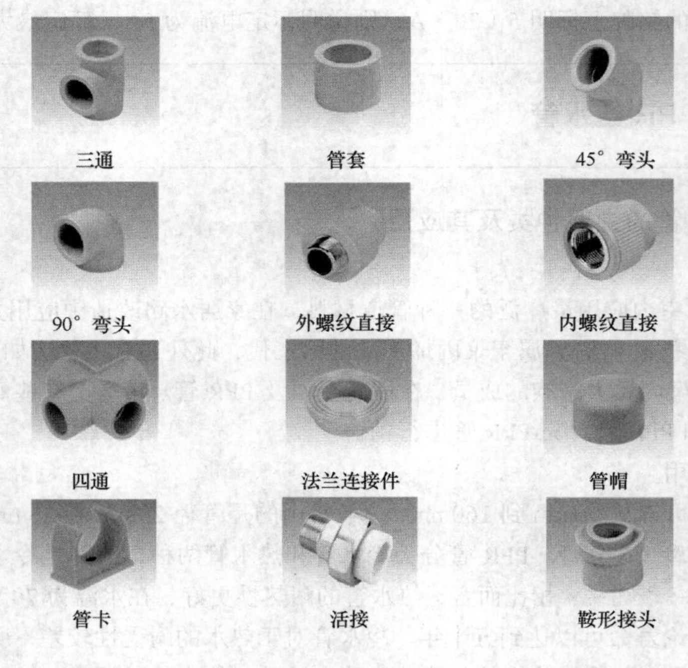


图 3-20　各种配件

### 3.6.2　PPR 给水管的选购

水路材料主要有 PPR 管、铝塑管、铜管、PVC 管和镀锌铁管等种类，但由于铜管应用极少，而 PVC 管和镀锌铁管又处于淘汰边缘，这里就重点介绍 PPR 管和铝塑管的选购。

（1）管材表面光滑平整，无起泡，无杂质，色泽均匀一致，呈白色亚光或其他色彩的亚光。好的 PPR 管应该完全不透光，不好的 PPR 管则轻微透光或半透光。在明装的施工中，透光的 PPR 管会因为光合作用在管壁内部滋生细菌。而铝塑管因为其中间的铝层则不会有这方面问题。

（2）管壁厚薄均匀一致，管材有足够的刚性，用手挤压管材，不易产生变形。

（3）不管是 PPR 管还是铝塑管都属于复合材料，好的复合材料没有怪味和刺激性气味。

## 3.7　其他常用水路改造材料

### 3.7.1　铝塑管的主要种类及应用

铝塑管又叫铝塑复合管，也是目前市面上较为常用的一种管材。铝塑管是一种由中间纵焊铝管、内层聚乙烯塑料、外层聚乙烯塑料以及各层之间热熔胶共同构成的新型管材，如图 3-21 所示。

铝塑管同时具有塑料抗酸碱、耐腐蚀和金属坚固、耐压两种材料特性，同时还具有不错的耐热性能和可弯曲性，也是市场上较受欢迎的一种管材。

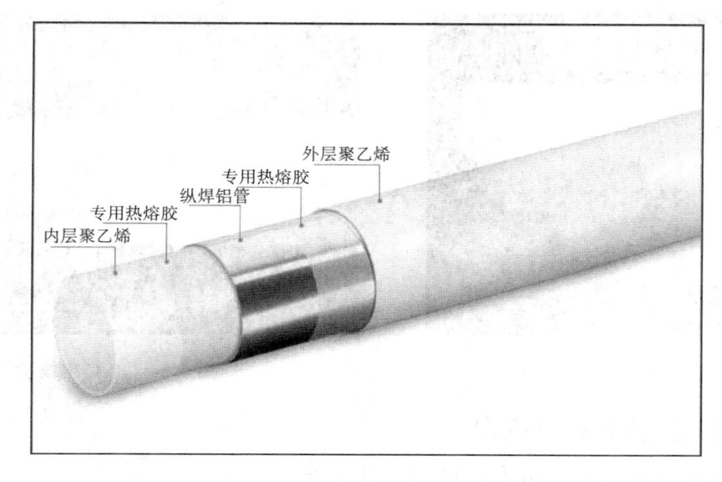


图 3-21 铝塑管构造

### 3.7.2 铜管的主要种类及应用

图 3-22 铜管样图

铜管在国内采用的不是很多，但在国际上尤其欧美等发达国家使用最多的给水管材就是铜管，几乎占据着垄断地位。铜管最大的优点就在于其具有良好的卫生环保性能。铜能抑制细菌的生长，99%的细菌在进入铜水管的5个小时后消失，确保了用水的清洁卫生。同时铜水管还具有耐腐蚀、抗高低温性能好、强度高、抗压性能好、不易爆裂、经久耐用等优点，是水管中的上等品，如图3-22所示。在很多较高档的卫浴产品中，铜管都是首选管材。

铜管接口的方式有卡套和焊接两种，卡套方式长时间使用后容易变形渗漏，所以最好还是采用焊接式。焊接后铜管和接口也和PPR水管一样，基本上成为了一个整体，解决了渗漏的隐患。铜管最大问题就是造价高，这也是影响其在国内广泛应用的主要原因，目前国内只有在一些如五星级酒店和高档住宅小区才有使用。此外，铜管还有一个问题就是导热快，所以市场上很多的铜热水管外面都覆有一层防止热量散发的塑料或发泡剂。市场上有一种铜塑复合管，其构成原理和铝塑管基本上是一样的，区别只在于将铝材改为更加环保的铜。

### 3.7.3 PVC管的主要种类及应用

PVC（聚氯乙烯）管有PVC和UPVC两种，其中UPVC管可以理解为加强型的PVC管。PVC（聚氯乙烯）是一种现代合成材料，属于塑料的一种，是应用极为广泛的管材材料，尤其是排水管，基本上都是采用PVC或者UPVC制成。

由于PVC材料中有些化学元素对人体器官有较大的危害性，同时PVC管的抗冻和耐热能力都不好，所以很难用作热水管。再加上PVC管强度和抗压性较差，用作给水管容易造成渗漏，即使作为冷水管也不适用。在早些年，PVC管也曾经大行其道，近年随着PPR管和铝塑管等管材的兴起，目前已经趋于淘汰的边缘，作为给水管只在一些低档的装修中还有采用。目前，PVC管大多是用作排水管和电线套管，如图3-23和图3-24所示。

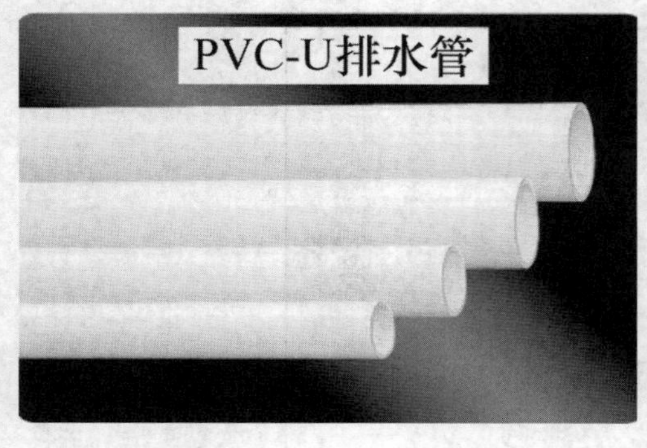


图 3-23　UPVC 排水管

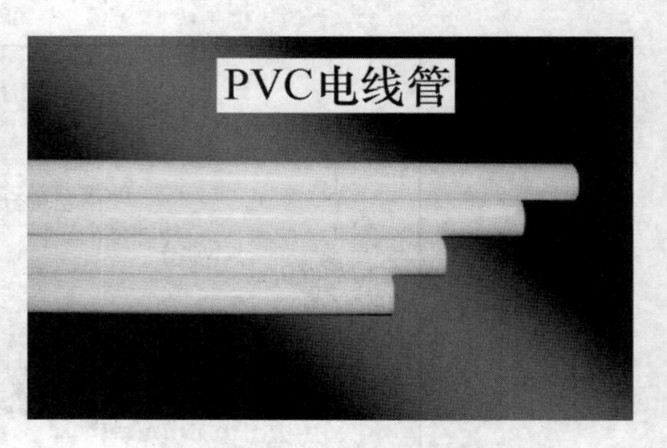


图 3-24　PVC 电线套管

### 3.7.4　镀锌铁管的主要种类及应用

镀锌铁管已有上百年的使用历史，在国内早几十年前几乎所有给水管都是镀锌铁管，即使现在不少老房子还是使用着镀锌铁管，如图 3-25 所示。

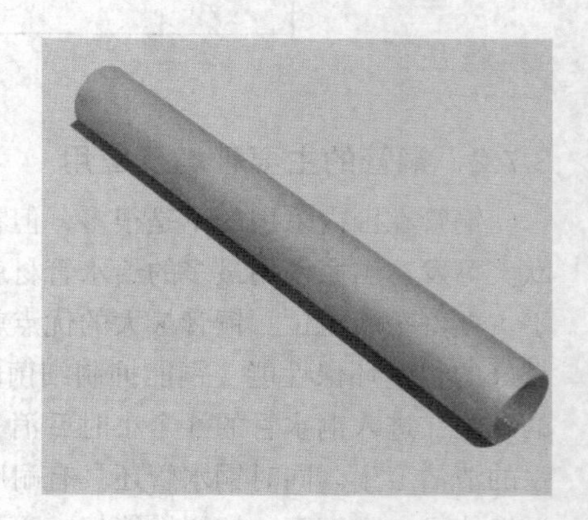

图 3-25　镀锌铁管

镀锌铁管作为水管有易生锈、积垢的问题，使用几年后，管内会产生大量锈垢，锈蚀造成水中重金属含量过高，会严重危害人体的健康。而且镀锌管不保温，容易发生冻裂，目前已经趋于淘汰的边缘。现在镀锌铁管更多是被用作煤气、暖气管道以及电线套管。

市场上有一种新型镀锌管，其内部是镀塑的，这样就一定程度上解决了镀锌铁管的固有问题。但是目前应用的也不是很广泛。

## 3.8　照明光源与灯具

### 3.8.1　照明光源的主要种类及应用

早在 1821 年，英国的科学家戴维和法拉第就发明了一种叫电弧灯的电灯。这种电灯用炭棒作灯丝，虽然能发出亮光，但是光线刺眼，耗电量大，寿命也很短，因而那时电灯没有得到广泛的应用。一直到爱迪生于 1879 年采用钨丝作为灯丝并不断改进，电灯终于达到可连续工作一千小时以上的标准，这时电灯才作为日用品走进了千家万户。随着科学和生产工艺的不断提高，各种照明光源相继诞生，成为了人类生活的一种必需品。

随着各种装饰性光源的出现，灯光和照明已经成了室内外设计的重要组成部分。一个设计作品的好坏在很大的程度上取决于灯具的配置和灯光的设计。室内设计的照明设计不仅要满足室内外“亮度”上的要求，还要起到烘托气氛，点缀空间色彩，突出设计表达重点的作用。灯光在室内设计中的应用如图 3-26 所示。

图 3-26 灯光应用

（1）白炽灯。

白炽灯又称为钨丝灯泡，往往说起灯泡大家就能够联想到它。白炽灯是将钨灯丝通电加热到白炽状态，才使电灯发出了明亮的光芒。在电灯内发光的部分是钨丝，钨丝可以在很高的温度下保持稳定且不易融化，但是钨丝在高温下易直接升华成气体，等关灯后，温度下降，钨气会凝固成固体覆在灯泡玻璃内壁上，因为钨是黑色固体，所以白炽灯用久了以后，钨在灯泡玻璃内壁反复累集，这就是灯泡为什么使用时间一长玻璃壁变黑的原因。也正是因为这个原因，白炽灯大都被生产成"泡"的外形，这是为了增大灯泡玻璃内壁面积，避免灯泡在很短的时间内就会被熏黑了。

白炽灯的灯丝是用比头发丝还细得多的钨丝制成的，在发光过程中由于钨丝不断地被高温蒸发，所以会逐渐变细，直至最后断开，钨丝断开灯泡也就报废了。电灯的寿命跟灯丝承受的温度有关，因为温度越高，灯丝就越容易升华。所以，白炽灯的功率（瓦数）越大，寿命就越短。一般灯泡玻璃颜色开始发黑后，寿命也就不长了。白炽灯样图如图 3-27 所示。

白炽灯是由玻璃泡、灯丝、导线、感柱、灯头组成。40W 以下的灯泡一般是把玻璃壳中的空气抽成真空。超过 40W 的白炽灯泡，其玻璃壳内部充有氩气或氮气，这些气体可以使钨丝的蒸发速度变慢，同样的使用期限下可以使灯丝在更高的温度下工作，所以充气灯泡的发光效率比真空灯泡要高。一般来说，充气灯泡的发光效率要比真空灯泡高出 1/3 以上。白炽灯灯泡的灯头，有插口式和螺口式两种，如图 3-27 所示（左为螺口，右为插口）。螺口式灯泡在电接触和散热方面性能更为优越，功率超过 300W 的一般都必须采用螺口式灯头。

白炽灯的优点是价格便宜且装饰性和实用性强，可以用于各类环境。但缺点是发光效率低，寿命短。在所有用电的照明光源中，白炽灯的光效是最低的，在发光的过程中只有很少的一部分能量转化为光能，大多数都以热能的形式散失了，所以白炽灯没开多久，灯泡摸上去就会很烫。而且白炽灯的使用寿命也比较短。但是白炽灯的光色、集光性能好，同时造价低廉，因而在应用上也是非常广泛的。随着各种节能灯泡的出现，传统的白炽灯泡将慢慢被取代。实际上，目前很多国家都制定了淘汰传统白炽灯的时间。

图 3-27　螺口式和插口式白炽灯

（2）卤钨灯。

卤钨灯也叫卤素灯，是在白炽灯的基础上进行技术改进而生产出来的照明光源。卤钨灯发光原理和白炽灯完全相同。卤钨灯性能的提高在于玻璃壳内不但被抽成真空，充入了适量的惰性气体，如氩气、氮气灯，而且还充入了化学卤族元素及其卤化物，如碘、溴、溴化氢等。白炽灯因为灯丝的高温造成钨的蒸发，产生灯泡玻璃壳发黑的现象。而卤钨灯通过充入含有卤族元素或卤化物的气体，解决了灯泡发黑这个问题，而且还延长了灯泡寿命和提高了光效。如果充入的是碘化物，则称为碘钨灯；如果充入的是溴化物，则称为溴钨灯。相比而言，溴钨灯的光效会略高于碘钨灯。同时因为卤钨灯的管壁温度要比普通白炽灯高得多，所以灯泡必须使用耐高温的石英玻璃或硬玻璃。需要注意，因为卤钨灯发光热量很高，容易导致周边温度升高，因此必须装在专用的隔热装置金属灯架上，切忌安装在易燃的木质灯架上，以防发生火灾。

卤钨灯与同功率白炽灯相比，体积要小得多，而且效率高、功率集中，因而可使照明灯具尺寸缩小，便于光的控制，适用于体育场、广场、舞台、厂房、机场车站、摄影等。此外，相对白炽灯，卤钨灯使用寿命长，最高可达 2000h，平均寿命 1500h，是白炽灯的 1.5 倍。

（3）荧光灯。

荧光灯即低压汞灯，常被称为日光灯，是所谓的第二代光源，如图 3-28 所示。荧光灯所散发来的光线比钨丝灯泡要强，光线偏冷、略带青色。荧光灯是利用低气压的汞蒸气在放电过程中辐射紫外线，从而使荧光粉发出可见光的原理发光。荧光灯管可以生产出各种大小、长度和颜色，在室内装修中多用作暗藏灯，形成成片的光芒效果，如图 3-29 所示。

一般的荧光灯管不能单独使用，必须与镇流器、启动器等配合使用。不同规格的荧光灯管，需配用相应规格的镇流器和启动器，不能随意搭配。市场上还有一种电子式镇流器，采用电子镇流器无须加装启动器，因而目前应用也非常广泛。

按照灯管直径分类，常见荧光灯的种类有 T4、T5、T8、T10、T12 五种，T5 直径为 15mm，T8 直径为 25mm，T10 直径为 32mm，T12 直径为 38mm。按照类型分，荧光灯主要有直管形荧光灯和环形荧光灯。直管形荧光灯是最为常见的荧光灯类型，有各种颜色。环形荧光灯，有 U 形、H 形、双 H 形、球形、SL 形、ZD 形等各种形状。除形状不同外，环形荧光灯与直管形荧光灯没有多大差别。

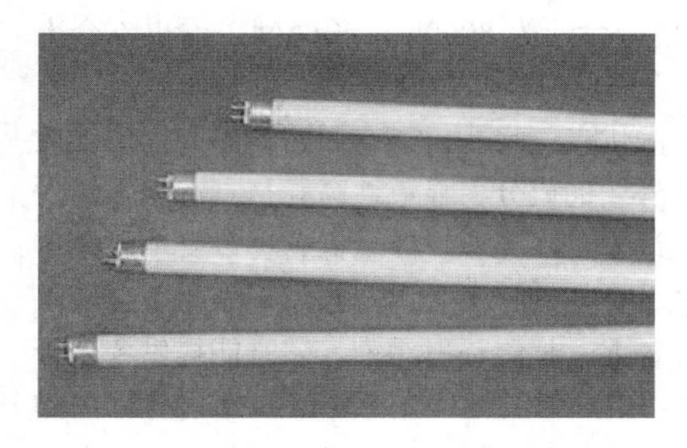

图 3-28 荧光灯

图 3-29 暗藏荧光灯光芒效果

荧光灯使用寿命长，灯管寿命可达 3000h 以上，发光效率高，其发光效率比白炽灯高约三倍，灯光柔和，灯管发光面积大，亮度高，眩光小，不装灯罩也可以使用。除了比较省电和耐用外，荧光灯还非常经济实惠，所以应用非常广泛。但是荧光灯的频闪是最为严重的。频闪即为光源每秒闪动的次数，频闪大的光源对眼睛伤害最大。此外，荧光灯不能频繁开闭，启动次数对灯管使用寿命有很大影响，所以一般荧光灯使用寿命取决于它的开闭次数。而且荧光灯灯管的启动也受环境温度的影响，当环境温度低于 15℃时，启动困难，其最适温度是 18℃～25℃。

1974 年，荷兰飞利浦首先研制成功了稀土元素三基色荧光粉，它的发光效率高，约为白炽灯的 5 倍，热辐射仅为白炽灯 20%，用它作荧光灯的原料可大大节省能源，因而这种荧光灯也常被称为节能荧光灯。在同一瓦数之下，一盏节能灯比白炽灯节能 80%，平均寿命延长 6～8 倍，在非严格的情况下，一盏 5W 的节能灯光照可等同为 25W 的白炽灯。因此可以说，稀土元素三基色荧光粉的开发与应用是荧光灯发展史上的一个重要里程碑。没有三基色荧光粉，就不可能有新一代细管径紧凑型高效节能荧光灯的今天。所谓紧凑型节能荧光灯，其灯管、镇流器和灯头紧密地连成一体，其中镇流器放在灯头内，因为无法拆卸，所以被称为“紧凑型”。紧凑型节能荧光灯大多使用直径 9～16mm 细管弯曲或拼接成 U 型、H 型、螺旋型等形状，缩短了放电的线型长度。紧凑型荧光灯售价甚至可以达到白炽灯泡的 10 倍，其寿命更是后者的 6 倍以上，而且同等亮度的产品，耗电量不足白炽灯泡的 1/4。但稀土元素三基色荧光粉也有其缺点，其最大缺点就是价格昂贵，为普通卤粉的 30 倍。市场上有不少荧光灯采用卤粉或稀土三基色荧光粉和卤粉的混合粉制作荧光灯的涂层，其发光效率比稀土三基色荧光粉低得多，显色指数低，光衰严重，寿命短，选购时需要特别注意。

（4）LED 灯。

从 1879 年爱迪生发明钨丝电灯以来，电光源的产品一直都处于一种不断地升级换代中，LED 灯就是目前最新型的节能灯，有时市场上干脆叫 LED 灯为 LED 节能灯。LED 灯是用高亮度白色发光二极管发出光源，具有体积小、重量轻、亮度高、能耗低、寿命长、安全性高、色纯度高、维护成本低、环保无污染等优点，所以被称为第四代照明光源或绿色光源。

最初 LED 只是用作电器、机器、仪表的指示光源，比如电脑、电视指示灯。随着 LED 技术的进步，LED 进入大众化的时代正在迅速到来。目前国家越来越重视照明节能及环保问题，已经在大力推行使用 LED 灯了。

LED 灯发热小，耗电量少，90%的电能能够直接转化为可见光，所以其能耗仅为白炽灯的 1/10，普通荧光节能灯的 1/4。同时 LED 节能灯可以无故障工作达到 50000h～100000h

（普通白炽灯使用寿命约为 1000h，普通节能灯使用寿命约为 8000h），长时间工作也不会出现问题。

LED 灯还具有性能稳定，抗冲击，耐振动性强的优点。此外，LED 照明产品能提供优质的光环境，提升照明系统的光效，没有红外线和紫外线的成分，显色性高并且具有很强的发光方向性；调光性能好，色温变化时不会产生视觉误差；冷光源发热量低，可以安全触摸；改善眩光，减少和消除光污染。可以频繁快速开关，在使用时不会出现频闪现象，不会使眼睛产生疲劳现象，可保护视力，预防近视。无电磁辐射，杜绝辐射污染。它既能提供令人舒适的光照空间，又能很好地满足人的生理健康需求，是环保的健康光源。LED 节能灯样图如图 3-30 所示。如果 LED 相比其他光源有缺点的话，那就是对温度比较敏感，如果温度上升 5℃，光通量就会下降 3%左右。

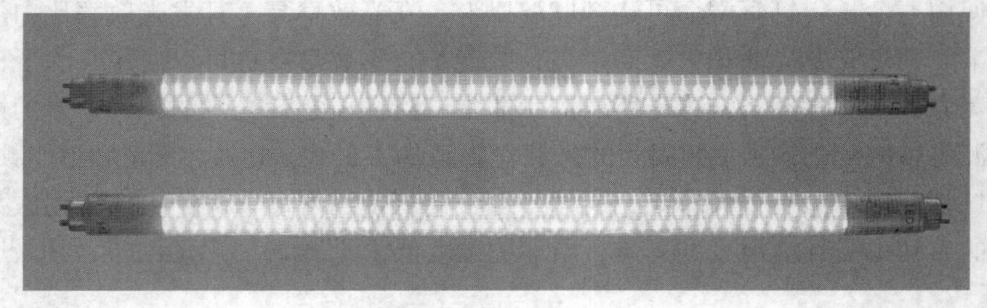

图 3-30　LED 节能灯样图

（5）其他常见光源。

① 高压气体放电灯（HID）。

气体放电灯可分为低压气体放电灯和高压气体放电灯。像荧光灯（又叫低压汞灯）、低压钠灯即属于低压气体放电灯。HID 就是 High Intensity Discharge 高压气体放电灯的英文缩写，主要有荧光高压汞灯、高压钠灯、金属卤化物灯等品种。像光照度极强的车灯即属于高压气体放电灯的品种。高压气体放电灯除了广泛应用于汽车照明外，在公共场所应用也较为广泛，如图 3-31 所示。

A. 高压汞灯（HPMV）：汞即是我们俗称的水银，所以高压汞灯又称高压水银灯。高压汞灯仅有中等的光效及显色性，但是照度较高，因此主要应用于室外照明及某些工矿企业的室内照明。需要注意是，高压汞灯一旦关闭就不能立即再次启动，必须要冷却 5～10min，待管内气压下降后才能再次启动。高压汞灯按结构分为外镇流高压汞灯和自镇流高汞灯两种。相比而言，自镇流高压汞灯使用寿命较短，但是光色效果好，而且价格便宜。

B. 高压钠灯（HPS）：在所有高强度气体放电灯中，高压钠灯的光效最高，并且有很长的寿命，可以达到 20000h 以上。高压钠灯使用时会发出金白色光，被广泛应用于高速公路、机场、码头、停车场、车站、广场、公园、宾馆、商场等场所照明。高压钠灯启动时间比较长，在正常工作条件下，整个启动过程约需 10min 左右。

C. 金属卤化物灯（M-H）：金属卤化物灯是在高压汞灯和卤钨灯工作原理的基础上发展起来的新型高效光源，是高压气体放电灯中最复杂的灯种。金属卤化物灯的光辐射是通过激发金属原子产生的，通常包括几种金属元素，所以被称为金属卤化物灯。金属卤化物灯能发出具有很好显色性的白光，所产生的光比其他光源更接近自然光。金属卤化灯平均可用 15000～20000h，适用于需要高发光效率、高品质白光的所有场合。

② 低压钠灯。

低压钠灯是利用低压钠蒸气放电发光的电光源，钠和汞(水银)一样也可作为放电管中的发光蒸气，灯管内放入适量的钠和惰性气体，就成为钠灯。低压钠灯是光衰较小和发光效率较高的电光源。低压钠灯的寿命一般为 15000h 以上。光衰比其他光源小，寿终时尚可达到80%～85%的初始光通值。低压钠灯样图如图 3-32 所示。

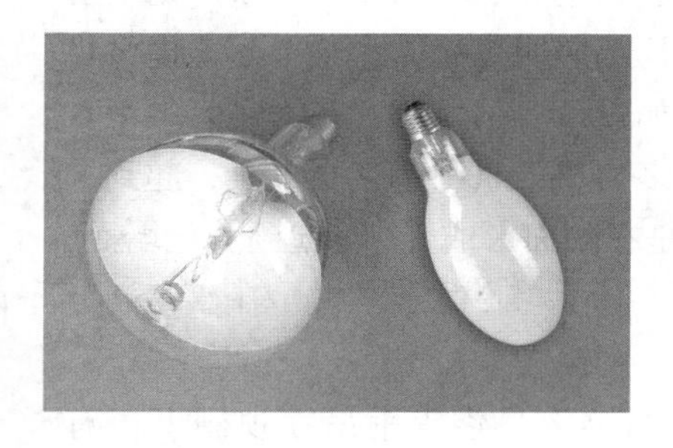

图 3-31 高压气体放电灯样图

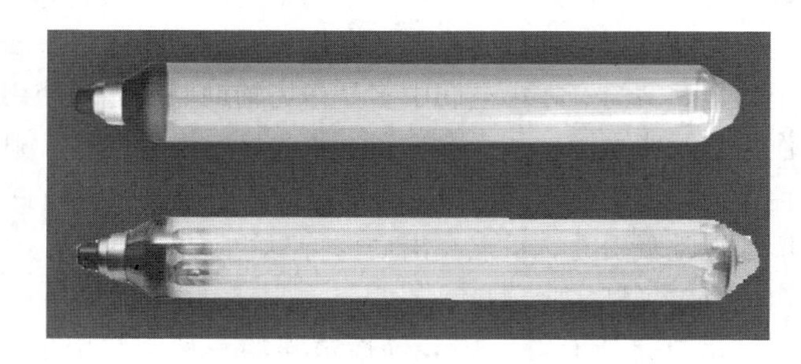

图 3-32 低压钠灯

低压钠灯发出的是单色黄光，其“透雾性”非常出色，常作为道路、航线及机场跑道的标志。同时低压钠灯节能性较好，是替代高压汞灯达到节约用电的一种高效灯种，应用越来越广泛。

③ 氙灯。

填充氙气的光电管或闪光电灯被称为氙灯，氙灯分为长弧氙灯、短弧氙灯和脉冲氙灯三类。由于荧光灯的功率是受限制的，在正常的生活使用中，厂家基本上都做成 5～100 W。而氙灯功率可以制作成从 1 万瓦到几十万瓦的各种品种。功率大了，在工作时温度必然很高，仅靠自然冷却就没办法让温度降下来，这样就需要强迫冷却，一般用风冷，或者用水冷降温。

氙灯是一种物理光性能接近日光的灯，尤其是长弧氙灯发出的光谱和日光非常接近，这是氙灯的最大特点。氙气高压灯辐射发出很强的紫外线，可用于医疗，制作光谱仪光谱。氙灯的发光效率较高，一般寿命可达 3000h。一盏 50kW 的氙灯所发出的光相当于 1000 盏 100W 的日光灯或 90 盏 400W 的高压汞灯。一般适用于广场、公园、体育场、大型建筑工地、露天煤矿、机场等地方的大面积照明，还可以用作电影摄影、彩色照相制版、复印等方面的光源。因为其发光接近日光，所以还可用于颜色检验和植物栽培等方面模拟的日光。各式氙灯样图如图 3-33 所示。

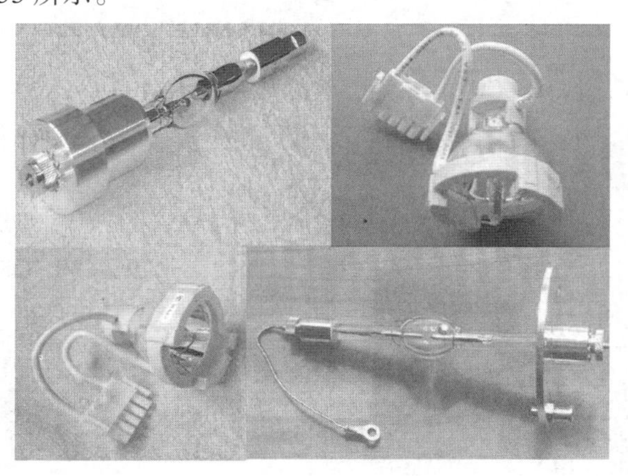

图 3-33 各式氙灯

### 3.8.2 灯具的主要种类及应用

从目前的设计趋势看，灯具已经不仅仅是一种照明用工具，更成为了室内装饰的重要装饰品。尤其是各类灯具发出的光色效果更为室内设计增添出更多韵味和艺术品位。灯具的种类很多，平常按照灯具安装方式的不同，可以分为吊灯、吸顶灯、壁灯、台灯、落地灯、筒灯和射灯等。吊灯、吸顶灯是空间采光的主要照明灯具，起到全局照明的作用。壁灯则主要是起局部点缀辅助灯光效果的作用；台灯、落地灯也属于局部照明灯光，在某个面上提供集中的光照。筒灯在小空间中多是作为辅助照明光源使用，如过道、门厅等；在大空间中则多作主要照明光源，如大会议室、报告厅、电影院等。射灯多为渲染氛围和突出重点，起到一种美化环境的作用，比如在电视背景墙上设置的射灯更多是在墙面形成光束，起到美化墙面，增加视觉吸引力，重点突出局部特写的效果。

（1）吊灯、吸顶灯。

吊灯是所有灯具中装饰性最强的一种，它用吊杆、吊链、吊索等垂吊在顶棚下，有吊杆、吊链、吊索也是吊灯和吸顶灯唯一的不同。吊灯有固定式和伸缩式两种。固定式吊灯的高度在安装之后不能改。伸缩式吊灯则可以在使用时，将灯的高度调节到适当位置，当不用时就可以将灯贴近天花板，拉长整个房间的高度，对于层高较低的空间可以采用伸缩式吊灯。

吊灯种类繁多，造型也多样，各种材料如金属、玻璃、水晶、亚克力、竹编、木制等都被广泛应用于吊灯的制作中，成为营造居室效果的重要装饰元素。以目前最为流行的水晶灯为例，其晶莹剔透的外形，璀璨夺目的效果可以给居室带来一种雍容华贵的感觉，如图 3-34 所示。吊灯又分为多头吊灯和单头吊灯，如图 3-35 所示。

图 3-34 水晶吊灯

图 3-35 多头吊灯与单头吊灯效果

吸顶灯在材料和造型的制作上可以和吊灯完全一样，它们之间区别也就在于吸顶灯没有吊杆、吊链和吊索，灯具顶部直接贴近顶棚，外观感觉好像灯具吸附于顶棚上一样，所以称为吸顶灯。吸顶灯在视觉上没有吊灯那么大气，给人以温暖亲切的感觉，适合于层高不是很高的空间。吸顶灯效果如图 3-36 所示。

图 3-36　吸顶灯效果

相对而言，吊灯适合用在层高较高的空间，而吸顶灯则更适合一些层高较低的空间。一般而言，吊灯悬挂的高度要求离地面 2m 以上，所以层高低于 2.7m 都不大适合采用吊灯（餐厅空间除外，吊灯可以只距餐桌面 65～85cm）。由于目前不少住宅层高都是在 2.7m 甚至 2.7m 以下，因而盲目地使用吊灯显然是不合适的，小空间使用吊灯反而容易造成一种压抑的感觉。

（2）筒灯、射灯。

筒灯是一种嵌入式灯具，一般是将筒灯嵌入天花中，起到一种辅助照明的作用，但也可以安装多个筒灯作为主照明使用，如图 3-37 所示。筒灯在大空间如商场、会议室、电影院等也经常作为主照明光源。不少筒灯还可以调节角度，照射各个不同方向。现在比较流行的是多头筒灯，即将几个筒灯拼装在一个框架内，如图 3-38 所示。

射灯和筒灯区别在于筒灯嵌入天花，而射灯多挂于天花上。射灯在造型上相比筒灯显得更为现代时尚，实用性能更好。射灯作用是将光束集中照射于某处，起到突出强化设计的作用。比如将射灯光束集中于装饰背景墙或者装饰画上就是一种常见的方式，如图 3-39 所示。射灯一般都配有各种灯架，可以随意地调节射灯的角度和位置。射灯中还有一种轨道射灯，就是将射灯固定在一条长轨道上，如图 3-40 所示。多个射灯组合的轨道射灯不仅具有很好的装饰效果，还能像吊灯或吸顶灯那样起到主照明的作用。

图 3-37　用于主照明的筒灯组

图 3-38　多头筒灯效果

图 3-39 射灯应用

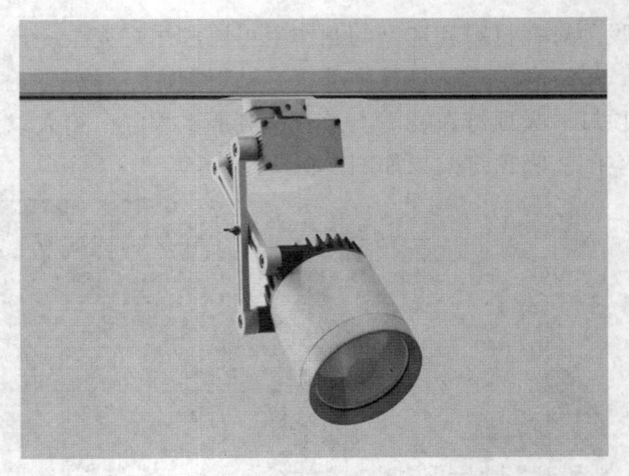

图 3-40 轨道射灯

（3）台灯、落地灯。

台灯是可以随意移动的灯具。它的工作原理主要是把灯光集中在一小块区域内，集中光线，便于工作和学习。一般台灯用的灯泡是白炽灯或者节能灯泡，多用于客厅茶几、卧室床头柜和书房写字台上，造型和色彩千变万化，大体上可以分为两种类型：工艺台灯和书写台灯。工艺台灯强调艺术造型和装饰效果；书写台灯主要用于阅读和书写，在造型上相比工艺台灯显得更为简洁。

落地灯在造型上可以和台灯一样，可以这样来区分台灯和落地灯：放在桌上的是台灯，直接放在地上的是落地灯，如图 3-41 所示。相对而言，落地灯的灯杆要比台灯长很多，更多是放置在沙发、茶几旁边。台灯、落地灯既可以作为一个小区域的主灯，又可以通过照度的不同和室内其他光源配合出环境光色的变化，同时也可以凭自身独特的造型成为室内不错的摆设。

图 3-41 落地灯、台灯应用效果

（4）壁灯。

壁灯是固定于墙面和柱面的装饰性灯具，多用于床头、梳妆台、走廊、门厅等处的墙面或者柱面上。壁灯的照度通常较小，常用作室内调节气氛的辅助性照明，如图 3-42 所示。

壁灯早些年使用非常广泛，但近年来在室内的应用相对于其他类型灯具而言是比较少的。究其原因，在于壁灯需要固定于墙面，不能移动，在使用上不如台灯方便。而在造型上，台灯和壁灯同样都做得非常漂亮，但是壁灯需要专门安装，这也是比较麻烦的。因而壁灯在很多情况下都被台灯所替代。但也正是因为壁灯固定在墙面不能移动，所以也就没有不小心摔落地面的危险，因此壁灯被广泛地应用于酒店。

图 3-42 壁灯的应用

## 3.9 卫浴洁具

随着生活水平的提高，卫生间的布置和装饰也同样受到了重视，各种人性化、多功能、造型多样的卫浴产品应运而生。卫浴洁具产品的材料也呈现多元化发展趋势，除了传统的陶瓷外，各种材料如不锈钢、亚克力、玻璃、实木都被广泛地应用于卫浴洁具产品的生产中。

### 3.9.1 卫浴洁具的主要种类及应用

（1）水龙头。

家庭生活中，每天都要用到水龙头，其好坏直接影响日常生活。按材料分，日常生活中常见的水龙头有金属、塑料、玻璃、陶瓷和合金等种类。按功能分有冷热龙头、面盆龙头、浴缸龙头、淋浴龙头。

随着科学技术的发展，新技术也应用于水龙头上，比如出现了智能磁化水龙头、电热水龙头等高科技水龙头。智能磁化水龙头在手伸向水龙头下时，水龙头会自动打开，手离开后水龙头会自动关闭，这样就避免了忘记关闭水龙头造成的浪费。电热水龙头构造上包括水龙头本体及水流控制开关。在水龙头本体内设有加热腔和电器控制腔，水流过时可以加热，适合在冬季寒冷的季节使用。

不管是何种类型的水龙头，最关键的部位就是其阀芯。水龙头的阀芯主要有三种：铜、陶瓷和不锈钢。其中陶瓷阀芯的水龙头的优点是精密耐磨，对水质要求较高，但陶瓷质地较脆，容易破裂。不锈钢球阀具有较高科技含量，一些高档卫浴产品均采用它作为其水龙头产品的阀芯。不锈钢球阀最大优点就在于经久耐用，对水质要求不高，由于目前国内城市用水的水质普遍不高，因而采用不锈钢球阀较适合。铜阀芯问题较多，比较容易出现漏水和断裂现象，目前较少采用。水龙头也有各类风格，如简约、古典、现代等，如图 3-43 所示。

图 3-43 各类风格水龙头

（2）洗手盆、洗手台。

洗手盆也叫洗面盆，早期洗手盆大多为陶瓷所制，造型简单，只讲究功能使用。现在洗手盆在外观上已经大有改进，材料上也呈多样性发展，用于卫浴空间不啻一件精美装饰品。

洗面盆按材料分主要有陶瓷面盆、玻璃面盆、人造石面盆等种类。陶瓷面盆是目前市场上的主流产品，有着悠久的历史，其表层釉面光洁、易清理，同时陶瓷面盆价格实惠，是主流首选。玻璃面盆是目前市场上的新宠，其外观晶莹剔透、时尚大方，且品种颜色多样，有透明、磨砂、印花等多种类型和各种颜色，受到市场的追捧。人造石面盆外观简洁大方，出厂时多和洗面台柜搭配在一起，显得整体统一。各类洗面盆样图如图 3-44 所示。

图 3-44 各类洗面盆

目前不少卫浴洁具产品都是搭配在一起出售的，这样就可以避免各类产品之间风格的不协调。尤其是洗面盆，通常还会跟一个柜体相搭配，既可以与洗面盆在设计风格上相呼应，还可以起到隐蔽管道设施的作用，如图 3-45 所示。

图 3-45 搭配效果

（3）浴缸。

一天忙碌而紧张的工作后，在浴缸中泡一泡无疑可以使身体舒适，精神放松。尤其是现在市场上出现了各种款式的按摩浴缸，泡澡的同时还能起到按摩的功效，对于身心的放松更具功效。

按照材料分，现在市场上主流浴缸大致分铸铁、钢板和亚克力三大类。此外还有陶瓷、树脂等材料制成的浴缸，尤其是陶瓷浴缸，在早年间是浴缸市场的主流产品，但目前已经基本上被亚克力材料的浴缸所取代，在市场上比较少见了。

铸铁浴缸是以铸铁成型，再在表面镀搪瓷制成的。其优点是表面光洁平整，防污垢，易清洗，坚固耐用，寿命长。缺点是价格较高，而且因为铸铁的良导热性所以保温性也较差，颜色及造型受工艺限制比较单一。此外，铸铁浴缸很重，不易挪动和搬运，因而在安装过程中比较麻烦，也容易被磕坏。

钢板浴缸是以钢板做成型，再在表面镀搪瓷而成，在生产工艺上和铸铁浴缸类似。其优点也与铸铁浴缸类似，但是价格相对便宜，重量也比铸铁浴缸轻，便于运输和安装。缺点是钢板浴缸造型比较单调，保温效果也不太好。另外，钢板浴缸如果厚度太薄，运输、安装和使用时浴缸局部容易受力变形，严重的还会出现暴釉现象。

亚克力浴缸是目前市场上的主流浴缸产品，其表面是聚丙酸甲酯，背面为树脂石膏加上玻璃纤维，以真空方法处理制成。优点是保温性能很好且价格便宜。品质好的亚克力浴缸可以长久保持亮丽的外观，使用寿命可达 10 年以上。缺点是表面硬度不够，硬物及尖锐物体与浴缸直接碰撞，容易造成损坏。各类浴缸如图 3-46 所示。

除了这些浴缸，现在市场上还有一种仿古的木桶，也可以代替浴缸使用，因为其独特的造型和纯实木制造而受到了市场上的追捧。从功能上看，除了以上这些传统浴缸，还有一种是按摩浴缸。按摩浴缸可以通过浴缸内水流循环和喷冲，达到按摩身体的作用。具体功效如何那就要看各人理解了。木桶及按摩浴缸样图如图 3-47 所示。

图 3-46　各类浴缸

图3-47 木桶及按摩浴缸样图

（4）淋浴房。

浴缸提供的是泡澡的功能，淋浴的话最适合的无疑是目前市场最热销的各类淋浴房。目前市场上淋浴房的基本构造都是底盘加围栏。底盘质地有陶瓷、亚克力、玻璃钢等，围栏上安有塑料或钢化玻璃门，可以方便进出。淋浴房安装淋浴喷头，洗浴时将门拉上，水就不会溅到外面。淋浴房按照底盘的形状不同可以分为方形、圆形、扇形、钻石形等，如图3-48所示。

图3-48 各式淋浴房

随着技术的进步，目前市场上很多淋浴房还具备全封闭、冷热水淋浴、按摩和音乐等功能。有的淋浴房还分别设有顶喷和底喷，并增加了自动清洁功能，有些还设有桑拿系统、淋浴系统、理疗按摩系统等。桑拿系统主要是通过淋浴房底部的独立蒸汽孔散发蒸汽，并且设置了药盒，可以放入药物享受药浴保健。理疗按摩系统则主要是通过淋浴房壁上的按摩孔出水，用水的压力对人体进行按摩。各类多功能淋浴房如图3-49所示。

图3-49 多功能淋浴房

（5）马桶。

马桶又称坐便器，因其在使用功能上更加人性化，在室内尤其是家庭使用中已经非常广泛。

以冲水方式的不同可以将马桶分为直冲式和虹吸式。其中虹吸式又分为虹吸旋涡式、虹吸喷射式和虹吸冲落式三种。直冲式价格便宜，用水量小，排污效果好，同时管道较大，不易堵塞，但噪声很大。虹吸式排水马桶不仅噪声低，对马桶的冲排也较干净，还能消除臭气，但由于设计复杂，制作成本和售价均高于直冲式马桶。虹吸式马桶中的虹吸旋涡式就是所谓的静音型马桶，优点是冲水时声音很小且气味小，缺点是费水且冲力较小；虹吸喷射式优点是冲水力度大，噪声小且省水，缺点是管道较小，纸太多偶尔会堵；虹吸冲落式池壁坡度较缓，噪声问题有所改善，缺点是池底存水面积较大，较费水。各式马桶如图 3-50 所示。

图 3-50　各式马桶

## 3.9.2　卫浴洁具的选购

（1）水龙头的选购。

① 看表面：水龙头表面一般都做了镀镍和镀铬处理，正规产品的镀层工艺要求比较高，表面的光泽均匀，无毛刺、气孔以及氧化斑点等瑕疵。此外水龙头主要零部件间的接缝结合处也是非常紧密，没有任何松动感。

② 试手感：轻轻转动手柄，看看是否轻便灵活，有无阻塞滞重感。有些很便宜的产品，都采用质量较差的阀芯，转动时明显感觉不流畅。

③ 配件：买完水龙头一定不要忘记清点零配件，否则拿回去装不上也很麻烦。比如浴缸的水龙头有花洒、两根进水软管、支架等标准配件。正规企业生产的水龙头在出厂时都有安装尺寸图和使用说明书，挑选时要注意查收。

（2）洗手盆的选购。

除了在风格上要求统一协调外，面盆选购还有质量上的要求。陶瓷面盆主要观察其釉面的光洁度，方法与釉面砖的选购类似。玻璃洗面盘的玻璃必须是钢化玻璃，且玻璃厚度不能小于 12mm。人造石面盆的材料是我们装饰石材章节讲过的人造石材料，具体可以参照人造石选购方法。

（3）浴缸的选购。

浴缸的选购除了讲究设计上的统一协调外，在质量上需要注意的是：钢板浴缸所用的钢板通常是 1.5～3mm 厚度，由于钢板比较薄，保温性能不好，所以购买钢板浴缸最好是购买那些加上了保温层的钢板浴缸；铸铁浴缸和钢板浴缸表面都有搪瓷，选购时需要注意其表面是否光洁，如果搪瓷镀的不好的话，表面上会出现细微的波纹。亚克力浴缸缸体由面层（亚克力层）和里层（玻纤树脂加固层）复合而成，好品质的亚克力浴缸面层里层结合紧密，不分层，浴缸表面应光洁平整，没有较明显的凹凸，结实而有弹性，裙边和缸体结合处咬合严密，缝隙一致，轻轻敲击没有空洞声。木质浴桶由于是木板拼接制成的，最易出现滴漏的问题，最好倒满水测试其是否会有滴漏。

（4）淋浴房的选购。

① 材料：淋浴房主材最好的是钢化玻璃，真正的钢化玻璃仔细看会有隐隐约约的波纹；淋浴房的骨架通常采用铝合金制作，表面作喷塑处理，主骨架越厚越不易变形；门的滚珠轴承一定要灵活，方便启合；螺丝采用不锈钢并且所有五金都必须圆滑，以防不小心刮伤；淋浴房底盘的材料分为玻璃纤维、亚克力、金刚石三种，相对而言，金刚石牢度最好，污垢清洗方便；压克力材料次之。

② 多功能淋浴房还必须关注蒸汽机和电脑控制板。如果蒸汽机不过关，用不了多长时间就得坏。此外，电脑控制板也是淋浴房的核心部件。由于淋浴房的所有功能键都是在电脑控制板上，一旦电脑控制板出问题，整个淋浴房就无法启用，因此，在购买时一定要问清蒸汽机和电脑板的保修时间。

（5）马桶的选购。

马桶釉面应光洁、平整、色泽晶莹。釉面不好，防渗透性就差，容易被其他物质渗入，会留下水渍和水垢，怎么擦洗都无济于事，有些马桶底部留下的黄色斑迹便是由于釉面不好造成的。此外，由于池壁的平整度直接影响坐便器的清洁，所以池壁越是平滑、细腻，越不易结污；管道应比较光滑，否则影响排污，假冒产品往往做不到这一点。

## 3.10 常用工具

在施工过程中，合理的使用工具可以大大提高施工效率。俗话说，工欲善其事必先利其器。由于目前发明了许多电动、气动和各种小巧灵活的工具，使得装修风格越来越丰富，装修的精细度也越来越高，同时装修的速度也越来越快。

### 1. 激光投线仪

利用激光束通过柱透镜或玻璃棒形成扇形激光面，投射形成水平和/或铅垂激光线的仪器，多用于装修装潢等领域。

激光投线仪分为三线型和五线型，三线投线仪为 1H2V，也就是只能打出一根水平线，两根垂直线，由于形成的扇面较小，很难照射到地面和顶面。五线投线仪为 1H4V，可以打出一根水平线和四根垂直线，在一次放样中就可以将一个点上的所有线放好。

激光线的颜色多样，以红色居多，是因为红色穿透力最强，在较亮的地方也可以看见。投线仪的供电来源有电池供电和插座供电，并带有自动调平装置，但在架设脚架放样的时候，脚架的水平度一定要预先调整好，否则激光线也是不平的。

在水电施工中，线槽的开凿能否做到横平竖直，完全取决于有没有放好水平、垂直放样线，而激光投线仪能快速方便地放出放样线，而且在其他装饰工种中也都要用到它。

激光投线仪和放样效果如图 3-51 所示。

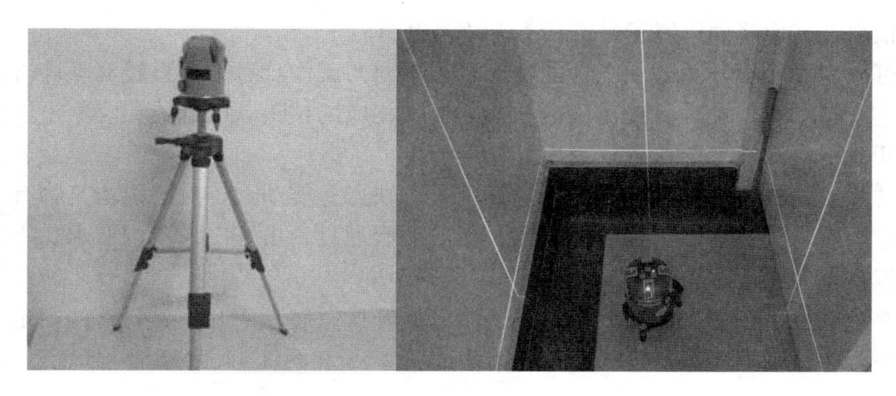

图 3-51 激光投线仪和放样效果

## 2. 开槽机

开槽机由机身、电动机、电动机外壳、齿轮箱、托架、开关盒、刀罩、齿轮副、输出轴、刀具、手柄组合而成，其特征在于：输出轴与机身底平面形成一小于 180° 的夹角；刀具装在输出轴的悬臂上；机身的底部装有两滚轮。开槽机可用最小直径的刀具开出较深且宽的槽，因刀具直径小，可用最小的输出功率实现它，从而减小能耗，提高机器本身的使用寿命；机身可在墙面上滚动，并且可通过调节滚轮的高度控制开槽的深度与宽度。

传统的墙面切槽要先割出线缝后再用电锤凿出线槽，这种方法操作复杂,效率低下，对墙体损坏较大。开槽机一次操作就能开出施工需要的线槽，不用再辅助其他工具操作，灰尘小，效率高，线槽标准。

在水电施工中，水电改造的规范与美观程度取决于线槽的标准程度。开槽机能开出深度和宽度统一的线管槽，非常规范和美观。开槽机及开槽效果如图 3-52 所示。

图 3-52 开槽机及开槽效果

## 3. 电锤

电锤是电钻中的一类,主要用来在混凝土、楼板、砖墙和石材上钻孔。多功能电锤还可以调节到适当位置，配上钻头，代替普通电钻、电镐使用。

电锤是在电钻的基础上，增加了一个由电动机带动有曲轴连杆的活塞，在一个气缸内往复压缩空气，使气缸内空气压力呈周期变化，变化的空气压力带动气缸中的击锤往复打击钻头的顶部，好像我们用锤子敲击钻头，故名电锤。

电锤可以利用转换开关，使电锤的钻头处于不同的工作状态，即只转动不冲击，只冲击不转动，既冲击又转动，针对不同的功能需更换相应的钻头。电锤能在混凝土、砖石建筑上进行开孔、开槽施工。

电锤的优点是效率高，孔径大，钻进深度长。缺点是震动大，对周边构筑物有一定程度的破坏作用。对于混凝土结构内的钢筋，无法顺利通过，由于工作范围要求，不能够过于贴近建筑物。

电锤在水电施工中作用比较大，水管、线管的开槽，底盒的开槽，管卡的固定，灯具的安装都需要电锤来完成。电锤及其各种钻头如图 3-53 和图 3-54 所示。

图 3-53　多功能电锤

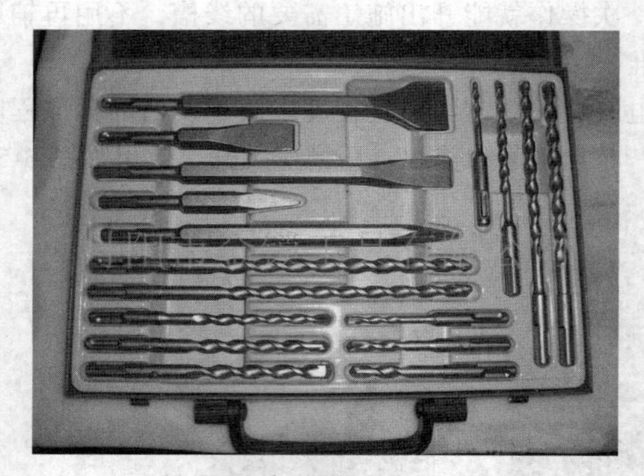

图 3-54　电锤配用的各种钻头

### 4. 手电钻

手电钻就是以交流电源或直流电池为动力的钻孔工具，是手持式电动工具的一种。手电钻是电动工具行业销量最大的产品，广泛用于建筑、装修、家具等行业，用于在物件上开孔或洞穿物体。

手电钻主要由钻夹头、输出轴、齿轮、转子、定子、机壳、开关和电缆线组成，用于金属材料、木材、塑料等钻孔的工具。当装有正反转开关和电子调速装置后，可用来作电螺丝批。有的型号配有充电电池，可在一定时间内，在无外接电源的情况下正常工作。

手电钻的主要种类有普通手电钻和充电手电钻两种，如图 3-55 所示。

在水电施工中手电钻主要用于开关面板、管卡灯具螺丝的拆装，以及各种装饰材料表面开孔等。

图 3-55 普通手电钻和充电手电钻

### 5. 万用表

万用表又称为复用表、多用表、三用表、繁用表等，是电力电子等部门不可缺少的测量仪表，一般以测量电压、电流和电阻为主要目的。万用表按显示方式分为指针式万用表和数字式万用表，是一种多功能、多量程的测量仪表，如图 3-56 所示。一般万用表可测量直流电流、直流电压、交流电流、交流电压、电阻和音频电平等，有的还可以测交流电流、电容量、电感量及半导体的一些参数（如 β）等。

万用表由表头、测量电路及转换开关等三个主要部分组成。工作原理是利用一只灵敏的磁电式直流电流表（微安表）做表头，当微小电流通过表头，就会有电流指示。但表头不能通过大电流，所以，必须在表头上并联与串联一些电阻进行分流或降压，从而测出电路中的电流、电压和电阻。

万用表在水电施工中的运用主要是检测强、弱电导线的通路，在导线铺设完成后进行第一次的通路检测试验，确保铺设的导线完好无断裂，避免电路隐蔽工程出现问题。

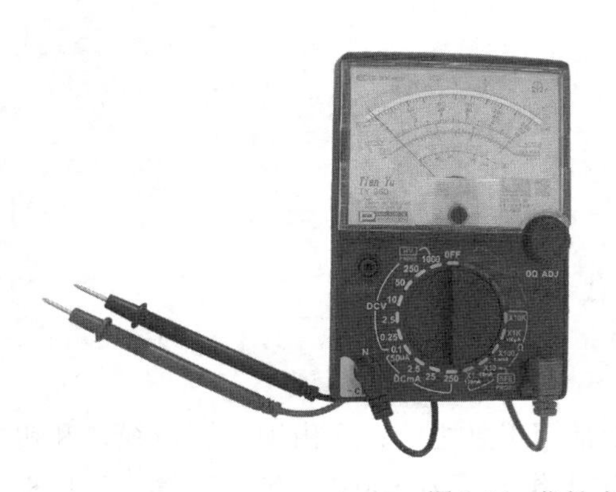
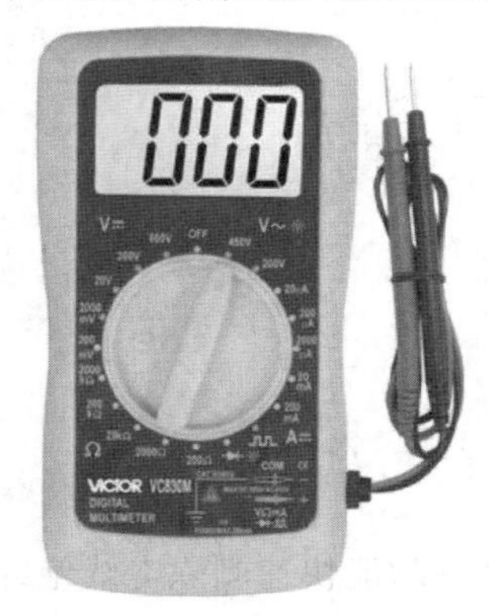


图 3-56 指针式万用表和数字式万用表

### 6. 管子割刀

管子割刀是用于去除 PVC PPR 等塑管材料的剪切工具，如图 3-57 所示。刀体材质一般采用铝合金，刀片采用高温淬火。手动工具一般都是消耗用品，质量较好的使用寿命在 1~3 年。

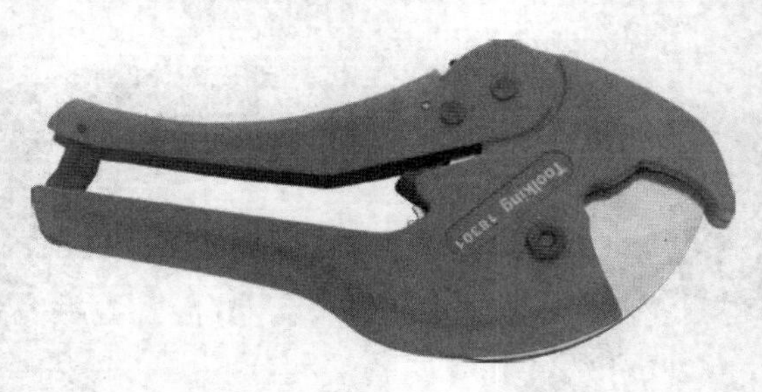

图 3-57　管子割刀

管子割刀对线管、水管进行裁切时速度快，效率高，不会出现毛边、碎屑等杂质，无噪声，重量轻，操作简便；缺点是有时候裁切管子时会将管子压扁一点，不过对施工不会造成影响。

### 7. 试电笔

试电笔也叫测电笔，简称“电笔”，是一种电工工具，用来测试电线中是否带电，如图 3-58 所示。笔体中有一氖泡，测试时如果氖泡发光，说明导线有电，或者为通路的火线。试电笔中笔尖、笔尾为金属材料制成，笔杆为绝缘材料制成。使用试电笔时，一定要用手触及试电笔尾端的金属部分，否则，因带电体、试电笔、人体与大地没有形成回路，试电笔中的氖泡不会发光，造成误判，认为带电体不带电。电笔本身不带电，必须与人体等能导电的物体连通才能导电。

在水电施工中，带电操作是非常危险的，但线路接错也是非常危险的，所以试电笔可以帮助检测出哪根电线带电，按规范接通线路，使电工工程既安全又规范。

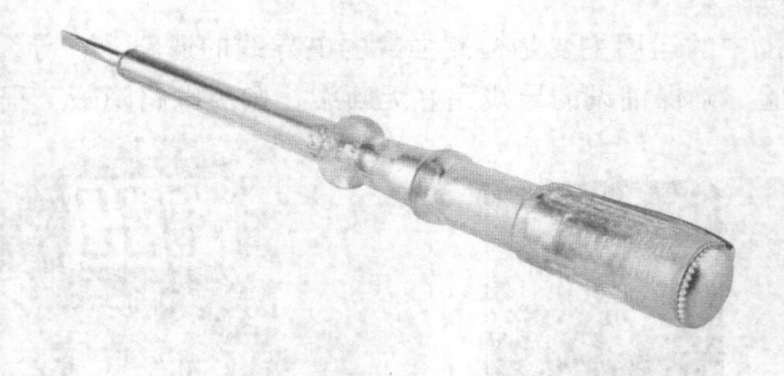

图 3-58　试电笔

### 8. 剥线钳

剥线钳是一款能快速剥除电线绝缘皮的电工常用工具之一，它由刀口、压线口和钳柄组成，如图 3-59 所示。剥线钳的钳柄上套有额定工作电压为 500V 的绝缘套管。刀口根据线径大小依次排列有 1.0mm、1.5mm、2.5mm、4.0mm、6.0mm 等直径的小孔，剥线时将电线放入相应的刀孔中剪断绝缘皮，将其与铜丝剥离。

在水电施工中，剥线钳用于快速剥除绝缘层，快速剪断铜丝，还能对铜丝进行弯曲，大大提高了工作效率。

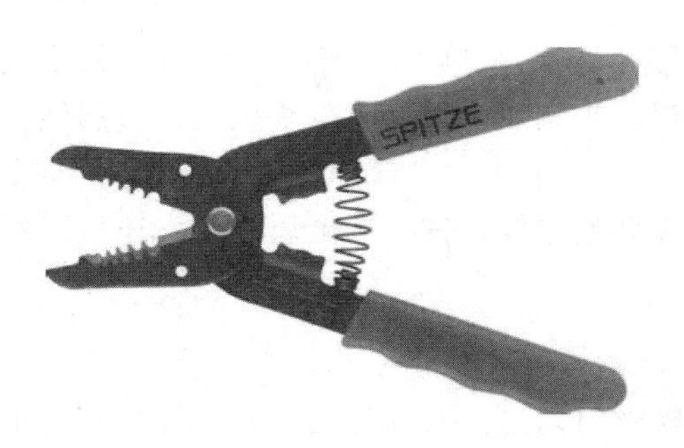


图 3-59　剥线钳

### 9. 尖嘴钳

尖嘴钳由尖头、刀口和钳柄组成，钳柄上套有额定电压为 500V 的绝缘套管，是一种常用的钳形工具，如图 3-60 所示，主要用来剪切线径较细的单股与多股线，以及给单股导线接头弯圈、剥塑料绝缘层等，能在较狭小的工作空间操作。不带刃口者只能夹捏工作，带刃口者能翦切细小零件，它是电工尤其是内线器材等装配及修理工作常用的工具之一。

在水电施工中尖嘴钳由于它灵活的钳嘴，能在线盒等狭窄的空间中夹取、弯曲电线等操作而受到电工的青睐。

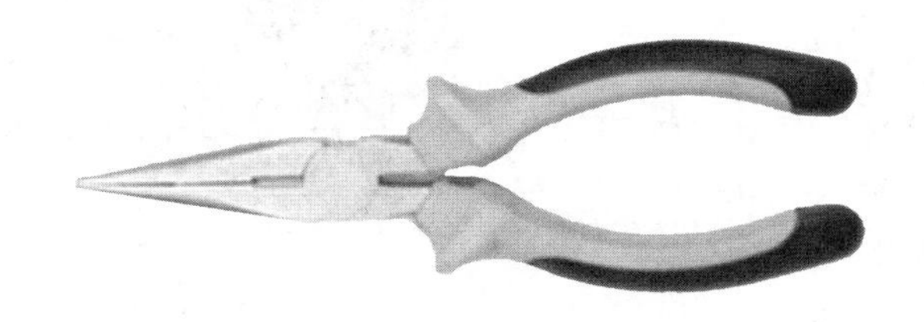

图 3-60　尖嘴钳

### 10. 老虎钳

老虎钳也叫钢丝钳，手工工具，钳口有刃，多用来起钉子或夹断钉子和铁丝，如图 3-61 所示。老虎钳由钳头和钳柄组成，钳头包括钳口、齿口、刀口和铡口。材质有铬钒钢和碳钢两种。

图 3-61　老虎钳

齿口可用来紧固或拧松螺母，刀口可用来剖切软电线的橡皮或塑料绝缘层，也可用来剪切电线、铁丝，铡口可以用来切断电线、钢丝等较硬的金属线，钳子的绝缘塑料管耐压500V 以上，有了它可以带电剪切电线。

在水电施工中主要用来剪断电线、铁丝等金属硬丝，还可以用于拔除螺丝钉，穿线时借助它拉穿线器。

### 11. 螺丝刀

螺丝刀一种用来拧转螺丝钉以迫使其就位的工具，通常有一个薄楔形头，可插入螺丝钉头的槽缝或凹口内，别名也叫起子，主要有一字（负号）和十字（正号）两种，如图 3-62 所示。常见的还有六角螺丝刀，包括内六角和外六角两种。

在水电施工中螺丝刀主要用于开关面板的接线和安装以及灯具的安装，常用的为十字螺丝刀和一字螺丝刀两种。

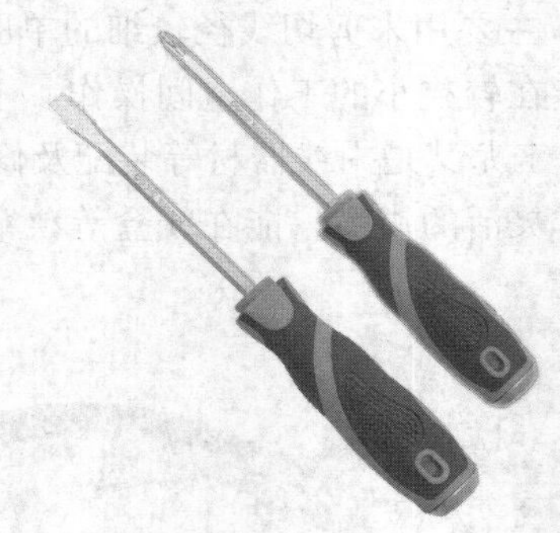

图 3-62　螺丝刀

### 12. PPR 热熔器

PPR 热熔器，也称热合器、热合机等，适用于加热对接 PPR 管，如图 3-63 所示。简单实用，现有可调节温控和固定温控两种。其规格和管材规格一样。可调温控制热熔器可用于其他材料管材，如 PE、PP 等。

PPR 热熔器由温控旋钮、热导机身、热熔接头、底座组成，热熔接头分为 4 分、6 分和 1 寸三种直径规格，分别对应三种管径的 PPR 管，通电后待温度上升至 240℃达到恒温，指示灯由红色变为绿色时，可开始管件的熔接，管件加热 6s 后立刻对接，接口要完全到位才行，否则会很容易造成漏水。

PPR 热熔器在水电施工中用于 PPR 管的热熔连接，它能使管件各部分连接紧密，使用寿命长，缺点是如果一旦熔接错误就得废弃接错的连接部件，更换新的部件重新再来。

图 3-63　PPR 热熔器

## 13. 水管试压机

水管试压机是施工中对水管进行加压实验，检测其接头部位是否漏水的简单实用的重要工具之一，它由水箱、加压手柄、压力表、水管组成，如图 3-64 所示。

水路改造也是隐蔽工程，不能出一点马虎，所以漏水检测就显得尤为重要。PPR 给水管在熔接完成之后，封槽之前就要开始打压试验。简单操作流程为先将阀门关闭，将冷热水管用一根软管连通，选定一个接头部位进行试压，其他接头部位用堵头全部堵住，再将水压入到管中，注意压力表指针的变化，当压力达到 0.8MPa（国际标准）时停止加压，在半小时内观察压力是否会下降。如果不下降或略微有一点点下降，说明管道不漏水，如有明显下降，则说明管道有地方没接好或有沙眼洞，必须找出漏水部位重新熔接，直至检测压力稳定，确保管道无漏水、漏气情况为止才可进行封槽。

特别注意在试压的过程中，压力不要加得太大，以免出现爆管的可能。

试压机在水电施工中主要用于检测 PPR 管、铝塑管等给水管道的渗漏问题，确保隐蔽工程的安全、稳定。

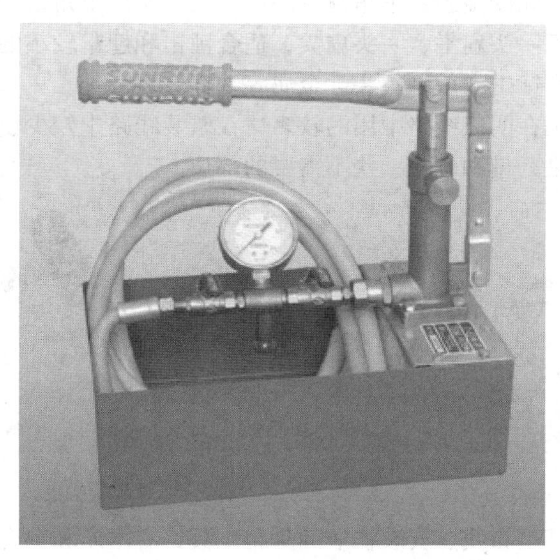

图 3-64　水管试压机

## 14. 扳手

扳手是一种常用的安装与拆卸工具。利用杠杆原理拧转螺栓、螺钉、螺母和其他螺纹紧持螺栓或螺母的开口或套孔固件的手工工具。扳手通常在柄部的一端或两端制有夹柄，使用时沿螺纹旋转方向在柄部施加外力，就能拧转螺栓或螺母。扳手常用碳素结构钢或合金结构钢制造。

常用的种类有活动扳手和固定扳手两种，分别如图 3-65 和图 3-66 所示。活动扳手可随意调节开口的大小，对大型的螺丝紧固件可以拆卸，灵活性较高，但在不同螺母之间变换开口大小时比较麻烦。固定扳手开口尺寸固定，一种规格对应一种螺母，工作效率高，但需要备用很多种尺寸的扳手。

在水电施工中主要用于五金卫浴的安装，旋拧膨胀螺丝，安装水龙头等。

图 3-65 活动扳手

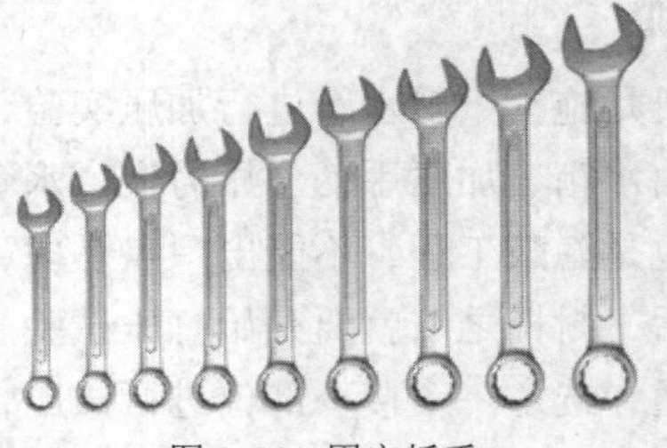

图 3-66 固定扳手

## 15. 锤子

锤子是敲打物体使其移动或变形的工具，常用来敲钉子，矫正或将物件敲开。锤子有各式各样的形式，常见的形式是一柄把手以及顶部。顶部的一面是平坦的以便敲击，另一面则是锤头。锤头的形状可以像羊角，也可以是楔形，其功能为拉出钉子，另外也有圆头形的锤头，如图 3-67 ~ 图 3-69 所示。

在不同的场合使用不同的锤子。羊角锤一头扁平，一头成羊角岔开状，重量较轻，适合锤击和拔除钉子；楔形锤一头扁平，一头扁尖，适合锤击和翘起较小的物件；八角锤两头均为扁平，重量较重，适合锤击和敲砸石头、金属等物件。

在水电施工中电工锤在明装线路中用的较多，在暗装线路中较少使用，八角锤则在暗装线路中使用较多，主要是开槽和砸除一些不需要的部位。

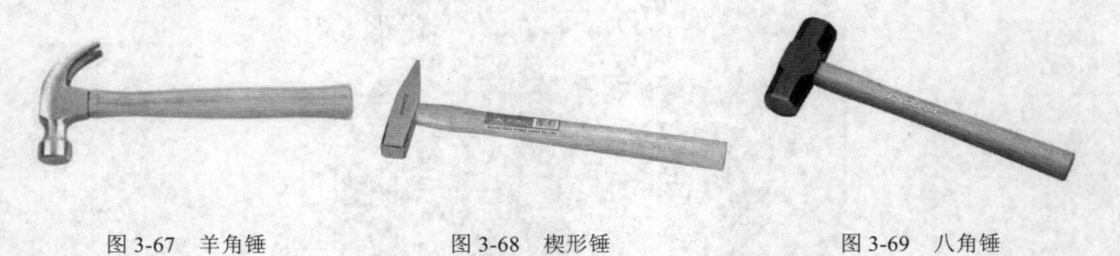

图 3-67 羊角锤　　图 3-68 楔形锤　　图 3-69 八角锤

## 16. 其他常用工具

（1）人字梯：用于高空布线、安装作业的攀爬工具，有木质和铝合金材质等种类。铝合金人字梯适合于家庭备用，木质梯结构牢固，施工人员在梯子上面通过走楼梯的方式能自由地来回移动，减少了爬上爬下浪费时间，如图 3-70 所示。

（2）墨斗：墨斗是中国传统木工行业中极为常见的工具，但由于墨斗弹出的墨线清晰，纤细，不易去除，在当今的装饰领域中受到各个工种人士的喜爱，基本上需要放样的地方都是由墨斗弹线来完成的，如图 3-71 所示。

图 3-70 人字楼梯

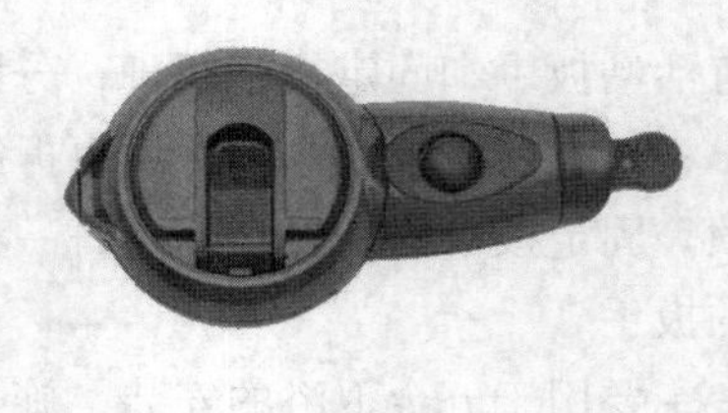

图 3-71 墨斗

（3）钢卷尺：非常灵活的度量工具，钢卷尺的小巧、耐用、尺寸的精确、自动收卷功能等优点使其在建筑和装修行业里被广泛运用，也是家庭必备工具之一，如图 3-72 所示。

（4）美工刀：美工刀俗称刻刀或壁纸刀，是一种美术和做手工艺品用的刀，主要用来切割质地较软的东西，多由塑刀柄和刀片两部分组成，为抽拉式结构，如图 3-73 所示。也有少数为金属刀柄，刀片多为斜口，用钝可顺片身的画线折断，出现新的刀锋，方便使用。美工刀有大小多种型号。在装饰行业中运用也较多，剥电线绝缘皮、切割石膏板、饰面板、防火板、壁纸、削铅笔等都需用到它。

图 3-72　钢卷尺

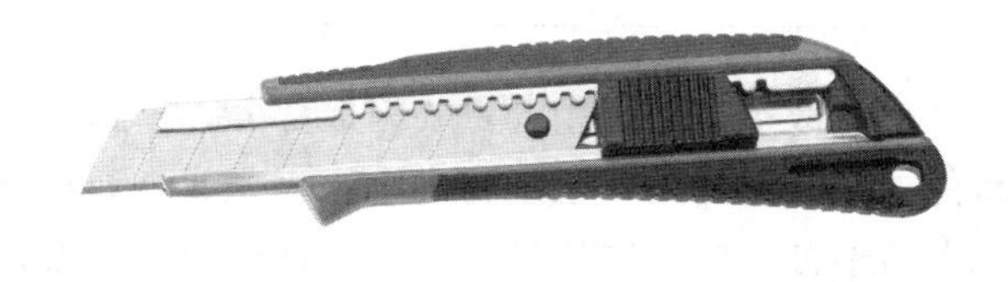

图 3-73　美工刀

（5）弯管器：弯管器有多种，这里指的是电工排线布管所用工具，用于电线管的折弯排管，属于螺旋弹簧形状工具，如图 3-74 所示。用弯管器将线管折弯的工艺称为冷弯，这样的弯曲方式使得管线在转弯处比较顺滑，方便电线的穿入。

（6）穿线器：电线穿管的辅助工具，如图 3-75 所示，由多股细钢丝缠绕而成，外围包裹了一层橡胶，牵引强度、柔韧度、抗老化程度、耐温程度、抗酸碱程度都较高。穿线器主要用于在楼房安装暗线管道中牵引引导绳，以及布防通信电缆、电力电缆、网线、视频线等，操作简单，可大大提高工作效率，是一种高效的电力施工工具及通信施工工具。

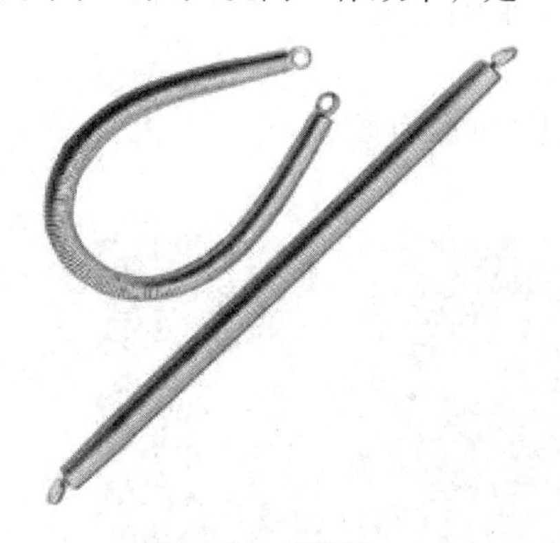

图 3-74　弯管器

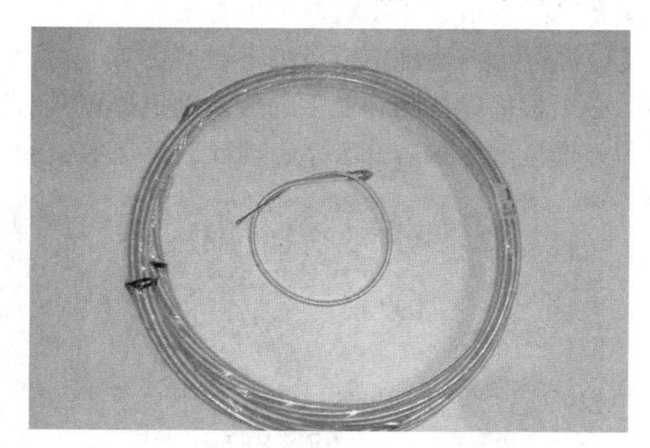

图 3-75　穿线器

# 第4章 水电改造施工

## 4.1 水路改造施工

水路改造是装修中的重要组成部分，水路改造通常是针对毛坯房而言的。精装修的房子已经将水电工程完成，通常不需要再进行改造了。水路改造涉及的材料比较多，选择什么样的水管，在一定程度上决定了用水的质量、卫生和健康。而且水改造工程中的材料更新换代非常快，以给水管为例，从最早的镀锌铁管、PVC 管到现在流行的 PPR 管、铝塑管，短短数十年，给水管材已经换了几代。这也要求在施工中不能保留老概念，要随着材料的更新同步更新施工工艺。

07 施工工艺之水路改造（上）

### 4.1.1 图解水路改造施工流程及施工要点

目前水路改造基本上都采用暗装的方式，需要开槽埋管。开槽的目的是为了将给水管埋入槽内，起到美观和保护的作用。

第一步：测量画线

在做水路改造之前，首先要确定管道的走向和高度。然后认真测量定位，用墨盒线弹出管槽宽度双线，如图 4-1 所示。

施工要点如下。

（1）必须根据设计师和业主的要求确定位置，对照图纸准确画线。

（2）开槽位置尽量避开卧室、客厅、书房等空间。

图 4-1　测量定位，用墨盒线弹出管槽线

第二步：开槽

用专业切割工具沿画好的管槽线自上而下开槽，管槽切好后用冲击钻或小锤沿管槽切线

自上而下开出管槽，如图 4-2 所示。

施工要点如下。

（1）使用切割机切割时从上到下，从左到右切割，切割时注意平整。

（2）一边切割一边用装满水的瓶子注水，避免灰尘扬起。

（3）走向与高度：冷热水管的走向，应尽量避开煤气管、暖气管、通风管，并保持有一定的间隔距离，一般距 200mm 以上为宜。为便于检测和装配，冷热水管横向离地面高度一般在 300～400mm 为宜。冷热水管立管开槽，到花洒龙头处，并排安装时其冷热水管间距为 150mm，这样可以方便安装花洒、龙头。

（4）管槽深度与宽度按照水管大小而定，一般宽度大于管外径 5mm 为宜，深度则大于外径 8～10mm 为宜，以便于封槽。

（5）排水管槽应有一定的排水坡度，一般 2%～3%为宜。

（6）用冲击钻或小锤自上而下剔槽，槽沟要求平整、规则，槽内灰尘应及时清理干净，横竖管槽交叉处应成直角。注：厨卫水电施工中，敷设管线前，管槽必须涂刷防水。

图 4-2　开槽

第三步：铺设准备

管道铺设前需要准确地测量出水管的长度，并裁好管材，准备好管材配件，做好铺设准备。通常使用的是 PPR 管，如图 4-3 所示。

图 4-3　备好管材及配件

第四步：热熔接管和胶黏接管

PPR 管材通常是使用热熔技术连接，即使用热熔机将管道的接口熔化后相互连接，如图

4-4 所示。

PVC 管道多采用胶黏连接，即在管道的连接处都均匀地涂抹上 PVC 专用胶后将管道连接起来，如图 4-5 所示。PVC 管道连接好后，应进行严密性实验。用橡皮胆堵住下水管口，向管道内注水，注满后至少十分钟，观察水面不降低，手摸接口处不渗漏为合格，如图 4-6 所示。

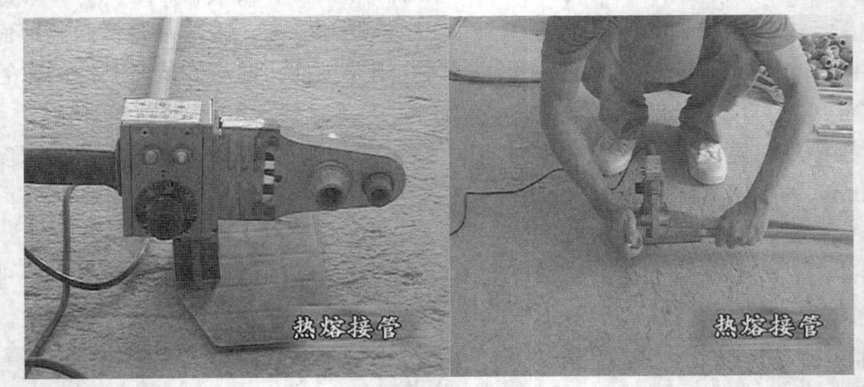


图 4-4 热熔接管

图 4-5 胶黏连接 PVC 管道

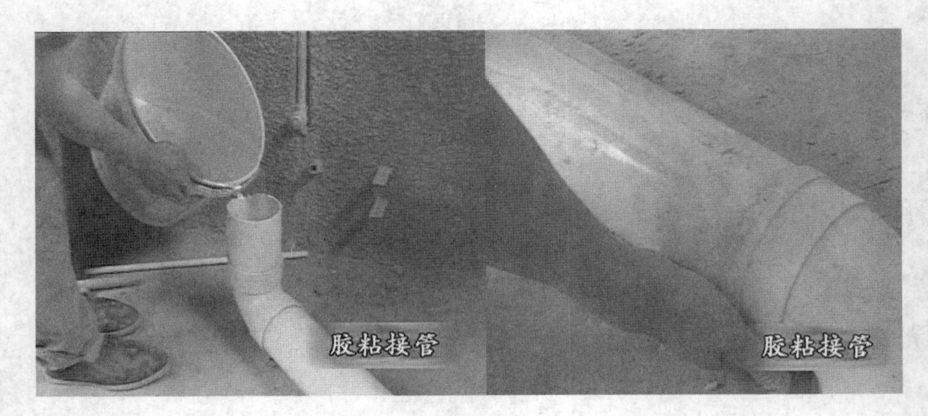


图 4-6 PVC 管注水试验

施工要点如下。

（1）PPR 管道直径 20mm，加热时间 6s，管道直径 16mm，加热时间 5s。

（2）直径小于 25mm 的 PPR 管，熔接完保持时间应大于 15s。

第五步：安装固定

冷热水管道左右排列时，左侧应为热水，右侧应为冷水（面向龙头）。上下排列时，上侧为热水，下侧为冷水。改造好的冷热水出水管口应水平一致，如图 4-7 所示。连接好的管道应横平竖直，固定牢固，如图 4-8 所示。

施工要点如下。

（1）热熔并连接 PPR 管。

① 裁切：按需要长度，用电动切割机或割管机，垂直切断管材，切口应平滑。

② 扩口：用尖嘴钳或锥钎等工具，对切割后的管口进行内口整圈、倒棱、扩口处理，并清洁管材与管件的待熔接部位。

③ 热熔：采用热熔器，并配专用模头加热至 260℃，严禁超过 265℃，无旋转地将水管和管件同时推入模头加热。

④ 连接：把加热的水管和管件同时取下，将水管内口轴心向对准配件内管口，并迅速无旋转地用力插入，未冷却时可适当调整，但严禁旋转。

连接好的热熔 PPR 管如图 4-9 所示。

（2）注意冷热水管头一定要安装牢固，防止发生杂物堵塞。如果较长时间中断施工，应将管口用管塞封堵。一旦发生管头堵塞，会给施工和日后使用带来非常大的麻烦。

（3）户内给水管要求主管为 6 分，支管为 4 分，冷热水管不许混用。

（4）管材采用管卡进行固定。直径 15mm 的冷水管卡间距不大于 0.6m，热水管卡间距不大于 0.25m。直径 20mm 冷水管卡间距不大于 0.6m，热水管卡间距不大于 0.3m，如图 4-10 所示。根据管外径尺寸选用相应管卡，转角、接头水表、阀门及终端的 100mm 处设管卡，间距≤600mm，管卡安装必须牢固。

（5）铜管连接最好采用焊接，用锡焊或铜焊，焊接时注意表面去氧化层处理。焊接时注意掌握火焰的温度，避免出现假焊以致破坏管质。焊好后表面必须用环氧树脂涂好保护膜再套上套管。

图 4-7 冷热水出水管口应水平一致

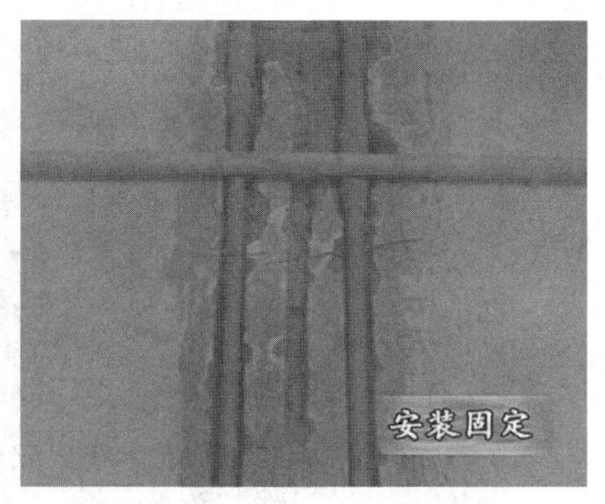


图 4-8 管道应横平竖直，固定牢固

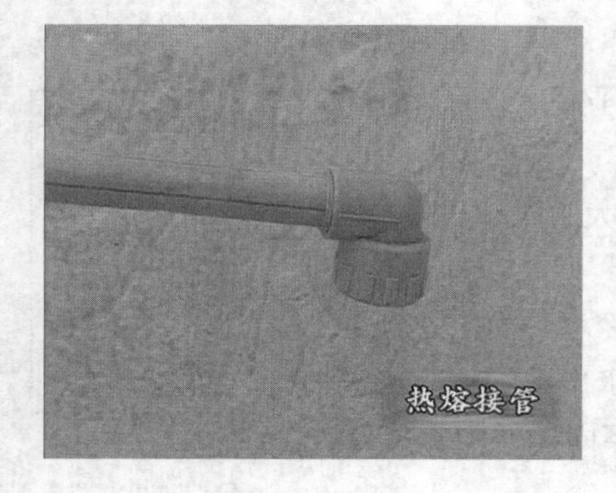


图 4-9 连接好的热熔 PPR 管

图 4-10 管材采用管卡进行固定

第六步：管路检测

水路改造最容易出现的问题就是爆管和渗漏。爆管原因多是管材本身质量问题，而渗漏除了本身材料有问题外，还可能是施工不规范造成的。不管是爆管还是渗漏，只要出现问题都会给日常的生活使用造成很大的不便，而且返工极其不便。所以在水路改造完成后进行一次加压测试是非常必要的，在测试没有问题的情况下才能埋水管。给水管路安装完成 24h 之后，须对其进行管道压力测试。打压测试需要使用专门的水管打压设备，如图 4-11 所示。

图 4-11 用于检测的加压测试器

试压机对冷热水管进行施压检测，目的是增大比日常使用大的多的水压，看看管子是否会出现渗漏。在压力增大的前提下，渗漏也很容易被发现。实验前，管道应进行安全有效的固定，接头部位必须拧紧固定，如图 4-12 所示。

图 4-12 有效的紧固

给管道注水，以便排除管道内气体。待管道内充满水后，手动施压进行水密性检测，如图 4-13 所示。

注意：手动施压使施压泵缓慢升压至 0.6MPa，最大不得大于 1MPa，如图 4-14 所示。至少持续半小时，加压期间，注意观察水管的接头处、弯头处有没有渗水，如果有渗水，即使很轻微，也必须拆下来重新连接，否则长时间使用后，可能会发生漏水等意外事故。

在大于 0.6MPa 小于 1MPa 的压力下，哪怕管道只有很小的一个孔或者接口处有一点点缝隙，压力表会直线下降，那就说明水管安装有问题。在半小时内如果压力表没有变化，那就说明安装的水管没有问题。给水管必须进行加压试验。多层测试压力为 0.6MPa，高层测试压力为 0.8MPa，加压试验应无渗漏，1h 左右压力损失不大于 0.05MPa；金属及复合管恒压 10s 压力下降不大于 0.02MPa，检验合格后方可进入下道工序。

需要特别注意的是，不要加压过大，水管可能没有问题，但因为加压过大反而导致水管爆裂。时间也不能太长，二三十分钟测试即可。在试压过程中，因为水管中可能还残存着少量空气，所以一定的压力下降是正常现象。关键是压力下降到一定的数值就得停住，如果压力一直下降，那么就有问题了。

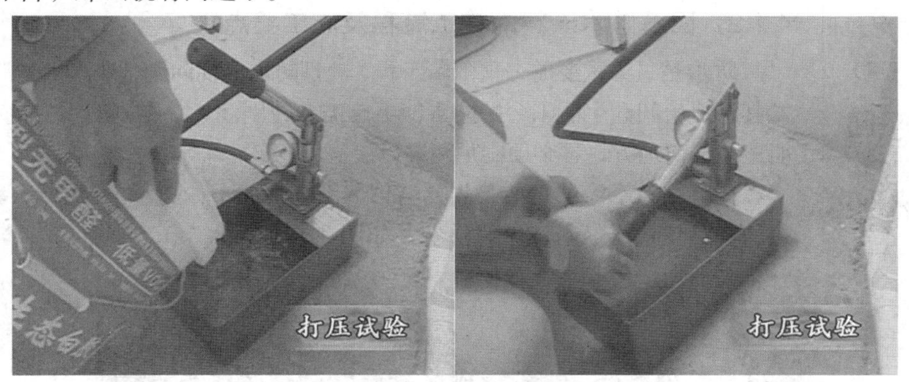


图 4-13　注水及手动施压

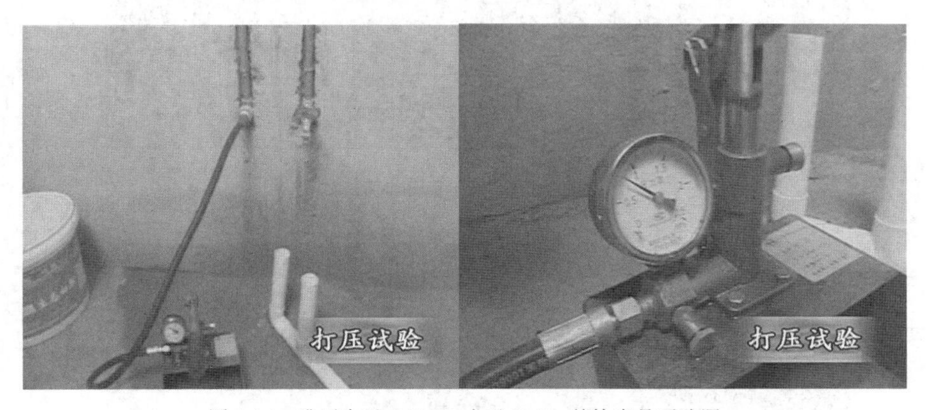


图 4-14　升压大于 0.6MPa 小于 1MPa 并检查是否渗漏

如果没有试压设备，也可以采用如下办法测试。

关闭水表前面的水管总阀；之后打开房间里面的水龙头 10min 以上，确保没水再滴后关闭所有的水龙头和马桶水箱以及洗衣机等具蓄水功能的设备进水开关；重新打开水管总阀，20min 后仔细观察查看水表是否走动，包括缓慢地走动，即使有缓慢走动也说明水管某处漏水。这种方法不会很精确，因为有时候很少的渗漏不会导致水表转动。此外，采用这种方法也得仔细检查每根水管尤其是每个接口处是否有渗漏。

在完成管道安装和测试后，用水泥砂浆将管道槽填平，如图 4-15 所示。做好墙面和地面基层处理后，就可以进入下一个施工环节了。

图 4-15 水泥砂浆封好水管

08 施工工艺之水路改造（下）

## 4.1.2 图解防水涂料的施工流程及施工要点

防水是最为重要的一项隐蔽工程，一旦防水出现问题，维修将非常麻烦。尤其是卫生间和生活阳台的防水，更是需要特别注意。在刷防水的过程中不能遗漏任何地方，且必须刷足两遍以上。

在涂刷防水涂层之前，先要清理墙面和地面，如图 4-16 所示，并用连接的气泵皮管吹尽阴角处的浮尘，如图 4-17 所示。

图 4-16 清理墙面和地面

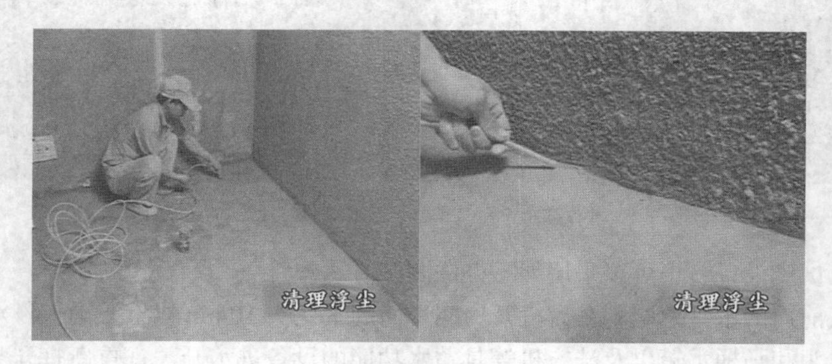


图 4-17 吹尽阴角处的浮尘

（1）划线：在涂刷防水涂层之前，首先要量出防水层的高度并划出基准线，如图 4-18 所示。

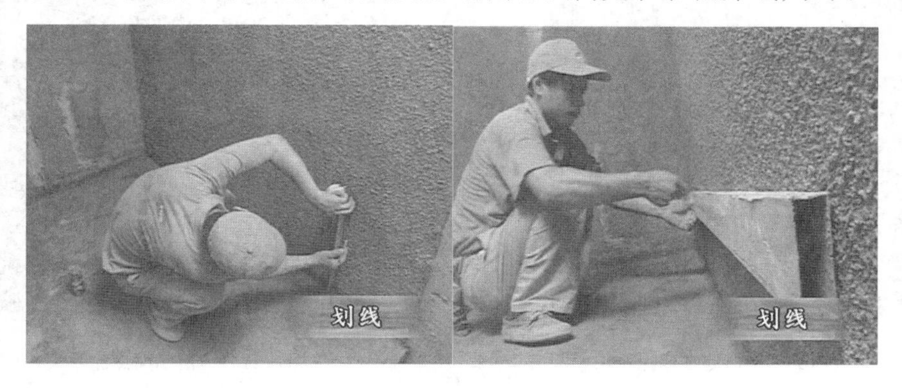


图 4-18 划线

（2）刷防水涂料：刷防水涂料时要先刷预埋线，并在墙面和地面连接阴角处刷成八字形，上下交叉，交接处接应有 200mm，不得有漏刷情况出现，如图 4-19 所示。

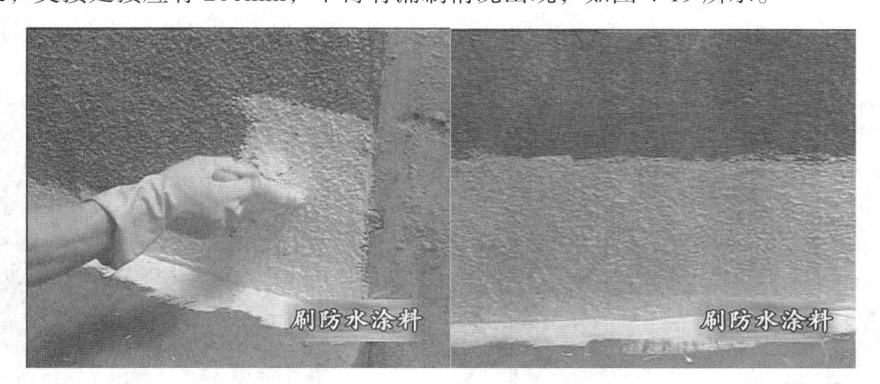


图 4-19 墙角处刷防水涂料

（3）墙角涂刷完成后，沿基准线涂刷墙体：第一遍涂刷墙面时，应上下纵向涂刷，第二遍涂刷墙体，应左右横向涂刷，如图 4-20 所示。地面防水涂料的涂刷应该从房间里侧向门口涂刷，地面水管接口处尤其要细致涂刷，不能有任何遗漏，如图 4-21 所示。

（4）最终完成涂刷的效果如图 4-22 所示。

图 4-20 墙面防水涂料第一遍上下纵向涂刷，第二遍左右横向涂刷

图4-21　接口处细致涂刷

图4-22　地面墙面满涂效果

（5）闭水测试：在涂刷完防水涂料后，不能立刻贴瓷砖，还必须对卫生间等空间进行防水测试。防水测试具体办法是堵住卫生间排水口、地漏等，如图3-47所示，然后将卫生间积水2～3cm，如图4-23所示。24h后到楼下查看是否有水渗漏。一旦发现有渗水痕迹，必须马上返工。如果等到墙地砖铺贴完毕才发现防水渗漏问题，则必须将墙地砖全部敲掉重新做防水，这样的话工程量和损耗会增大很多。

图4-23　堵住排水口，积水2～3cm

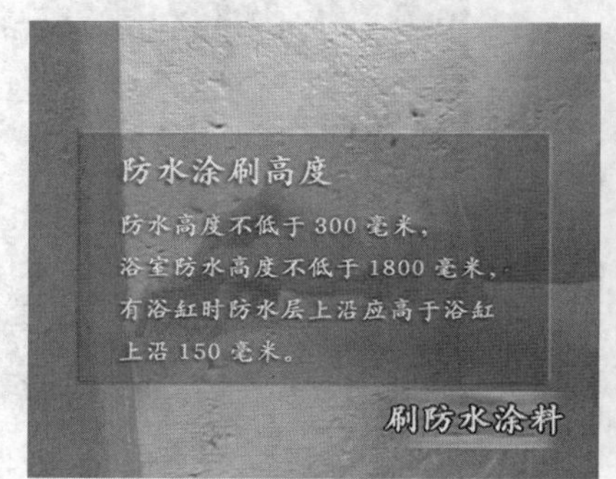


图4-24　防水涂刷高度

施工要点如下。

（1）防水涂刷涂刷空间及高度。

防水涂刷涂刷空间主要有卫生间、阳台和厨房。其中卫生间防水处理最为关键，因卫生间用水量较大，水汽重，如果处理不好极易向外渗水。一般而言，卫生间墙面涂刷防水高度不低于1800mm，如卫生间墙面背面有到顶衣柜，防水层必须做到天花底部，具体防水涂刷高度如图4-24所示。

（2）防水涂刷2~3遍，不得漏刷，不许出现砂眼及气泡，验收合格后方能做下道工序。

（3）防水涂料的干燥时间为24h以上，密封好气水口后进行密封性试验，闭水试验应以24h不渗不漏为合格。

**小贴士：** 在日常生活中，如果发现如下情况，请尽快检查有关管道。

水管走地下：

（1）墙漆表面发霉出泡；

（2）踢脚线或者木地板发黑及表面出现细泡。

小贴士：在日常生活中，如果发现如下情况，请尽快检查有关管道。

水管走顶部：

（1）顶棚上出现阴湿现象或有水滴下；

（2）走管墙砖部位有阴湿现象或有水渗出。

### 4.1.3 水路改造常见问题答疑

（1）水路改造怎么布线放管？

答：布线放管以最近距离、最少接口为标准。尽量少弯曲和交叠管道，安装横平竖直，铺设牢固无松动，嵌入墙体和地面的暗管道应进行防水处理并用水泥砂浆填平保护。

（2）开槽宽度、深度应该是多少？

答：管槽深度与宽度按照水管大小而定，一般宽度大于管外径 5mm 为宜，深度则大于外径 8～10mm 为宜，以便于封槽。

（3）为什么有些新房刚入住就出现下水道堵塞？

答：下水道堵塞有很多原因，就施工而言，多是因为施工时杂物进入下水道造成堵塞。在施工前，必须对下水口、地漏做好封闭保护，防止施工时水泥、砂石等杂物进入。更不能因图省事，将尘土或者大块垃圾、杂物敲碎后顺着下水管道倾倒。

（4）水管走地面好还是天棚或天花板好？

答：如果水管要穿过房间同时又会做天花的话，走顶更好。因为如果水管走地上，一旦发生漏水很难及时发现，只有“水漫金山”、地板变形或者漏到楼下，才会发现漏水，这时已经造成了很大的损失。而且由于水管暗埋很难发现具体的漏水处，维修及更换也不是很便利。

（5）如果水管不可避免地相叠，该怎么处理？

答：应采用过桥的方式交叠，如图 4-25 所示。地坪水管相叠不采用过桥方式，会影响地坪厚度及坡度。

（6）存水弯是什么，有什么作用？

答：存水弯也叫水封，指的是在各种排水系统中设置的一种内有水封的配件，如图 4-26 所示。存水弯里面总是积有一定的水，封闭下水道，阻挡下水管道里的臭味。比较典型的是马桶和地漏的水封，如果卫生间气味很大，应该检查马桶和地漏水封，最好换成防臭水封。

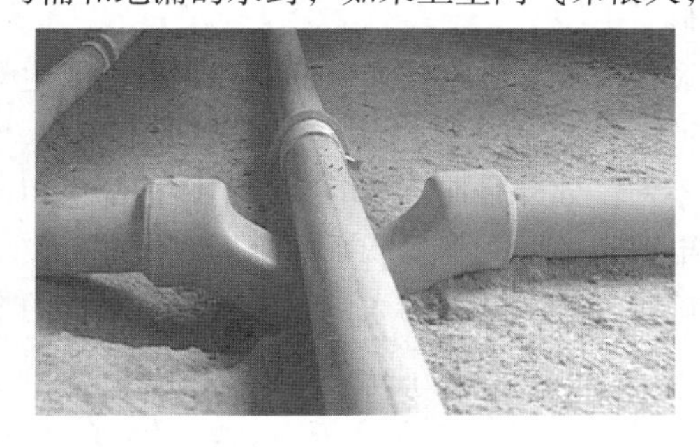

图 4-25　水管相叠处用过桥

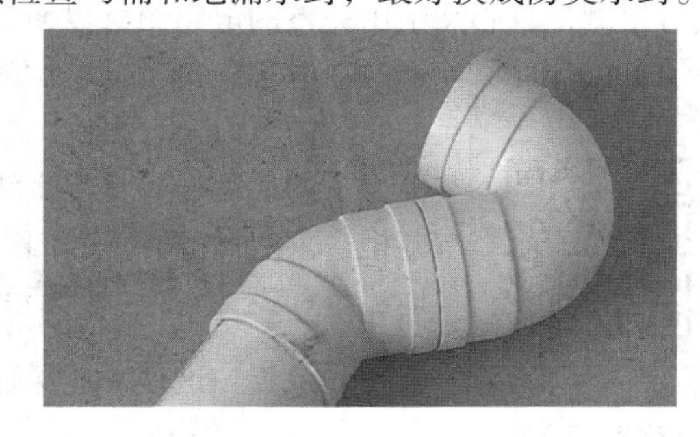

图 4-26　存水弯

（7）什么是“水装修”？

答：“水装修”不是用水来做装修，而是“装修”水。“水装修”指通过专门的水处理设备除去自来水中的氯、尘沙、细菌、病毒、重金属，降低水的 PH 值，但又保留水中必要的有益成分，提高用水水质，达到优质饮水（可以直接饮用）和优质用水的标准。目前国内不少地区的水源污染已经比较严重，低劣的水质或入户供水的二次污染是导致各种疾患的重要原因之一，因而这种能够净化水的设备也日益受到市场的欢迎，被誉为是“水的二次革命”。“水装修”在装修设计的时候就应该考虑好。在装修之中和装修后进行“水装修”的话，设备摆放、电路铺设和下水排污就将受到极大地制约。此外，水装修使用过程中还应该定期检测水质，更换净水设备滤材。

（8）一般家居装修选用哪种水管较好，需要注意什么？

答：根据目前的实际情况，家居装修通常采用 PPR 管、铝塑管和铜管，其中 PPR 应用最为广泛。因为 PPR 管采用热熔接连接，不会漏水，经过打压试验后更有保证，理论上的使用年限可达 50 年。如果条件许可，更推荐采用铜管。需要特别注意的是，水路改造后最好保留一份水路图，以免以后的装修施工误打到水管。

（9）饮用水的主要种类有哪些？

答：主要有矿泉水、蒸馏水、纯净水、山泉水等品种。矿泉水取材于地下水，含有对人体有益的矿物盐、微量元素等成分。蒸馏水则是将水经过过滤后，经 105℃高温加热为水蒸气，冷却凝结为蒸馏水，可以说是一种非常“清纯”的饮用水。纯净水则是采用自来水或者地表水经过多层净化过滤，彻底去除水中的所有有害及有益物质，是最为干净的水。山泉水对于水源要求较高，因为其多取自山中的地表水或者江河湖泊的水源。城市水源大多被过度污染，所以山泉水水源更多是来自环境保护较好的山区。经过过滤、消毒后制成，其中也含有一些人体需要的微量元素，但是相比矿泉水而言还是有所不足。

## 4.2 电路改造施工

随着生活水平的提高，各种家用、办公电器的品种越来越多，甚至发展出了智能化家居系统，这对电气线路的要求也越来越高。尤其是目前电气线路多采用暗装的方式，电线被套在管内埋入墙内和地面，线路一旦出了问题，不光维修起来麻烦，而且还会有安全隐患。如果稍有差错，轻则出现短路，重则会酿成火灾，直接威胁人身安全。所以电工施工要严格对待，从材料的选购到整体的施工都必须遵循“安全、方便、经济”的原则。工程完工后，要进行检测，且必须给出完整的电路图，以便日后维修。

09 施工工艺之电路改造（上）

在电工施工时，电位的数量和位置要仔细询问业主的需要，根据业主的实际需求设定，原则上是“宁多勿少”。多了一两个最多就是显得不美观，但少了的话则会对日常生活造成不便。此外目前不少的家庭，橱柜都采用橱柜厂家定做的方式，因而在水电改造的同时需要联系橱柜厂家来进行实地测量和设计，根据橱柜的设计确定插座、开关的数量和位置以及水槽的大小和位置。这样才能保证厨房水电改造的顺利进行。

10 施工工艺之电路改造（下）

### 4.2.1 图解电路改造施工流程及施工要点

电路改造主要工作内容是根据施工要求进行电路管线铺设及电器的安装工作。

## 1. 绘制布线图

在做电路改造施工之前，首先要绘制电路布线图，通常设计师都会提供相应的图纸。布线图是电路改造的基础，整个空间的电路管线位置必须按照布线图的设计严格执行，施工人员在正式布线之前必须读懂布线图，如图 4-27 所示。

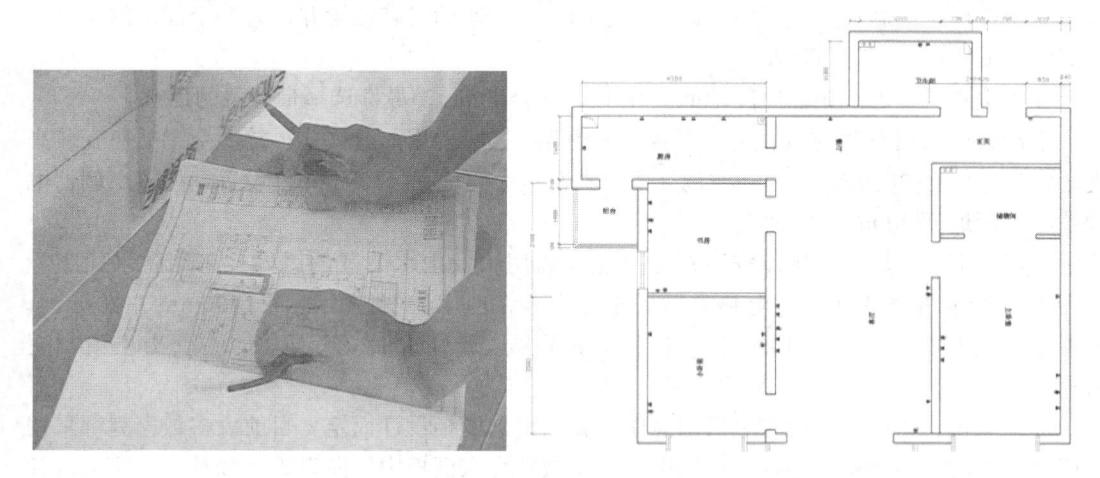

图 4-27　研究布线图

## 2. 根据布线图确定线路终端及开关面板的位置

在电路改造过程中，工人会根据布线图的要求，经过精细测量，确定管线走向、标高和开关、插座、灯具等设备的位置，并用墨盒线进行标识，如图 4-28 所示。墙面、地面的走线都是如此，这是电路改造的基础工作。

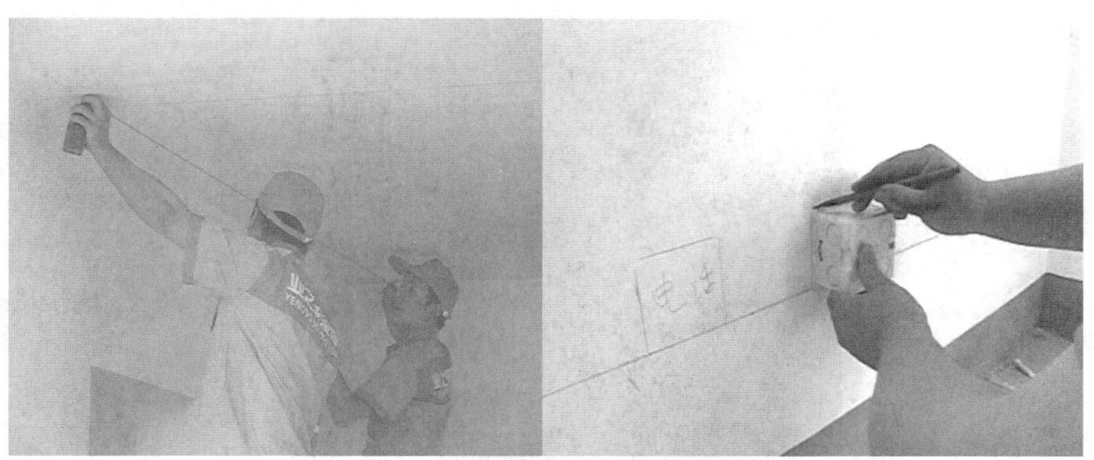

图 4-28　确定走向及位置，并用墨盒线进行标识

施工要点如下。

（1）熟悉图纸。

在施工前必须熟悉施工图纸，而且最好由监理、设计师、业主三方在施工现场核对图纸，如发现图纸中有不符合现场的情况须立刻一起商定更改。审核图纸需要注意以下要点：

① 依据施工图在现场确认插座、开关及各种灯具的位置，并在相应位置上做好标记。如果发现有不合理处必须马上和设计师商量更改。如果没有特殊要求，插座、开关应按照如下

标准安装。

A. 插座安装。

Ⅰ. 一般插座下沿应当距地面 300mm，同一空间插座应安装在同一高度，相差不能超过 5mm，并且要安装同一型号的插座；小孩房、幼儿园及儿童游乐场等小孩子较多的空间应安装带有特殊保护措施的安全插座。需要注意的是，插座的安装位置并没有一个固定的尺寸，而应该根据实际需要进行调整。

Ⅱ. 洗衣机、电冰箱插座距地面应在 1200～1500mm，最好选择带开关的插座。

空调必须采用空调专用插座，不能和其他普通插座混用。分体式、挂壁空调插座安装高度通常为 1800～2000mm，窗式空调插座可在窗口旁距地面 1400mm 处设置，柜式空调器电源插座宜距地面 300mm 处设置。

厨房、卫生间、阳台插座安装在尽可能远离用水及雨水波及的区域，采用防水插座。灶台上方处不得安装插座，电热水器插座应安装在热水器右侧距地面 1400mm 左右位置，注意不要将插座设在电热器上方。卫生间镜子旁边最好添加一个插座，方便男士给刮胡刀充电和吹风机使用。

抽油烟机、微波炉等厨房电器的插座位置应根据橱柜设计而定。目前大多数家庭都采用由厂家定做的整体橱柜，各种厨房用电器大多被整合入橱柜中，所以需要和橱柜厂家的设计师共同确定插座的位置。厨房插座应该包括抽油烟机插座、饮水机插座、冰箱插座；此外橱柜台面上方最好再留 2 个插座，方便一些小家电的使用，例如电饭锅、豆浆机、咖啡机、烤箱等。

电视柜台面电器所用的插座必须安装在高于台面 100mm 左右位置，切忌贴着电视柜台面安装，如图 4-29 所示。

图 4-29　电视柜台面插座高度设置

插座的设计一定充分考虑到实际的应用，比如卧室床的两侧通常会装两个五孔插座（即常说的二三插，插座面板上分别有一个两孔和一个三孔的插座），可实际上床头灯、手机充电器、电热毯等常用的电器产品大多为两孔插，所以可以考虑在一边安装一个五孔插座，另外一边安装一个四孔插座（即二二插）。

B. 开关安装。

开关安装高度约为1400mm，同一空间应安装在同一高度，相差不能超过5mm，并且要安装同一型号的开关。

开关一般安装在门左边，距门框为150～200mm。

厨房、卫生间、阳台开关的安装应尽可能不靠近用水区域，如有必要最好安装带有开关防溅盒的开关。

开关应和控制电器的位置相对应，如最左边的开关应控制最左边的电器。

开关的设置一定要把节能考虑进去，最好将灯具多分组，采用多位开关，这样相对就比较省电了。

总之，开关的安装和插座一样，必须充分考虑实用性，比如书桌、床头柜可安装双控开关，便于用户不用起身也可控制室内电器。

② 根据实际情况考虑好梁、柱、承重墙如何绕道走线。

③ 确定各种电器的位置，并在相应位置上做好标记。电器定位主要需要注意如下几点：

A. 空调定位。主要需要考虑空调的风口、与室外机走管连接、美观程度等问题。需要特别注意的是，插座位置最好是贴近空调，不要和空调机的位置有较大的高度差和水平差，不然容易出现空调插头线吊垂的情况，影响美观。

B. 排气扇、热水器的定位。不同类型的排气扇安装位置是不一样的，所以必须事前清楚排气扇的类型。热水器则必须清楚是电热水器还是煤气热水器，电热水器还必须清楚是直热式还是储水式，其中直热式热水器功耗可达到3000W以上，需要用专用插座和走专线。

C. 其余诸如电视、电话、网线的定位也同样需要充分考虑日后使用的方便性。同时还必须为将来可能的使用预留必要的插座位，原则上必须采用“宁多勿少”的原则，比如小孩房暂时不需要网络接口，但是考虑到将来孩子长大要用还是必须预留一个。

（2）准备工作。

① 检查进户线包括电源线、弱电线是否到位及合格，发现进户线不适宜应立刻通知业主，提出相应的解决措施。尤其是多年前建造的二手房装修，更是要检查入户线。八九十年代电器，尤其是大功率电器如直热式电热水器、空调等还没有普遍采用，那时入户线线径较细，很有可能已经不适用于目前的电器，所以要事先检查。

② 做好材料预算，包括各种规格强弱电电线、开关、插座、底盒、PVC管或钢管、管卡、钢钉、电胶布、软管、蜡管、配电箱及其他各种材料的品牌、规格及数量。预算尽量做到精确，避免今后在施工中造成经常性的补料，费时费力。

③ 根据实际情况制定施工进度计划，确定进场人员。

④ 在确定电路走向时，必须根据设计的电路图纸，执行强电走上，弱电在下，间距500mm以上，避免交叉的原则，这样可以避免强电对应弱电的干扰。

### 3. 沿着电路标识线的位置开槽和打孔

在确定了线路终端和插座、开关面板的位置后，要沿着电路标识线的位置开槽和打孔，如图4-30所示。打槽时配合使用水作为润滑剂，达到降噪、除尘、防止墙面防裂的效果。

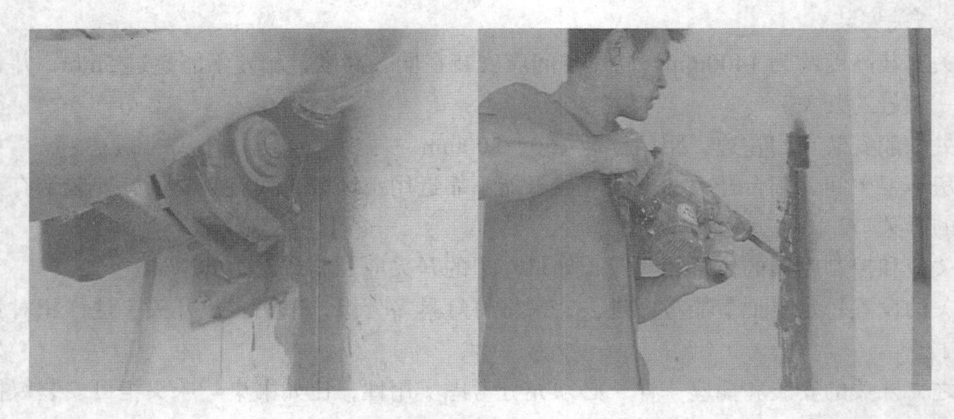

图 4-30　沿着电路标识线的位置开槽

施工要点如下。

（1）切槽必须横平竖直，切底盒槽孔时也同样必须方正、平直。深度一般为 PVC 线管或者镀锌钢管直径+10mm，底盒深度+10mm 以上，如图 4-31 所示。

（2）电路改造一般禁止横向开槽，严禁将承重墙体的受力钢筋切断，严禁在承重结构如梁、柱上打洞穿孔，因为这样施工容易导致墙体的受力结构受到影响，产生安全隐患。

（3）管线走顶棚，在顶面打孔不宜过深，深度以能固定管卡为宜，如图 4-32 所示。

（4）切槽完毕后，必须立即清理槽内活动垃圾。

图 4-31　开槽深度控制

图 4-32　顶面打孔不宜过深

**4. 按照线路图的标识架设管线**

布管施工采用的线管有两种，一种是 PVC 线管，另一种是钢管。家庭装修多采用 PVC 线管，在一些对于消防要求比较高的公共空间中，则多采用钢管作为电线套管。相对而言，金属管线具有良好的抗冲击能力，强度高，不易变形，抗高温，耐腐蚀，防火性能极佳，同时屏蔽静电，有效杜绝了强电弱电之间的交叉干扰，保证通讯信号良好传输。本节即以金属镀管为例讲解电路改造。金属镀管和金属接线盒样图如图 4-33 所示。

图 4-33　金属镀管和金属接线盒

（1）管路连接前，要对金属管口进行钝化处理，它可以防止在穿线和日后的使用过程中划伤电线，如图 4-34 所示。

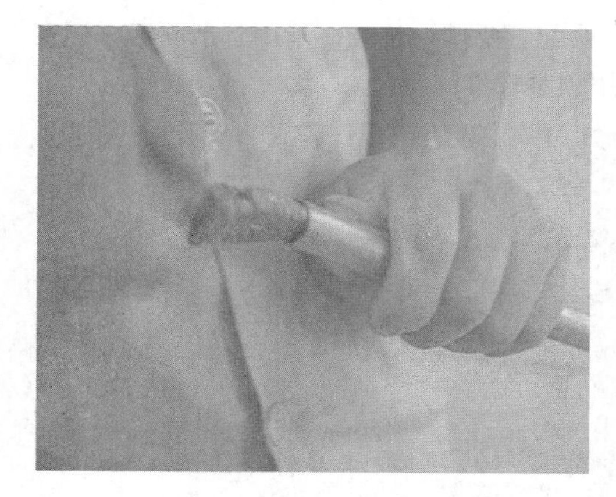

图 4-34　对金属管口进行钝化处理

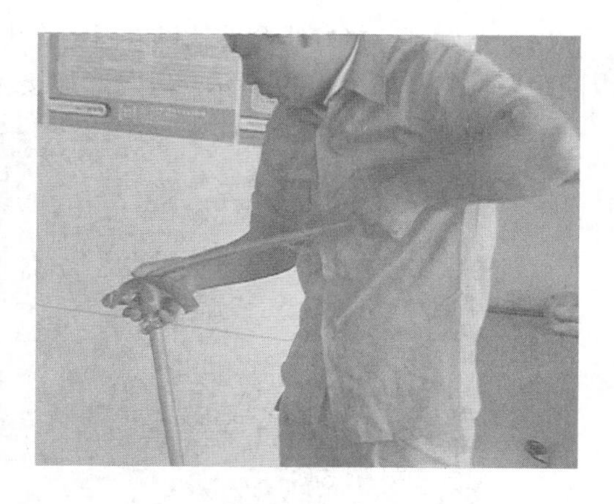

图 4-35　使用弯管器进行弯曲

（2）在架设线路的过程中，遇到需要拐弯的地方应使用弯管器进行弯曲，如图 4-35 所示。弯曲时其他注意事项如图 4-36 所示。

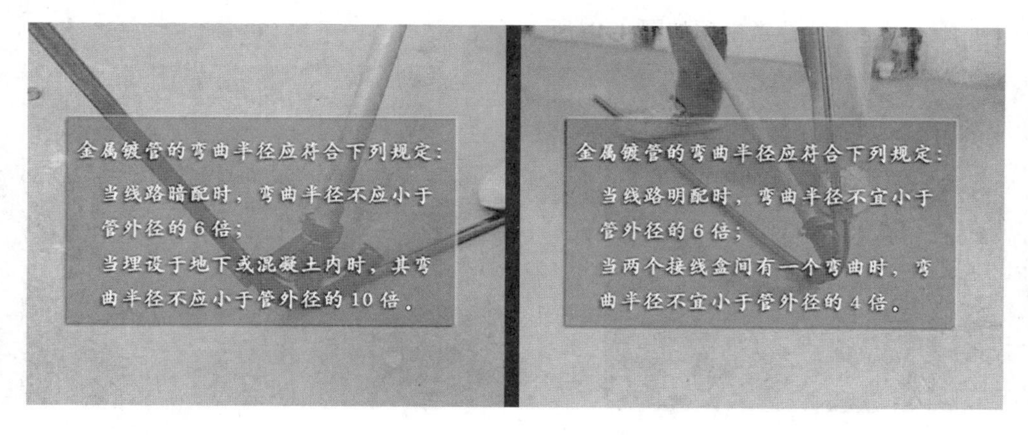


图 4-36　弯曲时注意事项

（3）当金属镀管遇下列情况之一时，中间应增设接线盒或拉线盒，且接线盒或拉线盒的位置应便于穿线。

① 情况 1：管长度超过 15m，且有两个弯曲应增设接线盒，如图 4-37 所示。

② 情况 2：管长度超过 8m，且有三个弯曲应增设接线盒，如图 4-38 所示。

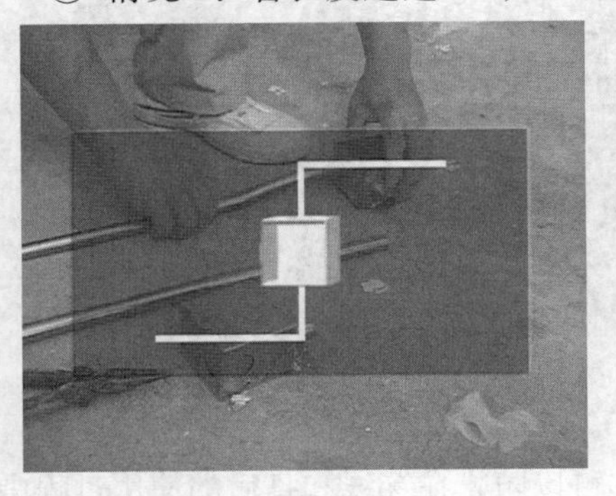

图 4-37 情况 1

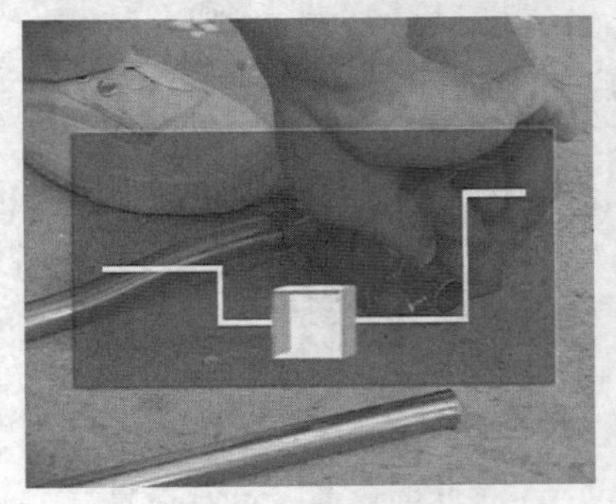

图 4-38 情况 2

（4）弯好管，接好线盒后就可以固定管线了。明配管要排列整齐，采用管卡固定，固定点间距要均匀，如图 4-39 所示。管与盒连接应采用锁紧螺母固定。

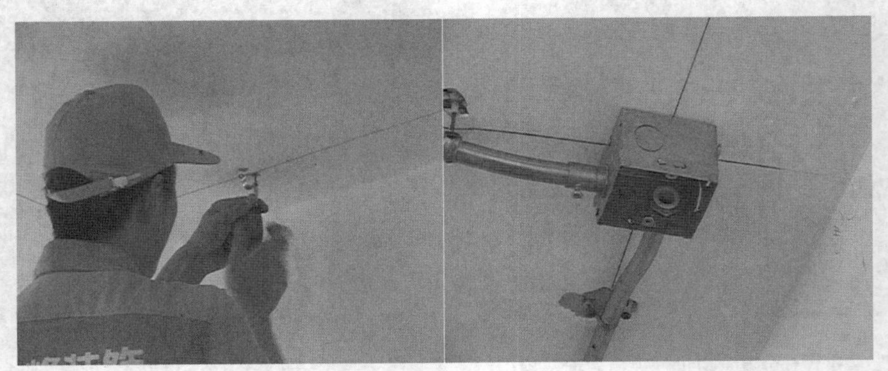

图 4-39 采用管卡固定，固定点间距要均匀

施工要点如下。

（1）管卡固定其他注意事项如图 4-40 所示。

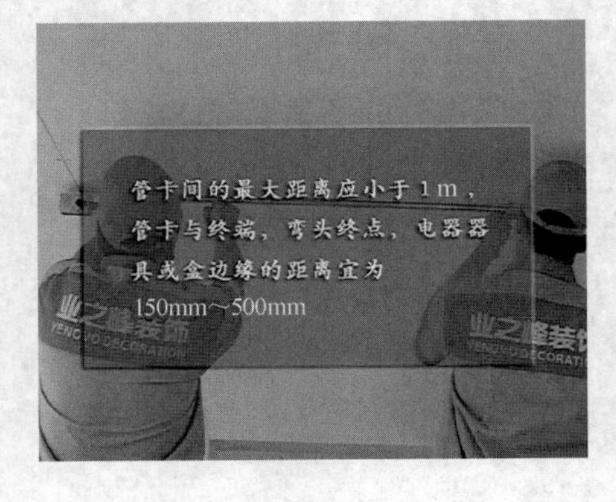


图 4-40 管卡固定其他注意事项

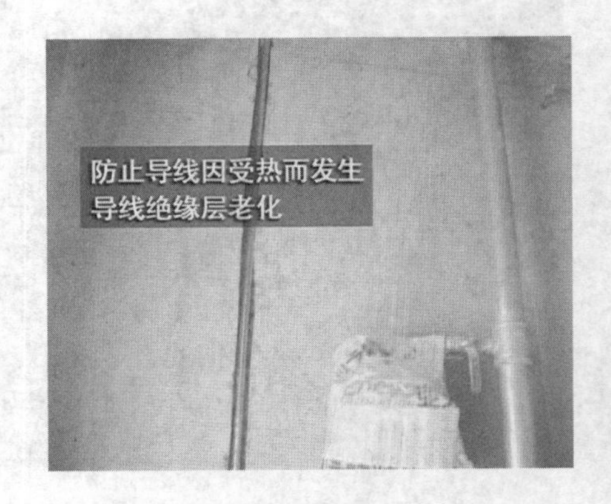


图 4-41 管路与煤气管间距不小于 300mm

（2）穿电线的管路与煤气管、暖气管、热水管之间的平行间距应不小于 300mm，如图 4-41 所示。这样可以防止电线因受热而发生电线绝缘层老化，降低电线的使用寿命，也防止因电线产生静电，对煤气管路产生影响。

（3）当遇到管线与煤气管、暖气管、热水管之间交叉时，交叉距离不应小于 100mm，如图 4-42 所示。

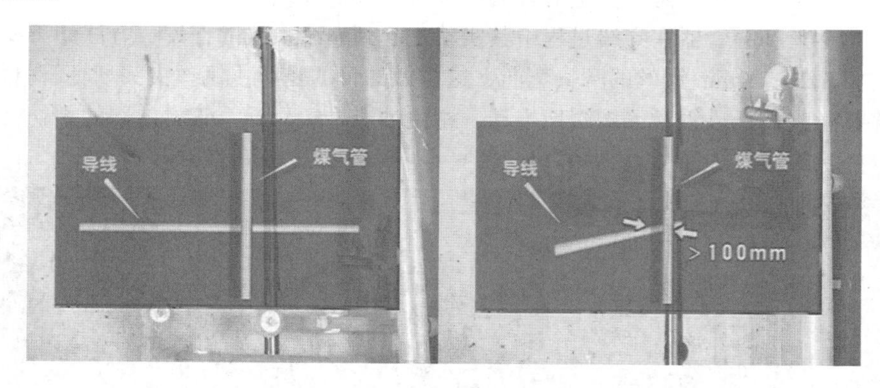


图 4-42　交叉距离不应小于 100mm

（4）电视线、电话线、网线等弱电管路铺设应与电源线、插座线等强电的管路铺设水平间距 500mm 以上，防止强电产生的磁场干扰弱电，如图 4-43 所示。

（5）照明普通插座等应分回路铺设管道，并且分开控制，如图 4-44 所示。

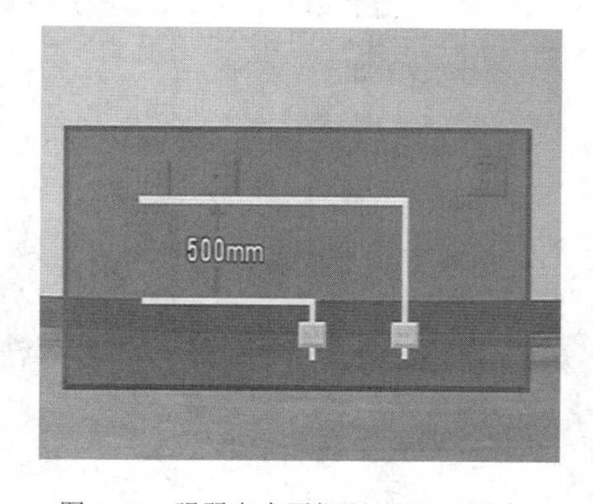


图 4-43　强弱电水平间距 500mm 以上

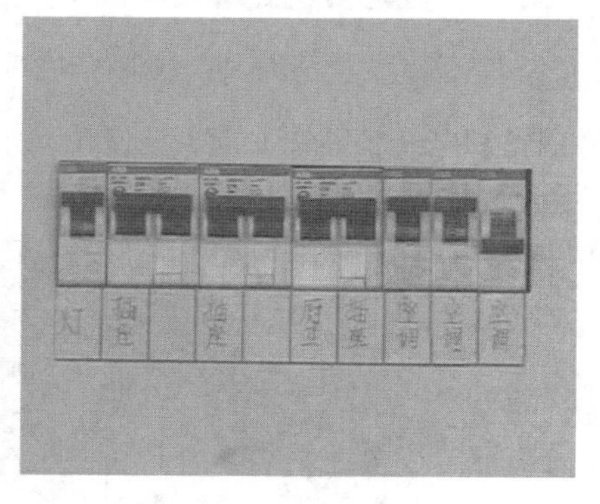

图 4-44　分回路控制

管线布好后效果如图 4-45 所示。

图 4-45　布线完成后效果

### 5. 穿线

线管架设固定好后就可以进行穿线了。穿线可不是一件简单事，它直接决定未来用电的安全和电器的有效使用。

通常先放好空调等其他一些专线，其次放插座、电视、电话线，最后放灯线。电线可以直接穿入新管材中，但如果是穿贵重的音响线或长距离的穿线，最好还是采用穿管器或者钢丝辅助穿线。钢丝和穿管器在穿线过程中其实就是起到一个引线的作用，方法如下所述。

（1）先将 1.2～2.0mm 钢丝的端头弯曲，这样做的目的是防止钢丝尖头划坏管材内部。

（2）将钢丝慢慢插入管材，缓缓地推动，避免过快过猛而导致管材内部的划伤，从一头穿入，另外一头穿出，如图 4-46 所示。

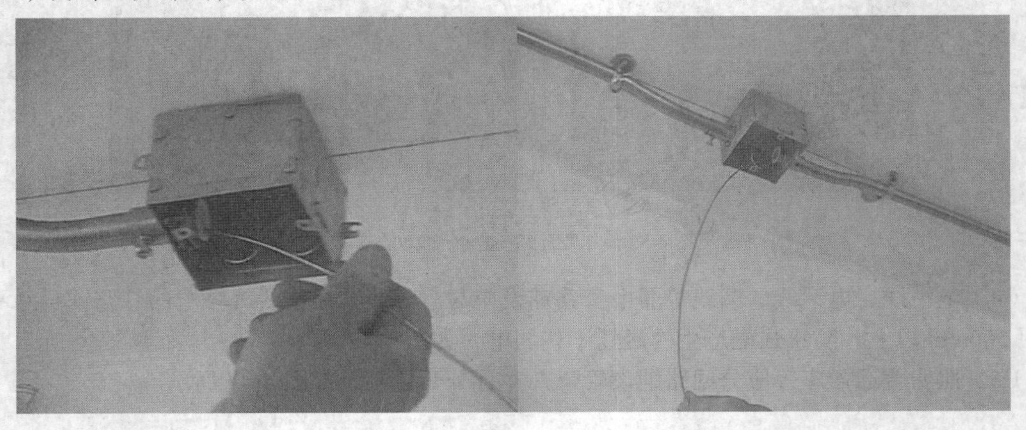

图 4-46　将钢丝从一头穿入，另外一头穿出

（3）将钢丝和电线粘贴在一起，慢慢拉动钢丝，将电线拉入管材，一直到从另一头拉出，如图 4-47 所示。

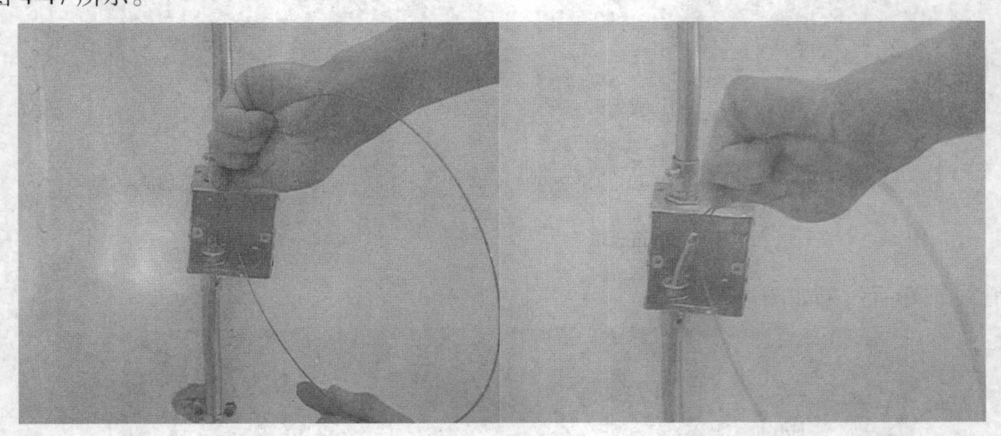

图 4-47　利用钢丝拉动电线穿管

采用穿管器穿线和利用钢丝穿线的原理是一样的，方法也一样，穿管器如图 4-48 所示。采用穿管器的整个穿线过程如图 4-49 ~ 图 4-51 所示。

注：穿线完毕才能封槽，该组照片为事后补拍，所以已经封槽。

如果管壁内部不干净，也可以采用这个方法绑上布条，由两人来回拉动清理管材内的锈、灰尘、泥水等杂物。

图 4-48　穿管器

图 4-49　穿管器从一头穿入另一头穿出

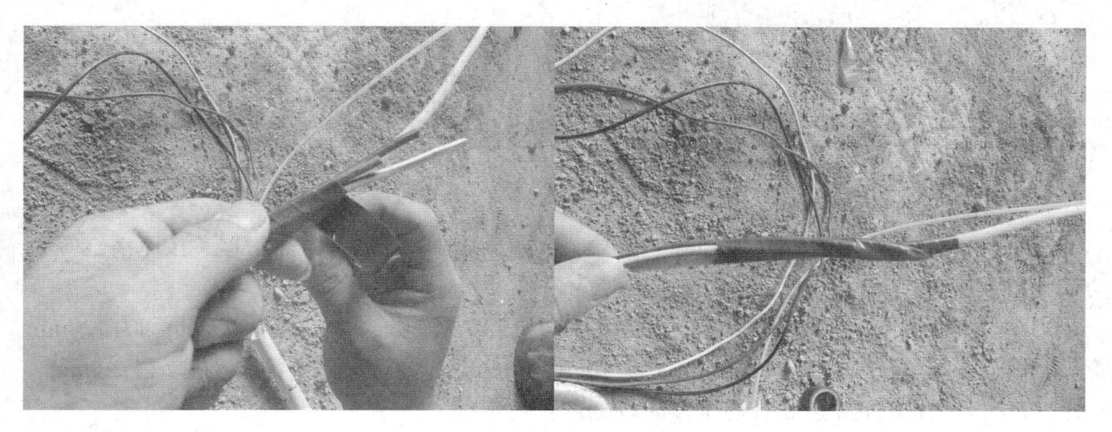

图 4-50　将电线和穿管工具绑扎在一起

图 4-51　从一头穿入另一头抽出

施工要点如下。

（1）在穿线前，应将管内杂物清理干净，做好穿线准备。当管路较长或转弯较多时，可以向管内吹入一定的滑石粉以增加穿线的顺滑度。

（2）电线在管内不应有接头和扭结，接头应设在接线盒内，将电线抽出超越底盒约150mm左右，连接段应该使用电工胶布或者压线帽保护，如图4-52所示。

（3）电线布线必须穿管，严禁裸埋电线；不同的回路不能穿入同一根管内；不同电压的电线如照明线和电话、电视线不可穿在同一管内，电视线要单独穿管，电话线、网络线可共管。

图4-52　使用电工胶布或者压线帽保护

（4）插座、照明灯具选用 $2.5mm^2$ 电线。空调、厨房、直热式电热水器、按摩浴缸等大功率电器插座选用 $4mm^2$ 电线，如图4-53所示。

（5）每条管内电线总截面积不应超过管截面积的40%，如图4-54所示。就数量而言，20mm管（4分管）内不能超过5根 $2.5mm^2$，3根 $4mm^2$；25mm（6分管）管内不能超过7根 $2.5mm^2$，5根 $4mm^2$，这样方便散热和日后维修时顺畅的抽出电线。

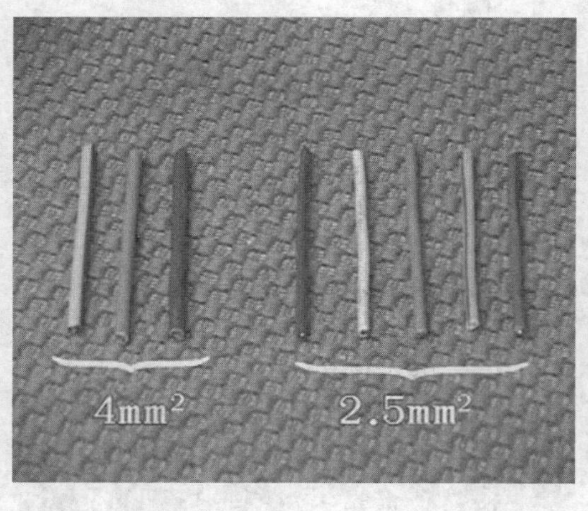


图4-53　$2.5mm^2$ 和 $4mm^2$ 电线

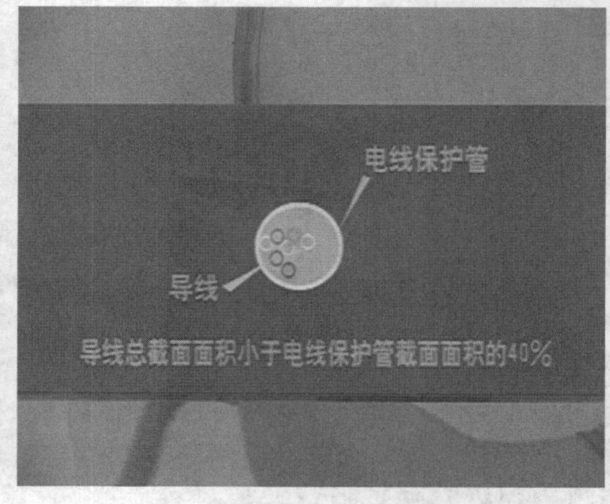


图4-54　不应超过管截面积的40%

（6）电线按回路注明编号分段绑扎，方便以后识别，如图4-55所示。完工后要绘制平面立面电路竣工图。

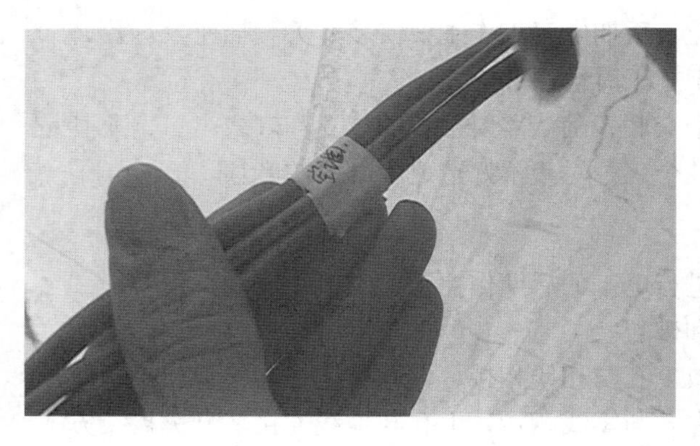

图 4-55 捆扎好并标识

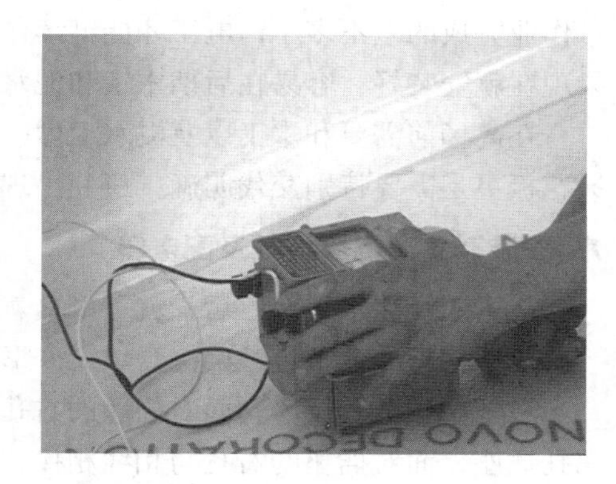

图 4-56 检测

## 6. 检测及封槽

穿线完毕后必须进行检测，检测合格后才能进行封槽。

（1）检测。

布线完成后必须立刻进行一次全面检测，确保没有问题才能够进行封槽施工。检测可以通过万用表、兆欧表等进行，如图 4-56 所示。主要检测项目为强电线路的通电检测、弱电线路的通断检测以及绝缘检测。检测要求强弱电通断顺畅；线与线之间的绝缘数必须超过 250Ω；线与地之间的绝缘数必须超过 200Ω；线与线之间的短路检测时指针能够迅速地打到“0”位，符合以上要求才算是检测合格。此外，还要根据图纸查看是否有漏装的开关插座，接通电源彻底清查，看是否有短路或断路情况发生，发现问题立刻返工。

（2）封槽。

检测合格即可封槽。封槽前洒水湿润槽内，调配与原有结构的水泥配比基本一致的水泥砂浆以确保其强度，绝对不能图省事采用腻子粉填槽。封槽完毕，水泥砂浆表面应平整，不得高出墙面，如图 4-57 所示。天花的灯线则必须套好蛇管，并用电胶布或压线帽保护好，如图 4-58 所示。

图 4-57 封槽后效果

图 4-58 天花的灯线保护

（3）交底。

电工作业至此需要告一段落了，这时通常是木工以及泥水工进场作业，必须等待泥水和木作业完成的差不多了，电工才能继续作业。后期电工工作主要安装开关、插座及灯具，如果现在就安装好，容易在后期木工和泥水工施工时被损坏。

在离场前需要和木工以及泥水工做一个交底，确认需要预留的位置和灯线出口，尤其是天花板更是需要特别交代明确，避免出现几个工种对接不好造成不必要的麻烦。

### 7. 安装开关、插座面板及配电箱

待木工及泥水工完工后，就可以接着进行电工的后期作业了，主要是安装工程。

（1）清理底盒垃圾，确保盒体无变形和破裂。

（2）单相两孔插座，面对插座的右孔或上孔与相线相接，左孔或下孔与零线相接；单相三孔插座，面对插座的右孔与相线相接，左孔与零线相接，上孔与地线连接。开关接线方式为火线进开关，通过开关进灯头，零线直接进灯头，地线进灯座。

（3）用驳线钳去掉电线绝缘层1cm左右，根据左零右火上地线的基本原则，将裸铜线穿入拧开的线孔中再将螺丝拧紧，最后将面板对准底盒，将螺丝拧紧即可。电视、电话、电脑等通信设备插座，应用万用表测量线路后再进行接线安装。

以一个带开关的插座为例讲解具体安装方法，如图4-59～图4-66所示。

图4-59 面板正面

图4-60 面板背面

图4-61 去掉电线绝缘层1cm左右

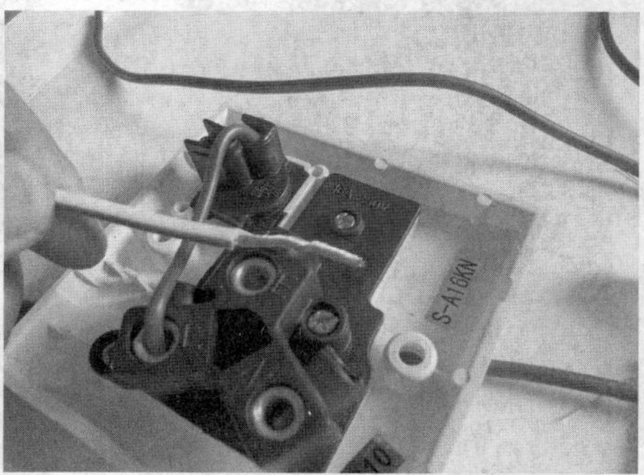


图4-62 拧紧裸铜线

图 4-63 弯曲裸铜线

图 4-64 裸铜线穿入拧开的线孔

图 4-65 螺丝拧紧

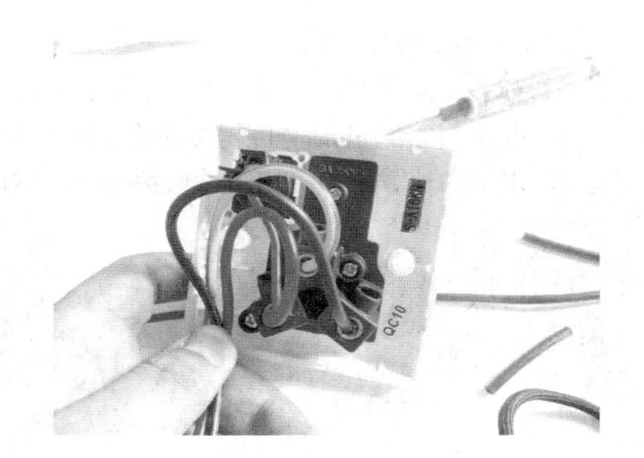


图 4-66 完成所有接线后效果

（4）最后将面板与底盒紧固即可，如图 4-67 所示。多个面板安装必须校准水平，要求所有的面板在一个基本水平面上，平直、方正，如图 4-68 所示。

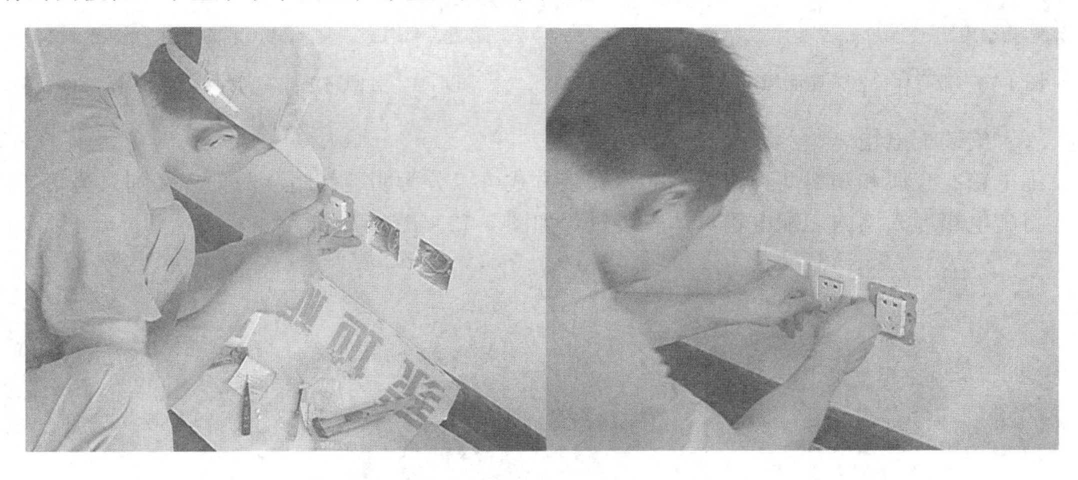

图 4-67 将面板与底盒紧固

（5）安装完面板，应在面板表面贴膜保护，避免在后续乳胶漆工程中污损，如图 4-69 所示。

图 4-68　多个面板外观必须平整、方正

图 4-69　面板表面贴膜保护

开关插座安装要点如下。

① 开关、插座安装必须垂直、水平、不松动，开关开启灵活。

② 电视、网络、电话分配器应安装在便于检查的地方，比如可以放置在柜子上或者柜子里。

③ 水多的地方必须采用带有保护盒的防溅插座，如图 4-70 所示。

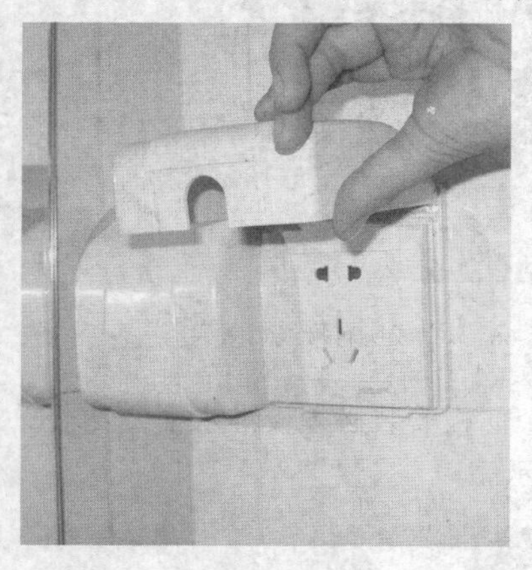

图 4-70　带有保护盒的防溅插座

图 4-71　各回路进线保留足够长度

（6）安装配电箱。

配电箱有金属和塑料两种材料制品，安装方式可以分为明装和暗装两种，区别只是暗装方式将配电箱埋入墙内。配电箱具体安装过程如图 4-72 ~ 图 4-75 所示。

图 4-72　解开电线安装漏电开关

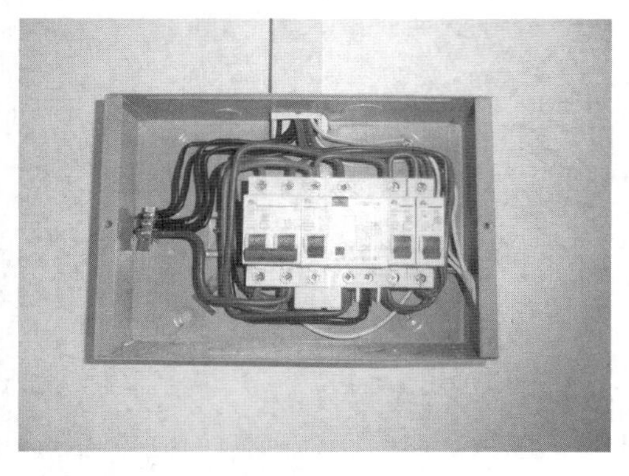

图 4-73　接线

图 4-74　安装面板并贴上标签

配电箱安装要点如下。

① 选择位置：应选择干燥、通风、方便使用处安装，不得安装在潮湿的地方。一般安装在大门后或进门口鞋柜上方，距地面高度约为 1400mm，以方便操作。

② 注意各分路线的容量总和不得超过进户线的容量。

③ 按照电路图规定安装漏电开关，每个回路都应单独装设一个漏电开关，各个漏电开关的连接要用汇流排。同时，开关之间的引线必须与进线线径一致。

④ 配电箱内的漏电断路保护器，其漏电动作电流不应大于 30mA，额定动作时间为 0.1s，同时具有超负荷及短路保护功能，安装完必须立刻进行短路测试。

⑤ 安装完成后立即清理配电箱内的垃圾，并注明各回路名称。

## 8. 灯具安装

（1）检查灯具：要求灯具及其配件齐全，无挤压变形、破裂和外观损伤等情况，所有灯具应有产品合格证。

（2）确定灯具具体安装位置：如果在前期准备工作中已经和业主、设计师确认，即可直接安装。

（3）将预留位的电线拉出来，即可按照灯具的安装说明安装灯具。通常在接线方式上为相线进开关，通过开关进灯头，零线直接进灯头。

以一个吸顶灯为例讲解具体安装方法，如图 4-75 ~ 图 4-78 所示。

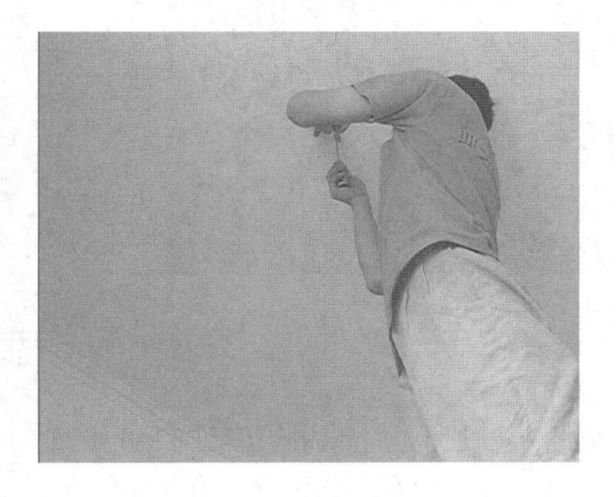

图 4-75　在楼板安装吸顶灯紧固件

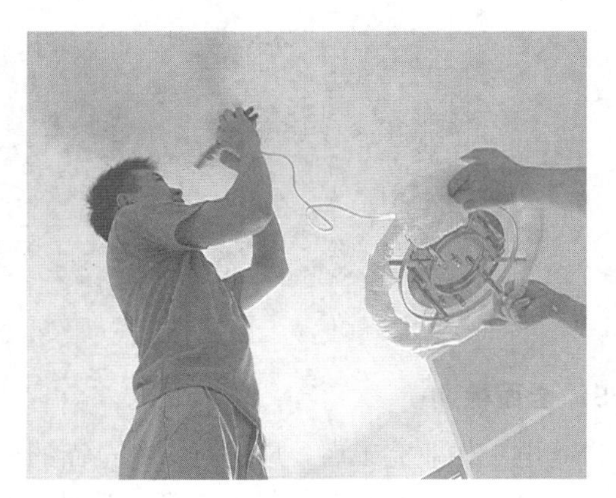

图 4-76　接线

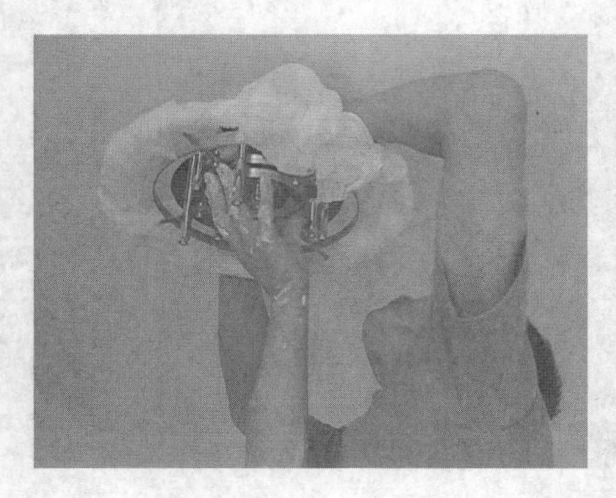

图 4-77　安装灯具底座

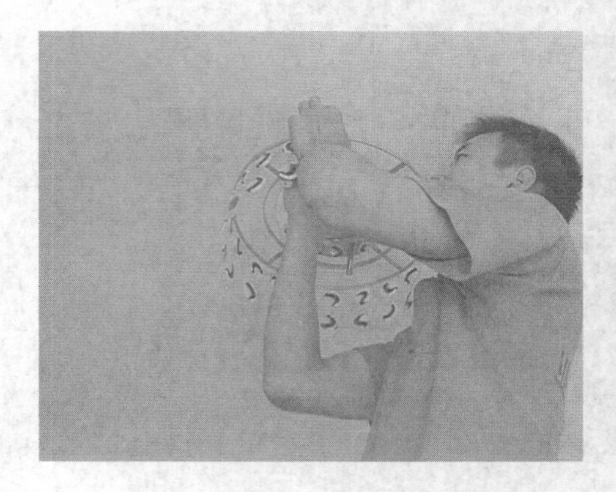

图 4-78　安装灯具饰件

灯具安装要点如下。

（1）考虑灯具的自重，目前天花多为石膏板制作，石膏板承重性较差，大型灯具比如超过 3kg 以上的吊灯、吸顶灯等直接安装在石膏板上可能会造成脱落，所以必须在混凝土顶棚上打膨胀螺丝固定灯座且固定螺钉或螺栓不少于 2 个，或者在天花上加装后置埋件或固定架，然后再将灯具固定在后置埋件或固定架上。

（2）安全性：灯具不得直接安装在易燃构件上，比如夹板天花或者木龙骨上。因为灯具表面会产生高温，容易导致可燃物燃烧，造成火灾隐患。尤其是暗藏灯槽内的日光灯管安装必须隔离木龙骨等易燃物，同时灯管用支架架空，不可斜置倒置，以免灯管发热而引起燃烧。

（3）美观性：同一室内或场所成排安装灯具，尤其是成排的筒灯、射灯，其中心线偏差不应大于 5mm，矩形灯具的边框宜与顶棚面的装饰直线平行，偏差也不应大于 5mm；筒灯、射灯应能够完全遮盖开孔位；暗处灯管不应外露，必须保证从下往上只见灯光不见灯管，如图 4-79 所示。

（4）灯具安装完工后，不要将表面的保护膜立即撕掉，避免在后面的施工中造成灯具污损。

图 4-79　只见灯光不见灯管

## 9. 全面检测

电工作业完工后，应进行一次全面的检测才可交付业主使用。检测内容包括以下几点。

（1）各种灯具安装位置正确（对照图纸），端正平整，牢固可靠。插座及开关数量准确，位置正确。

（2）开关、插座面板平直牢固，紧贴墙面，不得出现起翘或者结合处有明显缝隙的情况。同时需要分别试试各个开关、插座，要求全部都能够正常使用。

（3）将所有灯具打开，要求全部正常发光而且光度平均，尤其是暗藏日光灯不得出现光芒有强有弱的情况。打开全部灯 1～2h，如果没有出现异状，才证明灯具没有问题。

（4）短路测试漏电开关的保护作用，同时要求漏电开关开启灵活，控制灵敏。然后逐一试验每个漏电开关及控制的插座、灯等，要求全部都能正常使用。

（5）检测网络等弱电，要求各种网络等弱电全部通畅。

至此，电路改造施工全部完成。以上所述为电路改造中的暗装施工方法，也是目前主流的电路改造施工方法，在家居空间及办公空间广泛应用。但是在电路改造中，一些较为低档的装修，比如厂房的装修和一些较为低档的出租房的装修，经常采用明装方式。相对来说明装的美观性要差很多，但是却为维修提供了极大便利，而且施工方便，造价也低廉，特别适合一些不讲究美感的环境。

明装方式相比暗装方式施工要简单得多。下面简单介绍一下明装电路改造施工流程，如图 4-80～图 4-87 所示。

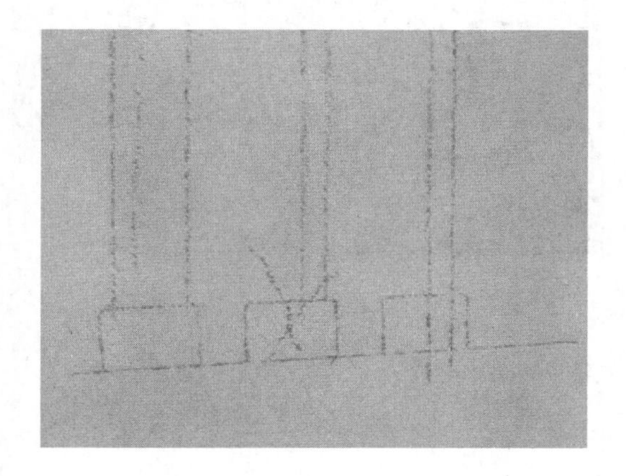

图 4-80　精确定位及弹线

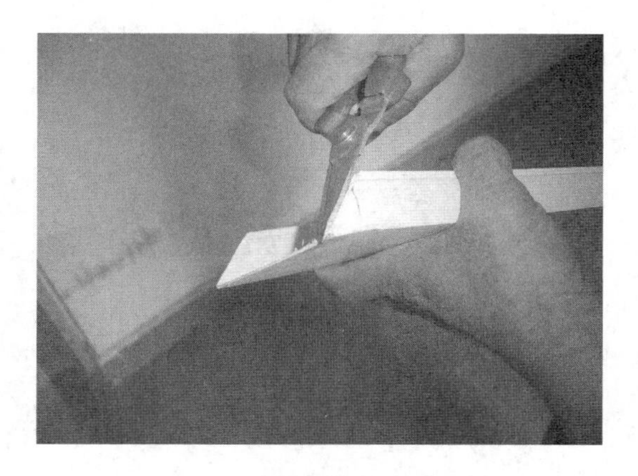

图 4-81　切割加工线槽

图 4-82　安装固定线槽及线盒

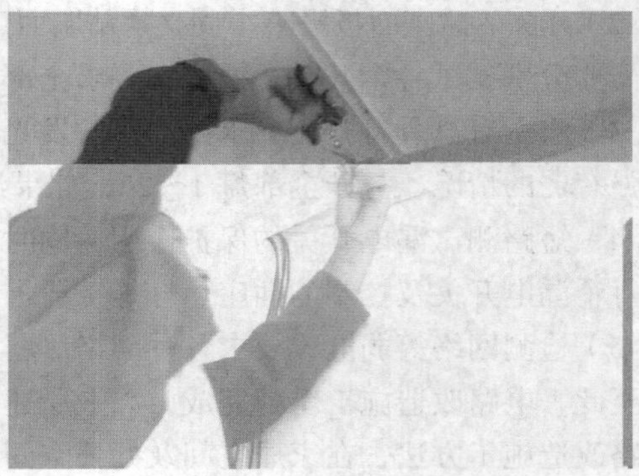

图 4-83　布线封槽

图 4-84　布线封槽后效果

图 4-85　接线

图 4-86　安装面板

图 4-87　最终效果

### 4.2.2　电路改造常见问题答疑

（1）电改造工程是如何计算报价的？

答：电改造计算方法可以是以位计算、以米计算甚至以整个项目计算。对于家居电路改造而言，以位计算是最科学合理的，也是目前最为主流的计算方式。各个公司的计算方法有所不同，但大体上是一个开关或者一个插座算一位，空调、电视、网线、电话也是按位计算，但价格相对开关插座要高一些，具体价格视各个公司而定，没有统一的标准。

（2）电线为什么一定要套在电线套管里？

答：电线外层的塑料绝缘皮长时间使用后，塑料皮会老化开裂，绝缘水平会大大下降，当墙体受潮或者电线负载过大和短路时，更易加速绝缘皮层的损坏，这样就很容易引起大面积漏电，导致线与线、线与地有部分电流通过，危及人身安全。而且漏泄的电流在流入地面途中，如遇电阻较大的部位，会产生局部高温，致使附近的可燃物着火，引发火灾。同时将电线套在电线套管里也方便日后线路检修和维护。所以在施工时必须将电线穿入 PVC 电线套管，这样才能从根本上杜绝安全隐患和方便日后的维修。

（3）安全用电需要注意什么？

答：随着生活水平的提高，各种电器设备的使用越来越多，但同时也造成了更多的用电事故。安全用电的第一步就必须确保电改造中材料、施工以及各种电器的质量，不要图便宜购买那些假冒伪劣产品；在日常使用中不要用湿手接触带电设备，更不能用湿布去擦带电设备；检查和修理家用电器时，必须先切断电源；对于那些破损的电源线，必须马上用绝缘胶布包好；一旦出现漏电事故或者因此引发火灾，首先必须断开电源再进行其他处理，若不切断电源，烧坏的电线会造成短路，从而引起更大范围的电线着火。

（4）发生触电事故应该如何急救？

答：如果人员不慎发生触电事故，应首先设法切断电源或者使触电者迅速脱离电源，就地进行人工呼吸法抢救，若心脏停止跳动则需进行人工胸外挤压法抢救。有数据表明，如果从触电后 1min 就开始救治，有 90%的概率可以救活，但到 5～6min 以后才开始抢救，则仅有 10%的救活机会。

（5）漏电保护器是什么，有什么作用？

答：漏电保护器又称漏电保护开关，是一种电气安全装置，其主要用途是防止由于电气设备和电气线路漏电引起的触电事故。同时还可以及时切断电源，避免引发火灾事故。随着各种电器设备使用的增多，使用漏电保护器无疑是给人身和财产安全增加了一个保险。

（6）接地保护工作原理是什么？

答：把电气设备的金属外壳及与外壳相连的金属构架用接地装置与大地可靠地连接起来，以保证人身安全的保护方式，叫保护接地，简称接地。正常情况下，电气设备的金属外壳是不带电的，但当电气设备绝缘损坏，外壳便会带电，当人触及此带电体，便形成了一个电流回路，电流通过人体而触电。如果有了正确安装的接地，人体与接地系统相当于两个并联的电阻，故障电流将沿着接地体和人体两条通路流过，流过每一条通路的电流值与其电阻成反比，因为人体的电阻比接地体的电阻大得多，所以流过人体的电流很小，绝大部分电流将通过接地系统进入大地，对人身就没有危害了。接地的电阻是个重要的数据，接地的电阻越小越好。接地装置的接地极一般不能少于二根且接地电阻必须小于 4 Ω。人体的电阻一般为 2000Ω，这样流经人体的电流只是总电流的 1/500，这么低的电流正常情况下是不会对身体造成任何危害的。

（7）开关失灵、插座无电的主要原因是什么？

答：从施工角度看，一般造成开关失灵、插座无电的原因主要是接线错误、接线不实、螺丝未拧紧等，可切断电源后重新接线。电路改造和安装必须由专业技术工人操作，切不可盲目乱动。

# 第5章 泥水材料及常用工具

泥水施工使用的材料量是最大的，泥水施工主要涉及的材料有水泥、沙、砖、墙地面砖、马赛克、踢脚线、天然石材、人造石材、勾缝剂、胶黏材料等，下面将逐一进行介绍。

## 5.1 水泥、沙、砖、胶黏剂等辅料

装修材料通常分为主材和辅料两种，主材指装修的主要材料，包括瓷砖、洁具、地板、橱柜、灯具、门、楼梯、乳胶漆等，在装修中通常是由业主自购。辅料则是辅助性材料，除了主材之外的所有材料都基本上可以统称为辅料。辅料总类非常多，在装修中通常是由装修公司提供。限于篇幅，在本章节中只将泥水施工中常用到水泥、砂、砖、勾缝剂、胶黏剂等材料归为专门的辅料类别进行介绍。

### 5.1.1 水泥、沙、砖、胶黏剂等辅料的主要种类及应用

在装修时很多人往往更为注重主材，一方面是因为主材能够最大程度体现装修的质量和档次，另一方面主材在装修费用中所占的比重也比较大。但实际上装修辅料与主材同样重要，辅料性能优劣也会直接影响到装修的质量，不能由于使用的辅料繁多同时又不能在装修效果中直观地体现出来就不注重装修辅助材料。

**1. 水泥**

水泥是以石灰石和粘土为主要原料，经破碎、配料、磨细制成生料，加入水泥窑中煅烧成熟料，加入适量石膏（有时还掺加混合材料或外加剂）磨细而成。水泥是最为常见的胶凝材料，成品为粉状，加水搅拌后能把砂、石等材料牢固地胶结在一起，是不可或缺的装饰工程基础材料。

水泥的品种非常多，有普通硅酸盐水泥、矿渣水泥、火山灰水泥和粉煤灰水泥等多个品种，室内装饰常用的大致上是以下三种。

（1）普通硅酸盐水泥：这种水泥是最为常用的水泥品种，多用于毛地面找平、砌墙、墙面批荡、地砖、墙砖粘贴等施工，还可以直接用作饰面，称之为清水墙。

（2）白色硅酸盐水泥：俗称白水泥，通常被用于室内瓷砖铺设后的勾缝施工。白水泥

勾缝缺点是易脏，不需要多长时间白水泥的勾缝就成了“黑水泥勾缝”。现在市场上已经有了专门的勾缝剂，白水泥粘贴的牢度和硬度都不如勾缝剂好，而且抗变色能力也不如勾缝剂，所以勾缝剂成为白水泥的优良替代品，在装修中得到广泛的应用。

（3）彩色硅酸盐水泥：彩色水泥是在普通硅酸盐水泥中加入了各类金属氧化剂，使得水

泥呈现出各种色彩，在装饰性能上比普通硅酸盐水泥更好，所以多用于一些装饰性较强的地面和墙面施工中，比如水磨石地面。

水泥一般按袋销售，普通袋装的重量通常为 50kg。水泥依据粘力不同，又分为不同的标号。国家统一规划了我国水泥的强度等级，用于装饰工程的硅酸盐水泥分为 3 个强度等级 6 个类型，即 32.5、32.5R、42.5、42.5R、52.5、52.5R。水泥的标号代表水泥的黏接强度，标号越高强度也就越高。装饰工程常用的是 32.5R、42.5R 标号水泥。

水泥通常会按照一定比例和沙调配成水泥砂浆使用。水泥砂浆多应按水泥：砂=1：2（体积比）或 1：3 的比例来配制。需要注意的是，并不是水泥占整个砂浆的比例越大，其黏接性就越强。以粘贴瓷砖为例，如果水泥所占比重过大，当水泥砂浆凝结时，水泥大量吸收水分，这时面层的瓷砖水分被过分吸收，反而更容易造成瓷砖拔裂和黏接不牢。

**2. 沙**

沙也称砂，是调配水泥砂浆的重要材料。水泥砂浆的调配，水泥和砂两者缺一不可。从规格上沙可分为细沙、中沙和粗沙。沙子粒径 0.25 ~ 0.35mm 为细沙，粒径 0.35 ~ 0.5mm 为中沙，大于 0.5mm 的称为粗沙。一般装修通常都是使用中沙。

从来源上沙可分为海沙、河沙和山沙。海沙通常不能用于装饰施工中，因为海沙盐分含量高，容易起化学反应，会对工程质量造成很严重的影响。山沙则不够洁净，通常会含有过多的泥土和其他杂质，装修中最常用的还是网子进行筛选后的河沙。

调制水泥砂浆时为了加强水泥砂浆的黏结力和柔韧性，有时还会添加一些如 107 胶、白乳胶、瓷砖胶等胶黏剂作为添加剂，其中 107 胶因为含有过量的游离甲醛，目前已经被国家明令禁止使用。在游泳池、卫生间等潮湿区域最好使用专门的瓷砖胶水泥砂浆添加剂，它除了能加强水泥砂浆的黏结力外，还能增强水泥砂浆的耐水性。

**3. 砖**

普通砖的尺寸通常为 240mm × 115mm × 53mm，根据抗压强度（单位：$N / mm^2$）的大小分为 MU30、MU25、MU20、MU15、 MU10、MU7.5 六个强度等级。在室内装饰砌筑工程中主要有以下品种。

（1）红砖：红砖是以黏土在 900℃左右的温度下以氧化焰烧制而成。由于红砖抗压强度大，价格便宜，经久耐用，曾经在土木建筑工程中广泛使用。但是，烧制红砖需要大量的粘土，一块红砖需要几倍于它体积的土地来做原料，这样就会大量消耗土壤资源，毁坏耕地。出于环保的考虑，国家已经禁止使用红砖。但是由于红砖造价低廉，利润大，还是有很多黑生产窝点和销售渠道。

（2）青砖：青砖是我国独具传统特色的砖种，青砖装饰别具风味。青砖制作工艺和红砖基本相似，只是在烧成高温阶段后期将全窑封闭从而使窑内供氧不足，促使砖坯内的铁离子被从呈红色显示的三价铁还原成青色显示的低价铁，这样本来呈红色显示的砖就成了青色。青砖在抗氧化、水化、大气侵蚀等方面性能明显优于红砖，但是由于青砖的烧成工艺复杂，能耗高，产量小，成本高，难以实现自动化和机械化生产，所以轮窑及挤砖机械等大规模工业化制砖设备问世后，红砖得到了突飞猛进的发展，而青砖除个别仿古建筑仍使用外，已基本退出历史舞台。

（3）水泥砖：水泥砖是利用粉煤灰、煤渣、煤矸石、尾矿渣、化工渣或者天然砂等（以上原料的一种或数种）作为主要原料，用水泥做凝固剂，不经高温煅烧而制成的，是一种新型墙体砌筑材料。市场上叫法不一，因为水泥砖一般为灰色，有时也被叫做灰砖；同时因为常常做成空心的，也经常被称为空心砖。水泥砖自重较轻，强度较高，无须烧制，比较环保，国家已经在大力推广。水泥砖缺点是与抹面砂浆结合不如红砖，容易在墙面产生裂缝，影响美观。施工时应充分喷水，要求较高的别墅类可考虑满墙挂钢丝网，可以有效防止裂缝。按照原料不同，灰砖可分为以下两类。

灰砂砖：以适当比例的石灰和石英砂、砂或细砂岩，经磨细、加水拌和、半干法压制成型并经蒸压养护而成。

粉煤灰砖：以粉煤灰为主要原料，加石灰、水泥和添加剂后放进模子，经过蒸汽养护后成型。由于其可充分利用电厂的污染物粉煤灰做材料，节约燃料。现在国家在大力推广，在各个建筑工地中比较常见。

（4）烧结页岩砖：烧结页岩砖是一种新型建筑节能墙体材料，以页岩为原料，采用砖机高真空挤出成型。与普通烧结多孔砖相比，具有保温、隔热、轻质、高强和施工高效等特点。

除了以上砖种外，市场上还有诸如不烧砖、透水砖、草坪砖、劈开砖等种类，因为在室内装饰中应用很少，这里就不一一介绍。

### 4. 勾缝剂

早期施工中，瓷砖勾缝基本上都是采用白水泥，但随着专用勾缝剂的出现，白水泥渐渐被性能更好的勾缝剂所取代，不少高档瓷砖甚至本身就配有专用勾缝剂。

勾缝剂也叫填缝剂，主要用于嵌填墙地砖的缝隙。勾缝剂分为无沙勾缝剂和有沙勾缝剂两种。一般来说，无沙勾缝剂适用于瓷砖缝宽 1mm ~ 10mm 之内，而有沙勾缝剂适用的缝宽可以更宽。在施工时，可以根据砖缝宽度来决定选择哪种勾缝剂。勾缝剂有白色、灰色、褐色等很多种，选购时可以根据瓷砖的颜色选择相近颜色的勾缝剂，形成整体统一的效果。

使用勾缝剂需要注意的是：第一，不能在瓷砖贴完后马上使用勾缝剂进行勾缝处理，因为砖贴完还有很多施工，粉尘很大，过早勾缝易脏，一般可以在整体施工基本完成后再进行勾缝处理；第二，勾缝时注意要将粘在瓷砖上的部分及时擦去，否则勾缝剂干了以后会牢牢地粘在瓷砖上，很难擦掉。如果勾缝剂擦晚了，粘牢在瓷砖上，则必须购买专门的瓷砖清洁剂或者草酸才能彻底擦除。

### 5. 胶黏剂

胶黏剂就是我们俗称的胶水，是施工中必不可少的材料。胶黏剂种类非常多，在泥水施工中常用的胶水主要有瓷砖胶、大理石胶和胶条等，此外，还有木工胶、壁纸胶等品种，这些胶黏剂虽然不在泥水施工中使用，但是出于归类方便，也在本节中介绍。

需要注意的是，胶水本身含有很多有毒有害物质，是造成环境污染的重要源头之一。因而在施工中使用胶水需要特别注意，过量使用环保达标的胶水也会造成环境污染。如果使用那些不合格的胶水，则造成的危害将更大。

（1）瓷砖胶：又称陶瓷砖黏合剂，主要用于粘贴面砖、地砖等瓷砖，广泛适用于内外墙面、地面、浴室、厨房等空间。瓷砖胶主要特点是施工方便、粘接强度高、耐水、耐冻融、耐老化性能好，而且瓷砖胶在粘贴瓷砖后 5 ~ 15min 内可以移动纠正，是一种非常理想的瓷砖黏结材料。瓷砖胶施工前应在施工墙面清除浮灰、油污等污垢，然后湿润（外湿里干），同时要求墙面基层平整，如有不平整则需要用水泥砂浆找平。使用时，将混合好的黏合剂涂抹在粘贴砖材的背面，然后用力按，直至平实为止。因材料不同而实际耗用量不同，一般每平方米用量为 4 ~ 6kg，粘贴厚度为 2 ~ 3mm，使用时水灰比约为 1∶4，搅拌均匀后的黏结剂应在 5 ~ 6h 内用完（温度在 20℃左右时）。

（2）大理石胶：大理石胶通常用在胶黏大理石施工中，通常为胶粉状态。在施工中不用水泥沙子，现场加水即可使用，且凝固时间快，效率大大提高。其黏贴厚度为 3 ~ 5mm，每平方米用量为 3 ~ 5kg，而使用传统水泥砂浆加胶黏贴时，结合层厚度需 15 ~ 20mm，每平方米用量约为 11kg，这样就大幅度减轻建筑物负重。但是采用大理石胶胶黏大理石必须采用强力型大理石胶粉，而且只能应用于薄型大理石和花岗岩。对于较厚的大理石和花岗石，最好还是采用干挂和湿挂的方法。除了应用于大理石黏贴，大理石胶还可以应用于室内、外墙面、顶棚等部位黏贴板材。

（3）胶条：胶条主要解决大理石修补问题，用于修补石材孔隙及裂缝。根据不同的石材颜色，选择相应的胶条，修补后再打磨，就看不出修补痕迹了。胶条修补时要使用 75W 或 100W 的带刀头电烙铁加热溶化，溶入需填补的石材；如石材填补洞比较大，也可添加石材粹块，混合在一起填补。待冷却固化后，表面出现凹凸不平时，采用灰铲，将表面凸出部分水平铲除即可，充分冷却后硬度和石材无异，然后再打磨即可。

（4）木制品胶黏材料：多用于木制品的基层和面层黏结。

① 白乳胶：俗称白胶，形态为乳白色黏稠液体。具有可常温固化、黏接强度较高，黏接层具有较好的韧性和耐久性且不易老化、能溶解于水、价格便宜的特点。多用于木龙骨、木制基层以及饰面板的粘贴，还可以用于墙面壁纸粘贴。用于墙面腻子则可以增强腻子的粘黏度。但是白乳胶的凝固时间较长，通常需要 12h 以上。

② 309 胶：俗称万能胶，具有凝固时间快、粘连强度高的特点，广泛应用于木制品、塑料制品、金属面板的黏接。

③ 地板胶：专用于木制地面材料的胶黏，凝固时间相对较短，一般只需要 2 ~ 3h，同时具有黏接强度高、硬度高、使用寿命长的特点。

（5）墙面腻底胶黏材料。

① 107 胶：107 胶(聚乙烯醇缩甲醛)多用于墙面腻底和壁纸的黏贴，但由于 107 胶含毒，污染环境，国内已经明令禁止继续使用 107 胶。

② 108 胶：是一种透明糊状的液体，具有较好的胶黏性能，适用于粉刷用的胶料和配置腻子，可作为 107 胶的替代产品。

③ 熟胶粉：主要适用于墙面腻子的调制和壁纸的黏贴，具有阻燃和可溶解于水的特点。熟胶粉凝固时间慢，不能单独使用，同时胶黏强度较低。

④ 壁纸胶：是专门用于粘贴壁纸的胶黏材料。具有凝固时间较快（4 小时左右即可凝固）、黏接强度较好、阻燃和可溶于水的特点。使用寿命在 5 年左右。

（6）玻璃胶：多用于玻璃的黏接和固定。通常需要 6h 左右的凝固时间，同时具有黏接强度高，弹性强，阻燃防水等特点。

（7）其他胶黏材料。

① 防水密封胶：适用于门窗、阳台等处的防水密封。

② 电工专用胶：适用于电线套管的绝缘密封。

除此之外，胶黏材料还有不少种类，如 801 胶、816 胶、901 胶等，性能和上述胶黏材料基本重合，这里就不一一介绍了。

## 6. 钉子

钉子虽小，却也是室内装修中必不可少的一种材料。钉子的种类很多，在不同的地方需要使用不同类型的钉子。

（1）圆钉：也称铁钉，头部为圆扁形，下身为光滑圆柱形，底部为尖形。常见规格为 10 ~ 200mm，有大概 20 种。普通圆钉主要用于木质结构的连接，如图 5-1 所示。

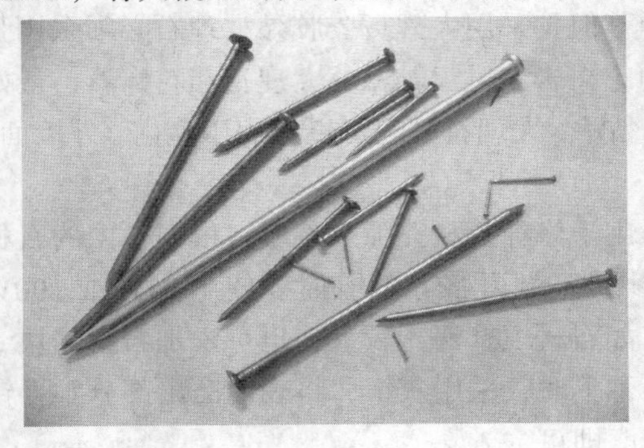

图 5-1　圆钉

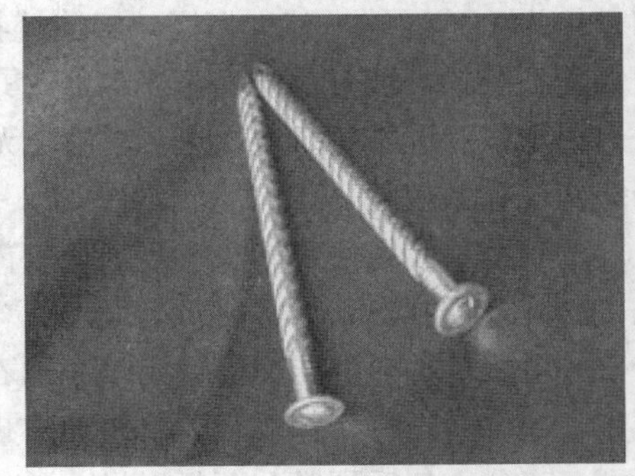

图 5-2　麻花钉

（2）麻花钉：钉身如麻花状，头部为圆扁形，十字或一字头，底部为尖底。着钉力特别强。适用于一些需要很强着钉力的地方，如抽屉、木制顶棚吊杆等处，常见规格为 50 ~ 85mm，有多种规格，如图 5-2 所示。

（3）拼钉：是一种两头都是尖的钉子，中间为光滑表面。拼钉比其他钉子更容易合并和固定木材，特别适用于木板拼合时做销钉用，常见规格有 25 ~ 120mm，如图 5-3 所示。

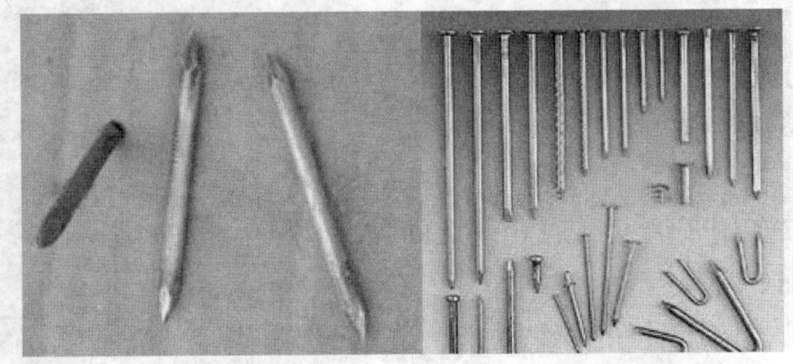

图 5-3　拼钉

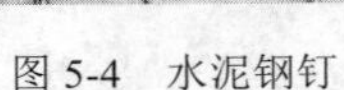

图 5-4　水泥钢钉

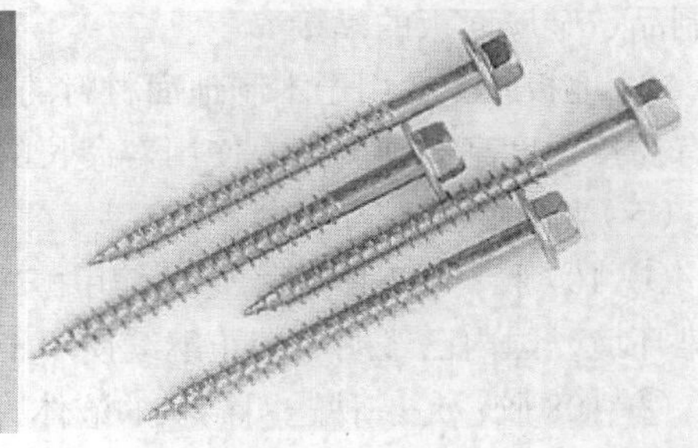

图 5-5　木螺钉

（4）水泥钢钉：在外形上与圆钉很相似，头部略略厚一点。水泥钢钉是用优质钢材制成，具有坚硬、抗弯的优点，可以直接钉入混凝土和砖墙内。常见规格有 7 ~ 35mm，如图 5-4 所示。

（5）木螺钉：又称木牙螺钉。比起其他钉子更容易与木材结合，多用在金属和其他材料与木质材料的结合中，如图 5-5 所示。

（6）自攻螺钉：钉身螺牙较深，硬度高，价格便宜，比起其他钉子能更好地结合两个金属零件。多用于金属构件的连接固定，如铝合金门窗的制作，如图 5-6 所示。

（7）射钉：多与气钉枪配合使用，射钉紧固要比人工施工更好且经济。同时钉入板内只会留一个小钉眼，补腻子上漆后完全看不出钉眼，美观性较好。射钉多用于木制工程的施工中，如细木制作和木质罩面工程等，射钉及气钉枪如图 5-7 所示。

（8）螺栓：装修工程中常用的螺栓主要分为塑料和金属两种，用于替代预埋螺栓使用。

适用于各种墙面、地面锚固建筑配件和物体，如图 5-8 所示。

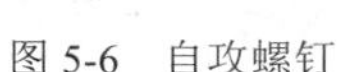

图 5-6 自攻螺钉

图 5-7 射钉及气钉枪

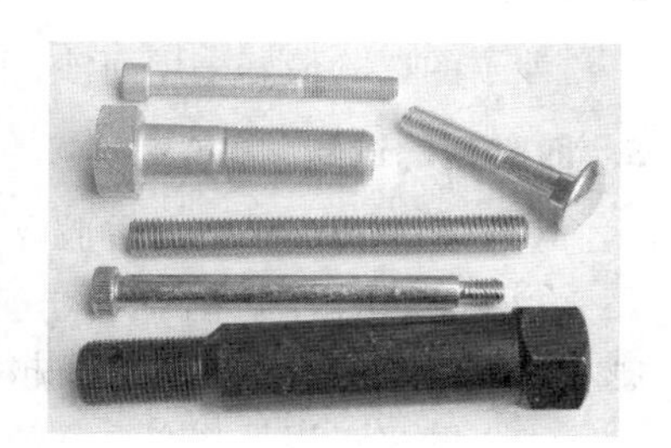

图 5-8 螺栓

**7. 防水涂料**

建筑本身会做一层建筑防水，如果质量好的话，一般不会出现渗漏现象。但装修中常常对卫浴设施和水管移动位置，这就会使原有的防水层遭到破坏。在这种情况下，就要重新做防水处理。一般在地面找平的水泥干透之后，就可以做防水处理了。如果是带淋浴的卫生间的话，墙面也必须做防水处理，如果没有防水层的保护，墙面容易潮湿，发生霉变。墙面防水至少要做到 1.8m 高，最好是整面墙都做防水处理。特别要注意边角，严格防止其发生滴漏，实际上大多数防水层漏水都是出现在边角部位。

目前，市场上的防水材料有以三大类。

（1）聚氨酯类防水涂料：这类材料一般是由聚氨酯与煤焦油作为原材料制成，它所挥发的焦油气毒性大，且不容易清除，因此于 2000 年在我国被禁止使用。尚在销售的聚氨酯防水涂料，是用沥青代替煤焦油作为原料。但在使用这种涂料时，一般采用含有甲苯、二甲苯的有机溶剂来稀释，因而也含有毒性。

（2）改性沥青防水涂料加玻璃丝布：玻璃丝布可以起到提高强度、增加柔韧的作用。使用这种涂料，防水工程较复杂，但价格便宜。

（3）聚合物水泥基防水涂料：它由多种水性聚合物合成的乳液与掺有各种添加剂的优质水泥组成，聚合物(树脂)的柔性与水泥的刚性结为一体，使得它在抗渗性与稳定性方面表现优异。它的优点是施工方便、综合造价低，工期短，且无毒环保。

防水涂料的施工完成后必须进行一次 24h 的闭水实验，检测防水层的质量。具体办法是将厨房、卫生间的地漏塞住，在室内加不低于 3cm 深的水，经过 24h 看楼下是否出现渗漏。确认没有问题后才能进行地面贴砖或者其他面层处理。如果没有做闭水试验或试验未合格，就做面层，将来漏水时，只有把面层全部敲掉，再重新做一遍防水。

## 5.1.2 泥水施工辅料的选购

**1. 水泥的选购**

（1）水泥通常都是按袋出售，正规厂家生产的水泥包装完好，包装上印有详细的工厂名称，生产许可证编号，注册商标，品种(包括品种代号)，标号，包装年、月、日和编号等内容。这里需要特别注意的是，水泥的生产日期一般越近越好，水泥保质期很短，如果使用超过保质期的水泥，其黏结性能会随着超过保质期的时间成正比急剧下降。

（2）水泥粉颗粒越细越好，越细硬化越快，强度就越高。如果水泥结块了，那说明水泥受了潮，其强度会变得很差；水泥的颜色最好为深灰色或深绿色，色泽泛黄、泛白的水泥强度相对较低。

**2. 沙子的选购**

沙子的选购最好采用河沙，而不是山沙或者海沙。河沙选用那些杂质较少，最为干净的。

**3. 胶黏剂的选购**

（1）首先需要了解各种胶黏剂的性能和适用的材料，根据材料的种类和需要进行选购。

（2）胶黏剂的质量需要从气味、固化效果和黏度等几个方面考察。通常是气味越小越好，越小说明含有的有毒有害物质越少，而固化效果和黏度越高越好，可以挤出一点试试看。

（3）购买正规品牌产品，胶黏剂的包装上出厂日期、规格型号、用途、使用说明、注意事项等内容必须清晰齐全。

## 5.2 墙、地砖

墙、地砖是墙地面装饰的主要材料，属于主材的范畴。除了装饰公司完全包工包料外，在一般情况下由业主自购。考虑到业主多为非专业人士，所以在很多情况下需要设计师陪同购买，提供专业的意见，所以掌握墙面砖的相关知识是非常有必要的。

### 5.2.1 墙、地砖的主要种类及应用

在装饰工程中，墙、地砖因其表面洁净、图案丰富、易于清理和价格实惠深受市场的青睐，得到了广泛的应用。尤其是瓷砖背景墙，刚一上市就受到了市场的追捧。墙、地砖常见尺寸为 300mm × 300mm、400mm × 400mm、500mm × 500mm、600mm × 600mm、800mm × 800mm、1000mm × 1000mm 的正方形幅面。但目前设计中也越来越流行采用长方形规格的地砖，如 300mm × 600mm 尺寸。地砖尺寸大小的选择要根据空间大小来定，小空间不能用大尺寸，否则容易产生比例不协调的感觉。一般来说，面积较大的空间可选择尺寸较大的地砖，如 800mm × 800mm 尺寸的地砖，而厨房、卫生间等较促狭的空间宜采用 300mm × 300mm 左右的地砖。瓷砖的主要品牌有东鹏、冠珠、新中源、诺贝尔、鹰牌、蒙娜丽莎、欧神诺等。

现在市场上装饰用的瓷砖，按照使用功能可分为地砖、墙砖、腰线砖等。从材质上大致可以分为釉面砖、通体砖（防滑砖）、抛光砖、玻化砖和马赛克等几大类。此外，有些新产品如墙、地面应用的抛釉砖、微晶石以及墙面专用的瓷砖背景墙，也逐渐走入了千家万户，这些产品性能优良，装饰效果突出，相信这些产品日后必然会成为墙、地面装饰瓷砖的主流产品。

**1. 釉面砖**

釉面砖就是在砖的表面经过烧釉处理的砖，由底胚和表面釉层两个部分构成，是装修中最常见的瓷砖品种。由于釉面砖表面色彩、图案丰富，而且防污能力强，易于清洁，因此被广泛用于室内墙面和地面装饰。根据釉面砖底胚采用的原料的不同可以细分为陶质釉面砖和瓷质釉面砖。

（1）陶质釉面砖：采用陶土烧制而成，色泽偏红，空隙较大，强度较低，吸水率较高，在装饰工程中采用较少。

（2）瓷质釉面砖：采用瓷土烧制而成，色泽灰白，质地紧密，强度较高，吸水率较低，在装饰工程中采用较多。

釉面砖按照表面对光的反射强弱可以分为亮光和亚光两大类。现在市场上非常流行的仿古砖即为亚光釉面砖。所谓“仿古”就是故意将釉面砖表面打磨成不规则纹理，造成经岁月侵蚀的外观，给人以古旧、自然的感觉。仿古地砖颜色通常较深，多为黑褐、陶红等古旧颜色，因为纹理的原因，表面凹凸不平，相对于亮光釉面砖有更好的防滑性。在室内装饰日益崇尚自然、复古的风格中，古朴典雅的仿古地砖日益受到市场的追捧，在卫生间和阳台等各个空间均有广泛应用。釉面砖、仿古砖如图 5-9 和图 5-10 所示。

图 5-9　釉面砖

图 5-10　仿古砖

釉面砖主要用于厨房卫生间的墙地面。仿古砖可用于室内的各个空间，实践中多用于阳台、厨房等空间的地面。釉面砖和仿古砖装饰实景图如图 5-11 和图 5-12 所示。

图 5-11　釉面砖装饰实景图

图 5-12　仿古砖装饰实景图

## 2. 通体砖

通体砖是一种表面不上釉，正面和反面的材质和色泽一致的瓷砖品种。因为通体一致，所以被称为通体砖。正因为表面不上釉，通体一致，所以通体砖的耐磨性和防滑性能优异，有时在市场上被直接称为耐磨砖或者防滑砖。

通体砖在色彩、图案上远不及釉面砖，虽然也有一种“渗花通体砖”同样具有漂亮的纹理，但总体而言，通体砖在纹理和颜色上还是比较单调的，通体砖如图 5-13 所示。但当前室内设计越来越讲究简约的风格，在用色上也更倾向于素色设计，再加上通体砖本身具有防滑性能，因此通体砖在各种室内空间的地面中也有着越来越广泛的应用。通体砖装饰效果如图 5-14 所示。

图 5-13 通体砖

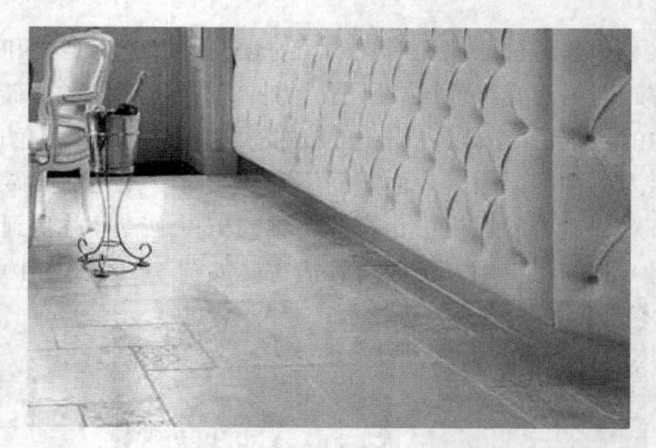

图 5-14 通体砖装饰实景图

### 3. 抛光砖

抛光砖是在通体砖坯体的表面经过机械研磨、抛光，表面呈镜面光泽的陶瓷砖种。严格分类，抛光砖也可以算是通体砖的一种，但由于目前市场上基本都将抛光砖作为一个单独的砖种推出，我们这里也就不将抛光砖归入通体砖范畴。

相对通体砖而言，抛光砖的表面因为经过了抛光处理，所以要光洁许多。抛光处理是一种板材的表面处理技术，不仅在抛光砖上有采用，在大理石和花岗石等天然石材上也经常采用，经过抛光处理后，板材表面看起来就会光亮很多。

抛光砖硬度很高，非常耐磨，在抛光砖上运用渗花技术可以制作出各种仿石、仿木的外表纹理效果，如图 5-15 所示。

抛光砖具有良好的再加工性能，可以任意进行切割、打磨和圆角等处理。抛光砖适用范围很广泛，可在家庭、酒店、办公等空间的墙地面使用，在市场上曾经风靡一时。

抛光砖的最大优点是表面经过抛光处理后非常光亮，很适合于现代主义设计风格的空间。但也正是因为经过抛光处理，抛光砖表面会留下凹凸气孔，这些气孔容易藏污纳垢，所以抛光砖的耐污性能较差，油污等物较易渗入砖体，甚至一些茶水倒在抛光砖上都会造成不能擦除的污迹。针对这种问题，一些品牌瓷砖生产厂家在抛光砖生产时会加上一层防污层以增强其抗污性能，但是也不能从根本上解决抛光砖抗油污性能差的问题。同时因为抛光转表面过于光滑，防滑性能较差，地上一旦有水，就会非常滑，所以抛光砖并不适合用于厨房、卫生间等用水较多的空间，在实践中更多用于客厅和一些公共空间，如大堂等处。抛光砖实景图如图 5-16 所示。

图 5-15 抛光砖

图 5-16 抛光砖实景图

### 4. 玻化砖

玻化砖可以认为是抛光砖的一种升级产品。玻化砖全名应该叫玻化抛光砖，有时在市场上也会称之为全瓷砖。玻化砖是在通体砖的基础上加以玻璃纤维经过三次高温烧制而成，砖面与砖体通体一色，质地比抛光砖更硬、更耐磨，是瓷砖中最硬的一种。釉面砖在使用一段时间后，釉面容易被磨损，颜色暗淡，甚至露出胚体的颜色，而玻化砖通体由一种材料制成，不存在面层磨损掉色的情况。更为重要的是，玻化砖抗油污性能要比抛光砖强得多，玻化砖表面光洁所以不需要进行抛光处理，也就不会存在表面抛光气孔，而且玻化砖本身含有玻璃纤维物质，质地细密，油迹不易渗入，所以相对于抛光砖而言玻化砖的抗污性能更强。需要注意的是，这种抗污性能仅仅是相对于更易污损的抛光砖而言，实际上玻化砖在经过打磨后，毛气孔暴露在外，油污、灰尘还是会在一定程度上渗入，只是程度相对抛光砖要好很多。有些品牌的玻化砖在生产时会在其表面进行专门的防污处理，将毛气孔堵死，使油污物很难渗入砖体。

玻化砖可以用于室内的各个空间，但和抛光砖一样，因为其表面过于光洁而不适合用在厨房、卫生间、生活阳台等积水较多的空间。玻化砖有各种纹理和颜色，在外观上和抛光砖很相似。玻化砖及实景图如图 5-17 和图 5-18 所示。

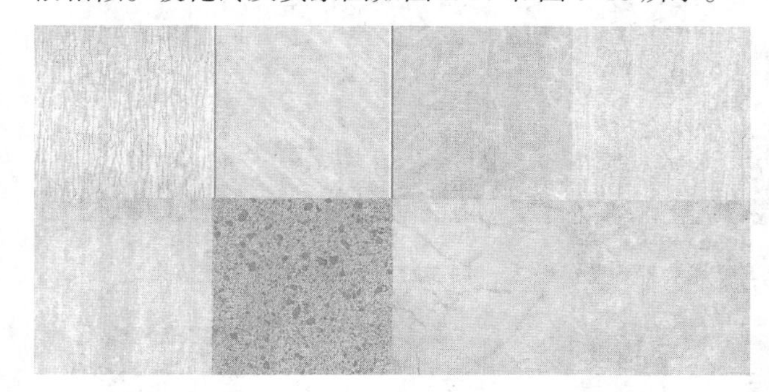

图 5-17　玻化砖

图 5-18　玻化砖实景图

### 5. 马赛克

马赛克学名陶瓷锦砖，所有瓷砖品种中最小的一种，是由数十块小块的砖组成一个相对大的砖。因其面积小巧，用于地面装饰，防滑性能好，不易让人滑倒，特别适合湿滑环境，所以常用来铺砌家居中的厨房、浴室或公众场所的过道、游泳池等空间。不少人对马赛克的印象还停留在十几年前，实际上现在马赛克的品种已经非常多了，而且用作装饰能得到非常漂亮的效果。除了用于地面装饰外，不少室内设计已经采用玻璃或者金属马赛克来装饰背景墙和各类台面。

马赛克大致上可以分为陶瓷马赛克、玻璃马赛克、金属马赛克、大理石马赛克等种类。外形上马赛克以正方形为主，此外还有少量长方形和异形品种。

（1）陶瓷马赛克：是最传统的一种马赛克品种，也是应用最广泛的马赛克品种。它的颜色和纹理相对较为单调，档次偏低，室内多用于卫生间、厨房、公共过道等空间的地面和墙面装饰。

（2）玻璃马赛克：是市场上较新的马赛克品种，通常是用各类玻璃品种，经过高温再加工，熔制成色彩艳丽的各种款式和规格的马赛克。玻璃马赛克具有玻璃独有的晶莹剔透、光洁亮丽的特性，在不同的采光下更是能产生丰富的视觉效果，所以在市场上很受欢迎。玻璃马赛克几乎具有装饰材料所要求的全面优点，可以用于任何空间。在实际应用中多用于卫生间等室内各个空间的墙面装饰。

（3）金属马赛克：是马赛克中最新品种，也是马赛克中的贵族品种。金属马赛克的生产工艺非常多样，通常是在陶瓷马赛克表面烧熔一层金属，也有的是在表面粘一层金属膜，最高档的是采用真正的金属材料制成。金属马赛克价格相对较贵，但装饰性很强，具有其他品种马赛克所不具有的独特金属光泽，可以用于各个空间，能够营造出一种非常雍容华贵的感觉。

（4）大理石马赛克：采用大理石材料制作而成，价格相对昂贵，应用相对较少，装饰效果上要强于一般的陶瓷马赛克。

马赛克常用规格有 20mm × 20mm、25mm × 25mm、30mm × 30mm 等，厚度依次在 4~4.3mm。各类马赛克实景图装饰效果如图 5-19~图 5-22 所示。

图 5-19　陶瓷马赛克实景效果

图 5-20　玻璃马赛克实景效果

图 5-21　金属马赛克实景效果

图 5-22　大理石马赛克实景效果

## 6. 抛釉砖、微晶石

微晶石甚至可以说是属于玻璃的一种，其实是在砖的表面上了一层硬质玻璃层，这层玻璃层的厚度越厚质量越好。微晶石可以说是目前地砖中装饰效果最好的，但是也是最贵的，如图 5-23 所示。微晶石效果和抛釉砖很相似，区别是微晶石表面有一层玻璃，显得更加晶莹剔透，而抛釉砖只是在表面做了抛光处理。

图 5-23 微晶石效果

## 7. 抛晶砖

抛晶砖又叫抛金砖，其特色是在瓷砖上用了电镀工艺，有金属质感，尤其是目前的抛金砖大多采用黄金质感电镀工艺，所有效果非常抢眼和夺目。但是建议家庭装修不要大量使用，太抢眼了，一不小心就把自家客厅搞成豪华 KTV 包间了。客人来家参观倒是会第一时间被震撼，可是长时间住着，感受恐怕就不那么好了，效果如图 5-24 所示。

## 8. 陶瓷薄板

陶瓷薄板属于最薄的陶瓷品种，是环保产品。因为薄，用料少，所以环保。最薄陶瓷薄板砖可以做成 3mm 的厚度，市场上多是 5mm 厚度的，但硬度和耐用性都不差，甚至超越了很多砖种。效果如图 5-25 所示。

图 5-24 抛晶砖效果

图 5-25 陶瓷薄板

## 9. 瓷砖背景墙

瓷砖背景墙是新产品，问世之初即大受市场欢迎，相信以后会成为家庭装修的主流背景墙产品。瓷砖背景墙主要用于客厅、卧室、餐厅等处的墙面，也可以作为办公空间的形象墙。抛光砖、陶瓷薄板、微晶石、仿古砖都可以制作成为瓷砖背景墙。画面、花色、尺寸可以随意定制，尤其适合精装修房在不动干戈的情况下，解决精装修房千篇一律的缺点。因为瓷砖背景墙是新产品，国内几家较大的品牌厂家如孚祥、蒙娜丽莎、甲骨文、恒孚记等也只是在少数几个大型城市有销售，更多的销售还是要通过网购完成。此外，因为瓷砖背景墙诞生时间不长，除了上述少数几家品牌大厂工艺能够达到要求之外，网上销售的很多品牌瓷砖背景墙存在耐刮性差、耐久性差、色彩不纯正等各种问题，选购时需要特别注意。

瓷砖背景墙大气漂亮，尤其是可以个性定制，可根据装修实际尺寸来进行定做，甚至自己的照片也可以做在瓷砖上。瓷砖背景墙风格各异，现代、中式、欧式多种多样，不但能突出空间的立体感，让家居散发出艺术气息，同时方便清洁、打扫，防水防潮,耐用五十年以上，历久弥新。相比起壁纸、墙漆等材料，瓷砖背景墙有雕刻层次，性价比较高，甚至可以说是目前装饰效果最强的背景墙。效果如图 5-26~图 5-28 所示。

从工艺上分，瓷砖背景墙的工艺有以下两种。

（1）精雕：融合烧釉与微雕双重高新科技，凹凸画面上起伏着高温烧结的色彩，立体感强，通透性好，逼真度高，保存时久，收藏价值高。对于陶瓷、玻璃等硬质原材料可做精雕。精雕具有以下优势：图案形状不受限制，可有不同程度的凹凸深度，精雕边缘可垂直，可多层次。

（2）幻彩：对于原材料已有的凹凸、光面、哑面、色彩纹路均可上色，且对画面还原度高，分辨率高达 3600 万像素，图像质感细腻，可与广告界写真喷绘效果媲美。

图 5-26 中式瓷砖背景墙

图 5-27 现代风格瓷砖背景墙

图 5-28 欧式风格瓷砖背景墙

陶瓷墙面砖一般还配有专门的腰线砖。腰线砖规格一般为 60mm × 200mm，腰线砖的作用是用在墙砖中间，增加满贴墙砖的墙面的层次感，使得墙面不过于单调。此外，还有一种花砖，也叫花片。花砖上通常有各种花纹或者图案，局部用在满贴墙砖的墙面，增加美观性。腰线和花片效果如图 5-29 所示。

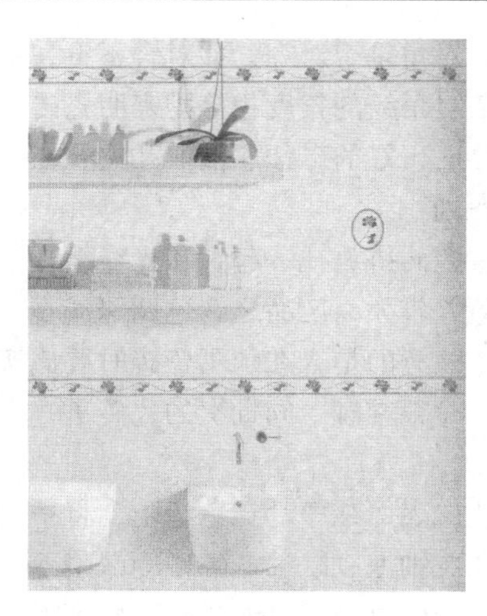

图 5-29　腰线和花片效果

### 5.2.2 墙、地砖的选购

目前市场上有国产、合资和进口三种瓷砖，品牌和品种非常多。此外，瓷砖通常会在室内地面和墙面大面积铺设，将直接影响到室内空间的整体装饰效果，所以选购瓷砖必须特别注意。

目前市场上优质的进口瓷砖大多数为意大利和西班牙的产品。这些进口瓷砖相对更注重产品质量，通常只有合格与不合格产品之分，而不会把合格产品分为很多等级。由于地砖在生产工艺和款式上不同，价格也存在很大差异，国产和合资产品的价格一般每平方米几十元到几百元不等；进口品牌的价格多在 200 元到数千元每平方米不等。

瓷砖的选择主要取决于业主自己的爱好、品位和预算等因素，但选择时要特别注意瓷砖的款式、颜色与室内整体风格的统一协调。同时还必须注意不同瓷砖品种的适用范围和尺寸，比如抛光砖、玻化砖等较光滑的瓷砖品种就不能使用在厨卫、阳台等易积水和易脏的空间。通常厨卫等多水空间的地砖多采用防滑的通体砖，尺寸通常在 300mm × 300mm 左右。客厅、卧室等面积较大的空间则多用 600mm × 600mm、800mm × 800mm 尺寸的地砖；在一些面积较大的公共空间甚至可以采用 1000 mm × 1000mm 以上规格的瓷砖。

瓷砖作为室内装饰的一种主材，在装修预算中占的比重通常较大。除了款式和品种外，在选购时还需要特别注意瓷砖的内在质量。选购瓷砖需要注意以下几点。

（1）看耐磨性：挑选瓷砖时，可用铁钉或钥匙划其表面，不留痕迹的硬度高，其耐磨性能也相对较好；划痕较为明显的质量较差。耐磨性较差的瓷砖在经过长时间使用摩擦后，较易失去其本身光泽甚至露出坯体底色，对于釉面砖而言尤其容易出现这种问题。

（2）看抗污性：用黑色中性笔或将可乐泼到瓷砖表面，几分钟后擦拭，不留痕迹的耐污性强。如果擦不掉或擦除后明显还有痕迹，那这种砖的抗污性能就较差。有些商家会在砖面进行打蜡处理，表面的蜡会在一定程度上阻止油污渗入，必须将砖表面的蜡擦去再测试。

（3）看吸水率。吸水率指标越低越好，吸水率越低，说明砖的质地越细密，砖体不容易因为吸水过多产生污渍等问题。测试吸水率很容易，只要往瓷砖背面倒些水，如果水一下子就全被吸收了，那说明砖体吸水率高，砖体较粗疏；如果水凝住在砖背面或很慢才渗入砖体，说明吸水率低，砖体较细密。

（4）看平整度。好的砖边直面平，这样的砖铺贴后才会平整美观。可以任意取出几块瓷砖拼合在一个平面上，看砖之间对角是否对齐，如对合不上，平整度就存在问题。还可以直接丈量瓷砖的对角线，如果两条对角线的长度相等则表明瓷砖的四角都是直角。将砖重叠检查瓷砖的平整度也是个很好的办法，好的砖任意抽取几块叠在一起，尺寸基本一致，如果差别较大，贴出来的就不可能整齐划一。

（5）看砖色差。随意取几块瓷砖拼放在一起，在光线下观察，好的产品色差小，产品之间色调基本一致；而差的产品色差较大，产品之间色调深浅不一。色调深浅不一的砖铺装后对整体装饰效果影响极大。需要注意的是，在购买瓷砖时要比实际预算多买几块，以避免施工时砖有意外损耗。再去买时有时很难碰上同批次的瓷砖了，而不同生产批次间的同一种瓷砖有时也难免有色差。

（6）看砖表面。质量好的瓷砖表面纯净，花色清晰，将手放在砖面上，轻轻滑动，手感细腻；瓷砖表面应光亮，无针孔、釉泡、缺釉、磕碰等缺陷。

（7）查看检测报告：在挑选瓷砖时，可以通过查看商家提供的检测报告、认证证书等辨别瓷砖质量。检测报告上一般有各种国家检测单位和实验室的认证章，这些认证章代表了某种资质，这些章级别越高越多越好。但这也不是绝对的，因为这种检测报告也很容易造假，所以最好选购那些正规品牌的产品。

**瓷砖背景墙的选购：**

（1）瓷砖背景墙因为工艺较为复杂，其中耐久性尤其没有特别好的办法鉴别。选购认准孚祥、蒙娜丽莎、恒孚记等国内知名品牌，品质更有保证。

（2）耐刮性是瓷砖背景墙的一项重要指标，可以用利器比如刀刃或者钥匙尖角用力划，好的背景墙通常只会留下一道因为摩擦产生的高温造成的黑痕，差的瓷砖背景墙则会把表层画面全部刮掉。

（3）耐水性也是一项重要指标，日常擦洗是难免的，好的瓷砖背景墙可以水洗，甚至用洗衣粉刷洗，差的则会掉色。

## 5.3 装饰石材

石材作为建筑装饰材料有着非常悠久的历史。自古以来就为世界各地的人们所喜爱。不少经典建筑就是运用天然石材作为装饰的典范，例如古希腊的雅典卫城，近代的德方斯巨门，现代的流水别墅，都是其中的典型代表。

### 5.3.1 石材的主要种类及应用

目前装饰用的石材大体上可以分为天然和人造两种。天然石材指的是从天然岩体中开采出来，再经过人工加工形成的块状或板状材料的总称，常用的品种主要有大理石和花岗石。人造石材多是以天然石材的石渣为骨料制成的块状或板状材料，包括人造大理石、人造花岗石等品种。

#### 1. 大理石

大理石因早年多产于云南大理而得名，是一种变质岩或沉积岩，主要是由方解石、石灰石、蛇纹石和白云石等矿物成分组成，其化学成分以碳酸钙为主，约占50%以上。碳酸钙在大气中容易和二氧化碳、碳化物、水气发生化学反应，所以大理石比较容易风化和溶蚀，而使表面很快失去光泽。这个特性使得大理石更多地被应用于室内装饰而不是室外。大理石具有很多种颜色，相比而言，白色成分单一且比较稳定，不易风化和变色，如汉白玉（所以汉白玉多用于室外）；绿色大理石次之，暗红色、红色大理石最不稳定，基本上都只能用于室内。同时大理石属于中硬石材，在硬度上也不如花岗石，相对容易出现划痕。

大理石最大的优点就在于其拥有非常漂亮的纹理，大理石纹理多呈放射性的枝状。相比而言，花岗石纹理更多是呈斑点状，在外观上不及大理石漂亮，这也是区分大理石和花岗石的最有效办法。大理石品种非常多，有多种颜色和纹理的大理石可以选用，大理石如图 5-30 所示。

大理石是一种高档石材，价格从一平米数百元到数千元不等，在一些较豪华的空间才会大面积使用。对于一般的室内装修，则多在一些台面、窗台、门槛等处局部应用，如图 5-31 所示。

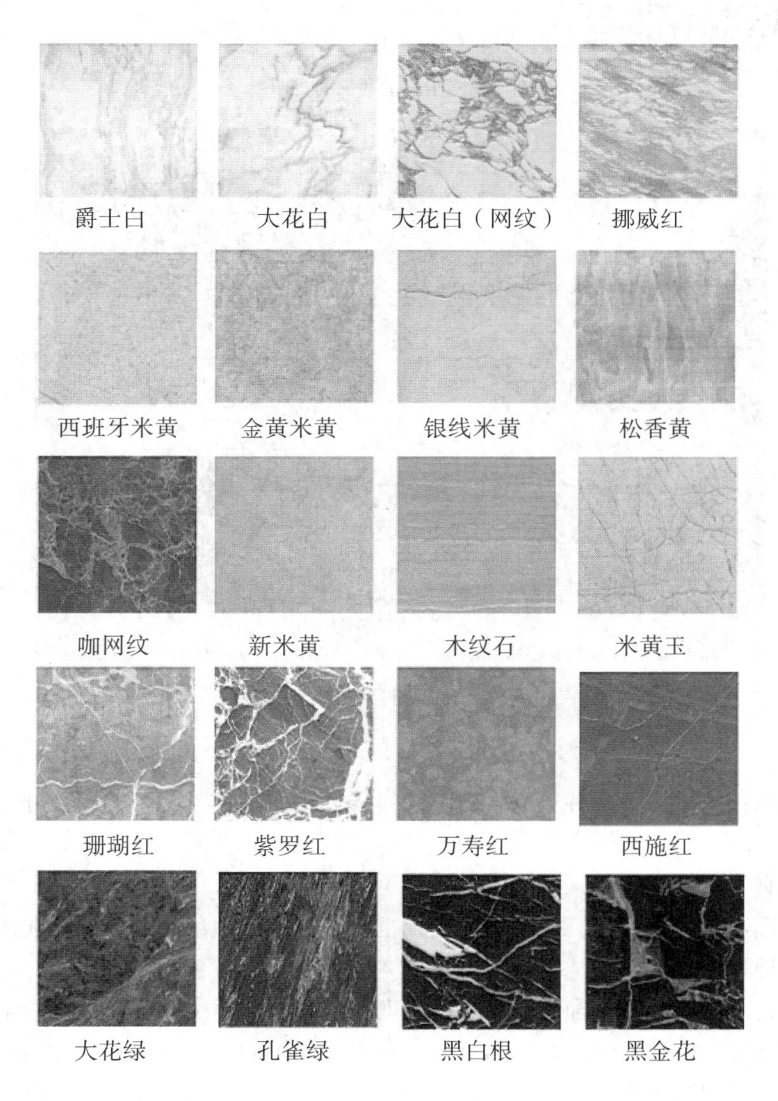


图 5-30　大理石

大理石还经常被用于制作大理石拼花。大理石拼花的室内地面作为突出性装饰有着广泛的应用，比如在酒店大堂、会所、别墅门厅、过道等处都有应用，对于室内氛围起到一个烘托的作用，显得更为大气豪华，如图 5-32 所示。

图 5-31 大理石装饰实景图

图 5-32 大理石拼花装饰实景图

## 2. 花岗石

花岗石又称花岗岩，是一种火成岩，其矿物成分主要是长石、石英和云母，其特点是硬度很高，耐压、耐磨、耐腐蚀，日常使用不易出现划痕，而且耐久性非常好，外观色泽可保持百年以上，有“石烂需千年”的美称。

花岗石纹理通常为斑点状，和大理石一样也有着很多的颜色和纹理可供选择。市场上常见的花岗石品种如图 5-33 所示。

由于花岗石不易风化、溶蚀且硬度高、耐磨性能好，因而可以广泛地应用于室外及室内装饰中，在高级建筑装饰工程的墙基础、外墙饰面、室内墙面、地面、柱面都有广泛的应用。在一般的室内装修中则多用于门槛、窗台、橱柜台面、电视台面等处。花岗石装饰实景图如图 5-34 所示。

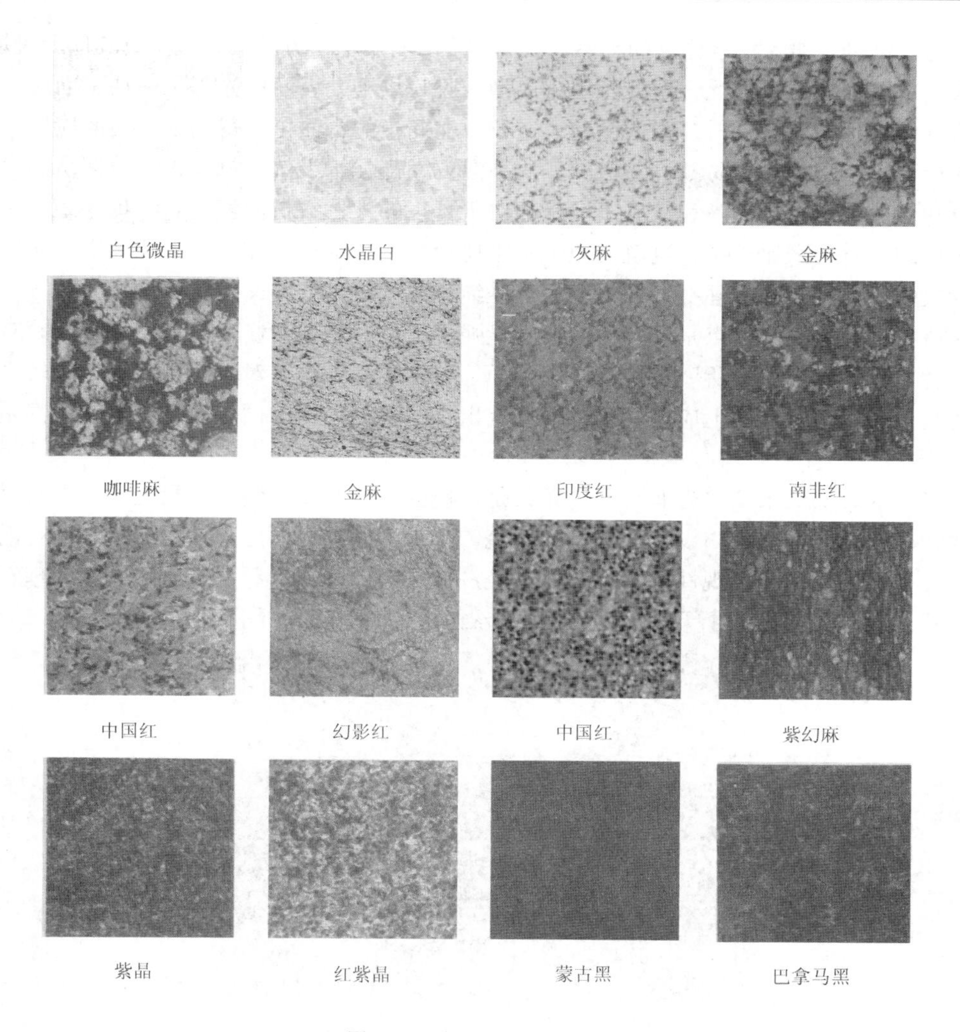


图 5-33　常见花岗石品种

图 5-34　花岗石装饰实景图

### 3. 人造石

人造石材是一种以天然花岗石和天然大理石的石渣为骨料经过人工合成的新型装饰材料。按其生产工艺过程的不同，又可分为树脂型人造石、复合型人造石、硅酸盐型人造石、烧结型人造石四种类型，其中又以树脂型人造石应用最为广泛。树脂型人造石是以不饱和聚酯树脂为胶结剂，加入一定比例的天然大理石碎石、石英砂、方解石、石粉或其他无机填料，再加入颜料等外加剂，经混合搅拌、固化成型、脱膜烘干、表面抛光等工序加工而成。室内装饰工程中采用的人造石材多为树脂型人造石，在橱柜的台面更是得到了全面的应用。

人造石材在防油污、防潮、防酸碱、耐高温方面都强于天然石材。人造石能仿制出天然大理石和天然花岗石的色泽和纹理，但是相对于真正的天然石材而言，其纹理人工痕迹还是比较明显的，看起来比较假，这就类似于实木地板和复合木地板在纹理上的区别。所以人造石很少模仿纹理复杂的大理石，外观上更多是纯色或者斑点的花岗石状。

人造石最为突出的优点是其抗污性要明显强于天然石材，对酱油、食用油、醋等基本不着色或者只有轻微着色，所以多用于橱柜台面、卫生间洗手台等对于实用功能要求较高的空间，尤其是在橱柜的台面上应用极多，市场上出售的各种品牌的橱柜产品台面大多都是采用人造石制作的。

人造石的装饰效果其实也非常好，尤其是纯色的人造石，在装饰效果上比天然石材更简洁现代，非常符合目前室内设计简约化的潮流。不少人还存在误区，认为天然大理石的台面才是好的，其实无论从美观性、实用性还是经济性上考虑，人造石都不逊于天然大理石，甚至在某些方面还要明显强于天然大理石。人造石效果如图 5-35 所示。

图 5-35　人造石台面实景图

## 4. 文化石

文化石是石材的再制品，因其色泽纹理保持了天然石材的风貌，能够将石材的质感和韵味体现得淋漓尽致而受到市场的欢迎，尤其在一些自然主义风格设计中应用更为广泛。

文化石分天然文化石和人造文化石两种。天然文化石是由板岩、砂岩、石英石等天然石材加工而成的，这类石材是自然界经亿万年地壳运动形成的，具有特殊的层状片理结构，沿着片理不仅易于劈分，而且劈分后的石材表面纹理丰富，多制作成片状用于镶嵌墙面。

人造文化石是以天然文化石为基础，加上硅钙、石膏等无机材料制造而成的。因其是按照天然文化石的外形纹理进行模仿，所以也有逼真的自然外观。文化石种类繁多，市面上常见品种如图 5-36 所示。

文化石主要用于公共建筑、别墅建筑的外墙装饰，随着室内装饰中石材使用的不断增加，文化石也越来越多地被应用到室内的墙面装饰中。比如将纹理粗糙的文化石装饰在客厅的电视背景墙或者阳台一角，形成自然、古朴的感觉，还能和家电金属的现代感形成强烈的质感对比。同时还可以用于家庭中专门的影音室，利用文化石多空隙的特点达到吸音的效果，避免音响声音对其他居室的影响。文化石应用实例如图 5-37 所示。

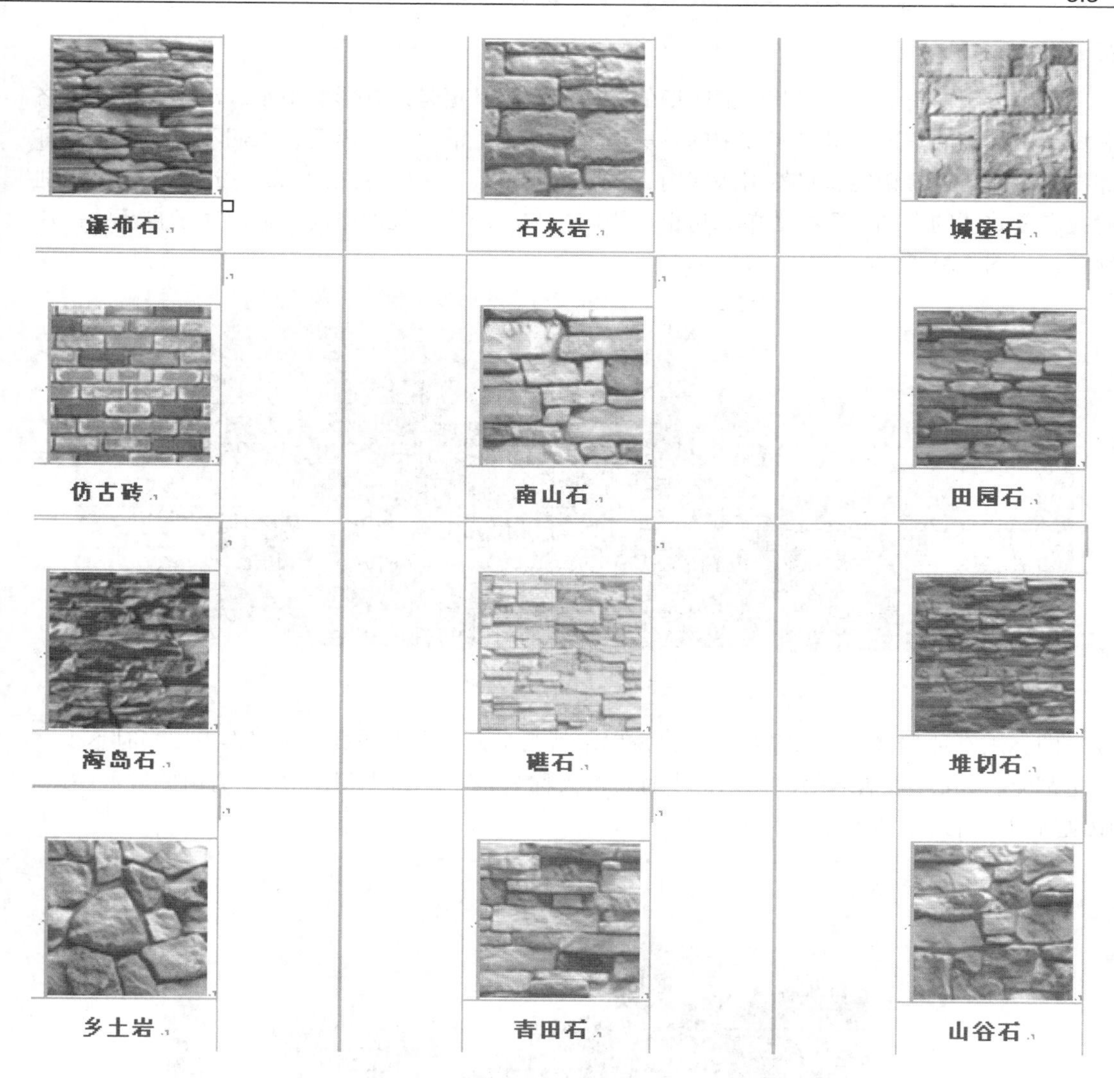


图 5-36　文化石主要品种

图 5-37　文化石应用实例

### 5. 园林用石

我国造园历史悠久，尤其明清时期的江南私家园林更是以其形意山水、清雅典致的风格和城市山林的韵意成为世界园林中的一块瑰宝。随着生活水平的提高，人们不光要求居室有漂亮的装修，还希望能将自然引入室内，这就造成了近年来园林热的兴起。造园不仅仅是别墅或者复式楼的专利，不少的单元房也利用阳台和大门入口处的空间打造出属于自己的一片绿色，如图 5-38 所示。

图 5-38　阳台人造花园

园林用石种类繁多，造型各异，自古以来就为文人士大夫和贵族阶层喜爱。当时不少文人也都爱石如命，像著名书法家米芾当时就被人称为“石痴”，园林用石的魅力由此可见一斑。中国造园用石效果如图 5-39 所示。

图 5-39　中国造园用石效果

现代园林用石品种很多，只要是造型自然独特，不管是人工还是天然的都可以用在造园中，本文只介绍中国造园四大名石。

（1）太湖石。

太湖石为我国古代著名四大玩石之一（英石、太湖石、灵璧石、黄蜡石），其主要成分为溶蚀的石灰岩，因产于太湖而得名，其中又以鼋山和禹山出产的太湖石最为著名。太湖石是中国古典园林中常用的石料,或单独摆设，或叠为假山，在光影的作用下，给人以多变多姿的美感和享受。太湖石因产在太湖边，由于长年水浪冲击，产生许多窝孔、穿孔、道孔，形状奇特竣削，最能符合古代对于石头“皱、漏、瘦、透”的要求，因而被广泛用于公园、草坪、私家庭院、旅游景点等处。

太湖石颜色主要有三种：白太湖石、青黑太湖石、青灰色太湖石。其色泽以白石为多，少有青黑石、黄石，尤其黄色的更为稀少，历史上遗留下来的著名太湖石有苏州留园的“冠云峰”、上海豫园的“玉玲珑”等园林名石。

（2）英石。

因多产自岭南英州（今广东英德县），所以叫英石，是岭南园林常见的立峰用石，江南园林也多有采用，均是从广东运来，较太湖石要名贵。英石有“阳石”和“阴石”之分，露在地面的称“阳石”，埋在土里的称“阴石”。“阳石”长期自然风化，质地坚硬，色泽青苍，叩之声脆。“阴石”风化较少，质地松润，色泽青黛，叩之声浊。阴石相对阳石而言其色质及纹理都要差些。英石褶皱细密，奇巧玲珑，是品质优良的园林用石。但其高大者较少见，现存英石名峰以杭州的“皱云峰”最为高大，造型最美。

（3）锦川石。

锦川石也称锦州石、松皮石，产于辽宁省锦州市城西。该石属沉积岩，石身细长如笋，上有层层纹理和斑点，纳五彩于一石之上。更有一种纯绿的，纹理犹如松树皮，显得古朴苍劲。锦川石一般只长一米，长度大于两米宽度超过一尺就算是名贵了。大者可点缀园林庭院，小者摆入室内。现在锦川石不易得到，很多现代园林多是采用水泥砂浆进行仿制。

（4）黄石。

黄石也是园林山石造景运用最普遍的一种石类。其质坚色黄，石纹古朴，多用作叠山和拼峰，用作独峰的较少。黄石外形刚直，棱角清晰，又因为石价便宜，能够堆叠大假山，其形粗犷而富有野趣，因此古代园林中艺术造诣较高的黄石叠山精品留有不少，如上海豫园大假山、苏州藕园假山等均是。

### 5.3.2 石材的选购

石材除了一些较高档的装修会大面积的铺设天然石材外，大多数室内空间基本上都是在局部应用。选购石材时除了从石材本身纹理和室内设计风格协调的角度考虑外，还需要查验其内在品质。

#### 1. 天然石材的选购（包括大理石和花岗石）

（1）看内在的质地。可以在石材的背面滴一些水，如果水很快被全部吸收了，即表明石材内部颗粒松散或存在缝隙，石材质量不好；反之，若水滴凝在原地基本不动，较少被吸收，则说明石材质地细密。

（2）看石材外观。在光线充足的条件下，查看石材是否平整，棱角有无缺陷，有无裂纹、划痕和砂眼；石材表面纹理是否清晰，色调是否纯正。正规厂家生产的天然石材板材有优等品、一等品、合格品三个等级。等级划分依据是板材的规格尺寸允许偏差、外观质量和表面光泽度等指标参数。

（3）检查石材的放射性。所有的天然石材都具有一定的放射性，但只要其放射性不对人体造成危害即可应用于室内装饰。国家根据天然石材放射性的强弱分为 A、B、C 三个等级，其中只有 A 级是被允许用于室内的。

#### 2. 人造石的选购

目前橱柜的制作多是找专业橱柜厂家定做，厂家通常会给出人造石的样板，业主只需要指定喜欢的样式和颜色即可。除了需要选择在那些质量有保证的品牌厂家购买外，最好还是对人造石进行抗油污和耐磨损的测试。方法很简单，将酱油倒在人造石上隔几分钟后擦拭，看其能否擦拭干净，如果擦不干净或者还留有明显的油污痕迹，那证明这款人造石的抗油污性能较差。磨损的测试只需要用硬物如钥匙等试试其是否容易留下划痕。这里有一点需要注意：真正好的人造石有了划痕是可以用砂纸磨平的，而差的人造石用砂纸打磨只会越磨越花。

### 3. 文化石的选购

文化石在室内不适宜大面积使用，一般来说，其墙面使用面积不宜超过其所在空间墙面的 1／3，且居室中不宜多次出现文化石墙面，过多过量的使用文化石会使得室内空间显得古旧粗糙。在选择文化石时还要考虑到板岩的天然特性，如厚度、表面平整度等，因为有些品种较厚，有些品种较薄，这些都是人工很难调整的。

## 5.4 踢脚线

严格来说，踢脚线算泥水施工材料不是那么合理，因为木制的踢脚线通常是配合木地板的施工而安装，属于木工范畴。只有瓷质踢脚线、人造石踢脚线等品种才真正属于泥水施工的范畴。考虑到目前施工中大多采用瓷质踢脚线，所以把所有的踢脚线总类全部归类到泥水施工章节中讲解。

### 5.4.1 踢脚线的主要种类及应用

踢脚线因为是贴在墙面与地面相交的部位，形象点讲就是在脚可以踢到的部位，因此被称之为踢脚线。踢脚线有两个作用，一是装饰收边的作用，二是保护作用。像遮挡木地板预留的伸缩缝就是踢脚线的一项重要的装饰功能，同时踢脚线还可以利用它们本身独具的线形美感与室内其他装饰相互呼应，同时还可以使地板与墙面有一个中间的过渡。在保护作用上安装踢脚线可以避免外力碰撞对墙根处造成的损坏；另外，还可以防止拖把拖地时将脏水溅在墙根上，造成墙根处的污损。

随着生产工艺的发展，踢脚线也从以前较单一的瓷质、木制踢脚线发展到今天多种材料的踢脚线产品。按材料类型分主要有木制踢脚线、瓷质踢脚线、金属踢脚线、人造石踢脚线、玻璃踢脚线等类型。

### 1. 木制踢脚线

木制踢脚线是以木材为原料加工而成的，主要有实木线条和复合线条两种，是市场上最主要的踢脚线品种。实木线条是选硬质、木纹漂亮的实木加工成条状。复合线条大多是以密度板为基材，表面贴塑或上漆形成多种色彩和纹理。木制踢脚线在形状上有分角线、半圆线、指甲线、凹凸线、波纹线等多个品种，每个品种有不同的尺寸。按宽度分主要有 12cm、10cm、8 cm 和 6cm 几种规格，由于目前大多数房屋层高有限，较小的 6cm 踢脚线逐渐为越来越多的消费者所选择。木制踢脚线实景效果如图 5-40 所示。

图 5-40 木制踢脚线效果

图 5-41 瓷质踢脚线效果

**2. 瓷质踢脚线**

瓷质踢脚线是最传统也是目前用量最多的一种踢脚线产品，和瓷砖一样，属于瓷制品范畴，在使用时多和陶瓷地砖相搭配。瓷质踢脚线的优点是易于清洁、结实耐用、耐撞击性能好，但在外在美观性上不如其他类型的踢脚线。瓷质踢脚线效果如图 5-41 所示。

**3. 人造石踢脚线**

人造石材料书中之前也有介绍，更多的是应用在橱柜的台面上，但随着人造石制造技术的发展，人造石的踢脚线也开始在市场上销售。人造石踢脚线最大的优点就是能够在现场施工中做到无缝拼接，看上去是统一的整体。书中人造石章节也曾经介绍过，人造石可以打磨，数块人造石踢脚线拼接后再经过打磨处理就可做到完全没有缝隙，而且人造石的颜色和纹理可选性也比较多，相比瓷质踢脚线要更统一且美观，如图 5-42 所示。

**4. 金属、玻璃踢脚线**

金属制品尤其是不锈钢制品相比于其他装饰材料有着其独具的现代感。亮光或者亚光金属踢脚线装饰在室内，时尚感和现代感极强，多用于一些办公空间中。玻璃则具有晶莹剔透的特性，用作踢脚线在效果上非常漂亮，但玻璃极易碎，在使用上需要注意安全，尤其是有老人和孩子的空间。金属踢脚线效果如图 5-43 所示。

图 5-42 人造石踢脚线效果

图 5-43 金属踢脚线效果

## 5.4.2 踢脚线的选购

在选购踢脚板时应首先注意与居室的整体协调性，踢脚板的材质、颜色及纹理应与地板、家具的颜色和纹理相协调。在质量方面，瓷质踢脚线选购和陶瓷墙地砖的选购基本一致，其他如木制、金属和玻璃制品将在书中后续章节中详细讲解，具体选购方法可以参看其后相关章节内容。

## 5.5 常用工具

泥水工程接触的都是硬质材料，砖、石、混凝土等传统建材的施工已经有了充足的经验，但在过去工具欠缺的情况下，像瓷砖、大理石、花岗岩等超硬材料若非在工厂加工好，现场裁切几乎是不可能的事情。当许多便携的电动工具发明后，这些不可能都成为了现实，在室内等狭小的空间中，可以随着现场的尺寸进行现场裁切，增加了灵活性和方便性，装修模式也趋于多元化。本节我们介绍现在泥水施工中有哪些重要的常用工具。

### 1. 云石机

云石机又称石材切割机，可以用来切割石料、瓷砖、木料等。不同的材料选择相适应的切割片。整机主要由电动马达、切割片、底板、手柄、开关等部件组成，同一直径的切割片均可以安装在转动轴上，如装上云石片可以切割瓷砖、石材和钢筋，装上木工锯片可以切割木板和木方，装上砂轮片可以切割金属等，如图 5-44 所示。

但是由于云石机重量较轻，转速较快，在手持使用时振动感较强，稳定性不好，容易造成遇阻力反弹的情况，存在一定的危险性。

在泥水施工中云石机主要用于现场切割各种瓷砖和石材，施工比较灵活，是泥水工种的重要工具之一。

图 5-44 云石机及适用的锯片

### 2. 角磨机

电动角磨机就是利用高速旋转的薄片砂轮以及橡胶砂轮、钢丝轮等对金属构件进行磨削、切削、除锈、磨光加工。角磨机适合用来切割、研磨及刷磨金属与石材，如果在此类机器上安装合适的附件，也可以进行研磨及抛光作业，如图 5-45 所示。

在装修施工中角磨机的作用和云石机差不多，其实可以替代云石机进行瓷砖和石材的切割，同时角磨机还能进行角向切割、打磨，由于其可以拆下保护罩，所以在使用中比较灵活，可以在任何角向上操作。角磨机也可以安装云石片、木工锯片、砂轮片、金刚砂片，并且它还可以安装羊毛轮、塑胶轮进行打磨、抛光等操作。

在泥水施工中角磨机可以用于切割瓷砖、石材，修整石材毛边，对石材进行倒角，墙体开槽等施工。

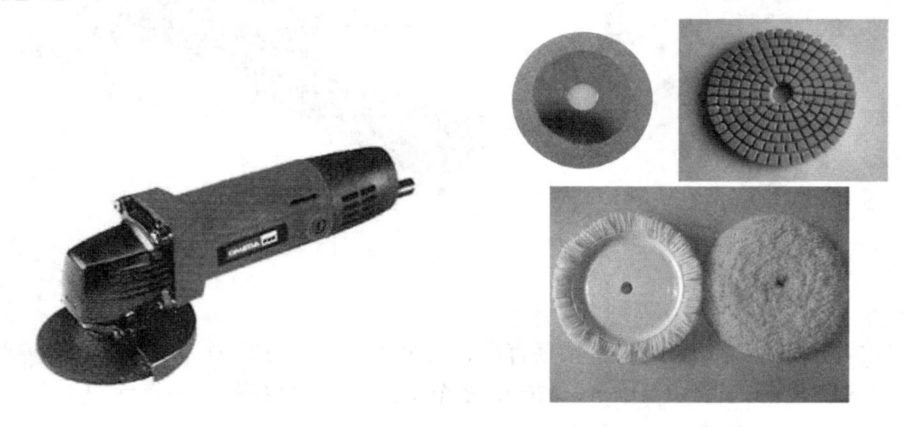

图 5-45 角磨机及适用的磨片

### 3. 飞机钻

飞机钻为电钻的一种，相对于手电钻而言功率更大，转速较慢，主要特征是机身具有手提式把柄和双手手握式把柄，适合抓握，主要用于水泥浆和腻子粉的搅拌，也是煽灰施工中最主要的工具。木工施工中只要换上相应的钻头也常用它来开烟斗合页的安装孔，如图 5-46 所示。

在传统的泥水施工工艺中，素水泥浆是用浸浆法来准备下一施工阶段要用到的水泥浆，如此需要花费 10min 的等待时间，而用飞机钻进行搅拌，能快速获得均匀的水泥浆，大大提高了工作效率。

### 4. 手动瓷砖推刀

手动瓷砖推刀又称手动自测型瓷砖切割机（手动瓷砖划刀、手动瓷砖切割机、手动瓷砖拉机）等，如图 5-47 所示。手动瓷砖推刀是杜绝尘肺病的环保机械。高级抛光砖、地砖等硬度高，用电动切割机会产生崩边。而用手动瓷砖推刀，精确地把釉面划开，分离机构杠杆原理一次分离，切口整整齐齐。

手动瓷砖推刀具有以下特点。

（1）切割速度快，数秒完成作业。

（2）切割效果好，直线精度高，边缘平整。

（3）切割成本低，一个刀轮可切割 5 万~7 万 m。

（4）不用电，不用水，无噪声，无粉尘。

（5）操作简单、方便、安全。

因为其方便性和环保性，如今瓷砖推刀使用越来越广泛。

在泥水施工中常用来切割抛光砖、仿古砖等瓷砖材料，陶制瓷砖和大理石不适合用推刀切割。

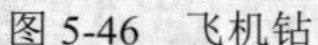

图 5-46　飞机钻

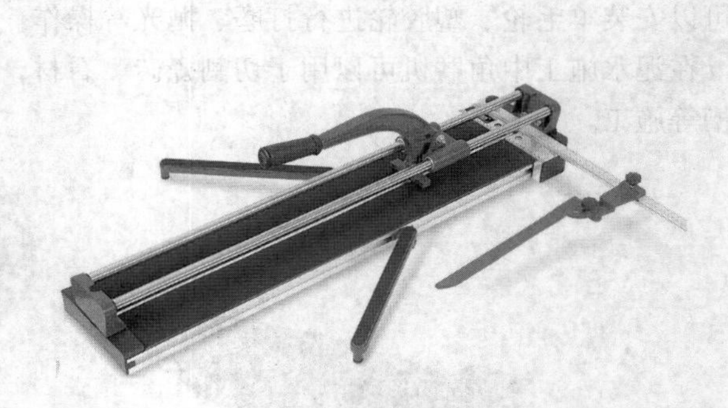

图 5-47　手动瓷砖推刀

## 5. 水平尺

水平尺主要用来检测或测量水平和垂直度，可分为铝合金方管型、工字型、压铸型、塑料型、异形等多种规格；长度从 10cm ~ 250cm 多个规格。水平尺材料的平直度和水准泡质量，决定了水平尺的精确性和稳定性，如图 5-48 所示。

水平尺用于检验、测量、划线、设备安装、工业工程的施工。

在泥水施工中，水平尺主要用于地面和墙面铺装时调整水平度和垂直度。保证完成面在同一个水平高度和垂直面上。

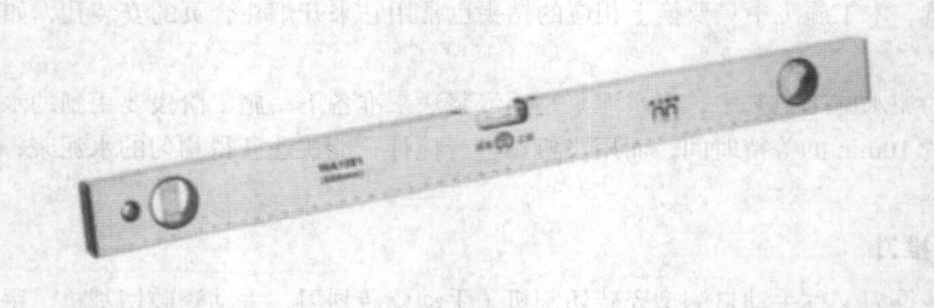

图 5-48　水平尺

## 6. 砖刀、泥刀、砂板

这三样工具为泥水施工必不可少的随身小工具，如图 5-49 所示。砖刀形似菜刀，刀身较厚，无刀锋，用于砍断石块和砌墙施工；泥刀形似小铲子，铁皮轻薄，表面光滑，用于墙面的水泥层批荡，地面找平和收光、压光等施工；砂板一般为塑料材质或木质，塑料材质板面满布细小的凹洞，木板材质表面为原木，质地粗糙，用于墙面的戳毛、打花，方便后续的贴砖和煽灰施工。

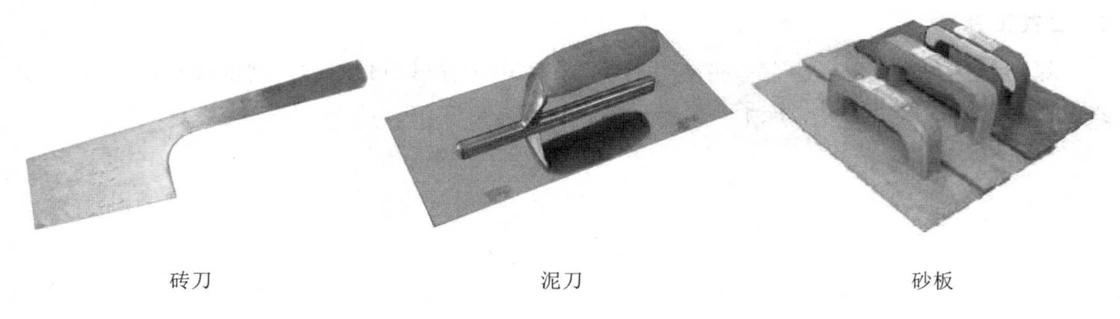

砖刀　　泥刀　　砂板

图 5-49　砖刀、泥刀、砂板

**7. 其他常用工具**

（1）灰桶：橡胶材质或塑料材质，用于盛装水泥砂浆，柔韧性非常好，可随意抛丢而不会破损，大大加快了泥水工在高空作业时材料的传递速度，如图 5-50 所示。

（2）橡皮锤：如图 5-51 所示，泥水工贴砖的必备工具，有木柄和橡皮锤头组成，在铺装时既能敲击石材表面进行找平，又不会损坏石材和发出太大的噪声。当然，在铺贴瓷砖时力度也不能敲击太大，否则瓷砖还是会崩裂。

图 5-50　灰桶

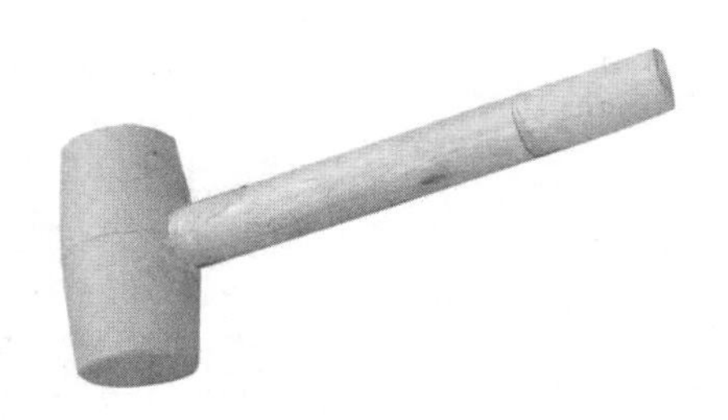

图 5-51　橡皮锤

（3）铁锹：一种扁平长方形半圆尖头的适于用脚踩入地中翻土的构形工具，由宽铲斗或中间略凹的铲身装上平柄组成，在泥水施工中用于搅拌水泥砂浆，如图 5-52 所示。

（4）铅锤：铅锤就是上面一根很轻的线，下面挂一根较重的铅块，如图 5-53 所示。铅块成倒圆锥体，利用重力作用，铅垂悬挂后，铅垂竖直向下指向地心，旁边的物体通过与铅垂线比较后，确定其是否竖直，多用于建筑测量。在泥水施工中用于墙体砌筑时作垂直矫正之用。

图 5-52　铁锹

图 5-53　橡皮锤

### 8. 公共工具

除以上材料外，泥工还有一些常用工具已在水电工程里面介绍过，这里就不再介绍，主要包括激光投线仪、电锤、锤子、楼梯、墨斗、卷尺等。

# 第6章

## 泥水施工

泥水施工是对室内的墙地面进行批荡、找平、贴瓷砖、贴地脚线、做防水、拆砌墙等施工。这里的砖通常是指瓷砖，但也有少部分室内空间会贴上一些天然石材，如大理石、花岗石等。

墙地面装饰是室内装饰工程中的重要内容，是人们日常生活中经常受到摩擦、清洗和冲洗的部分。就目前看，地面装饰主要有贴地砖、安装木地板和地毯等方式。墙面装饰则主要有刷乳胶漆、贴壁纸和贴墙砖等方式。在地面装饰方面，除了贴地砖属于泥水施工范畴外，目前安装木地板和地毯更多是属于厂家安装或者由销售商家提供安装服务。即使木地板和地毯的安装是由装饰公司负责，也是属于木工的施工范畴。而墙面装饰中的刷乳胶漆属于扇灰施工的范畴，贴壁纸的施工目前也多由销售壁纸的商家提供。在本书中，将根据不同的工种，对施工进行分类讲解。因此泥水施工篇中，不会讲解那些不属于泥水施工范畴的施工，而会将它们归入其各自所属的施工工种进行讲解。

在泥水施工中，除了常见的墙地面贴陶瓷墙地砖、天然石材外，还有水泥地面、水磨石地面、涂料地面等装饰，考虑到这些装饰随着时代的进步已经趋于淘汰的边缘或者已经应用极少，这里就不一一介绍了。

## 6.1 墙体改造及包立管施工（含批荡）

在装修过程中，设计师经常会根据业主的需要改造房间原有的布局，这就不可避免地涉及原建筑墙体的拆除和重建。如图 6-1 所示，将原房间入口封闭，分隔客厅与卧室，保证了房间的私密性，也便于客厅家具的布置及背景墙的制作。图 6-2 将原主卧附属的卫生间，拆除部分墙体改造成步入式衣帽间，强化卧室功能性。

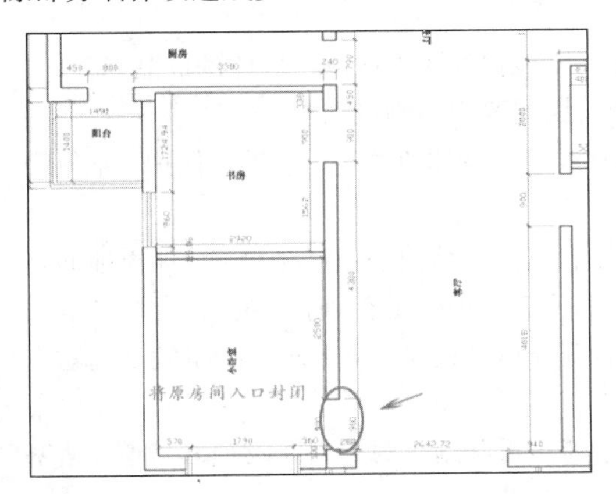


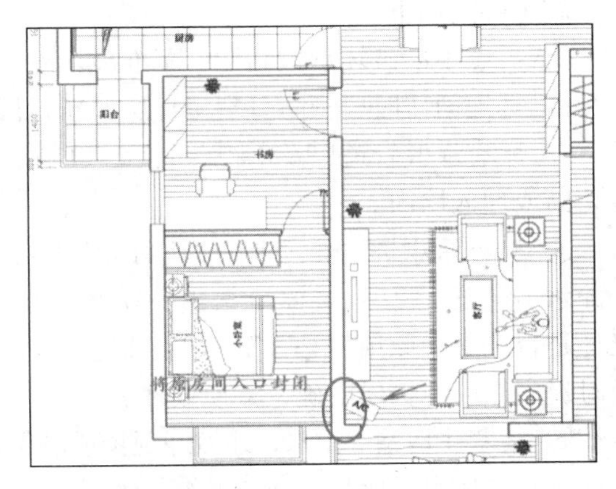


图 6-1　改造案例 1

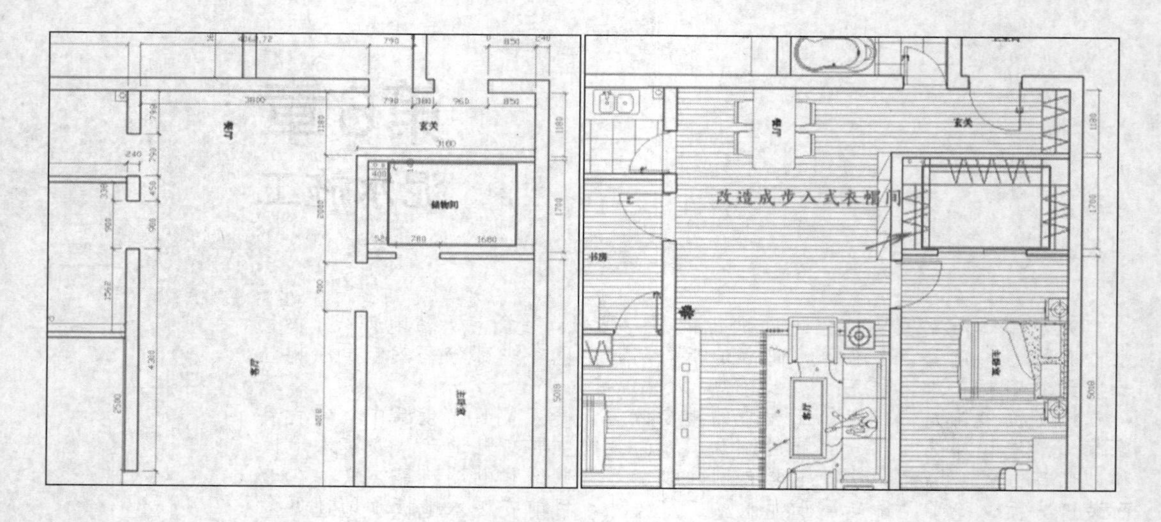


图 6-2　改造案例 2

### 6.1.1　图解拆墙、砌墙施工流程及施工要点

（1）拆除原墙体。

确定打拆部位，做好标识后才能进行拆墙施工，如图 6-3 所示。

图 6-3　做好标识再拆墙

施工要点如下。

① 拆墙不准破坏承重结构，不准破坏外墙面，不能损坏楼下或隔壁墙体的成品。

② 拆地面砖时要预防打裂楼板层，新开楼梯口四周要用切割机切割。

③ 原有煤气管道以及电视、电话、电脑、门铃线等因墙体改位后，应进行保护，不得随便切断或埋入墙内。

④ 检查原建筑：梁、柱、楼地面。需要特别注意墙体等结构是否存在缺陷，如楼地面是否漏水、空鼓、脱层、起壳、裂缝；外墙是否渗水入室内；墙体是否垂直，有无裂缝、脱层；梁柱是否平直；原顶棚是否平整等。以上各项均需符合建筑验收标准要求，如果发现问题应及时提出，以便责任明确，方便处理。

⑤ 堵塞住地漏、排水，并做好现场成品保护，避免拆除施工时碎石等物掉入管道，堵塞管道以及损坏现场成品，如图 6-4 所示。

---

注：防水施工因为和水路改造环节相临，出于编写的方便，将防水施工安排在了水路改造施工中。

⑥ 拆外门、窗和拆阳台地砖、瓷片要注意施工方法，做好保护措施，避免拆除时碎石坠落伤人，如图 6-5 所示。

图 6-4 保护地漏、排水及现场成品保护

图 6-5 做好保护避免碎石坠落

（2）砌墙。

室内隔墙有砖墙和石膏板隔墙两种，其中石膏板隔墙属于木工施工范畴，本节主要介绍砖墙的砌筑。

① 根据图纸放样，在地面画线，如图 6-6 所示。

② 挂好垂直线及平面线，这样才能保证砌墙横平竖直，如图 6-7 所示。

图 6-6 根据图纸放样，在地面画线

图 6-7 挂好垂直线及平面线

③ 砌墙前将地面及砖用水浇湿，如图 6-8 所示。

④ 按照水泥、沙 1 : 3 比例搅拌好水泥砂浆，如图 6-9 所示。不允许在铺设地板的地方搅拌水泥砂浆。

图 6-8 将地面及砖用水浇湿

图 6-9 搅拌水泥砂浆

⑤ 砌墙（见图 6-10）。

图 6-10　砌墙

施工要点如下。

① 砌墙的灰缝宽度 8～10mm 为宜，砌墙的高度一般控制在 2m 为宜。

② 砌墙要注意其安全牢固，实用可靠，砖砌体的转角交接处应每隔 8～10 行砖配置 2 根 $\Phi$6 拉结钢筋，伸入两侧墙中不小于 500mm，如图 6-11 所示，与原有墙体不少于 200mm，混凝土墙体则在原有墙体钻孔焊接或用膨胀螺栓连接。原有轻质墙体或砖墙可采用搓形式，隔五进一。

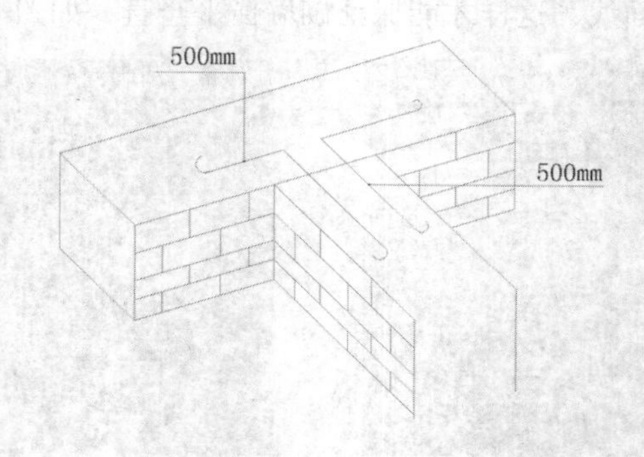


图 6-11　配置 2 根 Φ6 拉结钢筋

③ 新旧墙交接处砌砖时应交错接口，如图 6-12 所示。

图 6-12　砌砖时应交错接口

### 6.1.2　图解轻钢龙骨石膏板隔墙施工要点

砌墙除了上述砖砌外，还可以采用石膏板搭配轻钢龙骨做隔墙，做法上和轻钢龙骨石膏板吊顶类似，而且更为简单，这里就不再赘述了，如图 6-13 所示。

石膏板隔墙存在易在墙面开槽、接缝等处开裂的问题，为了防止墙面开槽、接缝等处开裂，可以对现在基层面接缝处，用旧的毛油刷涂上白乳胶，如图 6-14 所示。然后需在接缝处粘贴一层 50mm 宽的网格绷带或牛皮纸带，如图 6-15 所示。

图 6-13 石膏板搭配轻钢龙骨做隔墙

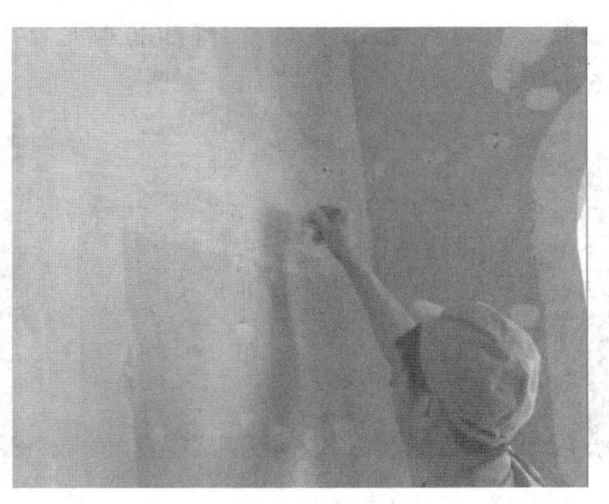

图 6-14 接缝处涂上白乳胶

图 6-15 贴第一层牛皮纸

图 6-16 刮平压实

贴好牛皮纸之后，一定要刮平压实，如图 6-16 所示。为了保险起见，最好贴两层牛皮纸，也可以是一层牛皮纸，一层网格绷带，如图 6-17 所示。当牛皮纸或绷带粘贴后，再次刮平压实。

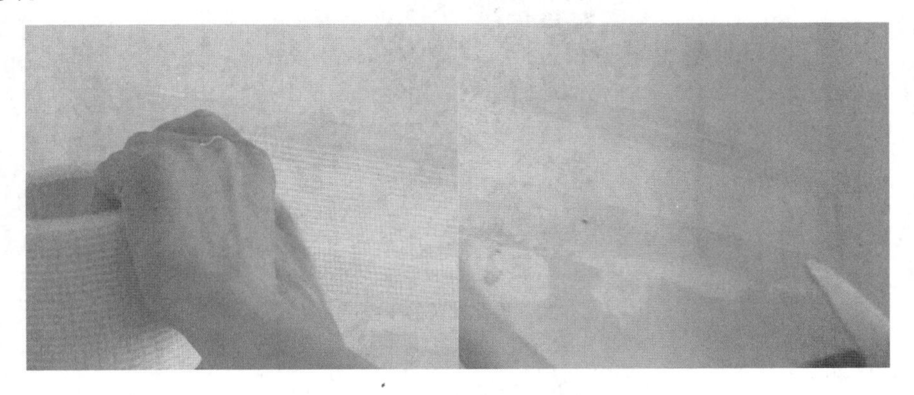

图 6-17 再贴一层网格绷带

### 6.1.3 图解批荡施工流程及施工要点

批荡是在砖墙的基础上披上一层平整的水泥砂浆层，之后即可在批荡层上进行贴砖或者扇灰刷乳胶漆等施工。

（1）搅拌水泥砂浆，如图 6-18 所示。水泥与沙的比例一般为 1∶3。

（2）抽筋，宜每隔 1.5m 一条，待抽筋水泥 24h 干透后，才可在打湿的墙体上大面积批荡，如图 6-19 所示。

图 6-18 搅拌水泥砂浆

图 6-19 抽筋

（3）批荡，如图 6-20 所示。批荡一遍不宜太厚，每遍厚度不应超过 10mm，如果是老墙，批荡墙体要充分湿润，清理好墙体的表面灰尘、污垢、油漆等才可进行批荡施工。

（4）压光，如图 6-21 所示。普通批荡要求砂光，高级批荡要求压光。

图 6-20 批荡

图 6-21 压光

（5）检测批荡的平整度，如图 6-22 所示。

图 6-22 检测批荡的平整度

施工要点如下。

① 批荡前，砖、混凝土等基体表面的灰尘，污垢和油渍等，应清理干净，并洒水湿润。

② 室内批荡，应待上下水、煤气等管道安装后，批荡前必须将管道穿过的墙洞和楼板洞加套管保护填嵌密实，再进行批荡。

③ 批荡施工时，应待前一层批荡层凝结后，方可抹后一层。批荡在凝结前，应防止水冲、撞击和振动。

④ 水泥砂浆批荡，每遍厚度为 5～7mm，批荡总厚度要求如下。

A. 顶棚、板条、空心砖、现浇混凝土为 15mm，预制混凝土为 18mm，金属网为 20mm。

B. 内墙：普通批荡为 18mm，中级批荡为 20mm，高级批荡为 25mm。

### 6.1.4 图解包立管施工流程及施工要点

14 施工工艺之房间结构工程及包立管工艺

卫生间有下水管等一些复杂的管线，如图 6-23 所示。其中主下水管线由于连通了卫生间所有的出水管口，且位于潮湿的环境，常常出现结露、侵蚀、发霉等问题，而且时常传来哗哗的下水声更会影响日常生活和睡眠质量。这些问题可以采用包立管工艺来解决，利用吸音原理，采用隔音材料，对管道进行多层包装处理，使管道达到良好的降噪、防潮效果。

图 6-23 卫生间复杂的管线

包立管工序主要有使用橡胶板包裹水管隔音防潮、白胶带包裹固定、轻体砖围砌立管、橡塑包裹横管 4 个步骤。

#### 1. 用橡塑板进行包管

橡塑板是一种高级吸音材料、吸音降噪效果明显，同时能够缓和管内外的温差，降低管壁表面结露的机会，具有很好的防潮功能。用橡塑板进行包管施工如图 6-24 所示。

#### 2. 橡塑板包横管

立管包裹结束后，顶面的横管同样需要包管。因为横管产生噪声的可能性更大、更容易形成结露。如果卫生间安装吊顶的话，横管产生的结露还容易对吊顶的面层和龙骨架下形成水滴，形成难看的水垢斑点，引起霉变和侵蚀。顶面的横管包裹方法和立管一样。

图 6-24 橡塑板进行包管

注：结露是指物体表面温度低于附近空气露点温度时表面出现冷凝水的现象。

### 3. 使用白胶带固定

在立管和横管用橡塑板包裹后，需要使用工程专用白胶带固定，使橡塑板与管壁紧密地结合在一起，结合松紧适中，注意橡塑板接缝处，不宜留有缝隙，要将管道外壁包紧严密，起到良好的降噪和防结露效果，如图 6-25 所示。一圈又一圈地缠绕，这可不是浪费材料增加成本，而是为了今后生活环境安静、干燥和舒心。

图 6-25 使用白胶带固定

### 4. 灰砖围砌立管

在立管包裹完毕后，用轻体砖将立管围砌起来。这样更有利于后续墙砖的铺贴，同时进一步隔绝噪声和外界的潮湿空气，增强对立管的保护作用。

① 量好尺寸并按尺寸切砖，如图 6-26 所示。

图 6-26 量好尺寸并按尺寸切砖

② 砌砖如图 6-27 所示。

砌砖结束后，还需要在砖墙上进行批荡施工。批荡施工在之前已经详细介绍过，在这里就不再重复了。

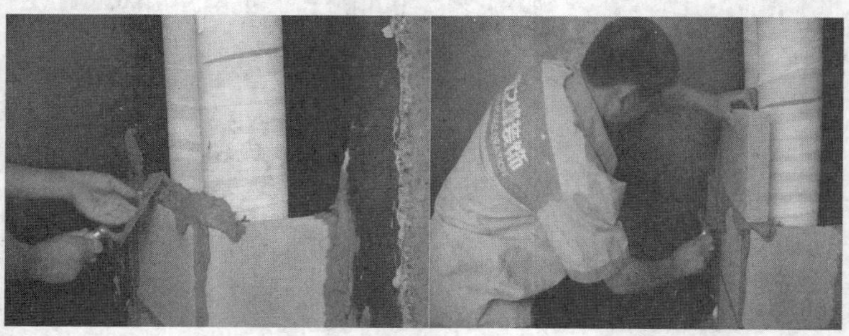

图 6-27 砌砖

小贴士：1. 包立管工艺材料使用需要谨慎，橡塑板部分包装厚度以 20mm 为宜，太薄起不到隔音、降噪的效果。

2. 包立管工艺应该在卫生间吊顶、地面、墙面施工前完成，否则会对其他工序造成影响。

# 6.2 地暖改造及找平施工

## 6.2.1 地暖改造介绍及施工要点

地板采暖简称地暖，又称地热、地面低温辐射采暖等，其基本原理就是将热源铺设在地板之下，通过地面向上辐射热能，达到室内采暖的目的，其历史最早可以追溯到罗马帝国时期，那时人们将地下温泉引入地下管槽，在大理石地面下循环发热取暖。地暖改造只在北方存在，尤其是在黄河以北，因为气候较为温暖，南方冬季采暖只靠烧火炭或者电暖炉等取暖工具即可，在长江以南各省基本没有所谓的地暖改造。

地面辐射供暖按照供热方式的不同主要分为水地暖和电地暖，而电地暖又有发热电缆采暖和低温电热膜采暖之分，其中水地暖是最主流的地暖方式，在北方地区尤为常见。

水地暖是以温度不高于 60℃的热水为热媒，在加热管内循环流动，加热地板，通过地面以辐射（主要）和对流（次要）的传热方式向室内供热的供暖方式。

发热电缆地面辐射供暖是以低温发热电缆为热源，加热地板，通过地面以辐射（主要）和对流（次要）的传热方式向室内供热的供暖方式。常用发热电缆分为单芯电缆和双芯电缆。双芯电缆没有磁场和辐射。低温辐射电热膜是一种通电后能发热的半透明聚酯薄膜，将热量以辐射的形式送入空间，使人体得到温暖。

一般来说，如果是集中供暖的话，水地暖则有成本优势，适用于像北方这样有专门供热公司提供地暖热水的集中供暖城市，而电地暖适用于南方无集中供暖，而采用分户式采暖的城市。在实际中，南方城市也较少有人会安装地暖，因此本文重点介绍还是水地暖。

水地暖施工要点：水地暖的施工主要有连接管道、铺设保温层、铺设反射铝箔层、铺设地暖盘管、验收等流程，施工较为简单，主要就是铺设和固定，本文就不详细介绍了，铺设完毕的效果如图 6-28 所示。

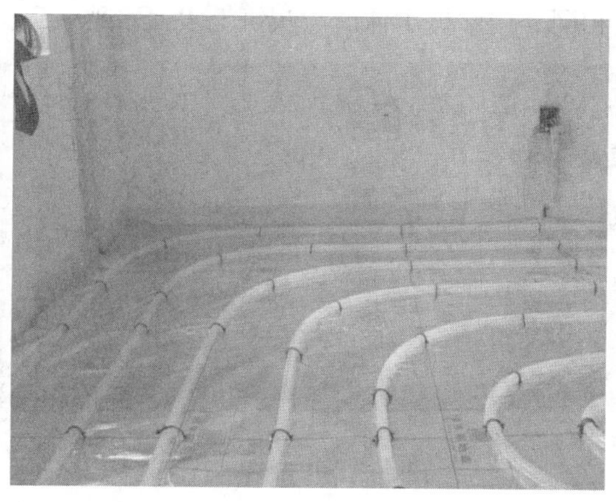

图 6-28 地暖铺设效果

### 6.2.2 图解找平施工流程及施工要点

地面找平是一种基础性的工程，无论原楼地面铺贴的是瓷砖还是木地板，都需要对地面进行找平处理。找平不仅可以使得基础底面平整，便于以后的施工，而且可以通过找平的高度使得室内各个空间处于同一水平位置。

（1）地面找平的高度。

地面找平层关键在于确定地面标高。以家居空间为例，即在打好水平线的基础上，需要计算客厅、餐厅、走廊在原建筑地面上铺贴地面抛光砖或木地板的标高。为了使得整个室内空间的标高一致，该标高应与大门外走廊标高及卧室地面标高相同。

一般情况下，地面找平及其材料总厚度大致如下。

① 铺贴地面砖：砂浆 20mm 加抛光砖 8～10mm，共 30mm 左右。

② 铺贴地面大理石：砂浆 25～30mm，大理石 20mm，共 50mm 左右。

假设卧室采用木地板，则同时要问清楚业主卧室铺设木地板的类型，其中实木地板还有架空和实铺两种方法，造成的高度也有很大的不同。

① 实铺实木地板：底板 9～12mm，夹板加木地板 18mm，共 27mm 左右。

② 架空铺实木地板：地龙骨 25mm、底板 9mm 加木地板 18mm，共 52mm 左右。

③ 复合地板：底层防潮棉 2mm，加复合木地板 8～12mm，共 12mm 左右（竹木地板、实木复合地板和复合地板相同）。

只有在搞清楚上述标高和铺贴、铺设地面厚度的基础上才能有效地控制地面找平的标高及厚度。

（2）施工步骤。

第一步：清理基层，铲除基层泥块、土块等，如图 6-29 所示。

第二步：确定找平标高，如图 6-30 所示。

第三步：确定标高后在四周墙上弹出标高线，如图 6-31 所示。

第四步：找地筋，如图 6-32 所示。

找地筋作用是确定找平的高度，同时还可以确保找平的平整度。找地筋又叫标筋或冲筋。如果房间面积不大，可以只做灰饼（5cm × 5cm），横竖间距为 1.5～2.0m，灰饼上平面即为地面面层标高。如果房间大，则必须找地筋，方法是将水泥砂浆铺在灰饼之间，宽度与灰饼宽度相同，用木抹子抹成与灰饼上表面水平一致。

图 6-29　清理基层

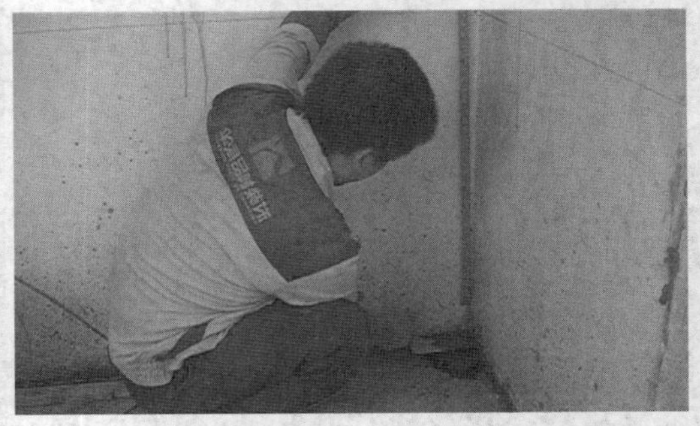

图 6-30　确定标高

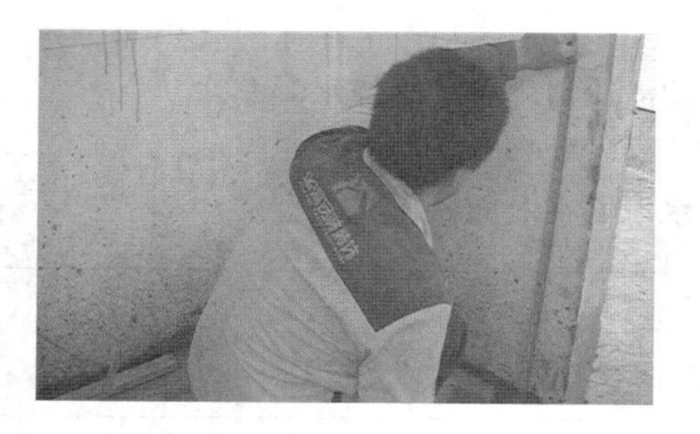

图 6-31 确定标高后在四周墙上弹出标高线

图 6-32 找地筋

第五步：搅拌水泥砂浆，如图 6-33 所示。

第六步：浇水湿润基层，如图 6-34 所示。

图 6-33 搅拌水泥砂浆

图 6-34 浇水湿润基层

第七步：在湿润的地面基层上撒水泥粉，如图 6-35 所示。

第八步：铺好水泥砂浆后找平，如图 6-36 所示。

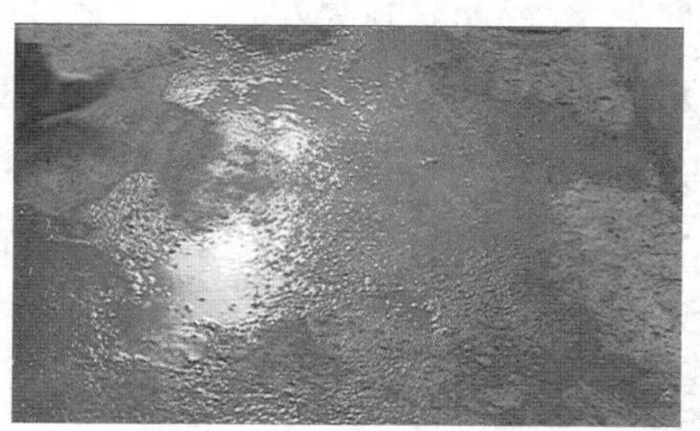

图 6-35 撒水泥粉

图 6-36 找平

第九步：压光，如图 6-37 所示。

第十步：检测平整度，如图 6-38 所示。

图 6-37 压光

图 6-38 检测平整度

施工要点如下。

① 在地面找平前先将原楼地面基层上的尘土、油渍等清理干净，浇水湿润。

② 地面找平层水泥砂浆配合比宜为 1∶3。

③ 地面找平砂浆应分层找平，找平后用一些干水泥洒在上面做压光处理。

## 6.3 地砖及墙砖铺贴含找平

### 6.3.1 图解瓷砖进场检验

16 施工工艺之贴砖实录之瓷砖进场

瓷砖是一种装修主要材料，瓷砖的选择与铺贴，直接影响到了未来空间的美观，不容轻视。面砖进场时要检查外包装，要求包装完好，品牌完整清晰，产品合格证、质量合格证齐备。此外，外包装胶带封条要注意其是否有被撕开过的痕迹，如图 6-39 所示。

在包装检查后，就该检查瓷砖的质量。瓷砖选购要点和检验方法在之前泥水施工材料章节中已经有详细介绍。在施工前再次检查，要点如下。

（1）瓷砖的品类、等级、颜色、规格与当初选择的是否一致，检查时，要求在瓷砖下铺垫塑料或者泡沫作为保护，这是为了防止瓷砖与地面撞击，造成人为损伤，同时也防止因为毛坯不平影响瓷砖的检查，如图 6-40 所示。如有误差必须通知业主，待业主同意后方可施工。

（2）检查尺寸大小是否一致，检查平直度、检查是否翘曲。通过细致的对比检鉴，将尺寸、色差大、棱角缺损、翘曲变形等严重缺陷的砖替补，如图 6-41 所示。

图 6-39 检查外包装

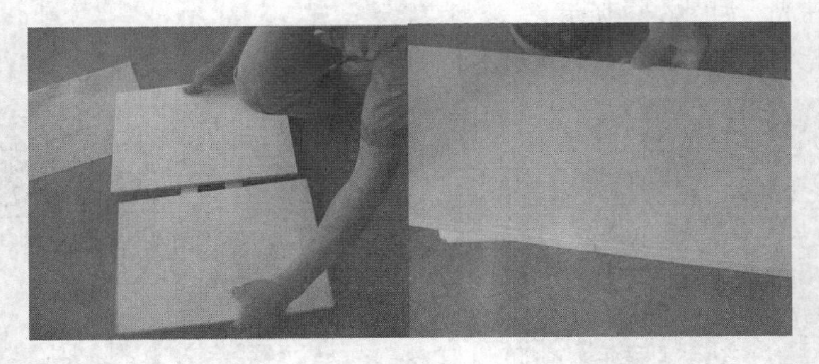

图 6-40 检查瓷砖 1

图 6-41 检查瓷砖 2

瓷砖检查完毕后，需要将瓷砖放入水中浸泡。这是因为瓷砖本身就有一定的吸水性，在未经过浸泡的前提下铺贴，瓷砖会快速吸收水泥砂浆中的水分，造成水泥砂浆凝结速度过快，易造成瓷砖空鼓，如图 6-42 所示。在充分浸泡后，将瓷砖放入屋内晾干。表面流滴水珠后待用，如图 6-43 所示。

图 6-42 浸泡瓷砖

图 6-43 晾干瓷砖

施工要点：釉面砖浸泡于水池中 2h 以上，晾干表面水分再使用，绝不能采用淋冲方式浇湿瓷片。

## 6.3.2 图解墙砖铺贴施工流程及施工要点

墙砖铺贴施工一般按照弹线找规矩、排砖、粘砖饼、粘贴内墙砖、勾缝、清理等步骤进行，采用的工具主要有角尺、橡皮锤、水灰铲、云石机、水平尺、抹子、灰板、线坠、笤帚、水桶、小线等，如图 6-44 和图 6-45 所示。

17 施工工艺之贴砖实录之卫生间墙砖铺贴（上）

18 施工工艺之贴砖实录之卫生间墙砖铺贴（下）

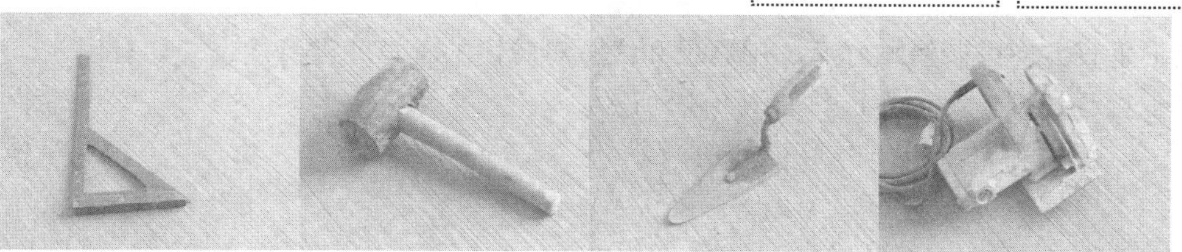

图 6-44 角尺、橡皮锤、水灰铲、云石机（从左至右）

图 6-45 水平尺、抹子、灰板、线坠（从左至右）

（1）弹线找规矩。

面墙砖在粘贴前，要先划线、找规矩，关于如何弹线找水平在之前水电施工章节中都有详细介绍，方法相同，这里就不重复了。

（2）排砖。

铺砖前要预先排砖，排砖工作有很多技巧，要把非整砖排在不明显的阴角处，同一墙面横竖排列的非整砖不能超过一行，如图 6-46 所示。

施工要点：铺贴前应进行放线定位并根据墙面宽度与瓷片规格尺寸进行试排，其要点如下。

① 非整砖放在次要部位或阴角处。

② 非整砖宽度不宜小于整砖的三分之一。

③ 注意花砖的位置，腰线的布置情况。腰线一般不高于 1200mm、不低于 900mm，不允许被水龙头和底盒等破坏。

（3）粘砖饼。

在内墙砖粘贴前，在每面墙上下粘贴不少于 4 块砖饼，如图 6-47 所示。砖饼贴在墙上的作用类似在墙面安装了 4 个标志，可以通过这 4 个标志来检查和控制内墙砖铺贴时的垂直度、平整度。这和地面找平施工中找地筋有异曲同工之妙。

图 6-46 排砖技巧

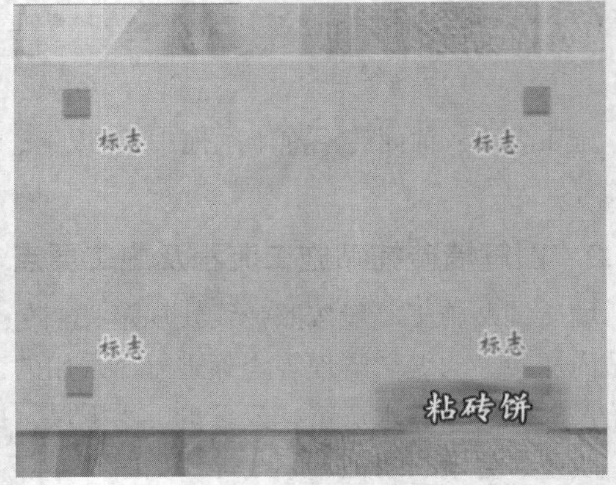


图 6-47 做砖饼

上下垂直方向的砖饼贴好后，用靠尺和线坠对砖饼的垂直度进行检查，如有误差，应进行调整，直至其符合要求为止，如图 6-48 所示。

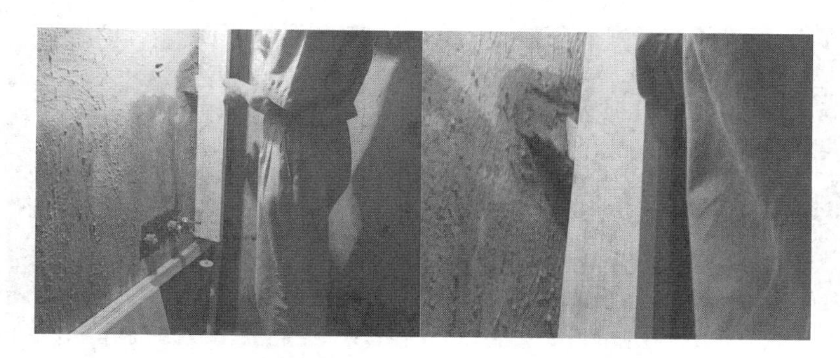

图 6-48　用靠尺和线坠对砖饼的垂直度进行检查

（4）粘贴内墙砖。

① 墙砖粘贴前，先用水平管测量出基准水平点，然后用墨盒线将两点连接，弹出水平基准线，用于控制内墙砖水平度和垂直度，如图 6-49 所示。

图 6-49　弹出铺砖的水平线

② 在墙面均匀刷界面剂，如图 6-50 所示。界面剂的作用在水电施工环节已经有了详细介绍，这里就不重复了。

③ 调和水泥砂浆，将水泥和中沙按照 1：2 的比例拌和均匀。拌和均匀后在灰槽内加水搅拌，调和来用，如图 6-51 所示。搅拌好的水泥砂浆必须在 2h 内用完，不能二次加水使用。

图 6-50　刷界面剂

图 6-51　在灰槽内搅拌好水泥砂浆

④ 将调和好的泥砂浆均匀涂抹在内墙砖背面上，如图 6-52 所示。粘贴内墙砖时，应按照墙面弹好的控制线，先贴两端，从最下的上一层开始铺贴，如图 6-53 所示。

图 6-52 将泥砂浆均匀涂抹在内墙砖上

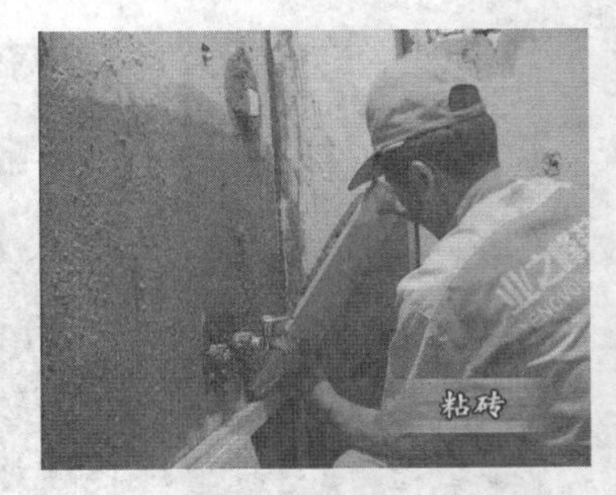


图 6-53 先贴两端，从最下的上一层开始铺贴

注：铺砖前会先在墙面四周预留最底一排瓷片位置，并在最底一排瓷片位置之上打一条水平底线，在水平线处钉一长木条以稳定初贴瓷片。最底一排瓷片待贴墙处地砖贴完后再贴，这样可以避免出现地砖膨胀使墙砖开裂的情况，同时还可以让最下一层墙砖压住地砖，使得收口美观。

⑤ 正式粘贴时，先要试贴。把涂有砂浆的模板内墙砖铺贴在墙壁上，用橡皮锤轻轻敲击，使其与墙面黏合。然后取下，检查是否有缺浆与不合之处，如有缺浆，应补浆填满，如图 6-54 所示。这样做就可以有效保证内墙砖与墙面的黏合，防止空鼓和脱落。确认没有缺浆就可以正式铺贴，贴好后要用橡皮锤轻轻敲击，使内墙砖与墙壁黏合，如图 6-55 所示。

图 6-54 补浆填满

图 6-55 贴好后敲实

⑥ 贴好第一块砖后，需要用靠尺和线坠检查与砖饼在垂直和水平上是否一致，如图 6-56 所示。如略微有不平整，需要用锤子轻轻敲击调整好。

图 6-56 检查水平与垂直

⑦ 铺贴墙砖要先贴左端和右端墙砖，再贴中间墙砖。为了避免墙砖贴好后，受温度和湿度的影响，在粘贴瓷砖时，留下适当的空隙，并塞入小木片，如图 6-57 所示，并对欠浆、亏浆的位置进行填充，保证粘贴牢固，如图 6-58 所示。

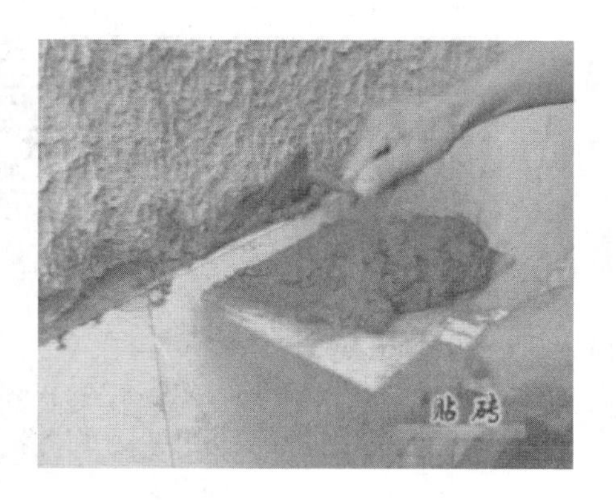


图 6-57　塞入小木片留缝隙　　　　图 6-58　填充欠浆亏浆处

⑧ 粘贴阴阳角瓷砖时，用云石机将做阳角内墙砖的一个边切割略大于 45° 角，切割斜边后应用砂轮片磨边，如图 6-59 所示。然后依次铺贴在墙面阳角处，如图 6-60 所示。

图 6-59　用云石机切割略大于 45° 角　　　　图 6-60　铺贴在墙面阳角处

粘贴阴角处墙砖时，需要对墙砖尺寸进行精确测量，以做到严丝合缝，如图 6-61 所示。测量好后，根据测量的尺寸在待贴的墙砖上精确测量划线，如图 6-62 所示。并用专用划砖工具根据划线划分瓷砖，最终将瓷砖掰开，如图 6-63 所示。

图 6-61　精确测量　　　　图 6-62　在待贴的墙砖上精确测量划线

注：朝外的墙角称之为阳角，朝内的墙角称之为阴角。

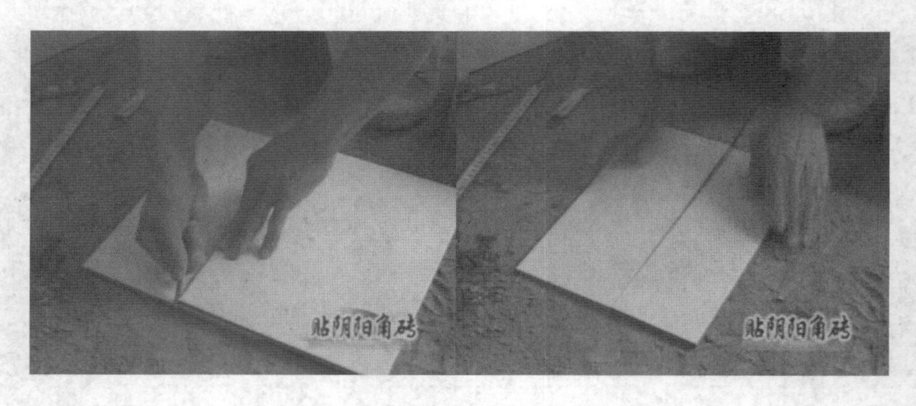


图 6-63　划分瓷砖，最终将瓷砖掰开

施工要点如下。

① 在粘贴阴阳角的时候，用角尺随时检查粘贴的质量，如图 6-64 所示。有时也会就地取材，使用内墙砖进行测量，如图 6-65 所示。阴角和阳角在施工中是一项非常细致的工作，好的装饰公司做出来的阴阳角是非常规整美观的，如图 6-66 所示。

图 6-64　用角尺随时检查粘贴的质量

图 6-65　使用内墙砖进行测量

图 6-66　贴好的阴阳角效果

② 在粘贴内墙砖的过程中，经常遇到水管、龙头等物体，这就需要在墙砖上开槽或打洞。通常采用云石机在内墙砖上开槽打洞，如图 6-67 和图 6-68 所示。

图 6-67　开槽或打洞 1

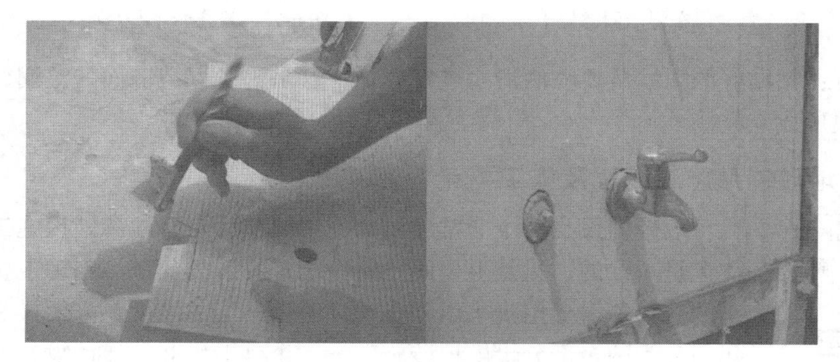

图 6-68　开槽或打洞 2

③ 如墙面是涂料基层，必须先铲除涂料层并打毛，涂刷熟水泥浆后方能施工。

④ 铺砖前必须清理基层灰尘、油渍、管道封槽、墙洞填实等，并洒水湿润。

⑤ 墙砖上端贴至天花角线位即可，一边镶贴一边用水平尺或 2m 靠尺检查水平度、垂直度、平整度，发现问题及时处理。

⑥ 如果贴瓷片出现问题返工时，拆除的瓷片位要重新补一次防水层。

（5）勾缝、清理。

内墙砖粘贴好之后，要用填缝剂勾缝，虽然是一个小工序，但是不能马虎。先将墙面清理干净，用扁铲将要填缝的砖缝清理一下，将调和好的填缝剂用扁铲依次将砖缝填满，如图 6-69 所示。等待填缝剂稍干后，将砖缝压实勾平，如图 6-70 所示。砖缝勾好后，用布将墙面擦拭干净，如图 6-71 所示。至此，墙面砖铺贴就结束了，最后可以使用水平尺检查一下平整度，如图 6-72 所示。

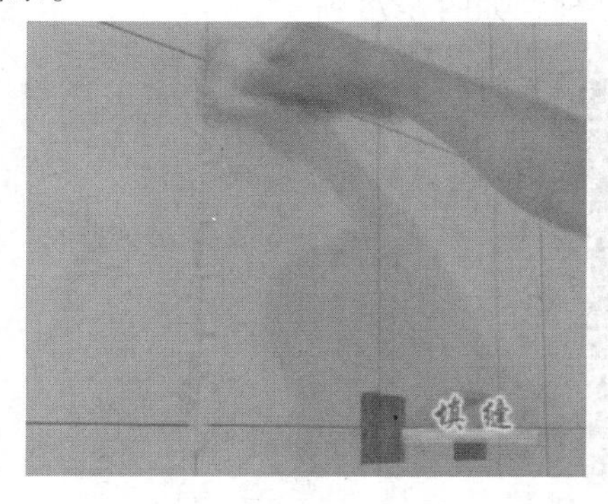


图 6-69　用扁铲将填缝剂填满砖缝

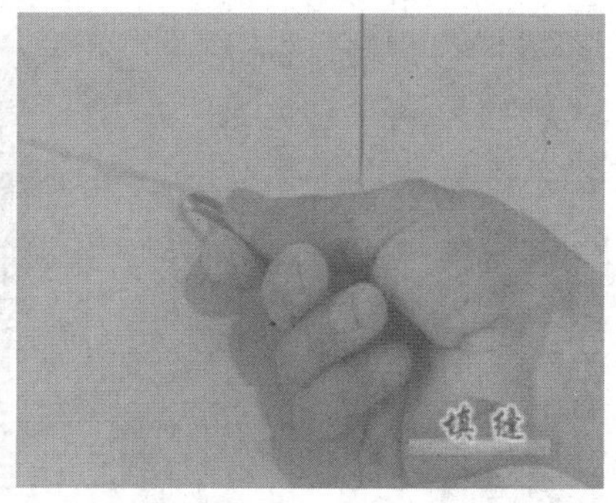


图 6-70　将砖缝压实勾平

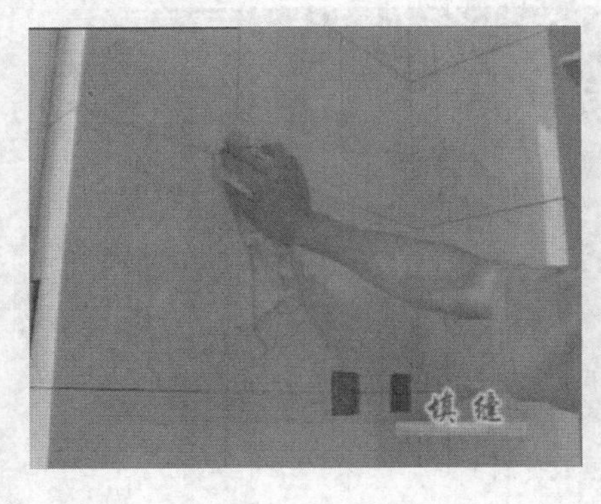


图 6-71 用布将墙面擦拭干净

图 6-72 检查一下平整度

施工要点：粘贴好的内墙砖要喷洒清水进行养护，这是为了保持墙面的湿润，防止水泥凝结速度过快形成空鼓。

### 6.3.3 图解地砖铺贴施工流程及施工要点

19 施工工艺之贴砖实录之卫生间地砖铺贴（上）

20 施工工艺之贴砖实录之卫生间地砖铺贴（下）

地砖铺设是一个非常重要的施工环节，对于地砖铺设施工来说，大体上是一致的，只是卫生间是一个相对特殊的环节。因为卫生间出于排水的需要，需要挖排水沟并在铺设时做一定的坡度，方便排水。因此，我们分为两个部分讲解地砖施工，一个是卫生间地砖铺设，另一个是卫生间以外其他空间地砖铺设。

第一部分：卫生间地砖铺设。

卫生间地砖铺设操作步骤：防水处理—排砖—确定水平面—铺贴地砖—挖排水孔—勾缝和清理等。

（1）防水处理。

在卫生间铺砖之前，首先对卫生间地面做防水处理。在对地面及墙面涂刷防水涂料后，将水管管口封闭，进行地面防水测试。测试没有问题才可以进行后续施工。防水处理在第 4 章防水施工中已经有了详细介绍，这里就不再重复。

（2）排砖。

测量砖大小，对地面进行排砖处理，将非完整砖尽量排在墙面边角处及非重要位置，同时要考虑到屋内排水管孔、管线的位置，做好处理，如图 6-73 所示。

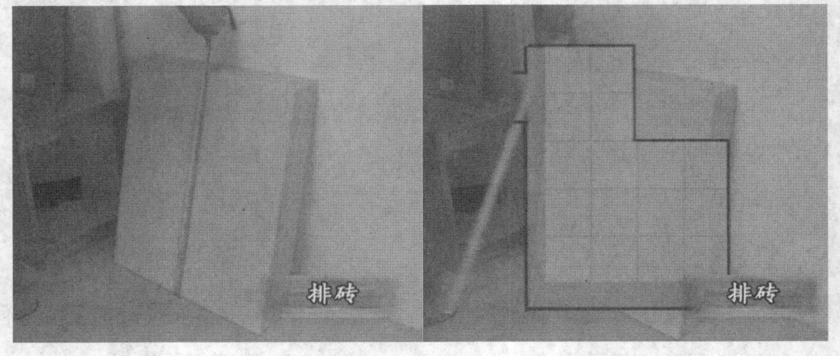


图 6-73 排砖

（3）确定水平面。

首先，在房间入口处与外侧房间地面等高的位置铺贴门槛石，作为卫生间瓷砖地面铺贴的水平基准面，如图 6-74 所示。对门槛石的厚度水平度要采用水平尺进行精确测量，并用橡皮锤轻敲进行调整，绝不能有误差和疏忽，如图 6-75 所示。

图 6-74 铺贴门槛石作为水平基准面　　图 6-75 调整水平度

施工要点：确定地面标高，即铺设厚度，瓷砖或大理石的标高及铺设厚度，应注意与木地板房的地面标高保持一致。同时考虑铺贴门槛与地面的高度，如厨房、卫生间、阳台的门槛与地面一般最少高出 18～30mm，以防止积水外流。一般情况为，地面砖：砂浆 20mm 加砖 8～10mm，共 30mm 左右；地面大理石：砂浆 25～30mm 加大理石 20mm，共 50mm 左右。

（4）铺贴地砖。

① 开始铺贴地砖前，在地面铺散干硬性水泥砂浆，根据门槛石的厚度确定砂浆的基本厚度，如图 6-76 所示。水泥与中沙的比例为 1∶3 最佳，硬度以手握成团，落地开花为宜。

图 6-76 在地面铺散干硬性水泥砂浆

② 调整好在地面铺散的干硬性水泥砂浆的平整度，如图 6-77 所示。然后在砂浆上进行试铺，看是否方正、平整，如图 6-78 所示。

图 6-77 调整砂浆的平整度　　图 6-78 试铺

③ 试铺没有问题，就可以进行正式地砖铺贴。在地砖背面刮上水泥砂浆，铺贴时用水平尺和橡皮锤进行铺贴调整，如图 6-79 所示。

图 6-79 正式铺贴

施工要点：卫生间的地面瓷砖铺贴要有 2%～3%的坡度，坡度向地漏方向倾斜，避免造成积水。

（5）补贴最底层的墙砖。

出于对墙面贴砖施工便利性的考虑，工人师傅在铺贴墙砖时，留下了最下层的瓷砖尚未铺贴。所以在地面铺贴完成后，先要对墙角进行补贴。在瓷砖背面涂抹砂浆，贴好后敲实并用水平尺检查平整度，如图 6-80 所示。

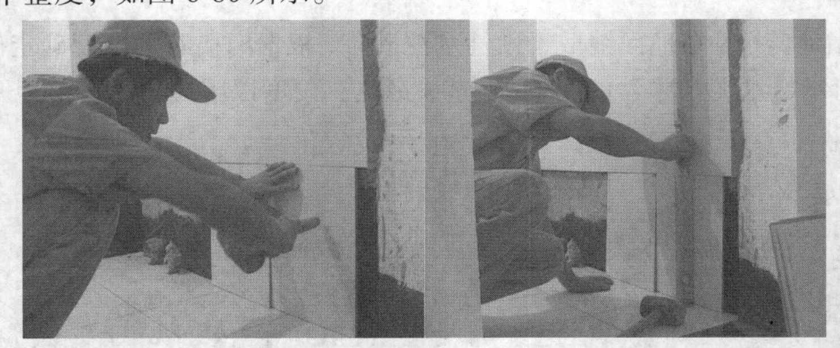

图 6-80 贴好墙砖并用水平尺检查平整度

（6）挖排水孔。

卫生间瓷砖的铺贴有一个特有的环节：挖排水孔。在墙面底部的瓷砖铺贴完成之后，需要对排水孔瓷砖进行处理。首先在地面铺垫干硬性水泥砂浆中，掏出一个与地漏一样大小的空洞，如图 6-81 所示。然后测量地漏尺寸，在瓷砖上量出孔径大小，并做出标记，本次施工由于排水孔位于 2 块瓷砖的交界处，所以要谨慎处理，兼顾 2 块瓷砖的尺寸，进行切割，如图 6-82 所示。

图 6-81 掏出一个与地漏一样大小的空洞

图 6-82 瓷砖上量出孔径大小，标记并切割

使用水泥砂浆对瓷砖挖开的孔洞空间进行修正，确保孔径的大小与形状与地漏相吻合，如图 6-83 所示。在正式铺贴排水口地砖前，在排水孔灌一些水，检查排水孔是否通畅，如图 6-84 所示。

图 6-83 使用水泥砂浆对孔洞进行修正

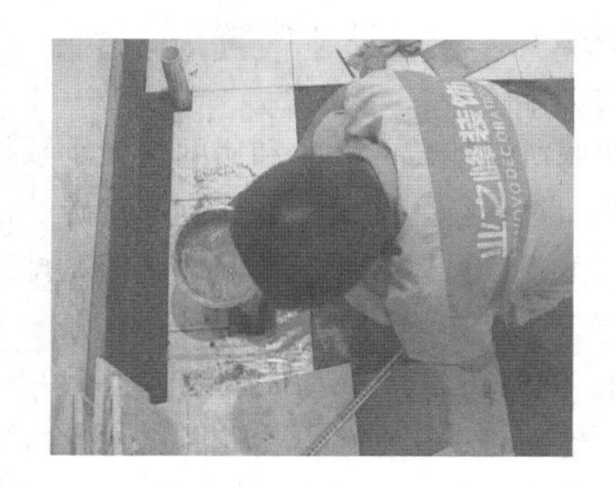

图 6-84 灌水检查排水孔是否通畅

在确认水泥砂浆畅通后，在地漏周围，涂抹适量的水泥砂浆，如图 6-85 所示。最后将地漏安装在确认的位置，如图 6-86 所示。

图 6-85 在地漏涂抹适量的水泥砂浆

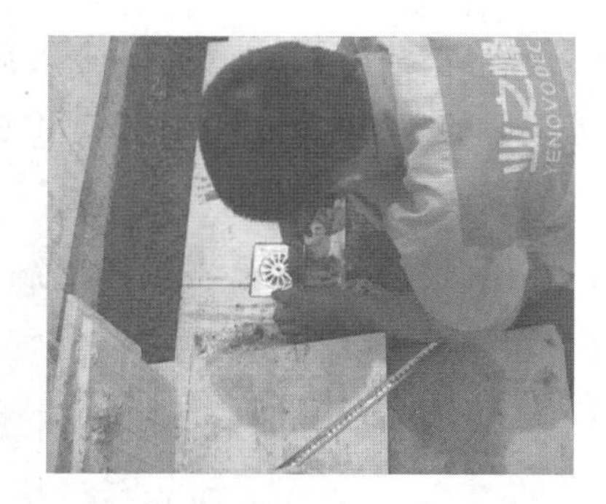

图 6-86 安装地漏

施工要点：地漏盖应低于地面砖 2～4mm，如落在一块地砖中间，应四面斜向内开槽，以便泄水，如图 6-87 所示。

**小贴士：** 卫生间地面由于经常会有水聚集，所以瓷砖之间的空隙要匀匀、压实。

卫生间地砖铺贴之前的防水工程一定要经过检验才能进行贴砖。

卫生间地砖铺贴坡度要符合设计要素，坡度向地漏方向。

（7）勾缝和清理。

21 施工工艺之贴砖实录之厨房地砖铺贴（上）

22 施工工艺之贴砖实录之厨房地砖铺贴（下）

瓷砖铺贴工作基本完成后，必须清理地面。并对瓷砖勾缝，虽然是小细节，但也不能忽视。具体勾缝、清理在墙砖铺贴中详细介绍过，这里就不再重复。

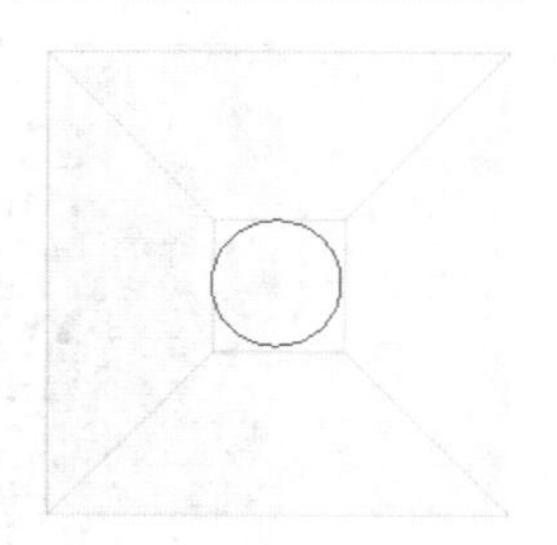

图 6-87 地漏切砖图

第二部分：卫生间以外空间地砖的铺贴。

卫生间之所以特殊，在于其地砖铺贴时有一些独有的要求，其他空间铺贴则相对还要简单一些，主要按照弹线找规矩—排砖—铺贴地砖—勾缝、清理的步骤进行。

（1）弹线找规矩。

铺砖瓷砖前要弹线找规矩，在房间内测量出水平基准线。这个步骤已经重复多次，这里就不赘述了。

（2）排砖。

按照所铺地砖的大小和房间的大小预排地砖，注意铺同一房间的地砖，横竖排列的非整砖不能超过一行。施工中，遇到非整砖的位置要充分考虑房内家具的摆放位置，注意铺砖的整体、美观。具体参照卫生间地砖铺贴排砖方法。

施工要点如下。

① 铺贴前要弄清楚所要铺地的面积，也就是确认图纸。根据现场实际情况，还应对天然石材、地面砖进行对色，拼花并试拼、编号。尤其是大面积铺贴天然大理石，由于每块大理石纹理都不一样，出于美观性的考虑，必须事先由设计师进行排版，出图纸确认，并交与业主认定。特别是异型的、梭型的，更要排好版，编好砖号。

② 排砖时依据地面抛光砖及大理石的规格大小，尽量避免缝中正对大门口，影响整体美观。

（3）铺贴地砖。

① 在房间内铺放干硬性水泥砂浆，如图 6-88 所示。干硬性水泥砂浆以手握成团，落地开花为宜。它的常用体积比为 1∶3，水泥强度标号不能低于 32.5。

图 6-88　在房间内铺放干硬性水泥砂浆

② 在铺贴地砖时，砂浆的厚度与门槛石齐平为宜，铺贴前先放水平基准线，用于校准铺砖的水平度，放好水平基准线后在远端压实，如图 6-89 所示。

图 6-89　放水平线并压实

③ 正式铺贴之前先进行试铺，铺贴时首先要按照已经确定的厚度，在基准线的一端铺设

一块基准砖，要求基准砖要水平，测量必须要精确，如图 6-90 所示。总之，不管试铺还是正式铺贴，都必须通过基准砖与门槛石确定水平基准线，作为地砖铺贴标准。

图 6-90　依据基准线铺设基准砖

将地砖放在砂浆上，用橡皮锤轻轻敲击，使地砖与砂浆完全结合，并用水平尺测试水平，如图 6-91 所示，然后把地砖拿起，检查砂浆与砖面之间有无缝隙，如果有缝隙，应把砂浆补充填实，防止出现空鼓，如图 6-92 所示。注意，填补砂浆的过程很重要，很容易被忽视，而引起空鼓。

图 6-91　基准砖水平测量

图 6-92　砂浆补充填实

④ 试铺没有问题之后，就可以正式铺贴了。在地砖铺贴过程中，由于墙面管线及墙体凹凸不平会造成误差，常常影响铺贴水平，这种情况可以用云石机对瓷砖边角进行微调，从而保证瓷砖的平整，如图 6-93 所示。

图 6-93　切割瓷砖边角

图 6-94　在地砖的背面均匀涂抹水泥素浆

在地砖的背面均匀涂抹水泥素浆，水泥素浆的水灰比为 1：2，如图 6-94 所示。然后铺放在已经填补好的干硬性水泥砂浆上，第一块基准砖铺贴好后，第二块砖以基准砖和基准线为标准铺贴，依此类推直至整个房间地砖铺贴完毕，如图6-95所示。铺贴时，还必须用橡皮锤轻轻敲击，注意敲击瓷砖应用橡皮锤敲击，从中间到四边，从四边到中间反复数次，使其与砂浆粘接紧密，同时调整其表面平整度及缝隙，如图6-96所示。

图6-95 以基准砖与基准线铺贴第二块砖

图6-96 敲实地砖

⑤ 在施工过程中，随时用水平尺检查所铺地砖的水平以及与相邻地砖高度的误差，如图6-97所示。此外还可以使用扁铲在两块地砖接缝处轻轻划动，检查两块地砖接缝处是否平直、平整。

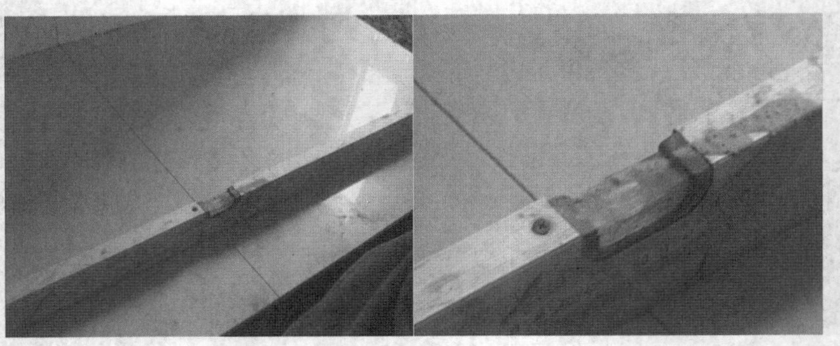

图6-97 检查水平

⑥ 第一排横向地砖铺好之后，开始贴竖向地砖。地砖铺贴过程中，用同样的铺设方法依次铺设地砖。

施工要点如下。

① 铺贴抛光砖或大理石常用的有干粉法和刮浆法。干粉法即洒上干水泥粉，再将地砖或大理石放回，进行敲击最后定位。刮浆法即本文介绍的方法，也是最为主流的地砖施工方法。方法是在底面刮上少量适当厚度的素水泥浆，然后放回，进行敲击，最后定位。以上两种方法都可用，主要看泥工对其方法的熟练程度和对其方法的掌握程度，泥工一般会采用自已熟悉的方法进行施工。

② 铺地砖前，先清理基层表面尘土、油渍等，检查原楼地面质量情况，是否存在空鼓、脱层、起翘、裂缝等缺陷，一经发现及时向业主提出，并作好处理。

③ 铺贴后24h内及时检查是否有空鼓，一经发现及时返工撤换，待水泥砂浆凝固后返工会增加施工困难。如果水泥砂浆已经凝固则必须用切割机切四边，打烂地砖或大理石，凿去底层硬砂浆后才能重新进行铺设。厨房、卫生间、室外阳台最好采用刮浆法铺贴。

（4）勾缝和清理。

铺贴完成后 24h，用专业的勾缝剂将砖缝压实、勾匀。砖缝压实、勾匀后，将砖面擦拭干净，表面应进行湿润保护。具体参照卫生间地面砖铺贴相关章节。

施工要点如下。

① 常温下要护湿时间不少于 7 天，这个步骤能够保证水泥的有效粘贴，降低瓷砖空鼓的概率。

② 地砖铺设完毕后，一定要用保护膜或者纸板进行保护，以防止在后续施工中对地砖造成污损。

### 6.3.4 马赛克铺贴施工要点

随着技术的进步，马赛克的品种越来越多，尤其是随着玻璃马赛克的出现，使得马赛克的装饰效果得到了一个很大的提升。马赛克目前不仅应用于卫生间、阳台、厨房等需要防滑的空间，甚至应用于客厅装饰墙面。马赛克的铺贴相对比较简单，具体方法如下。

（1）用 1∶3 水泥砂浆将铺贴面找平至垂直、方正、平整，其误差不大于 0.1%。

（2）将作业面薄刮 2mm 白水泥浆（加白乳胶或胶水）或专用粘接剂将马赛克铺上压平。

## 6.4 大理石墙面、窗台石铺贴

### 6.4.1 图解墙面大理石铺贴施工流程及施工要点

大理石是一种较为名贵的天然石材，多用于酒店、会所等高档空间中。在居室装修中，大理石很少会大面积铺贴于墙地面，而多是用于电视背景墙或者卫生间地面及台面。需要注意的是，大理石通常都具有一定的放射性，最好是不要大面积用于卧室等空间。即使要用，也必须采用国家检测达标的产品。

（1）清理墙面基层，刮掉造成墙体表面不平整的污垢、油漆等，如图 6-98 所示。

（2）墙体表面洒水湿润，如图 6-99 所示。

图 6-98 清理墙面基层

图 6-99 洒水湿润

（3）打花墙体表面，以增加水泥砂浆吸附力，如图 6-100 所示。

（4）刷防潮层，如图 6-101 所示。

图 6-100　打花墙面

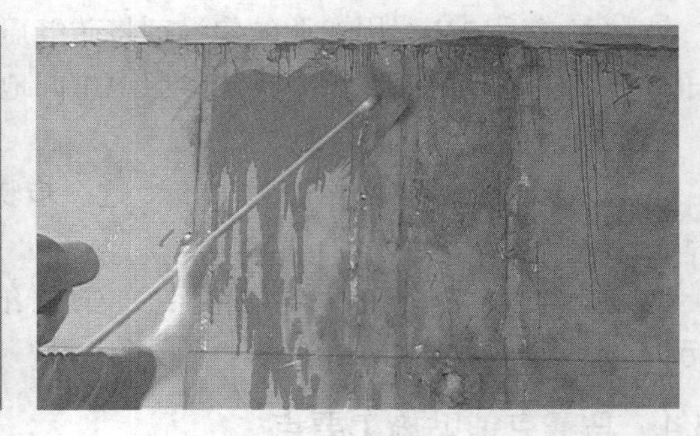

图 6-101　刷防潮层

（5）打好横竖水平线，如图 6-102 所示。

（6）因为大理石每块纹理都不一样，为了美观，设计师应该事先编排好大理石的位置，并绘制相应的图纸作为施工的依据，如图 6-103 所示。

图 6-102　打好横竖水平线

图 6-103　编排好大理石的位置

（7）大理石背面开槽沟，如图 6-104 所示。

（8）固定挂线，如图 6-105 所示。因为大理石较重，所以挂铜线加强牢固度。

图 6-104　大理石背面开槽

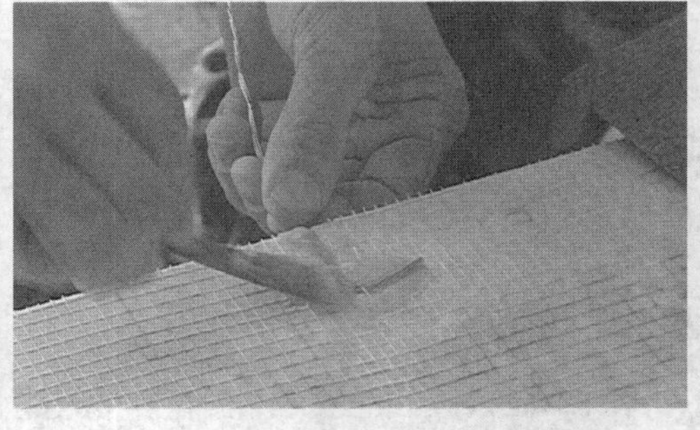

图 6-105　固定挂线

（9）刮水泥浆于大理石背面，如图 6-106 所示。为了美观，水泥采用和大理石颜色相近的白水泥。

（10）挂贴大理石，如图 6-107 所示。

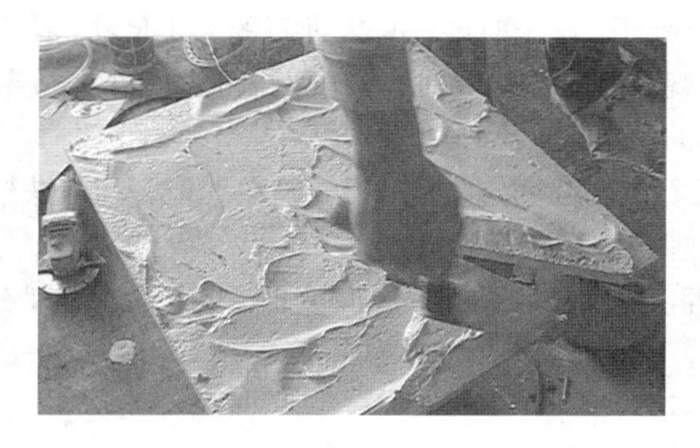

图 6-106 刮水泥浆

图 6-107 挂贴大理石

（11）清洁铺贴好的大理石表面，如图 6-108 所示。

（12）白水泥勾缝，如图 6-109 所示。

图 6-108 白水泥勾缝

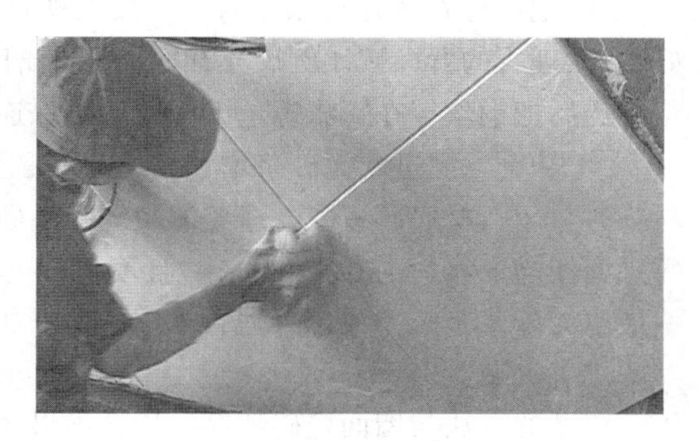

图 6-109 清洁

（13）检测大理石的平整度，如图 6-110 所示。

图 6-110 检测大理石的平整度

## 6.4.2 大理石、花岗石不同施工方法介绍

墙面大理石的铺设主要有干挂、湿挂、湿贴、胶贴等方法（花岗石同此）。

（1）干挂。

干挂就是用标准干挂件（如角铁、膨胀螺丝等）将大理石固定在墙面，适用于质量较重的外墙大理石施工。干挂施工注意事项如下。

① 要注意角铁的平整度，其平整度直接影响到大理石的平整度。

② 有些干挂需要用角铁在现场用电焊焊好架子。施工时要注意大理石的大小尺寸，挂大理石前要确定哪些大理石是要挂物件的，如电视机等。在烧焊时，按电视机的挂架要求安装好特制的螺丝，以备安装大理石时好挂电视机的挂架。

③ 在安装大理石时按花纹顺序安装，用云石胶增强固定，再用干挂胶在大理石和角铁架上连结，确保云石胶和干挂胶足量从而保证大理石的粘贴强度。

④ 在粘贴大理石时不要把胶弄到大理石面上，如被胶黏到要及时清理、擦干净，大理石铺贴好后应及时保护。

（2）湿挂。

湿挂也是贴外墙质量较重的大理石最常用的施工方法，其操作流程如下。

① 选材看大理石的图案花纹，确定铺贴的顺序及方法。

② 拉好水平线及垂直线，一横二竖，确保平整度。

③ 把大理石按花纹顺序对好，按大理石的大小在墙体用冲击钻打入四个膨胀螺丝固定好，在大理石的背面按比例尺寸开四个U形槽，把铜丝按U形槽方向固定好（用云石胶固定），待干透后把铜丝挂在膨胀螺丝上固定，确保连接牢固。

④ 从上方灌进水泥砂浆增加粘结力。灌注砂浆前应将石材背面基层湿润，并应用填缝材料临时封闭石材底部板缝，避免漏浆。灌注砂浆宜用1：2.5水泥砂浆，灌注时应分层进行，每层灌注高度宜为150～200mm，且不超过板高的3/1，插捣密实。待其初凝后方可再次灌注一层水泥砂浆（注：浅色大理石采用白水泥加建筑胶灌浆）。

（3）湿贴。

湿贴的方法与墙面瓷砖工序一样，如果大理石较薄，质量不重，可以采用这种方法。一般用于高度不超过1500mm的墙面铺贴大理石。

（4）胶黏。

胶黏施工注意要点如下。

① 胶贴前要做好墙面平整，基层处理应平整但又不能太滑。因为成本的原因，胶贴的胶泥不会太厚，如果墙面平整度、垂直度差的话，就很难把大理石贴平整。

② 按照大理石胶说明书比例将粉料和水搅成胶泥状，将基层处理干净，用齿形梳刀在基层刮抹4～5mm厚胶泥，参考用量为4～5kg/m$^2$。

③ 将大理石板铺贴、压实（具体施工可以参照大理石胶说明书要求进行）。

④ 在夹板上胶贴要注意固定，在墙体打好9mm夹板。采用大头自攻螺丝打点，石头背面开孔（4个孔以上），用A、B干挂胶、云石胶同时固定，绝对保证大理石与基层连接。

⑤ 胶黏剂调配比应符合产品说明书的要求。胶液应均匀饱满地刷抹在基层和石材背面石材定位时应准确，并应立即挤浆找平、找正、进行顶、卡固定，溢出胶液应随时清除。

以上四种施工方法同样适用于墙面花岗石铺贴，不管用哪一种方法粘贴，墙面石材铺贴前均应进行挑选，并应按设计进行预拼。在搬运大理石或者花岗石时，应侧搬而尽量不平搬，因平搬易断。强度较低或较薄的石材应在背后粘贴玻璃纤维网布，最好在大理石背面用云石胶固定细钢筋，增加其强度及粘结度。

### 6.4.3 图解窗台石铺贴施工流程及施工要点

目前很多住宅建筑都会设计大飘台，这种窗台的处理通常是以贴大理石为主，当然也有少部分窗台会贴瓷砖或者人造石等材料。本节讲解的是窗台贴大理石的施工，如果窗台贴的是瓷砖或者人造石等材料，可以参照本书的贴瓷片施工标准工艺步骤的内容。本书限于篇幅，只介绍目前的主流施工做法。至于其他的个别化施工，可以参照本书其他的相关章节。

（1）原基础用冲击钻或者凿子打毛并浇水湿润，如图 6-111 所示。

（2）铺水泥砂浆底层，如图 6-112 所示。

图 6-111　打毛并湿润原基层

图 6-112　铺砂浆底层

（3）刮水泥浆，如图 6-113 所示。

（4）将根据窗台大小开好料的大理石贴于水泥浆上，并用橡皮锤敲实，如图 6-114 所示。

图 6-113　刮水泥浆

图 6-114　敲实大理石

（5）用抹布清洁大理石面层，如图 6-115 所示。

（6）大理石面层贴保护膜保护，保护膜可采用珍珠棉或者包装纸等材料，如图 6-116 所示。

图 6-115　清洁大理石面层

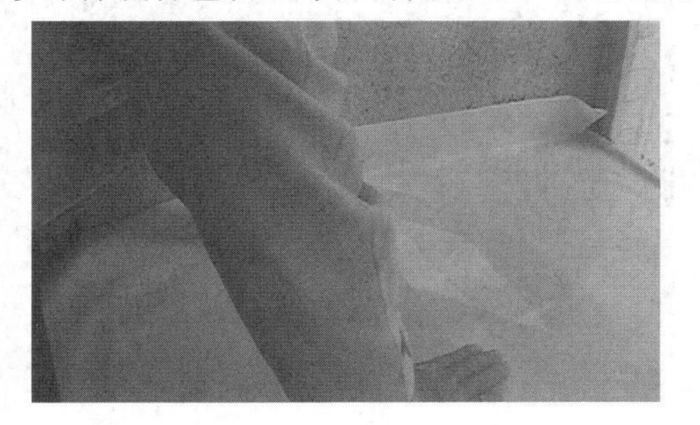

图 6-116　大理石面层贴保护膜保护

施工要点如下。

① 窗台石的安装一般不超出墙 20mm，铺贴窗台大理石前，正面需要进行磨边处理。

② 门槛石通常也会采用大理石或者花岗石，门槛石安装应在铺地砖的时候同时铺好。门槛石需要到厂家预订，其预订尺寸要准确，要磨边处理。厨房、卫生间、阳台的门槛石铺贴应注意做好防水。

# 6.5 其他零星泥水施工

## 6.5.1 图解地脚线铺贴施工流程及施工要点

本书介绍的为明装地脚线施工步骤。目前很多室内空间采用暗装的方式安装地脚线。所谓暗装地脚线就是贴着墙面底部开出一条和地脚线一样大小的槽，这样就可以将地脚线埋入槽内，使得地脚线和墙面齐平。这样贴着墙面放桌子，桌子腿就不会因为底部的地脚线顶住而在桌面上留出一条明显的缝隙。暗装地脚线的施工步骤和明装地脚线的施工基本一样，只需要增加一个墙面开槽的步骤即可，在这里就不重复介绍了。

（1）根据地脚线高度弹好施工线，如图 6-117 所示，地脚线的高度多为 100mm、120mm、150mm。

（2）在地脚线瓷片背面刮水泥浆，如图 6-118 所示。

图 6-117　弹好地脚线施工高度线

图 6-118　背面刮水泥浆

（3）根据弹好的施工线贴上地脚线，同时量好地脚线的垂直度，如图 6-119 所示。

（4）如垂直度有问题，随时用橡皮锤调整并敲实定位，如图 6-120 所示。

图 6-119　量好地脚线的垂直度

图 6-120　用橡皮锤敲实定位

## 6.5.2 图解沉箱施工流程及施工要点

沉箱简单点说就是下沉式卫生间里面放排水管的位置，沉箱处理目前主要有两种方式，一种是用陶粒或者碎砖泥沙回填，然后在上面做水泥找平层，如图 6-121 所示。一种就是本书介绍的架空处理方法。采用第一种方法填实不仅增加楼板的负荷，而且如果防水做得不好的话，时间长了整个沉箱都是湿的，因此本书介绍的是更为科学的架空式沉箱做法。

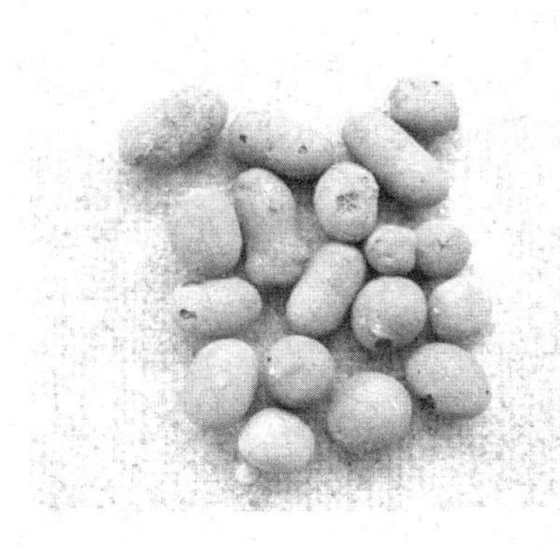

图 6-121 陶粒回填

（1）根据预制板大小用砖砌好地垄，如图 6-122 所示。

（2）清理卫生，注意第二次排水不要堵塞，如图 6-123 所示。

图 6-122 砌好地垄

图 6-123 清理卫生

（3）盖好预制板（预制板应事先订制好，且预制板内必须加钢筋），如图 6-124 所示。然后对预制板上面进行找平施工即可。

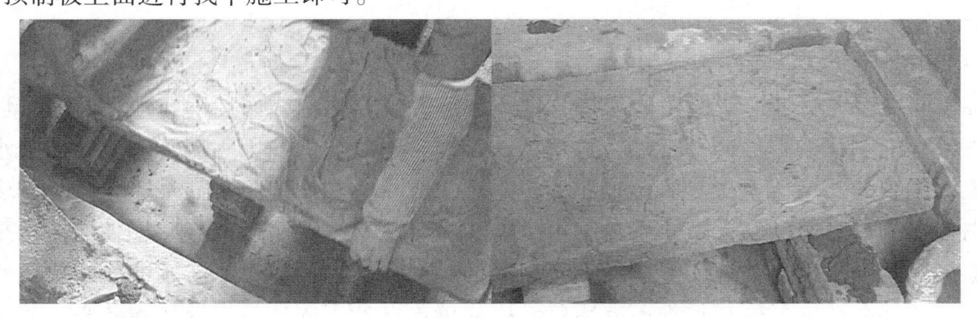

图 1-124 盖好预制板

### 6.5.3 灶台、洗手台大理石安装施工要点

目前的橱柜设计和制作大多由专门的橱柜公司完成，但是在某些较为经济型装修中，还是会采用砖砌的方法制作厨房地柜，然后在面层贴上大理石或者花岗石，也可以直接采用花岗石或者大理石制作，其现场施工注意事项如下。

（1）先检查大理石是否有裂痕。

（2）台面大理石安装前要试装，应预留好煤气灶、洗手盆孔，尺寸要适合，并检查预留孔大小是否合适。

（3）要挂线检查台面是否水平，如不水平应垫平后再安装。

（4）台基面为混凝土可用素水泥浆粘结大理石，为木结构可用云石胶或万能胶黏结。

（5）一般灶台，洗手台大理石应做挡水侧石，粘结要牢固美观。

### 6.5.4 门窗套修补施工要点

（1）门窗套修补，先清理基层面表尘土、油渍等。

（2）确定好门窗洞口尺寸，依据施工图与现场实际情况而定。

（3）吊线确定垂直度，抹灰前将墙体湿润。

（4）采用1∶2配合比的水泥砂浆。

（5）用两块60mm宽的木条靠紧墙体，预留抹灰厚度，再用几个钢筋卡夹住木条，然后进行批荡。注意事项如下。

① 门窗套修补批荡应垂直平整，符合规范要求。

② 新老墙交接应处理好交接口，避免以后批荡开裂。

③ 门窗套修补批荡，在凝结前，应防止快干、水冲、撞击和振动。

### 6.5.5 泥水施工常见问题答疑

（1）釉面砖龟裂是什么原因造成的？

答：釉面砖是由胚体和釉面两层构成的，龟裂产生的根本原因是由于坯层与釉层间的热膨胀系数之间差别造成的。通常釉层比坯层的热膨胀系数大，当冷却时釉层的收缩大于坯体，釉层会受坯体的拉伸应力，当拉伸应力大于釉层所能承受的极限强度时，就会产生龟裂现象。

（2）背渗是什么原因造成的？

答：每种砖都有一定的吸水率，质量越好的砖吸水率越低，如果砖的吸水率过高说明砖的质地不够细密，当这些吸水率高、质地粗疏的瓷砖铺于水泥砂浆之上时，水泥的污水会渗透到砖的表面，从而造成背渗现象。所以在选购瓷砖时要特别注意瓷砖的吸水率高低，吸水率越低越好。

（3）陶瓷墙砖、地砖能否混用？

答：墙砖、地砖是不能混用的。将纹理和颜色更多样化的墙面砖铺在地上营造个性化效果，或者把剩下的地面砖贴上墙，这些做法是非常不科学的。因为墙砖、地砖的吸水率是有很大差异的。墙砖不少是陶土烧制的，陶土的吸水率相比瓷土要高很多（陶土和瓷土的区别在本章节之前已经详细介绍过），而地砖基本上都是采用瓷土烧制。即使墙砖也采用瓷土烧制，其吸水率也往往明显高于地砖，因为相对而言，墙面对于防水的要求要比地面低得多。此外墙砖的背面相比地砖要粗糙，因为墙面贴砖牢固度要求要比地砖高，粗糙的背面有利于把墙面砖贴牢于墙面，背面相对光滑的地砖则不易在墙上贴牢固。

（4）瓷砖空鼓现象如何解决？

答：空鼓是瓷砖施工中最常见的问题，形成空鼓的原因有很多，但多数是因为基层和水泥砂浆层粘结不牢造成的。解决瓷砖空鼓问题必须按照本书要求，严格、规范施工，在施工中需注意基层和饰面砖的表面清理，同时瓷砖铺贴前必须充分浸水湿润，还必须注意使用正确的水泥与砂的比例。

（5）为什么有些大理石使用一段时间后会掉色？

答：现在市面上销售的大理石和花岗石中，有些是用廉价石材通过物理或化学的方法进行人工染色制成的，这些石材一般使用半年到一年就会掉色，显露出其真实面孔。市面上染色的石材品种多达十几种，其中大花绿和英国棕这种情况最多见，选购时需要特别注意。

（6）如何识别那些人工染色的石材？

答：人工染色石材颜色艳丽，但不自然。在石材的侧面可明显看到有染色渗透的层次，通常会形成上下层颜色色深，中间颜色浅的现象。染色石材的光泽度一般都低于天然石材，不法商家会通过涂机油和打蜡的方式增加石材的光泽度，用力擦拭或者用火烘烤，其表面很容易就会失去光泽现出本来面目。

（7）为什么有些天然石材的背面会有网格？

答：有些石材尤其是部分大理石本身较脆，必须加网格增强其强度，例如西班牙米黄。此外有些厂商为节省材料，还会人为削薄石材的厚度，太薄的话易断裂，所以才加上网格，通常颜色较深的天然石材如果有网格，多数是这个原因。

（8）天然大理石、花岗石是否有污染？

答：其实地球上的一切自然物质中都含有不同数量的天然放射性元素，天然石材也不例外，但只要天然石材的放射性元素能够达到国家 A 级标准，即可放心使用。

（9）什么天然石材的放射性易超标？

答：石材种类繁多，相对而言暗色系列（包括黑色、蓝色、暗色中的墨绿色）石材和灰色系列的花岗石，其放射性强度小，即使不进行任何检测也能确认是 A 级产品，可以放心大胆地用在室内装修中应用。浅色系列中的白色、红色、绿色石材和花斑色系列的花岗岩相对来说放射性会比较强些，但也不是绝对的，最重要的还是看石材能否达到国家对于室内应用规定的 A 级标准。

# 第7章 木工材料及常用工具

Chapter 7

木工施工关联的材料种类较多，这主要是因为木工施工项目较多，如木地板铺设、天花板制作、家具制作、隔墙安装、背景墙制作等都属于木工施工范畴。虽然目前很多木工项目比如门窗、家具更多的是向厂家订购，有些木工施工比如木地板改由商家施工，但作为专业人员，还是有必要全方位地了解各种木工材料的种类和特性。

本章还介绍了一些关于地毯、楼梯、成品门窗等材料，这些材料严格讲均不属于木工材料，也不属于装修水工、电工、泥水工、木工、漆工、扇灰工这六大工种其中任何一个，施工也基本上由厂家或者商家提供，但是出于归类方便的目的，还是把这些材料和木工类材料整合在一起介绍。

## 7.1 木地板

### 7.1.1 木地板的主要种类及应用

木地板显示自然本色，使人感到亲切，更适合于居室空间的设计要求。但木地板也有其自身的问题，相比瓷砖，木地板尤其是实木地板在保养和维护上要麻烦得多，所以目前趋势是木地板和瓷砖混用，即在一些较私密的空间比如卧室等处用木地板，在公共空间如过道或客厅等处用瓷砖。这样即兼顾了实用性而且还打破了整体室内空间地面的单一感觉。

目前市面上的木地板主要有实木地板、复合木地板、实木复合地板、竹木地板四种。这四种木地板都各自有其优劣势，在室内装饰上都有广泛的应用。

（1）实木地板。

实木地板大多是采用大自然中的珍贵硬质木材品种烘干后加工而成，源于自然，可谓是真正天然环保的产品。虽然中国也有多种名贵木种，但目前市场销售的实木地板原木绝大部分是进口木材，多来自于南美、非洲、东南亚等地区。这主要因为中国几千年来建筑都采用木结构，再加上战火损毁重建，其实早在明朝时建造主宫殿承重梁柱的金丝柚木，在中国国内已经找不到合适的成材了。名贵木材的成材至少要数十年甚至数百年，这也更加突出了实木地板的珍贵。

实木地板纹理自然美观、脚感舒适、冬暖夏凉，给人以温馨舒适的感觉。实木地板分为素板和漆板两种。素板本身没有上漆，需要安装后再进行油漆处理。漆板则是由工厂在流水线上制成，所用漆大多为 PU 漆或者 UV 漆以紫外线快速固化，其硬度和耐磨性能均大大高于普通手工漆，其中又以 PU 漆性能更佳。漆板是目前市场上实木地板的主流产品，占据市场绝大部分份额。实木地板接边处理主要分为平口（无企口）、企口、双企口三种。平口地板属于淘汰产品，市场上已很难找到了；而双企口地板由于推出时间不长和技术不成熟尚未能成为市场的主流；目前多数铺设的实木地板都属于单企口地板，一般所说的企口地板也是指单企口地板。

实木地板优点突出，其缺点也很明显。首先是施工工艺要求较高且比较麻烦。如果施工人员的水平不高，往往容易造成很多问题，例如起拱、变形等，而且在施工中需要安装龙骨，工序也相对复杂；其次是实木地板的日常保养相对麻烦，实木地板比较娇贵，需要定期养护打蜡，在日常生活中也要注意对实木地板的保护，水浸、烟头烫和强烈摩擦都容易对实木地板造成损害；最后，实木地板的价格也是木地板中最贵的，动辄数百元一平方米，越是名贵的树种其价格也相对越贵。

实木地板产品常用规格有很多种，很多人认为越长越宽的越好，实际上木地板越宽越长，变形的概率就越大，通常最佳尺寸是长度 600mm 以下，宽度 75mm 以下，厚度 12～18mm 即可。实木地板装饰效果如图 7-1 所示。

图 7-1　实木地板实景效果

（2）强化木地板。

强化木地板又称复合木地板，市场上甚至称之为金刚板，它是在原木粉碎基础上，填加胶、防腐剂、添加剂后，经热压机高温高压压制处理而成。

强化木地板按从下往上的顺序由 4 层结构构成。

① 底层：采用高分子树脂材料，胶合于基材底面，起到稳定与防潮的作用。

② 基层：一般由密度板制成，视密度板密度的不同，也分低密度板、中密度板和高密度板。其中高密度板质量最好，中密度板次之，低密度板根本不能用于制作实木地板基层。

③ 装饰层：是将印有实木木纹图案的特殊纸放入三聚氢氨溶液中浸泡后，经过化学处理，利用三聚氢氨加热反应后化学性质稳定，不再发生化学反应的特性，使这种纸成为一种美观耐用的装饰层。

④ 耐磨层：是在强化地板的表层上均匀压制一层三氧化二铝为主要成分的耐磨剂。三氧化二铝的含量决定了强化木地板的耐磨转数，转数越高耐磨性能越好。每平方米含三氧化二铝为 30g 左右的耐磨层转数约为 4000 转，含量为 38g 的耐磨转数约为 5000 转，含量为 44g 的耐磨转数应在 9000 转左右，含量为 62g 的耐磨转数可达 18000 转左右。一般室内应用转数在 5000 转以上即可。

强化木地板依靠装饰层来模仿实木木纹效果，因为批量生产的原因，所以每块强化木地板的纹理都一样，不像实木地板那样每张板的纹理都不一样，这样强化木地板就失去了实木地板的自然纹理，显得比较假。而且由于基层采用的是硬度较高的密度板，所以在脚感上也不如实木地板那么舒适。但如果排除其外在的美观性和脚感，无论从耐磨、抗污、防潮、防虫、阻燃、稳定性等各个性能比较，强化地板都明显强于实木地板。而且强化木地板的安装非常简单，不需要打木龙骨和做垫层，直接可以铺设在找平后的水泥地面上，平时也不要做特别的保养，皮实耐用。所以尽管大家都喜爱实木地板的漂亮纹理和舒适脚感，但强化木地板还是因其低廉的价格和良好的内在品质赢得了市场更多的份额。强化木地板装饰实景效果如图 7-2 所示。

图 7-2　强化木地板装饰效果

强化木地板还有个问题是大面积铺设时，可能会出现整体起拱变形的现象。不少人有个误区，认为强化复合地板是"防水地板"，不怕水。实际上强化木地板只能做到防潮，强化木地板在使用中最大的忌讳就是水泡，而且水泡损坏后不可修复。

（3）实木复合地板。

实木复合地板可以认为是结合了实木地板和复合木地板各自优点，又在一定程度上弥补了它们各自缺点而生产出来的一种产品。实木复合地板品种主要有三层实木复合地板和以胶合板为基材的多层实木复合地板两大种类。

三层实木复合地板从上至下分别由表层板、软质实木芯板和底层实木单板三层实木复合而成。最上层的表层板一般是名贵硬质木材，厚度在 2～4mm；中间层多为厚实的软质木材如松木等，厚度一般在 8～9mm；底层实木单板厚度在 2mm 左右。因为最上面的表层板是和实木地板一样的硬质名贵木材，所以也就很好地保留了实木地板自然美观的木纹，在装饰效果上毫不逊色于实木地板。

以胶合板为基材的多层实木复合地板是由多层薄实木单片胶黏而成。最大的优点是变形率很小，比三层实木复合地板更稳定，但用胶量大，容易造成甲醛污染。

实木复合地板和实木地板一样具有非常漂亮的纹理，但从脚感方面比较，实木复合地板脚感还是略差一筹，不过市场上也有一些 18mm 的厚板实木复合地板，在脚感上和实木地板相比差别已经不大。实木复合地板和强化木地板一样属于复合型的板材，采用了胶水胶合，如果胶合质量差容易出现脱胶现象。同时也因为实木复合地板之间是以胶水胶合，胶水必然会有一定量的甲醛释放，按照国家标准实木复合地板甲醛释放量必须达到 E1 级的要求（甲醛释放量≤1.5mg/L)。此外，实木复合地板最上层的表层板是采用非常薄的珍贵硬质木材制成(尤其是多层实木复合板)，使用中更是要特别重视维护和保养。实木复合地板装饰效果和实木地板一样，这里就不用图片示例了。

(4)竹木地板。

竹木地板以天然优质竹子为原料，经过二十几道工序，脱去竹子原浆汁，经高温高压拼合，再经过3层油漆，最后红外线烘干而制成的。竹木地板有竹子的天然纹理，清新高雅，给人一种回归自然、清凉脱俗的感觉。“宁可食无肉，不可居无竹”，竹子一直以来就为中国文人士大夫所喜爱，是一种中国文化的特有符号。

竹木地板色泽天然美观，有一种不同于木地板的独特韵味。同时竹木地板相比实木地板色差小、硬度高、韧性强、富有弹性，在室内使用冬暖夏凉。而且竹子的生长周期很快，是一种可持续生产的资源。不像一些名贵木材，动辄几十年上百年的成材期。从这点看，推广竹木地板同时还具有很好的环保理念。

竹材地板主要有竹制地板和竹木复合地板两种，其中竹木复合地板为竹木地板的主流产品。竹木复合地板是竹材与木材的复合物。它的面板和底板，采用的是上好的竹材，而其芯层多为杉木、樟木等木材，故其稳定性极佳，结实耐用，脚感也不错。再加上竹木地板较低廉的价格，在市场上也越来越受欢迎。

按照表面质感竹木地板可以分为本色竹木地板和碳化竹木地板两种。本色竹木地板保留了竹子的本色，而碳化竹木地板则人为地加上了颜色。这也是因为竹材本身颜色单一，所以有些厂家就采用人工的办法给竹子造出了各种颜色以迎合市场的需求。竹木地板样图及实景图如图7-3所示。

竹木地板缺点是对于日晒和湿度比较敏感，理论上的使用寿命可达20年之久。在日常的使用中应该注意不能让阳光暴晒和水浸。过度的阳光暴晒容易使得竹木地板出现色差。在水浸方面，竹木地板实际上比实木地板要强很多，但过度浸水也会导致竹木地板使用寿命减短。

图7-3 竹木地板样图及实景效果

### 7.1.2 名贵及常用木材的主要种类及应用

在木地板尤其是实木类的木地板的销售中，市场名称非常混乱，商家给实木地板安上了各种稀奇古怪的名称，像什么柚木王、金不换、富贵木等，以至假冒伪劣产品混杂其间，冒名顶替现象严重，使人真假难辨。实际上实木地板名贵与否，很大程度取决于其原材的树种是否名贵。

自然界的树种大致上可以分为两大类，一种是针叶类，这种树种的木制较软，大多不适合制作需要一定硬度的木地板，更多的只是用在实木复合地板或者竹木复合地板的基层，比如松木、杉木等；另一种是阔叶类，此类木材中有不少木纹漂亮且硬度极高，是生产木地板和饰面类木材的主选木种，比如常见的柚木、榆木等。

木材在装饰中的应用极为广泛，做木地板只是其中的一种应用，像家具、饰面板和各类基层板材基本都是木材制品。因而掌握木材的种类对于材料的学习也是非常重要的。

市场上往往将名贵木材制成的家具称之为红木家具，红木其实更多的只是个泛称，多是指那些珍贵的深色木材，比如紫檀、黄檀、花梨等，因这些名贵木材的心材颜色大多接近于红色，因而得名。红木家具也成了名贵家具的代名词。市场上常见的名贵木材也就是紫檀木、黄花梨木、酸枝木、花梨木等少数几种而已。

（1）紫檀木。紫檀木学名为檀香紫檀，在市场上也经常被叫做紫旃、赤檀、红木、蔷薇木、玫瑰木、海紫檀等，是一种较名贵的木材，有“寸檀寸金”的说法。檀香木主要产于亚洲热带地区，如印度、越南、泰国、缅甸及南洋群岛等地，在我国云南、两广等地亦有少量分布。

紫檀木的特点是心材偏红或橘红色，多有紫褐色条纹，长期暴露在空气中会变紫红褐色；木材结构细密、硬度高、有光泽，耐腐、耐磨性强，同时木材本身具有一种檀香的特殊香气。

（2）黄花梨木。黄花梨木学名降香黄檀，有时也被叫做老花梨，也是很名贵的木种。明清时期家具很多都是采用黄花梨木为原料，不少留存至今。现在一把明朝时期的官帽椅动辄可以拍卖到数百万。黄花梨木也常被称为降香木、香红木、花榈、香枝、花梨母等名称。黄花梨木为我国特有的珍稀树种，现在主要分布于海南岛低海拔平原或丘陵地区，两广、云南亦有少量栽培。黄花梨中的海南黄花梨原材一吨价格就可以达到几百万甚至千万，由此可见其何其珍贵。

黄花梨木心材颜色多是从红褐色到紫红褐色，长期暴露在空气中会变为暗红色，常有深褐色条纹；木材结构细密、硬度高、有光泽，耐腐、耐磨性强，具有一种辛辣香气。

（3）酸枝木。酸枝木属于黄檀木类别，也是明清家具的原材主要品种，在市场上常被叫做紫榆、红木、黑木、宽叶黄檀、黑黄檀、刀状紫檀等。黄檀属树种分布于热带及亚热带地区，主要产地为东南亚和巴西、马达加斯加等国，在我国云南少数地区也有分布。酸枝木也是一种常见的名贵木种，但相对于黄花梨而言还是要逊色一些。

酸枝木心材多为橙色、浅红褐色、红褐色、紫红色、紫褐色和黑褐色等，木材中有较明显的深色条纹。木材结构细密、硬度高、有光泽，耐腐、耐磨性强，具有酸味或酸香味（少数为蔷薇香气）。

（4）花梨木。花梨木属于紫檀类树种，在市场上常被称为新花梨、香红木、缅甸紫檀、越南紫檀、乌足紫檀、印度紫檀、非洲紫檀等，也是高档家具制作的主要原材品种。紫檀属树种分布于全球热带地区，主要产地为东南亚和非洲、南美洲等地区。我国海南、云南及两广地区有少量栽培。

花梨木心材多为浅黄褐色、橙褐色、红褐色、紫红色和紫褐色，木材中有较明显的深色条纹。木材纹理交错、结构细密均匀，但也有部分南美、非洲产的花梨木纹理较粗，总体结构细密、硬度高、有光泽，耐腐、耐磨性强，本身具有轻微或明显的清香气。

（5）鸡翅木。鸡翅木又叫杞梓木，广东一带俗称海南文木，有时还会将鸡翅木叫作红豆木和相思木等名。鸡翅木是上述名贵木种中硬度最高的，分为新鸡翅木和老鸡翅木。老鸡翅木肌理细腻，有紫褐色深浅相间的蟹爪纹路，尤其是纵切面，纤细清晰，有些类似鸡的翅膀形状，因而得名。新鸡翅木相对于老鸡翅木而言木质相对粗糙，紫黑相间，纹理浑浊不清，纹路较呆板，相对较易变形、翘裂和起茬。鸡翅木比花梨、紫檀等木产量还要少，木质纹理又独具特色，也属于非常珍贵的木种。

以上这些木种都属于非常珍贵的木材，在市场上是一些名贵家具的首选原材，以这些原材制作的家具不光美观典雅、结实耐用，且具有保值升值的作用。因为这些木种成材极慢，且对于生长环境有特殊的要求，不能够大面积推广种植，因而市场上货量十分有限。市场上很多实木地板仅仅是借了紫檀等名贵木材的名称，其根本就不是真正的紫檀木种。

其他常见木材还有以下几种。

柚木：属于落叶乔木，常分为美国柚木和泰国柚木，颜色多为黄褐色和暗褐色，硬度高，耐腐、耐磨，纹理清晰漂亮，多产于东南亚和北美等地。

黄杨木：质地细密，纹理多呈蛋黄色，比较漂亮，但是黄杨木难长粗长长，因而没有大料，所以多是用来制作一些小件物品，市场上很多的木梳就是用黄杨木制作的。

水曲柳：硬度较高且韧性大，纹理清晰漂亮，耐腐、耐水性能好，易加工，具有良好的装饰性能，是目前装饰材料中用得较多的一种木材。

樟木：心材多为红褐色，纹理清晰、细腻、美观，且硬度高，不易变形，樟木最突出的优点是有浓烈的香气，可以驱避蟑螂蚊虫，因而很早就被用于衣橱、衣柜的制作。

椴木：材质较软，纹理较细，木材含有一定的油脂，不易开裂，易加工，目前多用于制作木线、细木工板、木制工艺品等。

榆木：心材颜色多为红棕色到深棕色，木质硬度高、纹理粗，不少地方形容人脑子不活常称为“榆木疙瘩”，这也从一个侧面反映其硬度，可用于制作各种家具。

杉木：心材颜色多为白色到淡红棕色，木质较软，纹路疏松，质轻，易干燥，易加工，且成材周期只需数年，是目前应用最为广泛的基层木材品种之一。

松木：心材颜色多为淡乳白色到淡红棕色。木质较软，质轻，加工容易，和杉木一样成材很快，也是制作基层板材的最常见品种。

柳木：纹路略粗，硬度居中，干燥过程容易有翘曲和开裂现象，易于加工，现在多是用来制作胶合板等基层板材。

枫木：根据颜色有红枫和白枫之分，相对而言白枫更坚硬，耐冲击、耐磨损性能也更好。

楠木：有三种，一是香楠，颜色稍微有点偏紫，纹理很漂亮且略带清香；二是金丝楠，木纹里有隐隐的金丝，是楠木中最好的一种，可以长得很长很粗很直，在古代宫殿修建中常用作大殿的梁柱，国内已绝迹；三是水楠，木质相对较软，多用其制作各式家具。

橡木：心材颜色从淡粉红色到深红棕色。硬度及韧性优良，纹理清晰美观，用于制作家具及板材均可。

### 7.1.3 木地板的选购

在选购木地板时，应根据业主的实际情况来定。首先应以符合设计风格的要求来确定所选木地板的款式，如颜色的深与浅、木纹的疏与密；然后是根据自己的经济能力，在价格上定位。

（1）实木地板选购。

① 含水率。木材除了物体固有的热胀冷缩特性外，还有湿涨干缩的特性。因此木质地板都必须在生产过程中进行干燥处理以降低板材的含水率。含水率是实木地板质量好坏的一个重要指标，含水率过高容易导致变形，国家标准为 8%～13%，相对而言，南方空气湿润，含水率可以高一些，北方天气干燥，含水率应该控制在 10%左右。

② 外观。实木地板国家有等级划分，板面无裂纹、虫眼、腐朽、弯曲、死节等缺陷

为优等品，选购时尽量选择优等品。此外，面层漆膜要求均匀、光洁，无漏漆、鼓泡、孔眼等问题。实木地板原材为天然树种，哪怕是一棵树上的木材，它的向阳面与背阳面也会有色差的。色差是天然木材的必然因素，虽然经过加工色差会变的不明显，但也不能完全消除，实木地板表面有活节、色差等现象均属正常。这也正是实木地板不同于复合地板的自然之处，在这方面也不必太过苛求。

③ 拼接。用几块地板在平地上拼装，检测板与板之间接合是否平整；槽口拼接后是否松紧合适，平滑自如，既无阻滞感，又无明显间隙。

④ 长宽。实木地板尺寸不易过宽过长，从木材的稳定性来说，实木地板越短越窄，抗变形能力越强，出问题几率越小。太宽太长的地板，干缩湿涨量大，容易产生翘曲变形和开裂。

（2）强化木地板选购。

① 耐磨性。耐磨性主要看强化木地板的耐磨层质量，指标为转数。转数是强化木地板的最重要指标，直接影响地板的使用寿命。家庭用在5000转以上，公共场所在9000转以上。选购时可以用木工砂纸，在地板正面用力摩擦几下，差的强化木地板表面很容易就会被磨白，而好的强化木地板是不会有变化的。

② 甲醛释放量。强化木地板是采用密度板为基板粘胶复合而制成的，甲醛肯定是会有一定量的释放，所以选购时要注意查看甲醛释放量是否达到国家标准。国家标准规定强化木地板甲醛释放量应小于15mg/100g，略大于欧洲的E1级标准10mg/100g。

③ 基层。基层材料的质量好坏直接影响到强化地板的吸水率和抗冲击、抗变形性能。强化木地板应采用专用高密度板为基层，其吸水率和抗冲击、抗变形性能才能达到标准。为了降低成本，有些强化木地板采用低密度板或刨花板作为强化木地板的基层。区别方法很简单，因为基材越好密度越高，地板也就越沉，掂掂重量就知道了。还可以直接查看地板说明书上的吸水膨胀率指标，数值越大，地板越易膨胀变形。国家规定这项指标的优等品为2.5%，一等品为5.0%，合格品为10%。

④ 外观。在光线下观察地板表面，质量好的强化木地板表面光泽度好，纹理清晰，无斑痕、污点、鼓泡等问题。

⑤ 拼接。随意抽几块地板拼装起来看接缝是否紧密，板与板之间接合是否平整。有些小厂生产的“作坊板”的切割精度达不到要求，拼装后板材留有缝隙、咬合程度很差，如果强化木地板咬合不紧密，在使用一段时间后容易出现缝隙，水和潮气会从缝隙渗入，地板容易变形起翘。

（3）实木复合地板选购。

表层厚度：实木复合地板只有表层才采用名贵木材，表层厚度越厚，相对成本就越高，当然也就越好，高品质的实木复合地板表层厚度可达4mm。实木复合地板在外观、拼接、长宽方面选购方法和实木地板类似，具体参照实木地板选购即可。

（4）竹木地板选购。

① 外观。首先观察竹木地板色泽，本色竹木地板色泽类似于竹子干燥后的金黄色，通体透亮；碳化竹地板多为古铜色或褐色，颜色均匀而有光泽感；其次看漆膜质量，可将地板置于光线处，看其表面有无气泡、麻点、橘皮等现象，再看其漆膜是否丰厚、饱满、平整。

② 拼接。用几块地板在平地上拼装，检测板与板之间接合是否平整；槽口拼接后是否松紧合适，平滑自如，既无阻滞感，又无明显间隙。

③ 胶合。主要看竹木地板层与层之间胶合是否紧密，可用两手用力掰，看是否会出现

分层。

### 7.1.4 木地板的保养

装饰木地板中真正需要特别保养的是娇贵的实木地板。竹木地板和实木复合地板在日常使用中也需要进行一定的保养，而强化木地板则基本不需要特别关注保养。

（1）防水：这点对于所有木地板都适用，实际上只有防潮的木地板而没有真正不怕水的木地板，所有木地板都害怕被水浸泡，包括强化木地板。雨季要关好窗门，避免雨水打进室内。如果雨水打入室内木地板或者不慎倒水在木地板上，最好尽快用抹布擦干净，保持干燥。如果不慎发生大面积水浸泡，发现后应该尽快排水，严禁使用电热器或人工加热的方法烘干以及在阳光下暴晒地板，应让木地板自然干燥。

（2）防火：不要随意将未熄灭的烟头丢在木地板上，尤其是实木地板以及实木复合地板；在木地板上使用放置电炉、电饭锅、电熨斗等物品时，必须有防烫的垫层铺在下面。

（3）防晒：应尽量减少太阳直晒木地板，以免油漆被紫外线照射过多而提前干裂和老化。夏季注意拉好窗帘，窗前地板经灼热阳光暴晒后容易变色开裂。如长期不居住，切忌在木地板上用塑料布或报纸盖住，时间一长木地板的涂膜则会发黏，失去光泽。

（4）防划伤：尽量注意避免金属利器或其他坚硬器物划伤木地板；较重的物品应平稳搁放，家具和其他重物不能在木地板上硬拉硬拖，这样会很容易划伤地板漆面。

（5）日常清洁：日常清洁除强化木地板不需要特别注意外，其余木地板种类，尤其是实木地板需要注意如下方面：可用拧干的软湿拖把擦地板，用水淋湿或用碱水、肥皂水擦洗都不行，这样很容易破坏油漆的光泽度；在清除顽固污渍时，应使用专用的中性清洁溶剂擦拭后再用拧干的棉布拖把擦拭，切忌使用酸性、碱性溶剂或汽油等有机溶剂擦洗。如果是水溶性污垢，可用细软抹布蘸上淘米水或者橘皮水擦拭，也可除去污垢；如果是药水或颜料、墨水等洒在地板上，必须在还未渗入木质表层前用浸有家具蜡的软布擦拭干净，如果木地板表面被烟头烫伤，用蘸了家具蜡的软布用力擦拭可使其恢复光泽。

（6）打蜡：地板打蜡是一种常规的保养方式。无论是给未上过蜡的新地板，还是已开裂的旧地板打蜡，都应先将地板清洗干净，待完全干燥后再开始操作。至少要上 3 次蜡，每上一次都要用不掉绒毛的布或打蜡器擦拭地板，以使蜡油充分渗入木头。为了使地板达到更光亮的效果，每打一遍蜡都要用软布轻擦抛光。上蜡时要特别注意地板接缝处，以免蜡渗入地板缝，日后使用容易产生地板的响声。最后在实木地板表面均匀喷上一层上光剂，再用钢丝棉反复打磨几遍效果十分明显，不但亮丽美观且能处理轻微的划痕并能起到防滑、防静电的作用。建议每半年为实木地板上蜡一次，这样做可以延长地板寿命、增加美观程度。

## 7.2 地毯

地毯在室内装饰中的应用历史悠久，最早的地毯基本都是以动物皮毛为原料编织而成，在现代则发展出了毛、麻、丝和合成纤维等多种材料混合的新型地毯。

地毯既具有很高的欣赏价值又具有很强的实用性，它能起到抗风湿、吸音、降噪的作用，使得居室更加宁静、舒适，同时还能隔热保温，降低空调使用的费用。此外，地毯本身具有非常美丽的纹理和质地，装饰性非常好，能够美化居室。因而地毯在室内空间的应用也是越来越广泛，可以在室内大面积的铺设，也可以在沙发和床前局部应用，甚至可以挂在墙上作为装饰品。

### 7.2.1 地毯的主要种类及应用

地毯的种类很多，以制作工艺来分，主要是手工编织和机器编织两种；以编织构造来分，主要是簇绒和圈绒两种；以材料来分，主要有天然材料毛、丝、麻、草制成的全毛地毯、剑麻地毯和人造材料绵纶、丙纶、腈纶、涤纶制成的化纤地毯以及天然材料和化纤材料混合制成的混纺地毯几大类。不同的种类有不同的铺设效果，适合于不同功能的房间。像公共场合可以选择化纤等方便清洗保养的地毯；私人空间或者一些高档的场所则可以选择厚重、舒适的羊毛地毯等全毛地毯。市场上主要地毯种类介绍如下。

（1）纯毛地毯。

早在公元3世纪时，人们就开始使用羊毛等动物皮毛编制各类织品，像传统的波斯和中国地毯就是其中的典型代表。目前纯毛地毯很多都是以粗绵羊毛为原料，其纤维柔软而富有弹性，织物手感柔和、质地厚实、可以有多种颜色和图案，同时还具有良好的保暖性和隔音性。纯毛地毯的问题是比较容易吸纳灰尘，而且较容易滋生细菌和螨虫，再加上纯毛地毯的日常清洁比较麻烦和高昂的售价，使得纯毛地毯更多的只是应用在一些高档的室内空间或在空间局部采用，如图7-4所示。

图7-4 全毛地毯实景效果

（2）化纤地毯。

化纤地毯也称合成纤维地毯，是以绵纶、丙纶、腈纶、涤纶等化学纤维为原料，用簇绒法或机织法加工成纤维面层，再与麻布底缝合而成的地毯。绵纶、丙纶、腈纶、涤纶都属于化学纤维，优点是生产加工方便，价格低廉，同时各种内在性能如耐磨、防燃、防霉、防污、防虫蛀均非常良好，且能够在光泽和手感方面模仿出天然织物的效果。化纤地毯缺点是弹性相对较差，脚感不是很好，同时也有易产生静电和易吸纳灰尘的问题。化纤地毯多用于一些办公空间中，其实景效果如图7-5所示。

注：地毯严格说不属于木工施工范畴，大面积铺设基本都是由厂家或商家提供。

图 7-5 化纤地毯实景效果

（3）混纺地毯。

混纺地毯结合了纯毛地毯和化纤地毯的优点，在纯毛地毯纤维中加入一定比例的化学纤维。在纯毛中加入一定的化学纤维成分具有加强地毯物理性能的作用，同时因为混入了一定比例的廉价化学纤维还能使得地毯的造价变得更加低廉。例如，在纯毛地毯中加入 20%的尼龙纤维，地毯的耐磨性比纯毛地毯要提高 5 倍。

混纺地毯在图案、质地、脚感等方面与纯毛地毯差别不大，但相比纯毛地毯其耐磨性和防燃、防霉、防污、防虫蛀性能均有大幅提高，因而在市场上越来越受欢迎，其实景效果如图 7-6 所示。

图 7-6 混纺地毯满铺及局部应用效果

（4）橡胶地毯。

橡胶地毯是以天然或合成橡胶配以各种化工原料制作的卷状地毯。橡胶地毯价格低廉，弹性好、耐水、防滑、易清洗，同时也有各种颜色和图案可供选择。适用于卫生间、游泳池、计算机房、防滑走道等多水的环境。在一般的室内应用较少，属于比较低档的地毯种类。

### 7.2.2 地毯的选购

（1）鉴定材质：市场上有不少仿制纯天然动物皮毛的化学纤维地毯，这之间的区别就类同于真皮沙发和人造革沙发的感觉。要识别是不是纯天然的动物皮毛的方法很简单，购买时可以在地毯上扯几根绒毛点燃，纯毛燃烧时无火焰，冒烟，有臭味，灰烬多呈有光泽的黑色固体状，并且用手可以轻易地将黑色固体物碾碎。

（2）密度弹性：密度越高，弹性越好，地毯的质量也就相对越好。检查地毯的密度和弹性，可以用手指用力按在地毯上，松开手指后地毯能够迅速恢复原状，表明织物的密度和弹性都较好。也可以把地毯正面折弯，越难看见底垫的地毯，表示毛绒织得越密，也就越耐用。

（3）防污能力：一般而言，素色和没有图案的地毯较易显露污渍和脚印。所以在一些公共空间最好选用经过防污处理的深色地毯，以方便清洁。

### 7.2.3 地毯的保养

（1）避光：应尽量避免强烈的阳光直射，以免地毯过早老化褪色。

（2）通风、防潮：有高档地毯的房间应注意日常的通风、防潮，以免地毯发生虫蛀和霉变，尤其是纯毛地毯，极易滋生细菌和螨虫，一旦发现类似情况，应立即请专业人员进行修复。

（3）防污，除尘：尽量避免地毯沾染油污、酸性物质和茶水等有色液体等，如不慎倒在地毯上，应立即用专门的地毯清洗膏擦除。地毯相对于其他地面材料更易积聚灰尘，日常清洁时应经常用吸尘器沿着顺毛方向清洁，以免损坏地毯面层。

（4）防变形：如地毯出现倒毛，用毛巾浸湿热水后顺毛方向擦拭，再用熨斗垫湿布顺毛方向熨烫，可一定程度上恢复原状；如在地毯上放置较重的家具时，应在在家具的腿部与地毯相接处位置放置垫层进行防变形的保护。

## 7.3 装饰板材

装饰板材是室内装饰必不可少的一种材料，在各类木作业中都被大量使用。由于大多装饰板材品种都是采用胶黏的方式制成的，因而或多或少在环保性上都有所欠缺。使用装饰板材需要重点考虑其环保问题，尽量使用环保类装饰板材。

### 7.3.1 装饰板材的主要种类及应用

装饰板材种类繁多，根据施工中使用部位不同可以分为基层板材和饰面板材两大类。饰面板材通常具有漂亮的纹理，用在外面起到一个装饰作用，像饰面板、防火板、铝塑板就是常用的饰面板材类型；基层板材通常都是作为基层材料应用，在外面一般看不到，像大芯板、胶合板、密度板就是常用的基层板材类型。如果基层板材用在外面，通常还会在基层板材上刷上不透明的颜色漆进行遮盖，这种施工作法被称为混水或混油；饰面板材因为本身就具有漂亮的纹理，所以即使上漆也通常是透明漆，这种施工作法通常叫做清水或清油。

（1）胶合板。胶合板也常被称为夹板或者细芯板，是现代木工工艺较为常用的材料，一般是由三层或多层 1mm 左右的实木单板或薄板胶贴热压制成，一层即为一厘，按照层数的多少叫做三厘板、五厘板、九厘板等（装饰中的一厘就是现实中的一毫米，不光板材如此，玻璃等材料也同样如此）。常见的有 3 厘板、5 厘板、9 厘板、12 厘板、15 厘板和 18 厘板六种规格厚度，大小通常为 1220mm × 2440mm，胶合板样图如图 7-7 所示。

图 7-7 胶合板样图

胶合板的特点是结构强度高、拥有良好的弹性、韧性，易加工和涂饰作业，能够较轻易地创造出弯曲的、圆的、方的等各种各样的造型。早些年胶合板是制作天花的最主要材料，但近些年已经被防火性能更好的石膏板所取代。胶合板目前更多的被用作饰面板材的底板、板式家具的背板、门扇的基板等。

胶合板含胶量相对较大，施工时要做好封边处理，尽量减少污染。同时因为胶合板的原材料为各种原木材，所以也怕白蚁，在一些大量采用胶合板的木作业中还要进行防白蚁处理。

（2）饰面板。饰面板也叫贴面板，也属于胶合板的一种，和胶合板不同的是饰面板的表面贴上了各种具有漂亮纹理的天然或人造板材贴面。这些贴面具有各种木材的自然纹理和色泽，所以饰面板在外观上明显要比普通胶合板漂亮，被广泛应用于各类室内空间的面层装饰。

饰面板根据面层木种纹理的不同，有数十个品种。常用的面层分类有柳木、橡木、榉木、枫木、樱桃木、胡桃木等，如图 7-8 所示。饰面板因为只是作为装饰的贴面材料，所以通常只有 3 厘一种厚度，规格为长 2440mm × 宽 1220mm。

（3）大芯板。大芯板也常被称为细木工板或木工板，是由上下两层胶合板加中间木条构成，也是室内最为常用的板材之一。其尺寸规格为 1220mm × 2440mm，厚度多为 15mm、18mm、25mm，越厚价格越高，大芯板样图如图 7-9 所示。

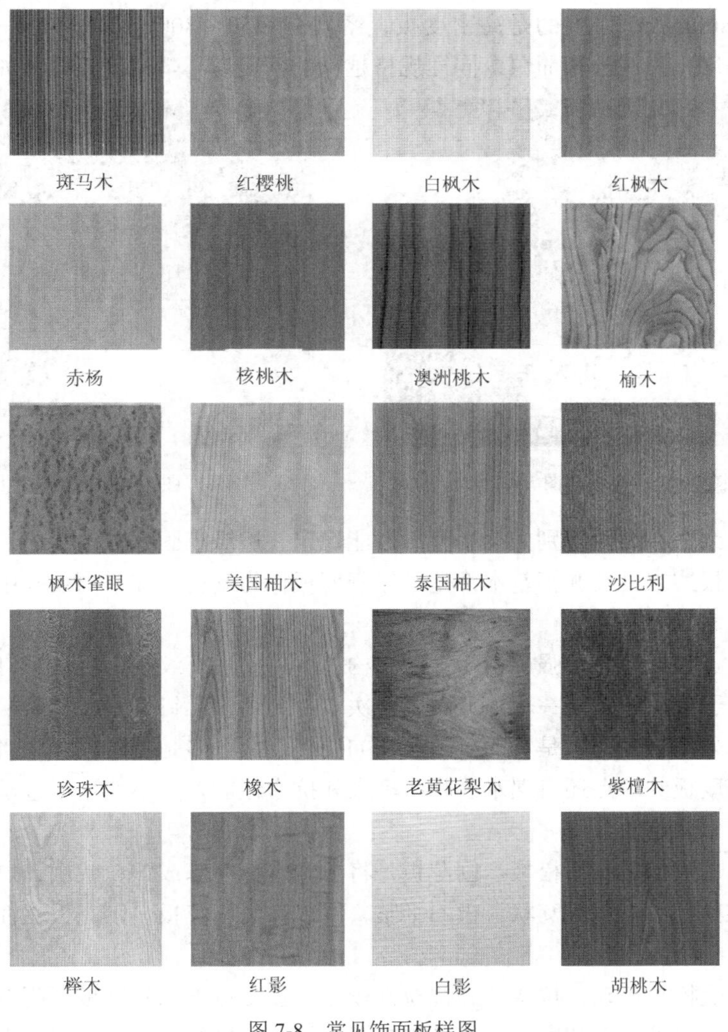


图 7-8　常见饰面板样图

杨木、桦木、松木、泡桐等都可制作大芯板的内芯木条，其中以杨木、桦木为最好，质地密实，木质不软不硬，持钉力强，不易变形。细木工板的加工工艺分机拼和手拼两种。相对而言，机拼的板材受到的挤压力较大，缝隙较小，拼接平整，承重力均匀，长期使用不易变形。

大芯板握螺钉力好，重量轻，易于加工，不易变形，稳定性强于胶合板，在家具、门窗、窗帘盒等木作业中大量使用，是装修中墙体、顶部木装修和木工制作的必不可少的木材制品。大芯板最主要的缺点是其横向抗弯性能较差，当用于制作书柜等承重要求较高的项目时，书架间距过大的话，大芯板自身强度往往不能满足书柜的承重要求。解决方法只能是将书架之间的间距缩小。

大芯板的环保性也是一个大问题，因为大芯板的构造是中间多条木材黏合成芯，两面再贴上胶合板，都是由胶水黏结而成的，甲醛含量不少，所以不少大芯板锯开后有刺鼻的味道。

（4）密度板。密度板其实在之前的强化木地板介绍中就有提到，强化木地板的基层就是采用高、中密度板制作的。密度板也叫纤维板，是将原木脱脂去皮，粉碎成木屑后再经高温、高压成型，因为其密度很高，所以被称之为密度板。密度板分为高密度板、中密度板、低密度板，密度在 800kg/m$^3$ 以上的是高密度板，密度在 450～800kg/m$^3$ 的是中密度板，低于 450kg/m$^3$ 为低密度板。区分很简单，同样规格越重的密度越高。密度板样图如图 7-10 所示。

图 7-9 大芯板样图

图 7-10 密度板样图

密度板结构细密，表面特别光滑平整、性能稳定、边缘牢固，加工简单，很适合制作家具，目前很多的板式家具及橱柜基本都是采用密度板作为基材。在室内装修中主要用于强化木地板、门板、家具等制作。

密度板的缺点是握钉力不强，由于它的结构是木屑，没有纹路，所以当钉子或是螺丝紧固时，特别是钉子或螺丝在同一个地方紧固两次以上的话，螺钉旋紧后容易松动。所以密度板的施工，主要采用贴，而不是钉的工艺。比如橱柜门板，多是将防火板用机器的压制在密度板上。同时密度板的缺点还有遇水后膨胀率大和抗弯性能差，不能用于过于潮湿和受力太大的木作业中。

（5）刨花板、欧松板、澳松板。刨花板是将天然木材粉碎成颗粒状后，加入胶水、添加剂压制而成，因其剖面类似蜂窝状，极不平整，所以称为刨花板。刨花板在性能特点上和密度板类似。

刨花板密度疏松易松动，抗弯性和抗拉性较差，强度也不如密度板，所以一般不适宜制作较大型或者承重要求较高的家私。但是刨花板价格相对较便宜，同时握钉力较好，加工方便，甲醛含量虽比密度板高，但比大芯板要低得多。可以用于一些受力要求不是很高的基层部位，也可以作为垫层和结构材料。现在很多厂家生产出的板式家具也都采用刨花板作为基层板材。在装修施工中则主要用作基层板材和制作普通家具等。刨花板样图如图 7-11 所示。

图 7-11　刨花板样图

目前市场上有一种欧松板的板材比较受欢迎。欧松板的学名叫定向结构刨花板，严格说也属于刨花板一种。欧松板在国内算是一种较为新型的板种，应用时间不是很长。它是以小径材、木芯为原料，通过专用设备加工成 40～100mm 长、5～20mm 宽、0.3～0.7mm 厚的刨片，经干燥、施胶、定向铺装和热压成型。在装修中多用于制作各种家具，甚至很多大型家具企业都开始使用“欧松板”制作家具。

欧松板最大的优点是甲醛释放相对较少，对螺钉吃力较好，并且结实耐用，不易变形，可用作受力构件，用于制作书柜、书架等承重较高的家具非常合适。但是由于欧松板使用薄木片热压而成，木片与木片之间或多或少会有一些空隙存在，从整体上形成了许多细小的坑洞。此外，欧松板价格也较高。在本书木工施工章节中，会采用欧松板进行柜类家具的制作。

除了欧松板，市场上还有一种澳松板。澳松板最早产于澳大利亚，采用辐射松（澳洲松木）原木制成，因此得名澳松板。它属于密度板的范畴，是大芯板、胶合板、密度板的替代升级产品。澳松板具有很高的内部结合强度，每张板的板面均经过高精度的砂光，表面光洁度较高。此外，澳松板比较环保，硬度大、承重好、防火防潮性能优于传统大芯板，在装修中多用于家具制作中的饰面和背板。澳松板和欧松板一样，对螺丝钉的握钉效果很好，但对于直钉咬合力不够，这和国外木器加工大多用螺丝钉有很大关系。

（6）三聚氰胺板。三聚氰胺板简称三氰板，又叫做双饰面板、生态板等，是将带有不同颜色或纹理的纸放入三聚氰胺树脂胶黏剂中浸泡，然后干燥到一定固化程度，将其铺装在刨花板、密度板等板材表面，经热压而成的装饰板。简单点讲，三聚氰胺板就是在密度板或者刨花板上贴上了一层有漂亮纹样的塑料，如图 7-12 所示。

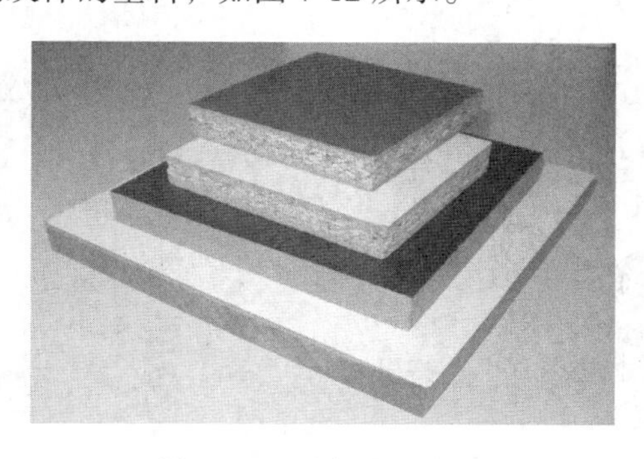

图 7-12　三聚氰胺板样图

三聚氰胺板可以任意仿制各种图案，多用作各种人造板和木材的贴面，硬度大，耐磨，耐热性好，表面平滑光洁，容易维护清洗。

三聚氰胺板最初是用来做电脑桌等办公家具，多为单色板。因为用三聚氰胺板制作的家具不必上漆，各种性能不错且价格经济，目前成为家具厂制作板式家具的首选材料。在室内装修中，除了用于家具及橱柜的制作上，三聚氰胺板还被广泛用于办公空间的墙面装饰，如图 7-13 所示。

（7）防火板。防火板是一种复合材料，是用牛皮纸浆加入调和剂、阻燃剂等化工原料，经过高温高压处理后制成的室内装饰贴面材料。防火板最大特点是具有良好的耐火性，也因此被称为防火板。但它不是真的不怕火，只是耐火性较强。防火板这种特性使得它成为了橱柜制作的最佳贴面材料。防火板同时还具有耐磨、耐热、耐撞击、耐酸碱和防霉、防潮等优点。

防火板的常用规格有 2135mm × 915mm、2440mm × 915mm、2440mm × 1220mm，厚度一般为 0.6mm、0.8mm、1mm 和 1.2mm。防火板的面层可以仿出各种木纹、金属拉丝、石材等效果，再加上其优良的耐火性能，因而橱柜、展柜等面层装饰上得到了广泛的应用。防火板样图如图 7-14 所示。

图 7-13　三聚氰胺板用于墙面装饰

图 7-14　防火板样板

防火板从底面至表面共分四层，依次为黏合层、基层、装饰层、保护层。其中黏合层和保护层对防火板质量的影响最大，也决定了防火板的档次及价位。质量较好的防火板价格比装饰面板还要贵。需要特别注意的是防火板的施工对于粘贴胶水的技术要求比较高，要掌握刷胶的厚度和胶干时间，并要一次性粘贴好。

（8）铝塑板。铝塑板又叫铝塑复合板，是由上下两面薄铝层和中间的塑料层构成，上下层为高纯度铝合金板，中间层为 PE 塑料芯板。铝塑板样图如图 7-15 所示。

图 7-15　铝塑板样图

图 7-16　铝塑板应用样图

铝塑板可以切割、裁切、开槽、带锯、钻孔，还可以冷弯、冷折、冷轧，在施工上非常方便。同时还具有轻质、防火、防潮等特点，而且铝塑板还拥有金属的质感和丰富的色彩，装饰性相当不错。铝塑板在建筑外观和室内均有广泛的应用，尤其是在建筑外观上被广泛用于高层建筑的幕墙装修、大楼包柱、广告招牌等，如图 7-16 所示。在室内目前则多用于办公空间形象墙、展柜、厨卫吊顶等面层装饰。

铝塑板分室内和外墙两种，室内的铝塑复合板由两层 0.21mm 的铝板和芯板组成，总厚度为 3mm；外墙的铝塑复合板厚度应该达到 4mm，由两层 0.5mm 的铝板和 3mm 的芯板材料组成。

## 7.3.2 装饰板材的选购

装饰板材是室内装修用量最大的一种材料，而且由于板材大多是采用胶黏工艺生产的，同时又经常会在表面进行油漆处理，是室内污染的最主要源头，因而在选购装饰板材时更是需要特别注意质量方面的问题。

### 1. 胶合板

（1）外观：要求木纹清晰，胶合板表面不应有破损、碰伤、疤节等明显疵点；正面要求光滑平整，摸上去不毛糙、无滞手感。

（2）胶合：如果胶合板的胶合强度不好，容易分层变形，所以选择胶合板时需要注意从侧面观察胶合板有无脱胶现象，应挑选不散胶的胶合板。

（3）板材：胶合板采用的木材种类有很多，其中以柳桉木的质量最好。柳桉木制作的胶合板呈红棕色，其他杂木如杨木等制作的胶合板则多呈白色，而且柳桉木制作的胶合板同规格下分量更重些。

（4）甲醛：注意胶合板的甲醛含量不能超过国家标准，国家标准要求胶合板的甲醛含量应小于 1.5mg/L 才能用于室内，可以向商家索取夹板检测报告和质量检验合格证等文件查看，应避免选择具有刺激性气味的胶合板。

### 2. 饰面板

（1）外观：饰面板的外观尤其重要，它的效果直接影响到室内装饰的整体效果。饰面板纹理应细致均匀、色泽明晰、木纹美观；表面应光洁平整，无明显瑕疵和污垢。

（2）表层厚度：饰面板的美观性基本上就靠表层贴面，这层贴面多是采用较名贵的硬质木材削切成薄片粘贴的，有无这层贴面也是区分饰面板和胶合板的关键。表层贴面的厚度必须在 0.2mm 以上，越厚越好。有些饰面板表层面板厚度只有 0.1mm 左右，商家为防止表层面板太薄透出底板颜色，会先在底板上刷一层与表层面板同色的漆用来掩饰。

饰面板也属于胶合板的一种，在其他的选购要求和胶合板一样，具体参看胶合板选购。

### 3. 大芯板

国家质检总局曾经对大芯板产品质量进行了国家监督抽查，共抽查了 11 个省、直辖市 91 家企业生产的 91 种产品，合格 48 种，产品抽样合格率为 52.7%。由此也可见大芯板的质量状况。购买时除需要购买正规厂家产品外，还需要注意以下几条。

（1）外观：表面应平整、无翘曲、变形、起泡等问题。好的板材是双面砂光，用手摸感觉非常光滑；四边平直，侧面看板芯木条排列整齐，木条之间缝隙不能超过 3mm。选择时可以对着太阳看，如果中间层木条的缝隙大的话，缝隙处会透白。

（2）板芯：板芯的拼接分为机拼和人工拼接两种。机拼相比人工拼接，芯板木条间受到的挤压力较大，缝隙极小，拼接平整，长期使用不易变形，更耐用。大多数板材是越重越好，但大芯板正好相反，越重反而越不好。因为重量越大，越表明这种板材板芯使用了杂木。这种用杂木拼成的大芯板，很难钉进钉子，不好施工。

（3）甲醛：甲醛含量高是大芯板最大的一个问题，在选购大芯板时这点是最需要注意的。国家标准要求室内大芯板的甲醛释放量一定要小于或等于 1.5mg/L 才能用于室内。这个指标越低越好，选择时可以查看产品检测报告中的甲醛释放量。还可以闻一下，如果大芯板散发出木材本身的清香气味，说明甲醛释放量较少；如果气味刺鼻，说明甲醛释放量较多。另外大芯板根据其有害物质限量分为 E1 级和 E2 级两类。E2 级甲醛含量超过 E1 级 3 倍多，居室装修只能用 E1 级。

（4）含水率：细木工板的含水率应不超过 12%。优质细木工板采用机器烘干，含水率可达标，劣质大芯板含水率常不达标。干燥度好的板材相对较轻，外表很平整。

#### 4. 密度板、刨花板

密度板、刨花板的选购和大芯板基本一致，不过密度板的表面最为光滑，摸上去感觉更细腻，而刨花板是板材中面层最粗糙的。同时密度板、刨花板也和大芯板一样，在甲醛含量上分为 E1 级和 E2 级两类，E1 级甲醛释放量更低，更环保。其他环节的选购参照大芯板的选购内容即可。

#### 5. 铝塑板、防火板

铝塑板、防火板和之前介绍的板材不太一样，之前介绍的大芯板、胶合板、密度板、刨花板、饰面板都是以木材为原料经各种加工工艺制成的，而铝塑板和防火板则是一种复合型材料，和木材没有任何关系，也就不存在木制材料那些含水率、膨胀率等问题。相对木制板材而言，复合材料的铝塑板、防火板在质量上的问题不多，选购也相对轻松，只需要注意以下几个问题即可。

① 外观：板材尺寸应规范，厚薄均匀，表面平整，板型挺直，摸一下感觉不应太软。表面看上去应整洁，无色差、破损、磕碰痕光泽不均匀等明显的表面缺陷。

② 厚度：室内用铝塑板厚度应为 3mm，外墙用铝塑板厚度应为 4mm。如果是双面铝塑板，厚度要增加一倍，即内墙板厚度应为 6mm，外墙板厚度应为 8mm。防火板的厚度应该在 0.6mm 以上，最好达到 0.8mm。

③ 韧性：裁下一小条板材用力折弯，好的板材不应发生明显的脆性断裂。

④ 味道：无论铝塑板还是防火板都应无刺鼻的有机溶剂气味。

## 7.4 装饰玻璃

玻璃在装饰中的应用有着悠久的历史，早在古罗马时期就有玻璃的应用，在哥特式教堂中更是广泛的采用了彩色玻璃来营造出教堂神秘的宗教氛围。现代玻璃的品种更是多样，在美观性和实用性上都有极大的加强，各类装饰玻璃在室内都有着广泛的应用，可以说金属和玻璃是现代主义设计风格中两大最能体现风格特色的材料。

用玻璃来构筑隔断空间比如玄关、厨房、客厅隔断、主人房卫浴、办公空间前台等，是较为巧妙的一种设计，既间隔出了空间的区分，又不与整个空间完全割裂开，既保留通透、开放的感觉，又保证了充足的采光，真正实现了“隔而不断”的意境。

### 7.4.1 装饰玻璃的主要种类及应用

玻璃已经由过去单纯的采光材料向控制光线、节约能源等各种功能性要求发展，同时玻璃还可以通过着色、磨砂、压花等工艺生产出各种外形漂亮的装饰玻璃品种。目前市场上的装饰玻璃的品种非常多，常见的室内装饰玻璃品种如下。

（1）平板玻璃。

平板玻璃是最常见的一种传统玻璃品种，其表面具有较好的透明度且光滑平整，所以称为平板玻璃，有时也被称为白玻或者清玻，主要用于门窗，起着透光、挡风和保温作用，平板玻璃样图如图 7-17 所示。

图 7-17 平板玻璃样图

按照生产工艺的不同，平板玻璃可以分为普通平板玻璃和浮法玻璃两种。普通平板玻璃是用石英砂岩粉、硅砂、钾化石、纯碱等原料，按一定比例配制，经熔窑高温熔融生产出来的透明无色的传统玻璃产品。浮法玻璃生产过程是在充入保护气体的锡槽中完成的，熔融玻璃液从池窑中连续流入并漂浮在相对密度大的锡液表面上，在重力和表面张力的作用下，玻璃液在锡液面上铺开、摊平、形成上下表面平整、硬化。相对于普通平板玻璃而言浮法玻璃表面更平滑，无波纹，透视性更好，厚度均匀，上下表面也更平整。浮法玻璃可以认为是普通平板玻璃的升级产品。

平板玻璃厚度从 3～25mm 有很多，常见的厚度则有 3mm、4mm、5mm、6mm、8mm、10mm、12mm 七种。一般而言，3～5mm 平板玻璃主要用于外墙窗户、推拉门窗等面积较小的透光造型中，而对于一些室内大面积玻璃装饰以及栏杆、地弹簧玻璃门等具有安全要求的空间，则更宜采用 9～12mm 厚的玻璃。

此外，很多品种的装饰玻璃，比如磨砂玻璃、彩色玻璃、喷花玻璃等也是在平板玻璃的基础上加工出来的。

（2）彩色玻璃。

彩色玻璃也是一种常见的装饰玻璃品种，根据透明度可以分为透明、半透明和不透明这 3 种。

透明彩色玻璃是在玻璃原料中加入金属氧化剂从而使玻璃具有各种各样的颜色，例如：加入金呈现红色，加入银呈现黄色，加入钙呈现绿色，加入钴呈现蓝色，加入铵呈现紫色，加入铜呈现玛瑙色。透明彩色玻璃有着很好的装饰效果，尤其是在光线的照射下会形成五彩缤纷的投影，造成一种神秘、梦幻的效果，常用于一些对于光线有特殊要求的隔断墙、门窗等部位，如图 7-18 所示。

图 7-18 彩色玻璃装饰效果

半透明彩色玻璃又称为乳浊玻璃，是在玻璃原料中加入乳浊剂，具有透光不透视的特性，在它的基础上还可以加工出钢化玻璃、夹层玻璃、夹丝玻璃、压花玻璃等多种品种，同样有着非常不错的装饰性。

不透明彩色玻璃是在平板玻璃的基础上经过喷涂彩色釉或者高分子有色涂料制成的，有时也被市场称为喷漆玻璃，是目前市场上非常受欢迎的一种装饰玻璃品种。其既具有塑料板材的多色彩，同时又具有玻璃独有的细腻和晶莹，用于室内能够营造出很现代的感觉。在它基础上制成的不透明彩色钢化玻璃更是兼具更好的安全性和装饰性。不透明彩色玻璃目前在居室的装饰墙面和商店的形象墙面上都有广泛的应用。

彩色玻璃颜色艳丽，在室内过多使用容易造成花哨的感觉，但对于一些对颜色有特殊要求的地方，比如娱乐空间、KTV 和儿童房等空间适量使用无疑会产生很好的视觉效果。

（3）磨砂玻璃。

磨砂玻璃又称为毛玻璃，它是将平板玻璃的一面或者两面用金刚砂、硅砂、石榴粉等磨料经机械喷砂、手工研磨或用氢氟酸溶蚀等方法处理成均匀毛面。磨砂玻璃具有透光不透视的特性，射入的光线经过磨砂玻璃后会变柔和、不刺目，如图 7-19 所示。

磨砂玻璃主要应用在要求透光而不透视、隐秘而不受干扰的空间，如厕所、浴室、办公室、会议室等空间的门窗；同时还可以采用磨砂玻璃作为各种空间的隔断材料，可以起到隔断视线、柔和光环境的作用；也可用于要求分隔区域而又要求通透的地方，如玄关、屏风等。

图 7-19 磨砂玻璃效果

图 7-20 裂纹玻璃效果

市场上还有一种外观上类似磨砂玻璃的喷砂玻璃，它是压缩空气将细砂喷至平板玻璃表面上进行研磨制成的。喷砂玻璃在外观和性能上与磨砂玻璃极其相似，不同的是改磨砂为喷砂。由于两者视觉上和相似，很多业主，甚至专业人士都把它们混为一谈。

在喷砂玻璃的基础上还可以加工出市场上风靡一时的裂纹玻璃，又叫做冰花玻璃。裂纹玻璃一经面世就受到市场的强烈追捧，到目前为止也是市场上最热销的一种玻璃品种。它是在喷砂玻璃上将具有很强粘附力的胶液均匀地涂在表面，因为胶液在干燥过程中会造成体积的强烈收缩，而胶体与玻璃表面又具有极其良好的黏结性，这样就使得玻璃表面发生不规则撕裂现象，这样就制成了市面很流行的裂纹玻璃了，如图 7-20 所示。

此外，还有一种模仿磨砂玻璃效果制造出来的半透明磨砂玻璃纸，贴在平板玻璃的表面也能够模拟出磨砂玻璃的效果。

（4）压花玻璃。

压花玻璃又称为花纹玻璃或滚花玻璃，是在平板玻璃硬化前用带有花样图案的滚筒压制而成的，表面带有各种压制而成的纹理和图案，在装饰性上要明显强于平板玻璃。因为表面有各种图案和纹理，因而压花玻璃和磨砂玻璃一样具有透光不透视的特点，不同的是磨砂玻璃表面是细小的颗粒，而压花玻璃表面大多是一些花纹和图案，如图 7-21 所示。

在应用上压花玻璃也和磨砂玻璃一样，多用在一些要求透光而不透明、隐秘而不受干扰的空间，但由于压花玻璃的装饰性更强，在一些有较高装饰要求的墙面上（如电视背景墙等处）也可采用。

图 7-21　压花玻璃效果

图 7-22　钢化玻璃效果

（5）钢化玻璃。

钢化玻璃是将玻璃加热到接近玻璃软化点的温度（600～650℃）以急剧风冷或用化学方法钢化处理所得的强化玻璃品种，是一种安全玻璃。在相同厚度下，钢化玻璃的强度比普通平板玻璃高 3～10 倍；抗冲击性能也比普通玻璃高 5 倍以上。钢化玻璃的耐温差性能也非常好，一般可承受 150～200℃的温差变化，耐候性更强。

最为重要的是钢化玻璃被敲击不易破裂，用力敲击时会呈网状裂纹，彻底敲击破碎后碎片呈钝角颗粒状，棱角圆滑，对人不会有严重伤害。相比普通玻璃碎后生成很多剧烈尖角的碎片，要安全得多。钢化玻璃的最大问题是不能切割、磨削，边角不能碰击，现场加工必须按照设计要求的尺寸预先定做。

钢化玻璃的应用很广泛，门窗、墙面，甚至可以用于地面，比如运用在别墅或者复式楼房的楼梯或者楼道上，无疑会给人造成一种惊喜的感受。在一些追求新颖的公共空间的地面也会采用，在架空的钢化玻璃下面的地面上再铺上细沙和鹅卵石，配上灯光，营造出的效果非常不错。此外，钢化玻璃也经常被用作隔断，尤其在家居空间的浴室经常采用钢化玻璃作为隔断，如图 7-22 所示。

（6）夹层玻璃、夹丝玻璃。

夹层玻璃一般由两片或多片平板玻璃（主要是钢化玻璃）和夹在玻璃之间的胶合层构成的。夹层玻璃中间的胶合层粘结性能非常好，当玻璃受到冲击破裂时，中间夹的胶合层能够将玻璃碎片粘接住，这样就避免了玻璃破碎后产生掉落伤人，夹层玻璃样图如图 7-23 所示。

图 7-23 夹层玻璃样图

夹层玻璃适用于天窗、幕墙、商店和高层建筑窗户等对安全性要求较高的空间。防弹玻璃实际上也是夹层玻璃的一种。防弹玻璃是采用多层钢化玻璃制作而成的，在一些需要很高安全级别的银行或者豪宅空间中有较多使用。

夹丝玻璃和夹层玻璃一样也是一种安全玻璃，不同的是夹丝玻璃是在两层玻璃中间的有机胶片或无机胶黏剂的夹层中再加入金属丝、网等物，如图 7-24 所示。加入了丝或网后，不仅可提高夹丝玻璃的整体抗冲击强度，而且由于中间有铁丝网的骨架，在玻璃遭受冲击或温度剧变时，使其破而不缺，裂而不散，避免玻璃的小块碎片飞迸伤人。同时还能与电加热和安全报警系统相连接，起到多种功能的作用。

夹丝玻璃还有一个重要功能，那就是防火。如火灾蔓延，夹丝玻璃受热炸裂时，因为玻璃中间有胶合层及金属丝、网等物，所以仍能保持固定状态，能够在一定程度上隔绝火势和火焰粉尘的侵入，有效地防止火焰从开口处扩散蔓延，故有时又被称为防火玻璃。防火门的玻璃制品首选应该就是夹丝玻璃。市场上也有专门的防火玻璃，大多是在中间层采用透明塑料胶合层或者在玻璃表面喷涂防火透明树脂而制成的，同样可以起到阻止、延缓火势蔓延的目的。

但夹丝玻璃也有自身的问题，那就是美观性和透光度相对于其他玻璃品种而言较差。市场上有一些艺术夹丝玻璃，在夹层夹上一些干枝、羽毛等装饰品，这就和常规的夹丝玻璃不一样了，成为一种装饰玻璃。

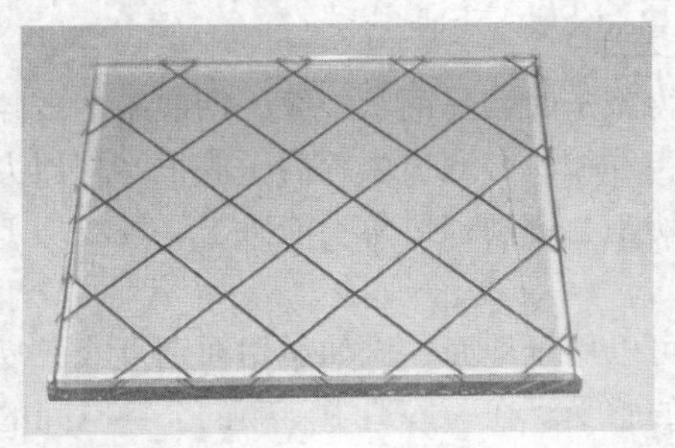

图 7-24 夹丝玻璃

图 7-25 中空玻璃

（7）中空玻璃。

中空玻璃是一种节能玻璃品种，它是由两层或两层以上平板玻璃或钢化玻璃所构成，玻璃与玻璃之间保持一定间隔，四周用高强度、高气密性复合粘结剂密封，有些中空玻璃中间还会充入阻隔热传导的惰性气体。中空玻璃主要用于门窗玻璃，相对于常规的平板玻璃而言，有着更好的隔热、隔音、节能性能。

中空玻璃最大的优点也就在于其中间的空气层能够有效降低玻璃两侧的热交换，起到很好的节能效果。由于中空玻璃密封的中间空气层导热系数较平板玻璃要低得多，因此，与单片玻璃相比，中空玻璃的隔热性能可提高两倍以上，用于建筑物的窗户玻璃能够大幅度地降低空调的能耗。而且中间的空气层间隔越厚，隔热、隔音性能就越好。夏天可以隔热，冬天则保持室内暖气不易流失，节能效果显著，是目前建筑窗户用玻璃产品的首选。除了隔热性能良好外，中空玻璃的隔音性能也比普通平板玻璃要强很多，对于一些路边的建筑物而言，采用中空玻璃能够使得室内噪声污染大幅减少。

中空玻璃有双层和多层之分，玻璃多采用 3mm、4mm、5mm、6mm 厚的平板玻璃或钢化玻璃原片，空气层厚度多为 6mm、9mm、12mm，中空玻璃样图如图 7-25 所示。

（8）玻璃砖。

玻璃砖又称特厚玻璃，有空心和实心两种。实心玻璃砖是采用机械压制方法制成，因为实心的缘故，所以很重，应用相对较少一些；空心玻璃砖采用箱式模具压制，将玻璃加热熔接成整体，中间空心部分充以干燥空气，经退火后制成，是目前市场上玻璃砖的主流产品。

玻璃砖的尺寸一般有 145mm、195mm、250mm、300mm 等规格，相对于其他玻璃品种而言显得特别厚重。玻璃砖表面大多压制了各种纹理，在装饰上有其自身独有的效果。因为表面有各种纹理，玻璃砖也具有透光不透视的特点，在室内多用于隔断墙制作中，在透光良好的前提下，还具有隔音、隔热、防水的优点，比起采用石膏板或者砖制成的隔断墙有其独具的优点，如图 7-26 所示。

（9）热反射玻璃。

热反射玻璃也叫镜面玻璃，属于镀膜玻璃，是对太阳光有较高的反射能力，但仍有良好透光性的平板玻璃，能够同时起到节能和装饰效果。热反射玻璃通过化学热分解、真空镀膜等技术，在玻璃表面涂以金、银、铬、镍和铁等金属或金属氧化物薄膜，形成一层热反射镀层。热反射玻璃外观可呈现浅蓝色、金色、茶色、古铜色、灰色、褐色等多种各自不同的颜色，具有不错的装饰效果，如图 7-27 所示。

图 7-26　玻璃砖实景效果

图 7-27　热反射玻璃

热反射玻璃的热反射率高，如 6mm 厚浮法玻璃的总反射热仅 16%，而热反射玻璃则可高达 45%～60%，所以使用热反射玻璃可以在炎热地区的夏季减少室内空调费，并且使室内光线柔和。镀金属膜的热反射玻璃还有单向透像的作用，即白天能在室内看到室外景物，而室外看室内会产生照镜子的效果，而看不见室内的景物。

（10）微晶玻璃装饰板。

微晶玻璃装饰板是一种新型墙面、地面装饰材料，是结合了玻璃和陶瓷技术发展起来的一种新型材料。它是采用玻璃颗粒经烧结与晶化，制成的微晶体和玻璃的混合体，其质地坚硬、密实均匀，且生产过程中无污染，产品本身无放射性污染，是一种新型的环保绿色材料。在原料中加入不同的无机着色剂，微晶玻璃装饰板可以生产出多种色彩。

微晶玻璃装饰板属于玻璃的一种，但在外观上和任何玻璃品种都不一样，而更倾向于瓷砖和石材的质感，所以也被称为玻璃陶瓷或微晶玉石，如图 7-28 所示。微晶玻璃装饰板各项质量指标（高硬度、耐腐蚀、抗压、抗冲击、不吸水、少沾尘、无辐射）均优于天然石材板材。更为可贵的是其具有晶莹的光泽，在阳关照射下具有类似玻璃般晶莹剔透的效果。

微晶玻璃装饰板兼具玻璃和陶瓷的优点，比陶瓷的亮度高，比玻璃的强度好，是那些不可再生的高档天然石材的优良替代品。相比于天然石材容易和空气中的水和二氧化碳发生化学反应，表面易风化变色的问题而言，微晶玻璃装饰板几乎不与空气发生任何化学反应，可以长期使用而不变色。同时微晶玻璃装饰板还具有坚硬耐用、绿色环保的优点，其外表相较于瓷砖或天然石材更光泽亮丽。微晶玻璃装饰板一经面世就受到了极大的关注，在一些如大型建筑项目（如北京奥运会建筑和上海世博会建筑）都有采用，相信随着推广的深入，这种新型材料的应用会越来越广泛。

（11）热熔玻璃。

热熔玻璃是一种新型装饰玻璃品种，在市场兴起也是近几年的事情。热熔玻璃是采用特制热熔炉，以平板玻璃和无机色料等作为主要原料，在加热到玻璃软化点以上，经特制成型模模压成型后退火而成。

热熔玻璃的最大特点是图案复杂精美，色彩多样，艺术性较强，同时外观上晶莹夺目。根据这些特点，所以市场上有时也称之为水晶立体艺术玻璃。热熔玻璃以其独具的造型和艺术性也日渐受到市场的欢迎，如图 7-29 所示。

图 7-28 微晶玻璃装饰板效果

图 7-29 热熔玻璃效果

## 7.4.2 装饰玻璃的选购

装饰玻璃的种类非常多，但其他大多数装饰玻璃品种都是在平板玻璃和钢化玻璃的基础上加工而成的，所以只需要掌握平板玻璃和钢化玻璃的选购要点即可。在选购彩色玻璃、磨砂玻璃、压花玻璃、夹层玻璃、夹丝玻璃、镭射玻璃、热熔玻璃、玻璃砖等装饰玻璃品种时，在质量上可以参看平板玻璃及钢化玻璃的选购，除此之外，这些装饰玻璃品种还要重点查看其纹理、颜色和装饰效果，同时还需要注意和室内装饰风格的协调。

（1）平板玻璃的选购。

① 玻璃的表面应平整且厚薄一致，可以将两块玻璃平叠在一起，使其相互吻合，隔几分钟再揭开，若玻璃很平整且厚薄一致，那么两块玻璃的贴合一定会很紧密，再揭开时会比较费力。

② 将玻璃竖起来看，玻璃应该是边角平整，无瑕疵，同时外观上无色透明或带有淡绿色；同时表面应该没有或少有气泡、结石、波筋等瑕疵；此外玻璃表面应该没有一层白翳。白翳的生成通常是因为在较潮湿的环境存放时间过长导致的（白翳会影响其平板玻璃原有效果）。

（2）钢化玻璃的选购。

① 正宗的钢化玻璃仔细看有隐隐约约的条纹，这种条纹叫做应力斑。应力斑是钢化玻璃没有办法消除的东西，没有肯定是假的，但也不应该有太多的应力斑，过多的应力斑会影响视觉效果，准则是必须要有但不能太多。

② 钢化玻璃之所以是一种安全玻璃，在于其碎裂后颗粒为细小的钝角颗粒状，不会对人体造成大的伤害，这点也是检测钢化玻璃质量的一个重要指标。可选购时以查看定做厂家在切割时遗留的废料是否为钝角颗粒状；此外好的钢化玻璃品种还应该进行均质处理，因为钢化玻璃有一种自身固有的问题，就是自爆。但经过了均质处理后这种问题可以基本解决，质量好的钢化玻璃都应该做均质处理。

## 7.5 吊顶材料

吊顶类型非常多，尤其是目前室内设计推陈出新，各种材料都被广泛应用于吊顶装饰中，其中石膏板吊顶和铝扣板吊顶在公共空间和家居空间应用最为广泛，此外还有诸如夹板吊顶、矿棉板吊顶、硅钙板吊顶、PVC 板吊顶等多个品种，甚至玻璃、金属等材料也被大量应用于吊顶的制作中。

### 7.5.1 石膏板的主要种类及应用

石膏板常被用于制作吊顶和隔墙。在之前，更多的是将胶合板用于吊顶的制作。但随着石膏板的推广，因其在防火性能上的优越性，逐渐取代了传统的胶合板吊顶，成为目前吊顶制作的主流材料。石膏板的主要品种有纸面石膏板、装饰石膏板、吸音石膏板等，我们常说的石膏板通常都是指纸面石膏板。

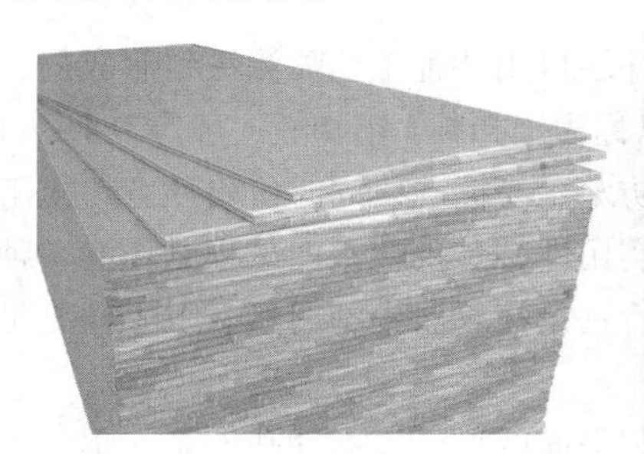

图 7-30 石膏板样图及施工实景图

（1）纸面石膏板。

纸面石膏板分为普通石膏板和防水石膏板，中间是以石膏料浆作为夹芯层，两面用牛皮纸做护面，因此被称为纸面石膏板。纸面石膏板具有表面平整、稳定性优良、防火、易加工、安装简单的优点。防水石膏板中添加了耐水外加剂的耐水纸面石膏板耐水防潮性能优越，可以用于湿度较大的卫生间和厨房等空间墙面。建议最好不要使用在卫生间内，因为防水的石膏板经过长时间的潮湿浸泡也会大大降低其使用寿命和稳固性。

纸面石膏板是石膏板中最为常用的品种，在隔墙制作和吊顶制作中得到了广泛的应用。纸面石膏板的厚度有 9mm、9.5mm、12mm、15mm、18mm、25mm 等规格，长度有 3000mm、2400mm、2500mm 等规格，宽度有 900mm、1200mm 等规格，可以根据面积选购合适大小的纸面石膏板。纸面石膏板样图及施工实景图如图 7-30 所示。

（2）装饰石膏板。

装饰石膏板也是石膏板中的一个常见品种，和普通纸面石膏板的区别在于其表面利用各种工艺和材料制成了各种图案、花饰和纹理，有更强的装饰性，因此被称为装饰石膏板。主要品种有石膏印花板、石膏浮雕板、纸面石膏装饰板等品种。装饰石膏板和纸面石膏板在性能上一样，但由于装饰石膏板在装饰上的优越性，除了应用于吊顶制作外，还可以用于装饰墙面及装饰墙裙等。装饰石膏板样图如图 7-31 所示。

（3）吸音石膏板。

吸音石膏板是一种具有较强吸音功能的特种石膏板，它是在纸面石膏板或者装饰石膏板的基础上，打上贯通石膏板的孔洞，有些吸音石膏板还会再贴上一些能够吸收声能的吸音材料。利用石膏板上的孔洞和添加的吸音材料能够很好地达到吸音效果，在一些诸如影院、会议室、KTV、家庭影院等空间中使用非常合适。吸音石膏板如图 7-32 所示。

图 7-31　装饰石膏板样图

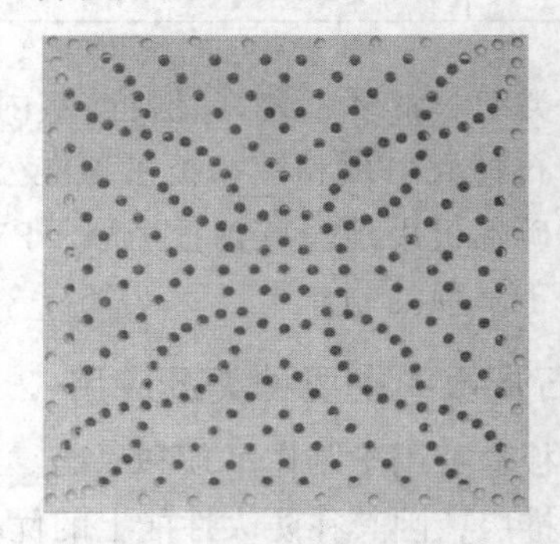

图 7-32　吸音石膏板样图

### 7.5.2　铝扣板的主要种类及应用

铝扣板是用轻质铝板一次冲压成型，外层再用特种工艺喷涂漆料制成的，因为是一种铝制品，同时在安装时都是扣在龙骨上，所以称为铝扣板。铝扣板一般厚 0.4～0.8mm，有条形、方形、菱形等形状。铝扣板防火、防潮、防水、易擦洗，同时价格便宜，施工简单，再加上其本身所独具的金属质感，兼具美观性和实用性，是现在室内吊顶制作的一种主流产品。在公共空间如会议厅、办公室被大量应用，特别是在家居中的厨房、卫生间更是被普遍采用，处于一种统治性的地位。

从外表分，铝扣板主要有表面有冲孔和平面两种。表面冲孔即是在铝扣板的表面打上很多个孔，有圆孔、方孔、长圆孔、长方孔、三角孔等，这些孔洞可以通气吸音，尤其在一些如浴室等水汽较多的空间，表面的冲孔可以使水蒸气没有阻碍地向上蒸发到天花板上面，甚至可以在扣板内部铺一层薄膜软垫，潮气可透过冲孔被薄膜吸收，所以它最适合水分较多的空间使用，如卫生间等。但对于像厨房这样油烟特别多的空间则最好采用平面铝扣板，因为油烟难免会沾染在铝扣板天花上，如果是冲孔的铝扣板，油烟会直接从孔隙中渗入，而平面铝扣板则没有这个问题，在清洁上要方便很多。铝扣板样图如图 7-33 所示。

按照表面处理工艺主要可以分为喷涂铝扣板、滚涂铝扣板和覆膜铝扣板。覆膜铝扣板质量最好，使用寿命最长；滚涂铝扣板次之，喷涂铝扣板最差。它们之间的区别就在于表面处理工艺不同，喷涂铝扣板和滚涂铝扣板是在铝扣板表面采用特种工艺喷涂或滚涂漆料制成的，而覆膜铝扣板是在铝扣板上再覆上一层膜。相比而言，覆膜铝扣板在外观上花色更多也更美观。

因为铝扣板基材为金属材料，再加上铝扣板本身比较薄，所以吸音、绝热功能并不是很好，在一些办公室、会议室等空间采用铝扣板作为吊顶材料时，可以在铝扣板内加玻璃棉、岩棉等保温吸音材料来增强其隔热和吸音功能。铝扣板装饰实景效果如图 7-34 所示。

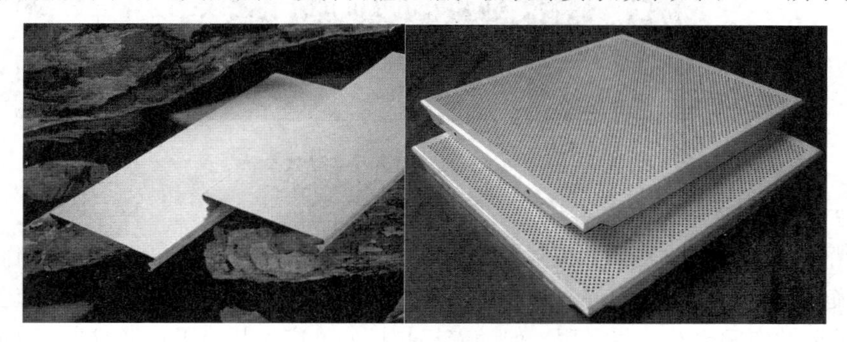

图 7-33 条形平面铝扣板与方形冲孔铝扣板样图

图 7-34 方形和长条形铝扣板实景图

### 7.5.3 其他常见吊顶材料的主要种类及应用

（1）夹板。

夹板就是前文所说胶合板，在之前章节中已经有了详细的介绍，这里就不重复了。在石膏板吊顶盛行前，夹板吊顶是吊顶制作的主流品种。制作天花的夹板多为 5mm 夹板，相比石膏板而言夹板最大优点在于其能轻易地创造出各种各样的造型天花，甚至包括弯曲的。

但是夹板易变形，尤其是夹板为木制品，防火性能极差。这些夹板材料的自身问题导致夹板吊顶日趋为石膏板吊顶所取代。目前夹板天花在一些家居装饰中制作复杂的造型天花中还有采用，但在公共空间中，因为其消防性能差，不能验收，所以目前采用较少。夹板天花实景效果如图 7-35 所示。

图 7-35　夹板造型天花实景效果

（2）PVC 板。

PVC 吊顶是采用 PVC 塑料扣板制作的吊顶。PVC 塑料扣板是以 PVC 为原料制作而成的，具有价格低廉、施工方便、防水、好清洗等优点，在家居装饰的厨卫空间中曾得到了广泛应用，在一些较低档的公共空间也有一些采用。但随着铝扣板的推广，其应用日趋减少，几乎处于被淘汰的边缘。

PVC 吊顶的问题是容易变形而且防火性能也不好，同时其外观上也不及铝扣板，显得比较低档。PVC 塑料扣板后期发展出了一种塑钢板，也称 UPVC。塑钢板在强度和硬度等物理性能上要比 PVC 塑料扣板加强了很多，可以认为是 PVC 塑料扣板的升级产品。目前市场上的 PVC 吊顶多是指塑钢板制作的吊顶，在家居的厨卫等空间也有一些应用，但地位远不如铝扣板吊顶。PVC 天花样图如图 7-36 所示。

（3）矿棉板、硅钙板。

矿棉板及硅钙板制作的吊顶多应用于一些公共空间，在家居装饰应用很少。因为这两种吊顶具有很多的相似之处，所以将它们归入一起介绍。

矿棉板是以矿棉渣、纸浆、珍珠岩为主要原料，加入黏合剂，经加压、烘干和饰面处理而制成的。硅钙板是以硅质材料（硅藻土、膨润土、石英粉等）、钙质材料、增强纤维等作为主要原料，经过制浆、成坯、蒸养、表面砂光等工序制成的。矿棉板及硅钙板一样具有质轻、防潮、不易变形、防火、阻燃和施工方便等特点。

其中矿棉板还具有非常优异的吸音性能，矿棉板板材一般会制作很多的孔隙，这些孔隙能够有效控制和调整室内声音回响时间，降低噪声，因而矿棉板还被称为矿棉吸音板。

矿棉板及硅钙板表面均可以制作各种色彩的图案与立体形状，多与轻钢龙骨或者铝合金龙骨搭配使用，在实用性的基础上还有不错的装饰性能，被广泛地应用于会议室、办公室、影院等各个公共空间中。矿棉板实景图如图 7-37 所示。

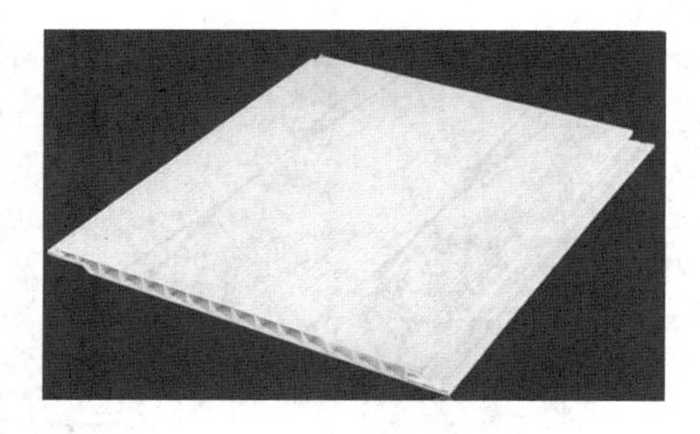

图 7-36 PVC 天花样图

图 7-37 矿棉板实景图

（4）玻璃。

将装饰玻璃直接用于天花作为装饰也是目前较为常见的装饰手法，装饰玻璃的种类很多，我们在之前的装饰玻璃章节中已经有了详细介绍。天花用装饰玻璃主要有彩色玻璃、镜面玻璃、磨砂玻璃等。玻璃利用灯光折射出漂亮的光影效果，是目前很受欢迎的一种装饰方式。玻璃实景效果如图 7-38 所示。

图 7-38 明镜天花效果

（5）金属栅格。

金属栅格天花是采用铝（钢）网格制作多个格子拼合状的天花，具有安装简单且价格便宜的特点，多用于商业空间的过道或开放式办公室等空间，给人现代、个性的感觉，如图 7-39 所示。

（6）软膜天花。

软膜天花又称为柔性天花、拉展天花、拉蓬天花等，是采用特殊的聚氯乙烯材料制成。软膜天花最大的特点就是材料为柔性的，并且可以设计成各种平面和立体形状，颜色也非常多样化。装饰平整度和效果均要强于一般的石膏板天花。软膜天花厚度大约为 0.18mm，其防火级别为国家 B1 级。

不过，软膜需要在实地测量天花尺寸后，在工厂里制作完成。目前在家居空间的使用并不是很多，但在工装中已经开始得到了广泛应用。软膜天花效果如图 7-40 所示。

图 7-39 铝栅格天花

图 7-40 软膜天花效果

### 7.5.4 吊顶材料的选购

石膏板和铝扣板是目前应用最为广泛的吊顶材料，在这里就重点介绍石膏板和铝扣板的选购，至于其他的吊顶材料，参照石膏板和铝扣板的选购或者其他章节中相关材料的选购。

（1）石膏板的选购。

① 外观。表面平整，没有污痕、裂痕等明显瑕疵，如果是装饰石膏板，其表面还必须色彩均匀，图案纹理清晰；竖起来看应该石膏板整体应厚薄一致，没有空鼓，且多张石膏板之间尺寸基本无误差或误差极小；表面所贴的牛皮护面纸必须粘接牢实，护面纸起到承受拉力和加固作用，对于石膏板的质量有很大的影响。护面纸粘接牢实可以更好地避免开裂，而且在施工打钉时可以很大程度避免将石膏板打裂。

② 密实。相对而言，越密实的石膏板质量越好也越耐用，一般来说，越密实的石膏板就越重，选购时可以掂掂重量，通常是越重越好。

（2）铝扣板的选购。

① 厚度。铝扣板厚度从 0.4～0.8mm，主要有 0.4mm、0.6mm、0.8mm 三种，相对而言是越厚越好，越厚其弹性和韧性就越好，变形的概率越小，通常应该选用 0.6mm 厚度的铝扣板，可以用拇指按一下板子试试其厚度和弹性。

② 外观。铝扣板表面光洁，侧面看铝扣板的厚度一致。铝扣板的外表处理工艺有喷涂板、滚涂和覆膜三种，其中覆膜质量最好，但现在市面上也有一种珠光滚涂铝扣板是模仿覆膜铝扣板外观制作出来的，单看外表很难区分，最好的办法就是用打火机将面板熏黑，再用力擦拭，能擦去的是覆膜板，而滚涂板怎么擦都会留下痕迹。

③ 铝材。有些商家会用铁来仿制价格更高的铝扣板时，可以使用磁铁来验证，铝扣板是不会吸附磁铁的。含铁铝材不宜在卫生间或湿度较大的地方使用。

## 7.6 骨架材料

### 7.6.1 骨架材料的主要种类及应用

骨架材料是室内装修中用于支撑基层的结构性材料，能够起到支撑造型、固定结构的作用。骨架材料使用非常普遍，被广泛用于吊顶、实木地板、隔墙以及门窗套等施工中。骨架材料也叫龙骨，种类很多，根据使用部位可分为吊顶龙骨、竖墙龙骨、铺地龙骨以及悬挂龙骨等。根据装饰施工工艺不同，还可以分为承重和不承重龙骨，也就是俗称的上人龙骨和不上人龙骨。根据制作材料的不同，则可分为木龙骨、轻钢龙骨、铝合金龙骨等。

（1）木龙骨。

木龙骨是一种较为常见的龙骨，俗称为木方，多采用松木、椴木、杉木等木质较软的木材制作称为长方形或者正方形的条状。在装修的吊顶、隔墙和实木地板等的制作过程中，通常是将木龙骨用射钉或木钉固定成纵横交错、间距相等的网格状支架，上面再装地板、石膏板、大芯板等板材，在施工中这道工序叫做打龙骨。

木龙骨更多是用于家居中，因为木龙骨采用的原料为木材，防火性能较差，在公共空间装修中是被禁止使用的，即使用在家居装修中使用也必须在木龙骨上再刷上一层防火涂料。此外，木龙骨还容易虫蛀和腐朽，所以在使用时还需要进行防虫蛀和防腐的处理。但是木龙骨也具有施工方便，可以很容易制作出一些较复杂的造型的优点，因而在居室装修中也有非常广泛的应用。

木龙骨主要有 2cm × 3cm、3cm × 4cm、3cm × 5cm、3.5cm × 5.5cm、4cm × 6cm、4cm × 7cm、5cm × 7cm 等常见规格，木龙骨样图如图 7-41 所示。

图 7-41　木龙骨样图

（2）轻钢龙骨。

轻钢龙骨是以镀锌钢板、经冷弯或冲压而成的骨架支承材料。木龙骨本身的防火性能和防虫性能较差，轻钢龙骨则没有这方面的问题，而且在强度和牢固性上的性能更好，不容易变形，是替代木龙骨的最佳骨架材料。轻钢龙骨在公共空间的装修中已经得到了全面使用，在家居装修中的应用也日渐广泛。如果可能，施工中尽可能用轻钢龙骨取代木龙骨。

轻钢龙骨按用途有吊顶龙骨和隔断龙骨，隔断龙骨主要规格有 Q50、Q75 和 Q100 等，分别适用于不同高度的隔断墙。一般来说，如果所做的隔断墙的高度在 3m 之下，使用规格为 Q50 的轻钢龙骨就可以了。吊顶龙骨主要规格有 D38、D45、D50 和 D60 等，D38 用于吊点间距 900～1200mm 不上人吊顶，D50 用于吊点间距 900～1200mm 上人吊顶，D60 用于吊点间距 1500mm 上人加重吊顶。按断面形状有 U 型、T 型、C 型、L 型等种类。

轻钢龙骨的构件很多，主件分为大、中、小龙骨，配件则有吊挂件、连接件、挂插件等。和木龙骨相比轻钢龙骨具有自重轻，刚度大，防火，防虫，制作隔墙、吊顶更加坚固，不易变形的优点，但是轻钢龙骨施工相对复杂，对施工工艺要求较高，而且不容易做出一些很复杂的造型。轻钢龙骨隔墙与天花如图 7-42 所示。

图 7-42　轻钢龙骨隔墙与轻钢龙骨天花

（3）铝合金龙骨。

铝合金龙骨是以铝板轧制而成，专用于拼装式吊顶的龙骨。铝合金材质美观大方，面层还可以采用喷塑或烤漆等方法进行处理，装饰效果更好。铝合金龙骨也可以用作地面龙骨，但更多是与硅钙板和矿棉板搭配使用于公共空间的吊顶安装中。铝合金龙骨和轻钢龙骨性能相近，同样具有刚性强、不易变形的优点，同时也没有虫蛀、腐朽和防火性能差的问题。但是铝合金龙骨的成本较高，在应用上不如轻钢龙骨那么广泛，如图 7-43 所示。

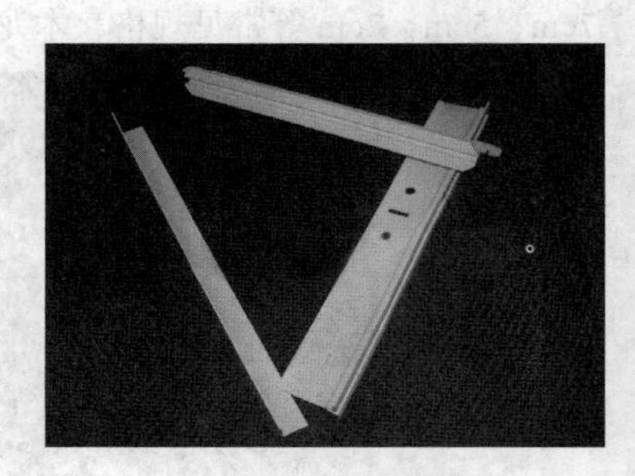

图 7-43　铝合金龙骨样图

除了常见的木龙骨、轻钢龙骨、铝合金龙骨外，市场上还有一种塑料龙骨，塑料龙骨有链条式、轨道式两种，在性能上基本与木龙骨一样，也同样具有施工方便、价格便宜的优点，同时不会出现木龙骨易虫蛀、腐朽的问题。但是塑料制品的刚性差，同时也容易老化变形，因此在市场应用上并没有木龙骨和轻钢龙骨那么广泛。

### 7.6.2　骨架材料的选购

#### 1. 木龙骨的选购

（1）木龙骨必须平直，木龙骨弯曲容易造成基层及面层结构变形。

（2）表面有木材的光泽，同时木龙骨上的疤节较少，木龙骨上的疤节很硬，吃钉力较差，钉子、螺钉在疤节处拧不进去或容易钉断木方。

（3）木龙骨上没有虫眼，这点需要特别注意，虫眼是蛀虫或虫卵藏身处，用了带虫眼的木龙骨会给以后的使用带来很大的麻烦。

（4）木材必须干燥，含水率太高的木龙骨变形的几率很高。

#### 2. 轻钢龙骨及铝合金龙骨的选购

轻钢龙骨及铝合金龙骨都属于金属骨架材料，在选购上共同点较多，因而归类在一起介绍，轻钢龙骨及铝合金龙骨需要从以下几个方面进行考虑。

（1）外表平整，棱角分明，手摸无毛刺，表面无腐蚀、损伤等明显缺陷。

（2）轻钢龙骨双面都应进行镀锌防锈处理，且镀层应完好无破损。镀锌轻钢龙骨有原板镀锌和后镀锌的区分，原板镀锌轻钢龙骨强度和防锈性能都要强于后镀锌轻钢龙骨。区分很简单，原板镀锌轻钢龙骨上面有雪花状的花纹，所以市场上有时也直接称之为“雪花板”。

（3）相对来说，铝合金和轻钢龙骨的厚度越高，其强度就越好，变形的几率就越低。通常而言，铝合金龙骨不应小于 0.8mm，轻钢龙骨壁厚不低于 0.6mm。

## 7.7 五金配件

### 7.7.1 五金配件的主要种类及应用

五金件虽不起眼，却是日常生活中使用频率最高的部件。五金配件种类很多，包括锁具、铰链、滑轨、拉手、滑轮、门吸等。按设置方式分为浴室五金类和厨房挂件类等。

（1）锁具、门吸。

锁具通常由锁头、锁体、锁舌、执手与覆板部件及有关配套件构成，其种类繁多，各种造型和材料的锁具品种都很常见。从用途上大体可以将锁具分为户门锁、室内锁、浴室锁、通道锁等几种。从外形上大致可分为球形锁、执手锁、门夹及门条等。在材料上则主要有铜、不锈钢、铝、合金材料等。相对而言，铜和不锈钢材料的锁具应用最广，也是强度最高、最为耐用的品种。各种锁具样图如图 7-44 所示。

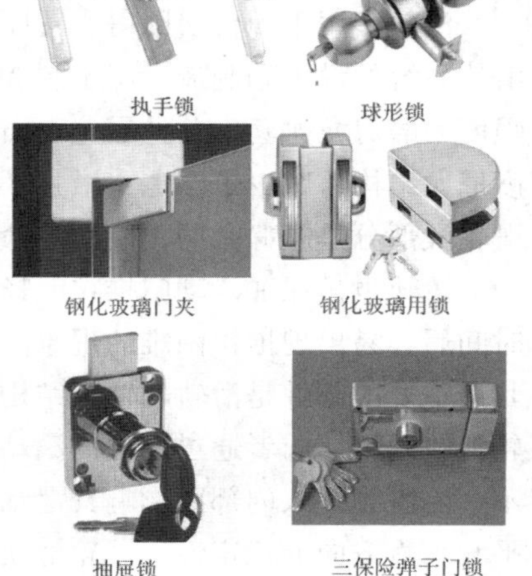

图 7-44　各种锁具样图

和锁具配套的五金配件还有门吸。门吸是一种带有磁铁，具有一定磁性的小五金。门吸安装在门后面，在门打开以后，通过门吸的磁性稳定住门扇，防止风吹导致门自动关闭，同时门吸还可以防止门扇磕碰墙体。各式门吸样图如图 7-45 所示。

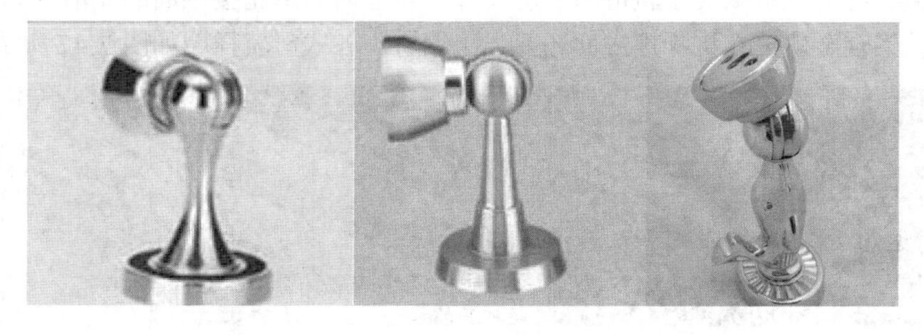
图 7-45　各式门吸样图

（2）铰链、滑轮、滑轨。

铰链也称为合页，是各式门扇开启闭合的重要部件，它不但要独自承受门板的重量，并且还必须保持门外观上的平整。在日常生活门扇的频繁使用过程中，经受考验最多的就是铰链。铰链选用不好，在一段时间使用后可能会导致门板变形，错缝不平。铰链按用途分升降合页、普通合页、玻璃合页、烟斗合页、液压支撑臂等。不锈钢、铜、合金、塑料、铸铁都可应用于铰链制作中。相对来说，钢制铰链是各种材料中质量最好、应用最广的，尤其是以冷轧钢制作的铰链其韧度和耐用性能更佳。另外，应尽量选择多点制动位置定位的铰链。所谓多点定位，也称为“随意停”，就是指门扇在开启的时候可以停留在任何一个角度的位置，不会自动回弹，从而保证了使用的便利性。尤其是上掀式橱柜吊柜门，采用多点定位的铰链更是非常必要的。各式铰链样图如图 7-46 所示。

图 7-46　各式铰链样图

滑轮多用于阳台、厨房、餐厅等空间的滑动门中，滑动门的顺畅滑动基本上都靠高质量滑轮系统的设计和制造。用于制造滑轮所使用的轴承必须为多层复合结构轴承，最外层为高强度耐磨尼龙衬套，并且尼龙表面必须非常光滑，不能有棱状凸起；内层滚珠托架也是高强度尼龙结构，减少了摩擦，增强了轴承的润滑性能；承受力的构层均为钢结构，此种设计的滑轮大部分是超静音的，使用寿命在 15～20 年。

滑轨也是保证滑动门推拉顺畅的重要部件，采用质量不好的滑轨推拉门在使用较长一段时间后容易出现推拉困难的现象。滑轨有抽屉滑轨道、推拉门滑轨道、门窗滑轨道等种类，其最重要的部件是滑轨的轴承结构，它直接关系到滑轨的承重能力。常见的有钢珠滑轨和硅轮滑轨两种。前者通过钢珠的滚动，自动排除滑轨上的灰尘和脏物，从而保证滑轨的清洁，不会因脏物进入内部而影响其滑动功能。同时钢珠可以使作用力向四周扩散，确保了抽屉水平和垂直方向的稳定性。硅轮滑轨在长期使用、摩擦过程中产生的碎屑呈雪片状，并且通过滚动还可以将其带起来，同样不会影响抽屉的滑动自如。相对而言，在静音上硅轮滑轨效果更好。滑动门用的轨道一般有冷轧钢轨道和铝合金轨道两种。不应片面地认为钢轨一定好于铝合金轨道，好的轨道取决于轨道的强度设计和轨道内与滑轮接触面的光洁度和完美配合。相对来说，铝合金轨道在抗噪声方面还要强于钢轨。各式滑轨样图如图 7-47 所示。

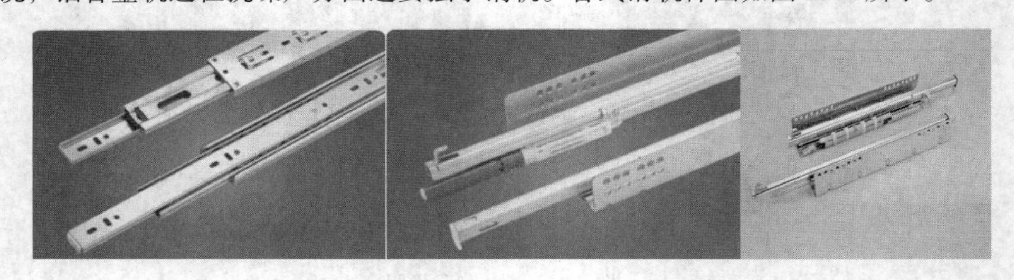

图 7-47　各式滑轨样图

（3）拉篮、拉手。

拉篮多用于橱柜内部，在橱柜内加装拉篮可以最大程度地扩大橱柜使用率。拉篮有很多品种，材料上则有不锈钢、镀铬及烤漆等。拉篮以其便利性在橱柜的分割和储物应用上已基本取代了之前的板式分隔。根据不同的用途，拉篮可分为炉台拉篮、抽屉拉篮、转角拉篮，各种物品在拉篮中都有相应的位置，在应用上非常便利。拉篮实景图如图 7-48 所示。

图 7-48 拉篮实景效果

拉手多用于家具的把手，品种多样，铜、不锈钢、合金、塑料、陶瓷、玻璃等均可用于拉手的制作中。相对来说，全铜、全不锈钢的质量最好。拉手的选择需要和家具的款式配合起来，选用得当的拉手对于整个家具来说可以起到“画龙点睛”的作用。各式拉手样图如图 7-49 所示。

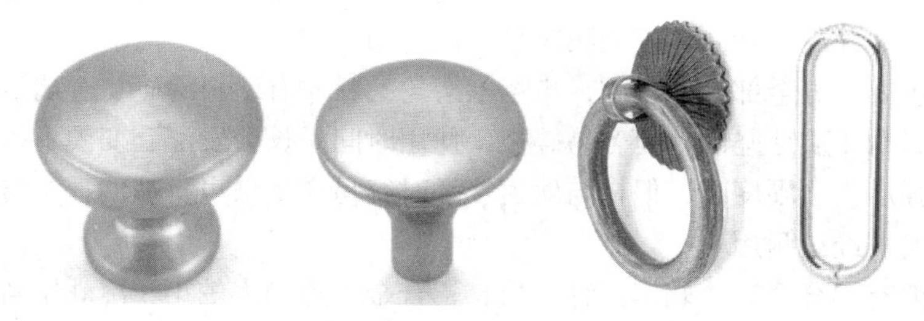

图 7-49 各式拉手样图

（4）闭门器。

其实铰链也可以算作是闭门器的一种，这里专门介绍的是地弹簧闭门器。所谓地弹簧闭门器指的是能使门自动合上的一种五金件。地弹簧多用于商店、商场、办公室等公共空间的玻璃大门，在家居装饰中的浴室如果采用的全玻璃门，也会采用地弹簧。

通常而言，铝合金门厚度大于 36mm，木制门的厚度大于 40mm，全玻璃门的厚度在 12mm 以上都可以采用地弹簧。地弹簧根据开合方式可以分为两种，一种是带有定位功能的，当门开到一定的程度会自动固定住，小于此角度则自动关闭，多见于一些酒店宾馆等公用场合；另一种是没有定位作用的，无论在什么角度上，门都会自动关闭。地弹簧样图及实景图如图 7-50 所示。

图 7-50 地弹簧

## 7.7.2 五金配件的选购

（1）锁具、门吸的选购。

相对而言，纯铜和不锈钢的锁具质量更好，纯铜锁具手感较重，而不锈钢锁具明显较轻。市场还有镀铜的锁具，纯铜和镀铜的区别在于纯铜制成的锁具一般都经过抛光和磨砂处理，与镀铜相比，色泽要暗，但很自然。不管选用何种材料制成的锁具，最重要的是试试锁的灵敏度，可以反复开启试试锁芯弹簧的可靠性和灵活性。

门吸的选购没有什么特别要注意的，只是门吸是一种带有磁铁，具有磁性的五金配件。在选购上需要注意的是磁性的强弱，磁性过弱会导致门扇吸附不牢。

（2）铰链、滑轮、滑轨的选购。

铰链好坏主要取决于轴承的质量，一般来说，轴承直径越大越好，壁板越厚越好，此外还可以开合、拉动几次，开启轻松无噪声且灵活自如为佳。

滑轮是最重要的五金部件，目前，市场上滑轮的材质有塑料滑轮、金属滑轮和玻璃纤维滑轮 3 种。塑料滑轮质地坚硬，但容易碎裂，使用时间一长会发涩、变硬，推拉感就变得很差；金属滑轮强度大、硬度高，但在与轨道接触时容易产生噪声；玻璃纤维滑轮韧性、耐磨性好，滑动顺畅，经久耐用。

滑轨道一般有铝合金和冷轧钢两种材质，铝合金轨道噪声较小，冷轧钢轨道较耐用，不管选择何种材质轨道，重要的是其轨道和滑轮的接触面必须平滑，拉动时流畅和轻松。同时还必须注意轨道的厚度，加厚型的更加结实耐用。好的和差的滑轨价格相差很大，因为滑轨是经常使用的部件，购买品牌的更有保障。大品牌的滑轨使用期限都为 15 年左右，而一些仿冒产品的滑轨道 2～3 个月可能就会坏掉。

（3）拉篮、拉手。

拉篮和拉手的选购需要注意表面光滑，无毛刺，摸上去感觉比较滑腻。此外还要注意拉篮和拉手的表面处理，比如普通钢材表面镀铬后质感和不锈钢类似，不要将两者混淆。另外，拉篮一般是按橱柜尺寸量身定做，所以在选购之前还必须确定橱柜尺寸。

（4）地弹簧闭门器。

地弹簧闭门器有国产和进口之分，进口质量不错，但是价格很贵，在市场上的占有量不会很多。选择时需要特别注意的是地弹簧分为轻型、中型和重型 3 种，而轻型一般可以承载 120kg 左右的门体，中型 120～150kg，重型 150kg 以上。

# 7.8 装饰线条

## 7.8.1 装饰线条的主要种类及应用

装饰线条在装修中是一种不很起眼的材料，但是作用重大。线条类材料是用于装饰工程中各种面层，如相交面、分界面、层次面、对接面的衔接处，以及交接处的收口封边处。即能起到划分界面、收口封边，还能起到连接、固定的作用，同时因为装饰线条自身的美感，还能起到相当不错的装饰效果。

（1）装饰木线条。

木线条一般都是选用硬质木材，如杂木、水曲柳、柚木等经过干燥处理后加工而成，有些较高档的木线条则是由电脑雕刻机在优质木材上雕刻出各种纹样效果。木装饰线类一般会用油漆饰面，以提高花纹的立体感并保护木质表面。装修中油漆饰面有清油和混油的区别，装饰木线条同样如此。清油木线对木材要求较高，常见的清油木线条有黑胡桃、沙比利、红胡桃、红樱桃、曲柳、泰柚、榉木等。混油木线对木材要求相对较低，常见的有椴木、杨木、白木、松木等。不能简单地以清油和混油来区分木线的好坏，混油能够消除了天然木材的色差和疤结，用于现代风格装饰中效果同样不错。装饰木线条样图如图 7-51 所示。

木线条在室内装饰工程中的用途十分广泛，既可以用作各种门套及家具的收边线，也可以作为天花角线，还可以作为墙面装饰造型线。从外形上分有半圆线、直角线、斜角线、指甲线等。其效果如图 7-52 所示。

图 7-51　装饰木线条

图 7-52　装饰木线条实景效果

（2）金属线条。

金属线条主要有铝合金和不锈钢两种。铝合金线条具有轻质、耐蚀、耐磨等优点，其表面还可涂上一层坚固透明的电泳漆膜，涂后更加美观。铝合金线条多用于装饰面板材上的收边线，在家具上常常用于收边装饰。此外还被广泛地应用于玻璃门的推拉槽、地毯的收口线等方面。铝合金线条装饰效果如图 7-53 所示。

图 7-53 铝合金线条收边装饰柜效果

不锈钢线条相对于铝合金线条具有更强的现代感，其表面光洁如镜，用于现代主义风格装饰中装饰效果非常好。不锈钢装饰线条和铝合金装饰线条一样可以用于各种装饰面的收边线和装饰线。

（3）石膏线条。

石膏线条是以石膏材料为主，加入增强石膏强度的骨胶纸筋等纤维制成的装饰线条。石膏线条也是最为常用的一种装饰线条，多用于天花的角线和墙面腰线装饰。石膏线具有价格低廉、施工方便等优点，防火和装饰效果也非常不错。

石膏线生产工艺非常简单，比较容易做出各种复杂的纹样，在装修中多用于一些欧式或者比较繁复的装饰中，可以作为天花角线，也可以作为腰线使用，还可以作为各类柱式和欧式墙壁的装饰线。石膏线条应用的实景效果如图 7-54 所示。

图 7-54 石膏线条应用实景效果

（4）石材、塑料装饰线条。

市场上装饰线条的主流品种就是木线条、金属线条和石膏线条这三种，除此之外，还有一些石材、塑料等装饰线条品种。

随着石材加工工艺的提高，石材也能生产出类似于木线条的造型。石材线条多是采用大理石和花岗石为原料制作而成，搭配石材的墙柱面装饰，非常协调美观。同时也可以用作石门套线和石装饰线。

塑料装饰线条是用硬聚氯乙烯塑料或者树脂材料制成，其价格低廉，生产便利，可以制作出各种纹理和色彩的线条，装饰效果也不错。

### 7.8.2 装饰线条的选购

（1）木线条选购。

① 应表面光滑平整，手感光滑，无毛刺，质感好，不得有扭曲和斜弯，线条没有因吸潮而变形。

② 注意色差，每根木线的色彩应均匀，漆面光洁，上漆均匀，没有霉点、开裂、腐朽、虫眼等现象。

（2）石膏线条选购方法。

① 看表面：优质的石膏线表面色泽洁白且干燥结实，表面造型棱角分明，没有气泡，不开裂，使用寿命长。而一些劣质的石膏线是用石膏粉加增白剂制成的，其表面色泽发暗，表面高低不平、极为粗糙，石膏线的硬度、强度都很差，使用后容易发生扭曲变形，甚至断裂等现象。

② 看断面：成品石膏线内要铺数层纤维网，这样石膏线附着在纤维网上，就会增加石膏线的强度，所以纤维网的层数和质量与石膏线的质量有密切的关系。劣质石膏线内铺网的质量差，不满铺或层数少，有的甚至做工粗糙，用草、布等代替，这样都会减弱石膏线的附着力，影响石膏线的质量。使用这样的石膏线容易出现边角破裂甚至整体断裂现象。所以检验石膏线的内部结构，应把石膏线切开看其断面，看内部网质和层数，从而检验内部质量。

③ 看图案花纹深浅：一般石膏浮雕装饰产品图案花纹的凹凸应在 10mm 以上，且制作精细，表面造型鲜明。这样，在安装完毕后，再经表面刷漆处理，依然能保持立体感，体现装饰效果。如果石膏浮雕装饰产品的图案花纹较浅，只有 5～9mm，效果就会差得多。

④ 除了上述 3 种用眼观察的方法以外还可以手检。用手指弹击石膏线表面，优质的会发出清脆的响声，劣质的则比较闷。

## 7.9 门窗、楼梯

门窗及楼梯是室内装饰中不可或缺的重要组成部分。门窗及楼梯的生产工艺越来越先进，各种新材料都被应用于楼梯及门窗的制作中，使之不仅具有实用性，同时还具有非常强的装饰性。

### 7.9.1 门窗的主要种类及应用

门主要有推拉门和平开门两种。所谓平开，就是以合页为轴心，旋转开启。平开门又分为内开门和外开门两种。窗除了推拉窗（包括左右推拉窗、上下推拉窗）和平开窗（包括内开窗和外开窗）外，还有一种上悬式开启的窗。以材料分，门的主要种类有防盗门、实木门、实木复合门、模压门、玻璃门、推拉门、塑钢门等。窗的主要种类有铝合金窗、塑钢窗、铝塑窗等。下面就一一对其进行详细介绍。

（1）防盗门。

防盗门是指在一定时间内可以抵抗一定条件非正常开启，并带有专用锁和防盗装置的门。

顾名思义，防盗门的主要作用就是防盗，因而其对安全性要求也就特别高。通常防盗门面板多为钢板，里面衬有防盗龙骨并填满填充物，填充物多为蜂窝纸、矿渣棉、发泡剂等，能够起到保温、隔音的作用。在锁具上防盗门也有很高的要求，防盗门锁有机械锁、自动锁、磁性锁等，但不管是哪种锁，按照国家标准，必须能够保证窃贼使用常规工具如凿子、螺丝刀、手电钻等 15min 内不能开启。防盗门样图如图 7-55 所示。

图 7-55　防盗门样图

（2）实木门。

实木门是采用天然的名贵木材，如樱桃木、胡桃木、沙比利、柚木等经过干燥后加工而成的，具有漂亮的外观。同时因为木材本身的特性，实木门拥有良好的隔音、隔热、保温性能。这里需要特别注意的是，市场销售的实木门大多数并非真正的纯实木门，假设纯实木门从里到外都用同一种名贵木材制作而成，那成本是非常高的，一扇门的售价很可能就要上万。而且纯实木门如果做工不好，非常容易变形、开裂，因而完全没有必要刻意去追求所谓的纯实木门。实际上，市场大多数实木门其实是实木复合门。

（3）实木复合门。

实木复合门是采用松木、杉木等较低档的实木做门芯骨架，表面贴柚木、胡桃木等名贵木材经高温热压后制作而成的。实木复合门在外观上美观自然，是目前市场木门类的主流品种。因为其本身复合而成，具有坚固耐用、保温、隔音、耐冲击、阻燃、不易变形、不易开裂等优点。实木复合门的造型多样，款式很多，表面可以制作出各种精美的欧式或者中式纹样，也可以做出各种时尚现代的造型，因其造型多样，因而市场上有时也称之为实木造型门，如图 7-56 所示。

图 7-56　实木门样图

目前实木门生产并没有统一的国家标准，整个行业存在着一个惯例：实木门名称都根据其外表材质而定，如外表为柚木，不管其内部为什么材质，都把它称为柚木实木门。

图 7-57　现场制作的实木门效果

现场制作的平板门也常被称为实木门，现场制作的平板门中间多为轻型骨架结构，外接胶合板，两面表面再贴胶各种名贵木材饰面板，再在饰面板上进行清漆处理。因为现场施工条件和工人技术问题，所制作的门大多为平板状的，最多在在表面上镶嵌一些不锈钢条装饰。现场制作实木平板门效果如图 7-57 所示。

市场上还有一种实木复合门的表面并不是贴上一层名贵木材，而是用一种仿名贵木材纹理的贴纸来替代，这种贴纸材料较易破损，且不耐擦洗，但是因为价格低廉，在一些较低档的装饰中也有大量采用。

（4）模压门。

模压门是采用带凹凸造型和仿真木纹的密度板一次双面模压成型，档次较低。模压门生产的过程不需要一根钉子，粘接压合都是采用的胶水，再加上制作模压门的材料为密度板，所以一般含有一定量的甲醛。同时模压门在外观和手感上也没有实木门厚重美观，表面纹理显得比较假。但是模压门价格便宜，而且防潮、抗变形性能较好，在一些中低端装修中还是有大量的采用机会。模压门在外形上可以做成和实木复合门一样，但是表面纹理不够真实。

（5）玻璃门。

各种玻璃品种，如钢化玻璃、磨砂玻璃、压花玻璃等都在门的制作中得到了广泛的应用。尤其是推拉门，大多都会采用一些装饰较强的玻璃。根据门型和工艺分有全玻门、半玻门等。全玻门多与不锈钢等材料搭配，通常除了四个边外，其余大面积均采用钢化玻璃，多用于一些公共空间之中，在居室空间的卫生间等处也有采用，如图 7-58 所示；半玻门则多是上半截为玻璃，下半截为板式，有一定的透明性。

图 7-58　全玻门效果

（6）推拉门。

推拉门也是一种常见的门种，在居室中的卧室、衣柜、卫生间、厨房均有大量采用，在一些公共空间如茶楼、餐馆中也有广泛应用。各种材料如玻璃、布艺、藤编以及各种板材都可以用于推拉门的制作。推拉门的最大优点就是不占用空间而且会让居室显得更轻盈、灵动。推拉门大多是采用现场制作的方式，但目前不少厂家也可以提供个性化生产，按照业主的要求进行定制生产和安装，尤其是衣柜推拉门厂家定制生产的方式已经非常普遍了。推拉门效果如图 7-59 所示。

图 7-59　推拉门效果

（7）塑钢门窗。

塑钢窗是继木窗、钢窗、铝合金窗之后发展起来的新型窗。塑钢门窗以硬聚氯乙烯（UPVC）塑料型材为主材，钢塑共挤非焊接而成，是目前强度最好的窗。为了增加型材的强度，主腔内配有冷轧钢板制成的内衬钢，因为其是塑料和钢材复合制成，所以被称为塑钢窗。塑钢门窗与铝合金门窗相比具有更优良的密封、保温、隔热、隔音性能。从装饰角度看，塑钢门窗表面可着色、覆膜，做到多样化，而且外表没有铝合金金属的生硬和冰冷感觉。塑钢门窗正以其优异的性能和漂亮的外观逐渐成为装饰门窗的新宠。塑钢窗和塑钢门效果如图 7-60 和图 7-61 所示。

图 7-60　塑钢窗效果

图 7-61　塑钢门效果

（8）铝合金门窗。

铝合金门窗多是采用空芯薄壁铝合金材料制作而成，铝合金门多为推拉门，通常是铝合金做框，内嵌玻璃，也有少量镶嵌板材的做法。铝合金窗曾经是市场上的主流产品，具有垄断性地位。铝合金推拉窗具有美观、耐用、便于维修、价格便宜等优点，但是也存在推拉噪声大、保温差、易变形等问题，在长久使用后密封性也会逐步降低，现在逐渐被外观上一样的新型铝塑窗所取代。铝合金门效果如图 7-62 所示。

图 7-62　铝合金门效果

图 7-63　铝塑门效果

（9）铝塑门窗。

窗户的更新换代速度较快，从几千年沿用的木窗到早期的钢窗再到时下流行的铝合金窗和塑钢窗，性能越来越好。目前市场上出现了一些复合型的门窗产品，铝塑复合门窗就是其中的一种。

铝塑窗又叫铝塑复合窗，它是采用隔热性明显强于铝型材的塑料型材和内外两层铝合金连接成一个整体，因为其两面为铝材，中间为塑料型材，所以称之为铝塑窗。铝塑复合窗兼顾了塑料和铝合金两种材料的优势，可以认为是普通铝合金窗的升级产品，其隔热性、隔音性与塑钢窗在同一个等级，同时彻底解决了普通铝合金窗传导散热快不符合节能要求和密封不严的致命缺点。

铝塑复合窗因为其优异的性能在国内的发展速度非常快，目前已经被应用于别墅、住宅楼及写字楼等各种空间中，和塑钢窗一样成为了目前的主流产品。塑钢门和塑钢窗是一样的，只是应用的部位不一样而已，铝塑门实景图如图 7-63 所示。

（10）木窗。

木窗是最传统的窗型，在中国应用了上千年。但由于木窗有易变形、开裂等多种问题，目前已经基本被淘汰了。现在市场的木窗多是木和铝复合生产而成的复合窗。内部为天然木材，保留了木的美观性；外部为铝材，又在一定程度上解决了传统木窗的固有问题。这种复合结构还具有更高的节能性能，可以有效地将能耗降到最低，特别是在夏天的时候，可以进一步减小空调的用电量。复合木窗实景图如图 7-64 所示。

图 7-64　复合木窗实景效果

## 7.9.2　门窗的选购

（1）防盗门。

防盗门通常都是作为入户门，起到一个安全防盗的作用。选购时最需要的就是注意其防盗性能，注意以下几个方面。

① 钢板：国家规定，防盗门的门框使用钢板的厚度不能小于 2mm，门的面板要采用厚度在 1mm 的钢板，而且所用钢板最好是冷轧板。冷轧板相比热轧板而言具有更好的平整性和韧性。

② 内部：防盗门内部必须有几根加强钢筋增强防盗门的抗冲击性能，同时防盗门内最好有石棉等具有防火、保温、隔音效果的材料作为填充物。

③ 锁具：防盗锁须经过国家指定权威机构的认证，具有防钻、防锯、防撬、防拉、防冲击锁头，最好是有多个锁头和插杠，以增强锁具被撬开的难度。

④ 合格证：在选购防盗门的时候，可以查看产品的合格证和产品检验报告。因为防盗门都有相关部门的检测合格证。防盗门的安全级别根据安全性能一般被分为 A 级、B 级、C 级三个等级，其中 A 级最低，B 级次之，C 级最高，尽量选用 B 级以上的防盗门。

⑤ 外观：检查防盗门有无开焊、漏焊等地方，门和门框关闭后是否密实，开启是否灵活，门板的涂层电镀是否均匀牢固和光滑。

（2）实木门。

实木及实木复合门是室内门的主流产品，应用极其广泛。除了在纹理和颜色上需要考虑和整体室内风格协调外，还需要在质量上注意以下环节。

① 含水率：含水率是木制产品的一个最重要指标，几乎所有的木制材料都需要进行烘干处理，含水率过高很容易导致木制产品产生变形、开裂等问题。木质门的含水率通常必须控制在10%左右。

② 外观：外观上要求漆膜饱满，色泽均匀，木纹清晰，表面没有污损、伤疤和虫眼等明显瑕疵；同时要求做工精细，手感光滑，摸不出毛刺。其中实木复合门还需要注意门扇内的填充物是否饱满，门的装饰面板和实木线条与内框是否黏结牢固，无翘边和裂缝。

③ 配件：实际上门在使用时最容易坏的还是锁具和合页等五金配件，选用的五金配件需要开阖自如。其配件也需有合格证与检验报告模板越厚质量越好。

（3）模压门。

模压门的主材为密度板，同时生产时采用了大量的胶黏剂，因而选购模压门最需要注意的是其甲醛含量不能超标，选购时可以闻闻看有没有异味，异味越重说明甲醛含量越高。此外选购模压门还需要看其贴面与基板粘接是否平整牢固，有无翘边和裂缝，有些质量差的模压门贴面可以轻易撕扯下来。

（4）玻璃门。

玻璃门选购的重点是玻璃，关于玻璃的选购方法在之前装饰玻璃章节中已经有了详细介绍，这里就不再重复了。

（5）推拉门。

很多材料都可以制作推拉门，但不管是什么材料制成的推拉门，其最容易出问题的地方都是它的滑轮和滑轨。考察滑轮和滑轨质量最基本的要求是推拉时必须手感灵活，没有阻滞感。此外还需要注意推拉门内嵌玻璃的厚度，通常采用 5mm 厚的玻璃，太薄容易碎裂，但是太厚也不好，太厚的话会增加滑轮和滑轨的负担，使其滑轮使用寿命降低。

（6）铝合金门窗及铝塑窗。

铝合金窗在市场上曾经风靡一时，其密封性能、隔音性能和加工性都要比之前的市场上常见的钢窗和木窗好得多，所以当铝合金推拉窗在市场上出现后，立刻就占据了垄断性地位。但目前随着铝塑窗和塑钢窗的出现，铝合金窗垄断地位已经被打破，但是并没有完全被取代，在一些空间还是很常用的，尤其是铝合金推拉门，在市场上还是非常多见的。铝塑窗其实可以认为是铝合金窗的升级产品，区别只在于铝塑窗中间层为塑料型材，同时兼顾了金属铝材和塑料材料的两种材料的优点。

① 厚度：相对而言，厚度越高越不易变形，铝合金推拉窗主要有 55 系列、60 系列、70 系列、90 系列四种，数值越大厚度越高。

② 外观：要求表面色泽一致，无凹陷、鼓出等明显瑕疵。同时要求密封性能好，推拉时感觉平滑自如。

③ 铝塑窗选购时除了上述两点外还需要注意内部的腔体结构，内部应该采用壁厚 2.5mm，宽度≥40mm 的改性塑料型材。

（7）塑钢门窗。

① 型材：塑钢窗主材为 UPVC 型材，UPVC 型材是决定塑钢门窗质量关键。好的 UPVC 型材壁厚应大于 2.5mm，同时表面光洁，颜色为象牙白或者白中泛青。有些较低档的 UPVC

型材颜色为白中泛黄，这种型材防晒能力较差，使用几年后会越变越黄甚至出现变形、开裂等问题。

② 五金：五金配件是在使用中最容易出现问题的部分，五金配件需要选用质量好的，同时安装时要求安装牢固，推拉门窗需要推拉灵活自如。

### 7.9.3 楼梯的主要种类及应用

楼梯是室内交通设施，也是室内装饰中的一个重要部分。楼梯除了必须满足使用功能外，现在也越来越注重其装饰的艺术性。尤其是目前出现了越来越多的别墅、复式楼，人们追求高品质、高品位的室内环境，对楼梯的要求也就越高了。楼梯最重要的就是安全、便捷，而且装饰得当的话，楼梯会成为空间中非常引人注目的一个亮点。

楼梯的种类非常多，按照类型分主要有直梯、弧型梯和旋梯三种。直梯是我们日常最为常见的一种楼梯形式，活动方式为直下直下，加上平台也可实现拐角的要求。弧型梯是以曲线形式来实现楼上楼下的连接，曲线的应用消除了直梯拐角那种生硬的感觉，在外观上显得更美观、大方。旋梯是一种盘旋而上的蜿蜒旋梯，在居室空间中应用最多，最大的优点就是空间占用率最小，显得非常有个性。

按照材料分类，市场上常见的楼梯主要有木制楼梯、钢制楼梯、钢化玻璃楼梯、石材楼梯和铁制楼梯等，需要注意的是，这种分类并不是绝对的，实际使用往往会将多种材料搭配在一起，营造出更加个性化的楼梯形式。楼梯的构件非常多，主要包括将军柱、大柱、小柱、栏杆、扶手、踏板、立板、柱头、柱尾、连件等。

（1）木制楼梯。

木制楼梯是市场占有率最大的一种楼梯品种，木制楼梯主材为木材，容易给人以温暖舒适的感觉，再加上木制楼梯施工也相对简单，因而成为了市场的主流楼梯品种。木制踏板应选择硬木集成材，且漆面应为玻璃钢面，质量差的木制踏板容易出现磕损和因为受湿度和气温等环境影响而变形。木制楼梯效果如图 7-65 所示。

（2）钢制楼梯。

钢制楼梯是采用不锈钢制成的楼梯品种，是一种比较个性时尚的选择，多应用于一些现代感觉很强的空间中，配合钢化玻璃使用是目前很多现代空间楼梯的一种常见形式。钢制楼梯效果如图 7-66 所示。

图 7-65 木制楼梯效果

图 7-66 钢制楼梯效果

（3）钢化玻璃楼梯。

钢化玻璃楼梯也是一种现代感很强的楼梯品种，玻璃玲珑剔透的感觉是其他材料所不具备的，在形式上显得非常轻巧灵变。钢化玻璃楼梯的踏板所用的钢化玻璃还必须经过防滑处理，最好采用 10mm+10mm 夹层钢化玻璃以增加安全系数。钢化玻璃楼梯效果如图 7-67 所示。

图 7-67 钢化玻璃楼梯效果

（4）石材楼梯。

石材楼梯是一种较为传统的楼梯形式，常见方式为踏步采用大理石或者花岗石，扶手和栏杆则选择木制进行搭配。石材楼梯效果如图 7-68 所示。

图 7-68 石材楼梯效果

（5）铁制楼梯。

铁制楼梯也常与其他材料进行搭配，多为铁艺楼梯栏杆和扶手，踏步则采用木制。楼梯实景效果如图 7-69 所示。

图 7-69 铁制楼梯效果

### 7.9.4 楼梯的主要技术尺寸

早期楼梯大多是现场制作的，但现在楼梯也像家具一样由厂家生产、商家销售。不管是现场制作的楼梯还是由厂家定做的成品楼梯最需要注意的就是楼梯的技术尺寸，包括坡度、踏步宽、步高、楼梯宽度和护栏间距等参数。这些都将直接影响到楼梯使用的安全性和舒适度。尤其是家里有小孩和老人，在这些技术尺寸的设置上尤其要特别注意。

（1）楼梯的坡度。

楼梯的坡度指的是楼梯各级踏步前缘各点的连线与水平面的夹角。楼梯坡度是决定楼梯行走舒适度和空间利用的重要因素。一般来说，室内楼梯的坡度多控制在 20°～40° ，最佳坡度为 30° 左右。人流较多的公共空间和家中有小孩和老人的家居中楼梯坡度应该平缓点，较少人使用的楼梯和辅助楼梯坡度可以大一些，但最好不超过 40° 。

（2）踏步尺寸。

根据人机工程，踏步的宽度一般应与人脚长度相适应，以使人行走时感到舒适。踏步宽度不能太小，必须能够保证脚的着力点重心落在脚心附近，并使脚有 90%在踏步上。所以踏步的宽度在 280～300mm 是最为舒适的，最小则不能小于 240mm。踏步的高度也会影响到行走的舒适度，太高的踏步会使得行走较为吃力。按照国家标准公共楼梯的踏步高度应为 160～170mm，这个尺寸也是最为舒适的高度。但实际上在不少空间尤其是家居空间中踏步高度在 160～230mm，如果家中有老人小孩，踏步高度还是控制在 180mm 以下为宜。

（3）楼梯宽度。

梯段宽度和过道宽度一样由通行人流决定，最重要是保证通行顺畅。根据人机工程，楼梯宽度应与人的肩宽相适应，人肩宽在 500～600mm，考虑到衣物厚度和通行的自如，单人通行和家居使用的楼梯宽度一般应为 800～900mm；公共空间楼梯大多必须保证双人以上通行自如，所以双人梯段宽度一般应为 1200～1500mm；三人通行的梯段宽度一般应为 1650～2100mm。

（4）栏杆。

栏杆作为楼梯的防护设施，除了装饰功能外，最重要的是安全功能。在栏杆设计中首要考虑的就是其功能性和安全性，其次才是装饰性。在实际中，不少人会为了达到较好的装饰效果，刻意将栏杆之间的间距拉大或者将栏杆高度收低。如果家中有年幼小孩，过低的栏杆和过宽的栏杆间隔都会造成很大的安全隐患。一般情况下，室内栏杆的高度需要高出踏步 900mm 左右，如果楼梯的坡度较大，那么栏杆的高度也要相应提高。此外，有小孩的空间栏杆的间隔一般控制在 110～130mm，否则小孩的头容易伸出去，造成危险，当然也可以考虑采用整体式栏杆。

### 7.9.5 楼梯的选购

目前购买成品楼梯已成为一种趋势，楼梯档次从几千元到十几万元都有。成品楼梯可以按整套计价也可以按踏步计价，其中按踏步计价是目前国内最普遍的做法。按踏步计价即将楼梯的价格平均到每一个踏步中，计算出楼梯总共有多少个踏步，以踏步单价乘以踏步数得出最后的总价。其中全钢结构的楼梯价格最低，全木质楼梯最贵，玻璃楼梯的价格由玻璃质量而定，价格变化较大，石材和铁艺楼梯目前应用相对较少些。选购楼梯以人为本，将安全、舒适、实用放在首位。具体选购需要从以下方面进行考虑。

（1）楼梯类型：楼梯常见的类型有直梯、弧梯和旋梯 3 种，其中直梯是最为传统、最为常见的楼梯形式，使用最为方便和安全，但在造型上不如其他楼梯漂亮。弧形在造型上大胆，夸张，比较容易营造出豪华气派的感觉，但是对于空间要求较高，比较适合于一些较大、较豪华的公共空间和别墅。旋梯螺旋向上的，有强烈的动态美感，同时占用空间最少，很受市场欢迎。但是对有老人儿童的空间而言却是不适合的，因为其旋转度大，安全性较差，尤其是在心理上容易造成一种不安全、不踏实的感觉。所以具体采用哪种楼梯形式还是需要根据具体需要而定。此外，楼梯多为厂家定做，定做是需要一定时间的，通常为一个月左右。因而在装修的前期就必须联系好厂家设计师进行实地测量和设计。

（2）材料选择：根据材料分楼梯主要有木制楼梯、钢制楼梯、钢化玻璃楼梯、石材楼梯和铁制楼梯等，在实际应用中可以根据需要进行自由搭配。相对而言，公共空间选用钢制楼梯、石材楼梯等较耐用的楼梯较为合适，在家居空间，尤其是有老人、孩子的家庭，选择木制楼梯更为合适。需要注意的是木制楼梯的木材必须是密度大和坚硬的实木，比如花梨、金丝柚木、樱桃木、山茶、沙比利等材质密度较大、质地较坚硬的实木来加工楼梯。这些木材制作出的楼梯除了纹理漂亮，还经久耐用。

（3）尺寸设计：空间的层高是没有办法改变的，为了上下楼的方便与舒适，楼梯需要一个合理坡度，楼梯的坡度过陡，不方便行走，会带给人一种“危险”的感觉。除了坡度，在踏步宽、步高、楼梯宽度和护栏间距等参数上也要根据实际情况和需要进行精确的设置。

（4）其他方面。

① 消除锐角：楼梯的所有部件应光滑、圆润，没有突出的、尖锐的部分，以免使用时不小心造成伤害。

② 扶手材料：最理想的扶手材料是木，其次是石，最后才是金属。如果采用金属作为楼梯的栏杆扶手，那么最好选用那些在金属的表面做过处理的。在寒冬季节，摸在冰冷的金属扶手上，会让人特别不舒服，特别是对于那些上下楼必须依靠扶手的老年人尤为重要。

③ 踏步承重：质量好的楼梯每个踏步承重可以达到 400kg。

④ 选择商家：楼梯价格不菲，选购时尽量选择知名的、信誉好的厂家的产品，选择一家专业的楼梯公司很重要，除了有专业的安装服务外，在保修上也让人放心，因为楼梯涉及房子结构，不符合规范的设计或施工会带来使用上的不便，甚至给房屋造成不可修复的损害。

成品楼梯为工业化生产，由标准化的构件组成，现场装配很快即可完成。具体步骤首先将主骨、地脚预埋，基层处理加固；其次安装踏板，并采取保护板套，便于客户搬运大件家具；最后进行收尾安装，并提供售后服务卡、产品合格证及使用说明书。

## 7.10 常用工具

在装饰施工项目中，木工施工是一个对数据要求非常精细的工种，同时木工使用的工具更是琳琅满目，种类繁多。传统手工工具和现代电动工具都非常有特色，下面我们就来看下木工工具的种类和作用。

### 1. 简易木工台锯

简易木工台锯是将电圆锯倒装在自制的木工台面上，木工台面由板材和支撑脚组成，并配以靠尺和推板组合而成，如图 7-70 所示。可用于板材裁切和方料锯切操作，数据准确，裁切规则，充分满足了木工对于细节把握的要求。

在木工施工中，台锯主要用于不同尺寸板材的精准裁切，实用性最明显。

图 7-70　木工锯台

## 2. 手持式电圆锯

电圆锯是一种以单相串励电动机为动力通过传动机构驱动圆锯片进行锯割作业的工具，具有安全可靠、结构合理、工作效率高等特点，主要由电动机、减速箱、防护罩、调节机构和底版、手柄、开关、不可重接插头、圆锯片等组成，如图 7-71 所示。

在木工施工中，电圆锯可用于制作锯台，也可手持锯切木料，换上不同的切割片还可进行打磨、切割金属等操作，和云石机很相似，只是在功率上略小。

## 3. 锯铝机

锯铝机也叫介铝机，使用合金锯片专用于切割各种铝材，切割精确、效率高，如图 7-72 所示。

由单相串励电动机、减速机构（传动带式或齿轮式）、夹板、电源开关、机壳等组成。

锯铝机结构坚固、性能稳定、切割精确、耐用性强、双重绝缘、瞬时停止（定子有制动绕组，有的机型无该功能）、性能可靠。

在木工施工中，锯铝机主要用于切割铝合金龙骨等金属材料，换上木工锯片用于切割板材和木方，使用频率较高。

图 7-71　电圆锯

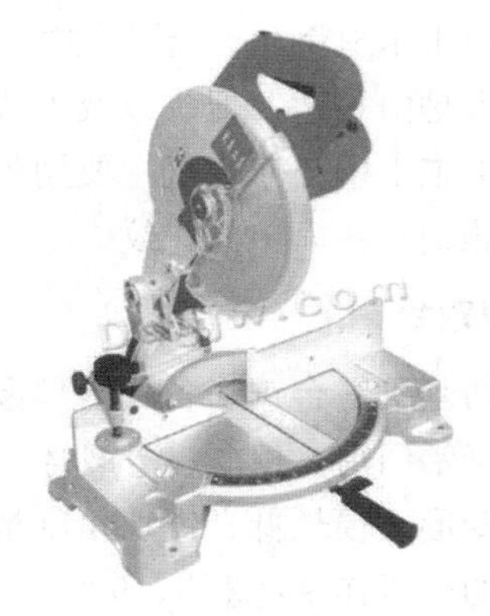

图 7-72　锯铝机

### 4. 曲线锯

主要用于切割金属和有色金属。切割金属时，切屑处理能力更强。锯齿较大，切割木材及其他木制品时效率更高。碳钢曲线锯用于切割各种木材及非金属。锯齿被磨尖，呈圆锥形，切割很快而且切屑处理能力更强。

结构上主要由串激电机、减速齿轮、往复杆、平衡板、底板、开关、调速器等组成。电机通过齿轮减速，大齿轮上的偏心滚套带动往复杆及锯条往复运动进行锯割，如图 7-73 所示。

在木工施工中，曲线锯可对板材进行曲线形切割，大大满足了木工在装饰效果上的多样变化。同时还可以对较薄的板材进行镂空，制作出漂亮的镂空板。

### 5. 电刨

电刨是由单相串励电动机经传动带驱动刨刀进行刨削作业的手持式电动工具，具有生产效率高、刨削表面平整、光滑等特点。广泛用于房屋建筑、住房装潢、木工车间、野外木工作业及车辆、船舶、桥梁施工等场合，进行各种木材的平面刨削、倒棱和裁口等作业，如图 7-74 所示。

电刨由电动机、刀腔结构、刨削深度调节机构、手柄、开关和不可重接插头等组成。

在木工施工中，电刨的实际使用率不是很高，主要是在制作一些实木家具或装饰背景时，选用的实木原料表面比较粗糙，手动刨削比较费力，可以先用电刨大致刨平，再用手推刨修整平整。

图 7-73 曲线锯

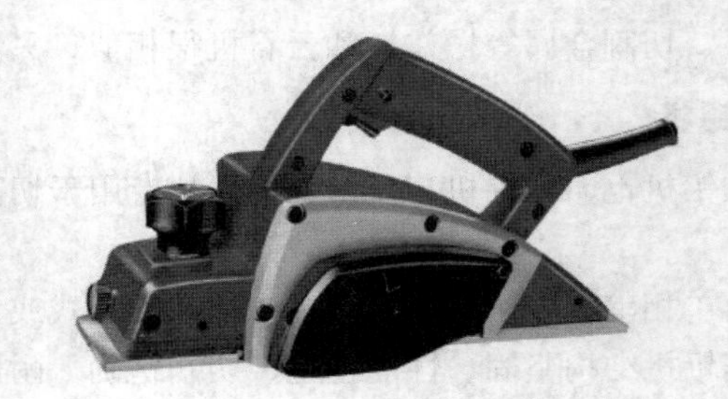

图 7-74 电刨

### 6. 修边机

大多用于木材倒角，金属修边，带材磨边等马达式活动型较强的修边设备，也称倒角机。修边机通常是由马达、刀头以及可调整角度的保护罩组成，如图 7-75 所示。

在木工施工中，修边机主要用于贴好饰面板及钉好木线条后边缘的修平，还可用于木材的倒角，雕刻一些简单的花纹。

### 7. 型材切割机

型材切割机适合锯切各种异型金属铝、铝合金、铜、铜合金、非金属塑胶及碳纤等材料，特别适用于铝门窗、相框、塑钢材、电木板、铝挤型、纸管及型材的锯切；手持压把料锯料，材料不易变形、损耗低；锯切角度精确；振动小，噪声低；操作简单，效率高，能单支或多支一起锯切；可作 90°直切，90°～45°左向或右向任意斜切等。砂轮切割机可对金属方扁管、方扁钢、工字钢、槽型钢、碳元钢、元管等材料进行切割。

在木工施工中，型材切割机主要用于切割轻钢龙骨、角钢、螺纹吊杆、钢筋等金属材料，如图 7-76 所示。

图 7-75 修边机

图 7-76 型材切割机

**8. 气泵**

气泵即“空气泵”,从一个封闭空间排除空气或从封闭空间添加空气的一种装置,如图 7-77 所示。气泵分为电动气泵和手动气泵、脚动气泵。电动气泵以电力为动力的气泵，通过电力不停压缩空气，产生气压。应用于气动打胶、汽车充气等。

根据电动机功率的大小，可释放出不同压强的气压，用于带动各种气动工具工作。

在木工施工中，气泵不是施工工具，而是提供动力的工具，后面讲到的气钉枪、风批、喷枪等都是以它为动力进行作业的。

**9. 风批**

风批也叫风动起子、风动螺丝刀等，是用于拧紧和旋松螺丝、螺帽等的气动工具，如图 7-78 所示。

气动起子是用压缩空气作为动力来运行。有的装有调节和限制转矩的装置，称为全自动可调节扭力式，简称全自动气动起子；有的无以上调节装置，只是用开关旋钮调节进气量的大小以控制转速或扭力的大小，称为半自动不可调节扭力式，简称半自动气动起子，主要用于各种装配作业。风批由气动马达、捶打式装置或减速装置几大部分组成。由于它的速度快，效率高，温升小，已经成为组装行业必不可缺的工具。

在木工施工中，风批主要用于石膏板安装，门铰链安装，操作简便，效率高。

图 7-77 气泵

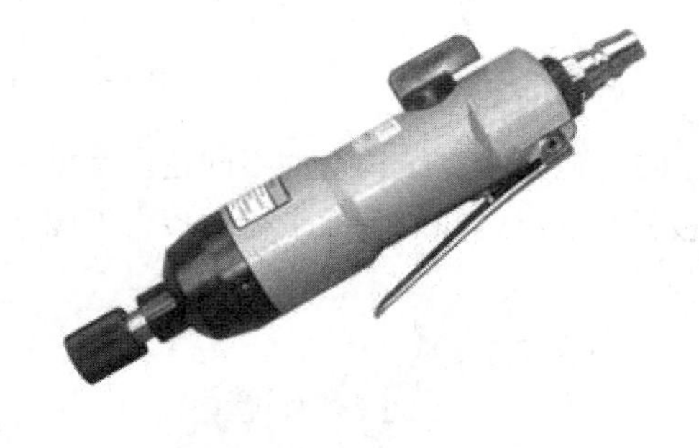

图 7-78 风批

**10. 气动钉枪**

气动钉枪也叫气动打钉机。气钉枪以气泵(空气压缩机)产生的气压为动力源。小枪气压为 0.4~0.65MPa，大钉枪气压为 0.5~0.8MPa。高压气体带动钉枪气缸里的撞针做锤击运动，将排钉夹中的排钉钉入物体中或者将排钉射出去。气动钉枪的种类很多，木工常用的种类有直钉枪、钢钉枪、码钉枪、蚊钉枪等。各种枪工作原理相同，只是在结构上略微有点差别，用途也不一样。

（1）直钉枪主要用于普通板材间的连接和固定，使用的钉子长度一般在 2~3cm，也有 5cm 的，但较少用，如图 7-79 所示。

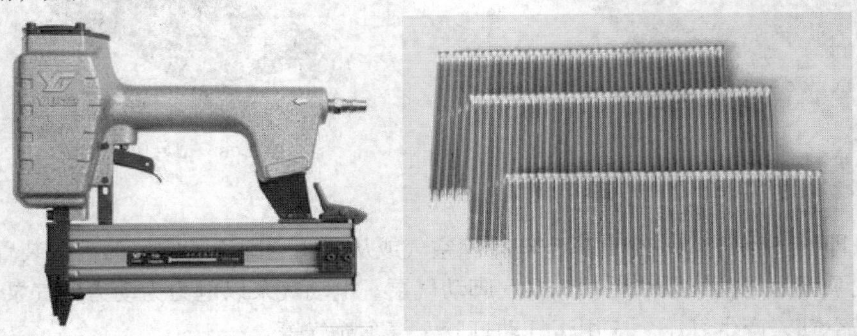

图 7-79　直钉枪及所使用的直排钉

（2）钢钉枪相对于直钉枪而言体型更大，重量更重，危险性也更大，所以在其枪嘴前端有一个保险装置，只有将保险压下去之后才能将钉子射出。主要用于将板材或木方等固定在墙地面等坚硬材质表面，其冲击力较大，可直接打入墙内，若遇到坚硬的鹅卵石或钢筋，钉子是打不进去的，如图 7-80 所示。

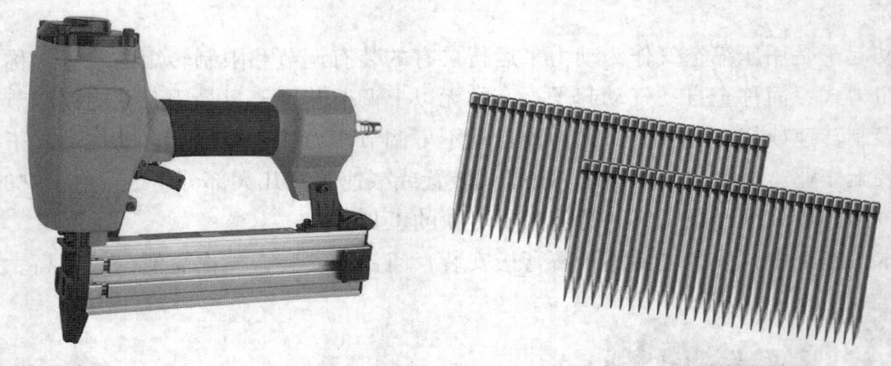

图 7-80　钢钉枪及所使用的钢排钉

（3）码钉枪在结构上的不同主要是枪嘴，其枪嘴为扁平状，适合于码钉的射出，主要用于板材与板材之间的平面平行拼接，如图 7-81 所示。

图 7-81　码钉枪及所使用的码钉

（4）蚊钉枪和直钉枪造型一模一样，只是体型上略小，它的枪身放不下直钉，只能放专用的蚊钉，蚊钉长度只有 1cm，而且没有钉帽，在钉的时候需要倾斜 45° 斜钉。主要用于饰面板等较薄的饰面材料的固定，钉上去的钉子不仔细看，看不到钉眼，较为美观，如图 7-82 所示。

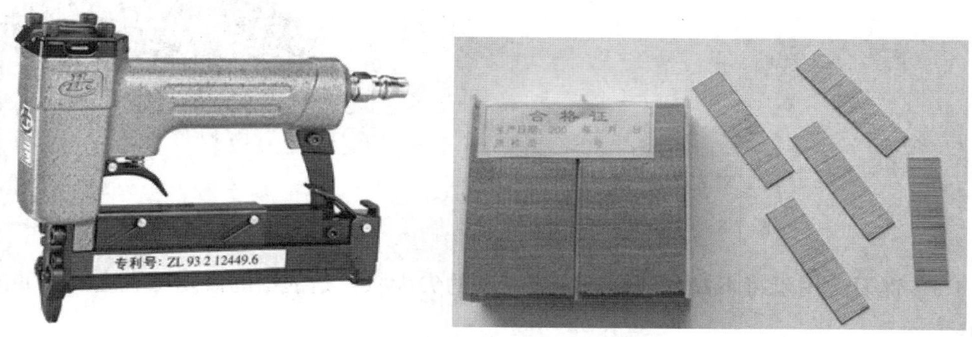


图 7-82　蚊钉枪及所使用的蚊钉

## 11. 框锯

传统木工工具，由木框架、铰绳和锯条组成，用于手动锯开木条和木板，是木工最常用的工具之一，如图 7-83 所示。

在木工施工中，框锯用于部分木材的锯切，相对电动台锯而言，效率虽然慢点，但是便捷，无噪声，无扬尘。用于装修的锯条要选用密锯齿的。

## 12. 手推刨

传统木工工具，由刨身、刨铁、刨柄组成，用于刨削木材表面，刨削面光滑、平直，但刨铁容易磨损，需要经常磨，比较花时间，如图 7-84 所示。

手推刨在木工施工中较多用于修整木方的使用面，使其光滑平整，还可用于板材、线条等木质材质的修边。使用频率高于电刨。

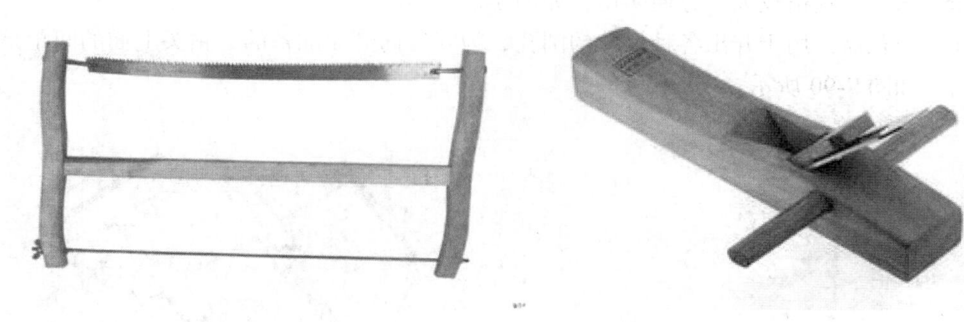

图 7-83　框锯

图 7-84　手推刨

## 13. 其他常用工具

（1）燕尾锯：形似燕尾，锯条为狭长的三角形，用于切割一些简单的曲线，如图 7-85 所示。

（2）小手刨：微小型手推刨，没有长长的刨身，所以在刨削物体时不会受到限制，如图 7-86 所示。

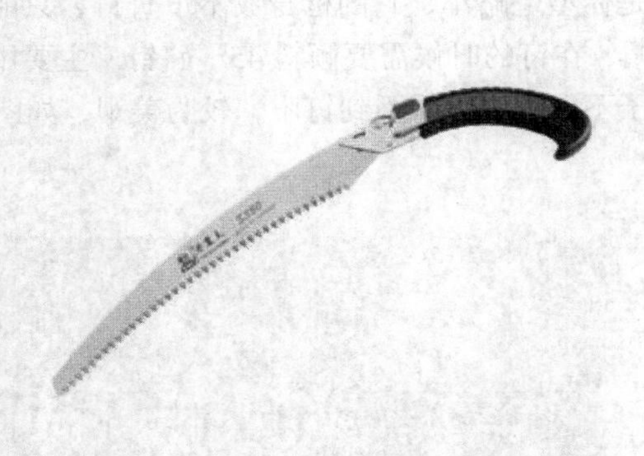

图 7-85 燕尾锯

图 7-86 小手刨

（3）锉刀：用于将不锋利的锯条锉成锋利的尖齿状，是框锯的修复工具之一，如图 7-87 所示。

（4）磨刀石：刨铁的修复工具。刨铁用了一段时间后就会变钝，或者碰到钉子会出现缺口，这时就需要重新磨锋利，如图 7-88 所示。

图 7-87 锉刀

图 7-88 磨刀石

（5）三角尺：含有 90° 直角、60° 斜角、45° 斜角、30° 斜角的尺子，不过木工喜欢自己制作三角尺，规格较大，方便实用，如图 7-89 所示。

（6）开孔器：用于开出各种尺寸的圆孔，为安装筒灯而准备的，钻头上面的间距是可以调节的，如图 7-90 所示。

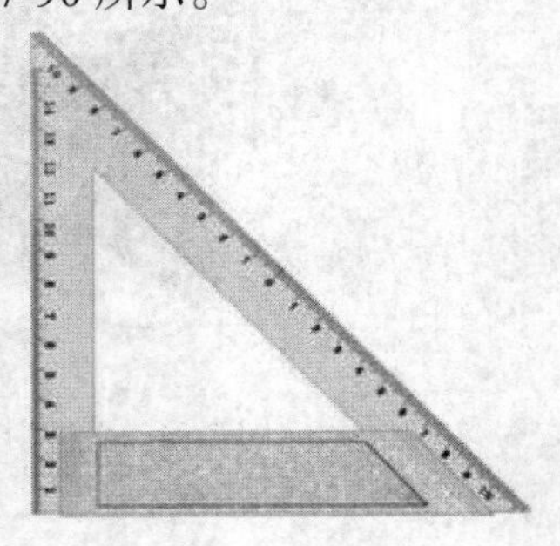

图 7-89 三角尺

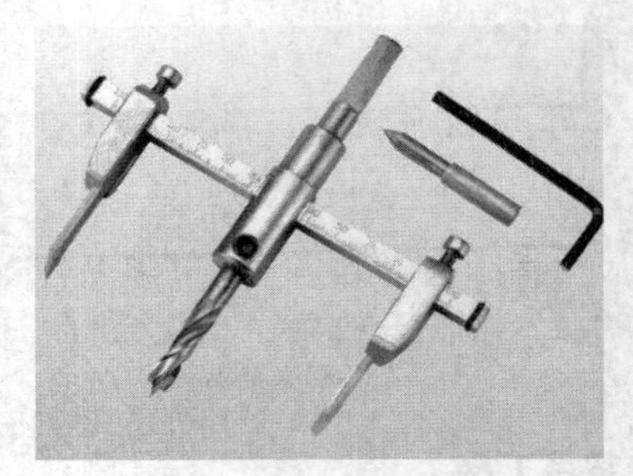

图 7-90 开孔器

**14. 公共工具**

木工也有许多工具和其他工种是共用的，如激光投线仪、手电钻、电锤、人字楼梯、钢卷尺、墨斗、美工刀、钉锤、螺丝刀等。

除此之外，木工还有许多工具，只是在装饰行业里较少使用，这里就不再一一阐述。

# 第8章 木工施工

木工工程是所有工程中最重要的一个环节。木工工程质量的好坏将直接影响到装饰后的整体效果。同时木工工程也是各种施工工序中施工时间较长的一个，涉及的材料和配件也比较多。木工的工作包括衣柜、鞋柜、电话柜等各类家具的制作，室内天花的施工，门及门套的制作，背景墙的制作等。

近些年随着成品家具和家具定制的盛行，不少室内空间都采用购买成品家具或由厂家定做的方式，比如衣柜、书柜、橱柜和成品门等，大多就是采用外购或者厂家定做的方式，所以目前木工的工作量相比以前是有很大的减少了。

相对而言，现场制作家具跟木工的手工工艺水平有很大的关系，如果工人的手工工艺水平不够，那现场制作的家具质量就很难保证了。而成品家具或者定制家具则是工厂标准化生产流程的产品，在工艺和质量上相对现场制作的家具还是更有保证的。不仅仅是家具，现在很多商家在销售木地板的同时还提供木地板的安装服务，由商家提供安装可以避免出现问题难分清楚是施工问题还是材料本身的问题。

## 8.1 吊顶工程

随着工业化的普及，门、家具、橱柜的制作以及木地板安装等传统的木工工作现在很多都由厂家或者商家完成。吊顶施工也就成为当下木工最为重要的工作。吊顶工程是装修中的重要组成部分，在水电改造的同时，吊顶工程也可以同步进行。

### 8.1.1 图解轻钢龙骨石膏板吊顶施工流程及施工要点

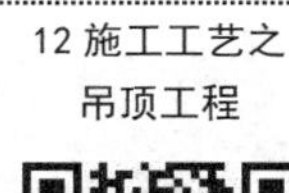

12 施工工艺之吊顶工程

13 施工工艺之吊顶完工及地暖改造

**1. 弹线**

顶面弹线要在墙面上弹出吊顶标高线，依据设计标高沿墙面四周弹线，作为顶棚安装的标准线，其水平允许偏差±5mm，如图 8-1 所示。

图 8-1 弹线

弹线不仅仅是弹出标高线，同时还必须弹出各个定位线，作为安装定位骨架的依据，弹线后效果如图 8-2 所示。

施工要点：天花板标高一般以施工图为依据定标高，如有特殊情况，比如房间主梁较高，空间较矮，天花板梁会影响电路管线的通过时，应特殊情况特殊处理，或请设计师现场处理或与业主商量妥当处理。这种情况一般以最低点为天花板标高或分级处理。

图 8-2　弹好线后效果

## 2. 切割龙骨

弹线结束后，根据事先测量的长度，切割轻钢龙骨，如图 8-3 所示。

图 8-3　切割轻钢龙骨

## 3. 钻孔

在安装之前，要在弹线标识的位置上每隔一段距离，用电钻打出钻孔，如图 8-4 所示。

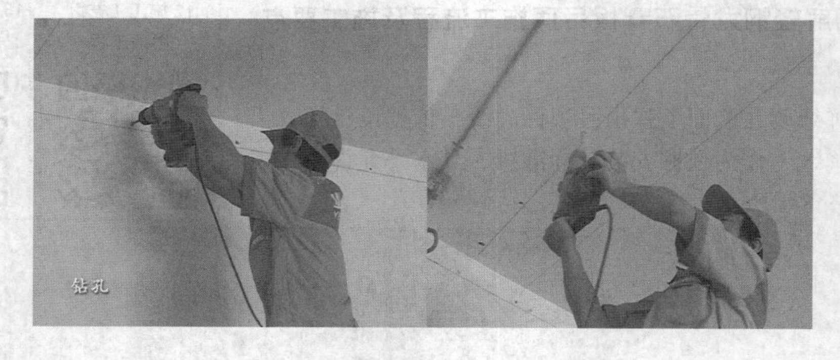


图 8-4　钻孔

施工要点如下。

①钻孔沿着谈好的标高标准线上方平面开凿，钻孔不宜过深。尽量避免墙体承重钢筋，防止对墙体承重结构的使用安全产生不必要的影响。

②顶部的孔眼要垂直，而且深度要略长于平面钻眼。

### 4. 打木锲

钻孔结束后，使用木锲填充孔眼作为固定点，如图 8-5 所示。

图 8-5 打木锲

施工要点如下。

①注意要使用比钻孔稍微大一点的木锲，填充要坚实完整，这样作为固定点才能起到很好的承重天花板的作用。

②边龙骨和顶面龙骨的固定点间距以 400mm 为宜。

### 5. 安装边龙骨和顶面龙骨骨架

采用专用龙骨固定工具，固定边龙骨和顶面龙骨骨架，控制好固定间距加设固定确保龙骨主骨架的平整与牢固，如图 8-6 和图 8-7 所示。

图 8-6 安装边龙骨和顶面龙骨骨架

图 8-7 安装边龙骨和顶面龙骨骨架

### 6. 安装龙骨连接件及龙骨

（1）顶面龙骨骨架安装完毕后，在顶面龙骨架的下方安装龙骨连接件，龙骨架与龙骨连接件依靠拉铆钉的连接方式进行连接，如图 8-8 所示。

图 8-8　安装龙骨连接件

（2）龙骨连接件与龙骨也同样依靠拉铆钉的连接方式进行连接。方法是先用电钻打眼，然后用专业工具拉出铆钉，如图 8-9 所示。

图 8-9　拉铆钉连接

### 7. 主龙骨、副龙骨的安装与固定

主龙骨需要起到吊顶整体承重的主要受力作用，所以主龙骨吊杆、挂架必须使用膨胀螺栓进行固定，它便于用力，能够确保膨胀螺栓的膨胀帽张开和固定。

膨胀螺栓的原理是把膨胀螺栓打到地面或墙面上的孔中后，用扳手拧紧膨胀螺栓上的螺母，螺栓往外走，螺栓底下的大头就把金属套涨开，使其涨满整个孔，达到膨胀的目的，进而把螺栓固定在地面或楼板上，达到生根的目的。膨胀螺栓如图 8-10 所示。轻工龙骨吊杆、挂件等配件如图 8-11 所示。

轻钢龙骨构造看似复杂，其实是有规律可循的。一般来说，石膏板面板固定在副龙骨上，副龙骨固定在主龙骨上，主龙骨固定在主龙骨挂件，主龙骨挂件固定在吊杆或者膨胀螺栓上（吊杆可以调整吊顶的高度，本文因为层高不是很高，没有使用到吊杆，主龙骨挂架直接固定在膨胀螺栓上。如果有吊杆则是将主龙骨挂件固定在吊杆上，再将吊杆固定在膨胀螺栓上），膨胀螺栓固定在楼板上，这样就完成了整个的轻钢龙骨石膏板构架，如图 8-12 所示。

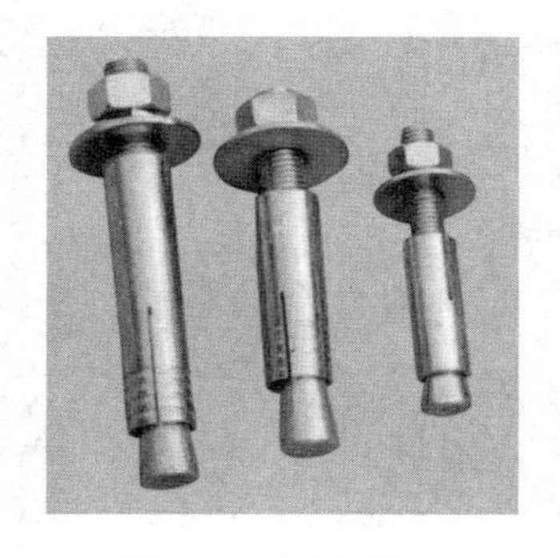

图 8-10　膨胀螺栓

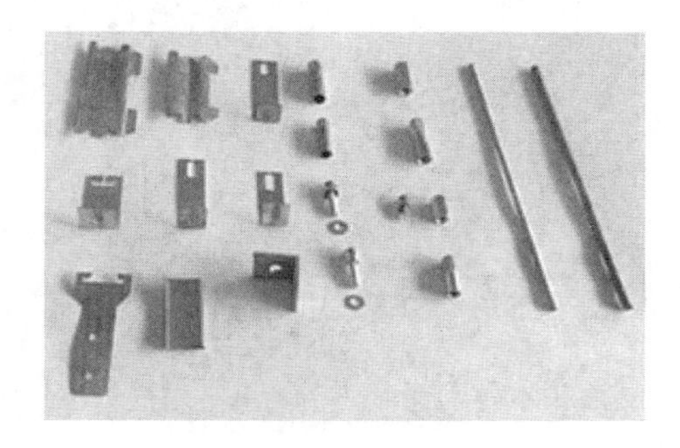

图 8-11　吊杆、挂件等配件

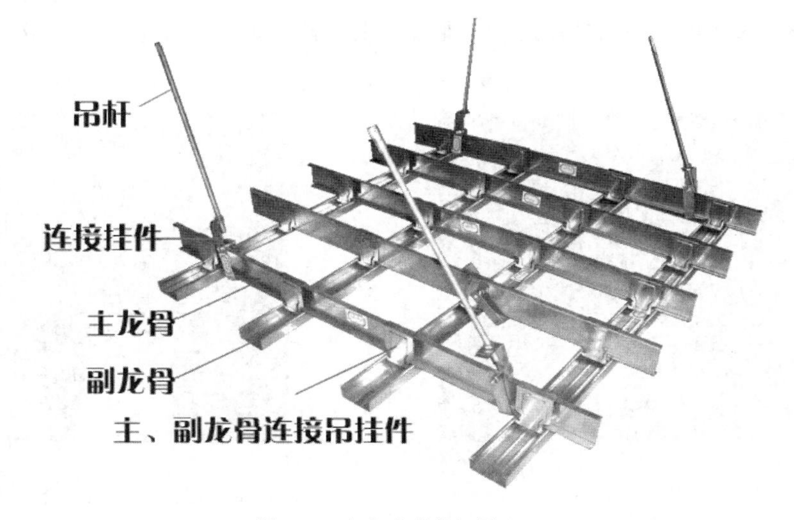


图 8-12　轻钢龙骨构架图

主龙骨、副龙骨的安装与固定步骤如下。

① 电钻打孔，并在孔内打入膨胀螺栓，如图 8-13 所示。

② 在膨胀螺栓上固定龙骨挂件，如图 8-14 所示。

图 8-13　电钻打孔并打入膨胀螺栓

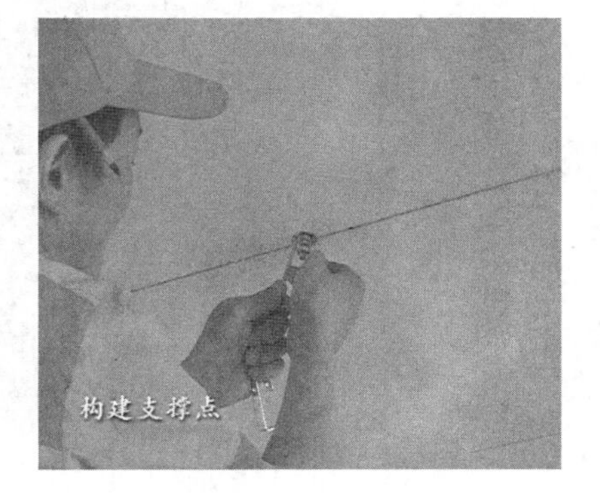


图 8-14　固定龙骨挂件

③ 在挂件上挂上主龙骨，如图 8-15 所示。

④ 挂好主龙骨好，拧紧螺丝，固定主龙骨在挂件上，如图 8-16 所示。固定好的效果如图 8-17 所示。

图 8-15 在挂件上安装主龙骨

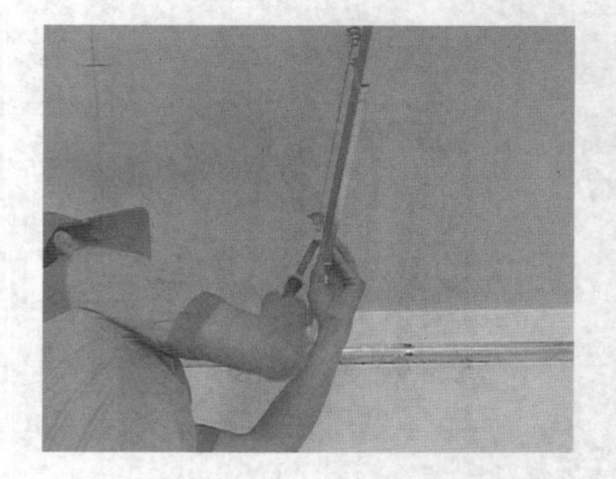

图 8-16 固定主龙骨在挂件上

⑤ 副龙骨采用专用的吊挂件连接副龙骨与主龙骨，如图 8-18 所示，连接好的效果如图 8-19 所示。

图 8-17 固定后效果

图 8-18 用专用的吊挂件连接副龙骨与主龙骨

龙骨安装固定完毕，必须检查龙骨安装是否水平，这是保证未来吊顶安全美观的重要条件。吊一个重物，利用重物下垂垂直原理来判断龙骨是否整齐水平，是一个简单有效的方法，如图 8-20 所示。

图 8-19 连接好的效果

图 8-20 利用重物下垂检测水平

### 8. 安装石膏板面层

因为一旦在龙骨上安装固定好了石膏板，再返工就会很麻烦。所以在安装石膏板前应该仔细检查顶面施工环节是否结束，水电管线铺设是否完成，以避免返工。

（1）分割石膏板。

根据吊顶面层的间隔距离和副龙骨间距确定石膏板的裁剪尺寸和大小，石膏板大小通常为 2400mm × 1200mm 或 3000mm × 1200mm。先测量弹线，如图 8-21 所示。然后用美工刀切割，如图 8-22 所示。

图 8-21 测量弹线

图 8-22 切割

（2）安装石膏板面层。

将专用石膏板螺丝利用工具拧入龙骨固定石膏板，螺钉应下沉于石膏板，长度在 0.2～0.5mm，不得破坏石膏板面，如图 8-23 所示。

图 8-23 安装石膏板面层

施工要点如下。

① 安装石膏板时，在石膏板上标识副龙骨的位置线，以便用螺钉加固时准确无误。

② 石膏板安装，应该从顶面的一侧开始，错缝安装或者从中间向四周固定，如图 8-24 所示。

③ 石膏板的安装，板的长面与主龙骨呈十字交叉，也就是与副龙骨平行，如图 8-25 所示。余料要放在最后装。

图 8-24　从顶面的一侧开始安装

图 8-25　石膏板的安装与副龙骨平行

④ 板材与墙体之间应该留有 3～5mm 的间隙，螺丝与板边的距离以 15～20mm 为宜，如图 8-26 所示。

⑤ 安装好石膏板面板后，在钉眼处点上防锈油漆，如图 8-27 所示。这样是为了防止日后螺钉生锈，锈斑导致钉眼处乳胶漆泛黄，影响美观。

图 8-26　石膏板与墙体留 3～5mm 的间隙

图 8-27　石膏板安装好的效果

轻钢龙骨石膏板吊顶到这里就做完了，接下去还要给石膏板面板扇灰、上乳胶漆，这些施工会在后面的章节中详细介绍。

### 8.1.2　图解木龙骨夹板吊顶施工流程及施工要点

一般情况下，夹板天花采用木龙骨做承重骨架，而石膏板天花则是采用轻钢龙骨作为承重骨架。但这也不是绝对的，石膏板天花很多情况下也会采用木龙骨作为承重骨架。考虑到目前市场上还是有不少人采用夹板天花，在这里详细介绍一下木龙骨夹板吊顶的施工。

（1）打好水平线，量好弹好施工线，如图 8-28 所示。

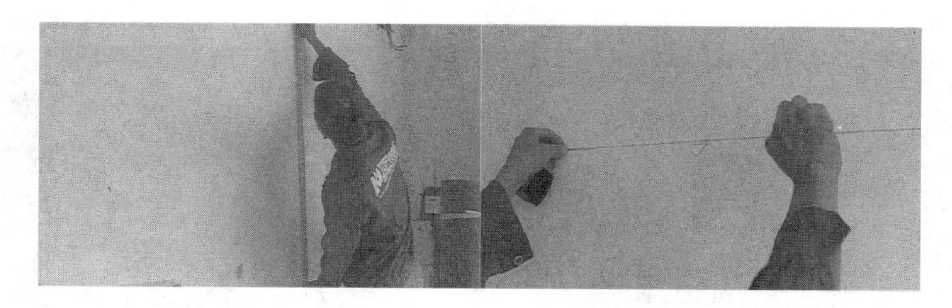

图 8-28　量好弹好施工线

（2）钻眼，打木锲作为墙面的紧固件，如图 8-29 所示。

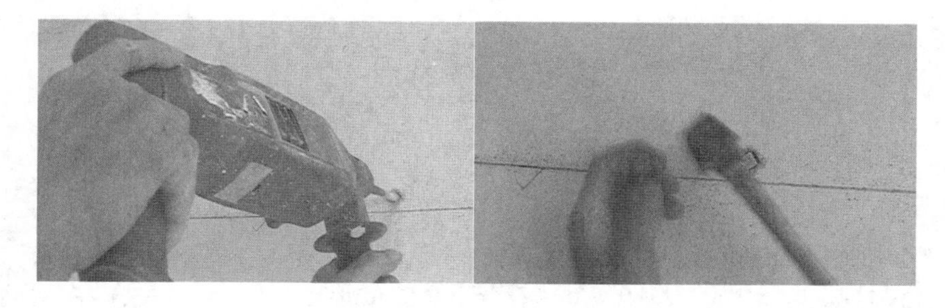

图 8-29　钻眼，打木锲

（3）做龙骨架，如图 8-30 所示，（因为是补拍，四周已经封上了夹板，只剩下中间还有木龙骨架）利用事先钉入墙体的木锲打钉和膨胀螺丝固定龙骨，如图 8-31 所示。

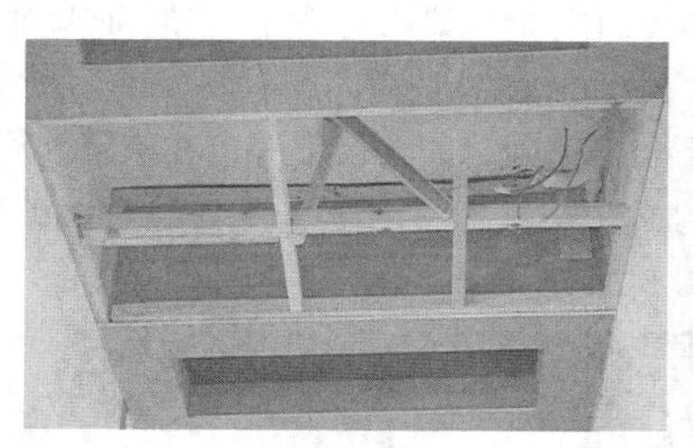

图 8-30　做龙骨架

图 8-31　膨胀螺丝固定

（4）龙骨顶面的固定要用木拉筋拉在木龙骨上，上方要用膨胀螺丝，拉筋打做人字形，如图 8-32 所示。

（5）龙骨安装完毕后，必须满刷防火涂料，如图 8-32 所示。因为木龙骨基本上都是由松木和杉木制作的，其防火性能极差，安装好后必须全面刷上防火涂料，刷完后木龙骨呈白色显示。

图 8-32　拉筋打做人字形

图 8-33　满刷防火涂料

（6）封板。木板用胶水和射钉枪固定，如图 8-34 所示。有灯槽的槽内一定要封底板，如图 8-35 所示。

图 8-34　刷胶及钉板

图 8-35　灯槽槽内封底板

### 8.1.3　图解铝扣板吊顶施工流程及施工要点

铝扣板名称来由是因为其面板的安装只需要扣在龙骨槽口翼缘上即可，非常简单，如图 8-37 所示。

铝扣板天花是最为常见的天花品种，多用于公共空间，如会议室等，在家庭装修中则广泛地应用于厨卫空间中，已经完全取代了之前的 PVC 吊顶。铝扣板天花安装全过程如下。

（1）按照图纸尺寸定位，弹出水平线，如图 8-37 所示。

图 8-36　铝扣板骨架

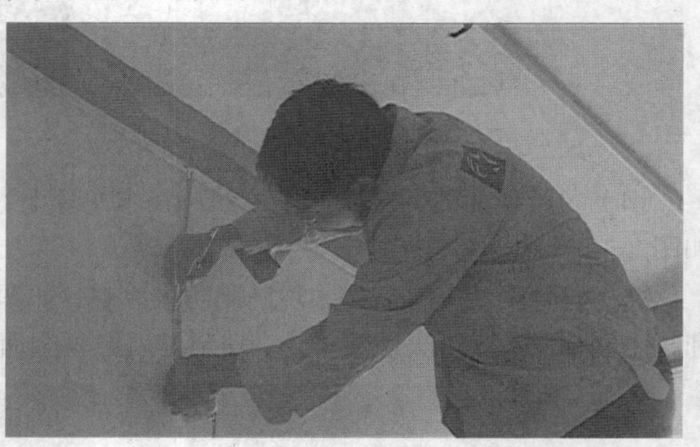

图 8-37　定位

（2）四周墙上用玻璃胶黏紧铝角线，如图 8-38 所示。

图 8-38 粘紧铝角线

（3）在楼板上用冲击钻打眼，装吊杆，吊杆的长度决定了吊顶的高度，如图 8-39 所示。

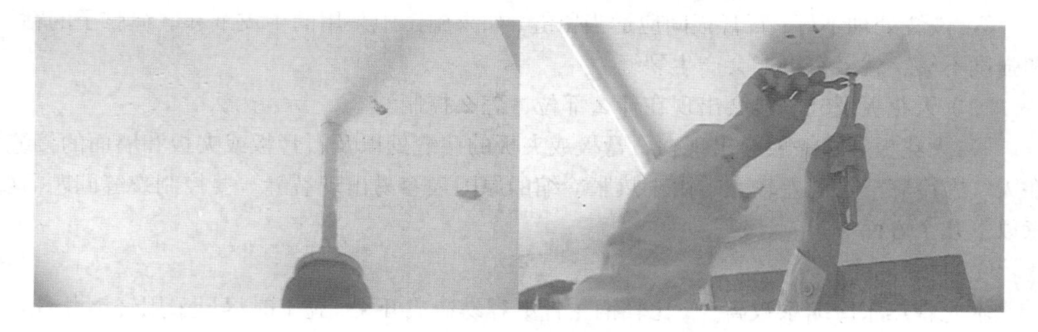

图 8-39 装吊杆

（4）接龙骨，如图 8-40 所示。

（5）把铝扣板扣上即可，如图 8-41 所示。

图 8-40 接龙骨

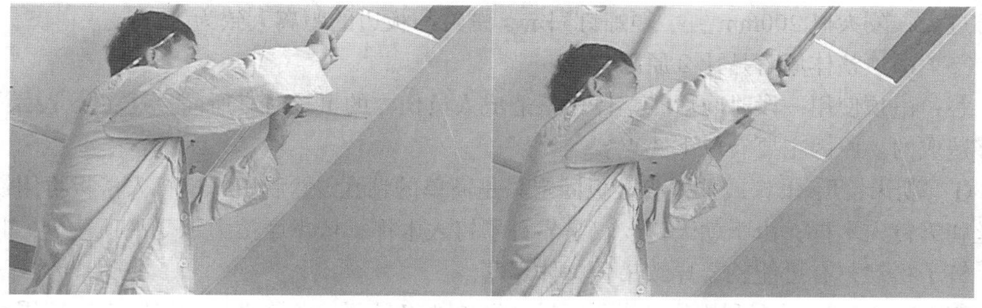

图 8-41 把铝扣板扣上

施工要点如下。

①一般较轻的灯具可固定在中龙骨或横撑龙骨上，较重的灯具应加固处理。

②扣板安装应严密、平整、平直，修边到位。

### 8.1.4 吊顶工程常见问题答疑

（1）石膏板变形和接缝开裂主要原因是什么？

答：石膏变形和接缝开裂的原因有很多，主要原因列举如下。

① 石膏板本身吸水受潮：石膏板虽然较强的抗湿性，但并不能完全阻止吸水，如果施工中使用了受潮浸湿的石膏板就很可能会导致起鼓、变形（装修中最好使用防水石膏板）。

② 骨架设计和施工不合理：石膏板与龙骨之间的固定不牢或者龙骨不够平直、刚度不够、间距不当都有可能引起变形和裂缝。

③ 嵌缝处理不好：石膏板间应适当留缝，如果施工中采用的牛皮纸和嵌缝腻子的粘结力和强度不够，就极有可能会产生裂缝。

（2）天花板裂缝一般会出现在什么部位，怎么控制？

答：天花板裂缝一般会出现在石膏板或夹板的接缝处以及石膏板或夹板和墙面的接缝处。在天气骤冷骤热，温差较大时由于热胀冷缩的原因最容易出现裂缝。要控制裂缝问题需要注意以下几个方面。

① 材料问题。

木龙骨热胀冷缩系数高，要比轻钢龙骨更容易造成开裂，施工时尽量采用轻钢龙骨骨架。

此外，石膏板、嵌缝腻子及接缝处贴的牛皮纸的质量也对开裂有影响。在材料选购上可以参照本身石膏板选购章节内容。

② 工艺问题。

a. 吊天花板时龙骨骨架一定要水平，水平差控制在 5mm 以内。

b. 石膏板及夹板接缝处间距控制在 3.5mm 左右，要开八字口才补粘粉或石膏粉，牛皮纸贴到位，容易开裂处要贴了两层或多层牛皮纸或使用专用防开裂网布。

（3）天花板裂缝出现后怎么解决？

答：把开裂的地方全部铲除，重新再贴纸、批灰、刷漆。有些人采用重新涂刷乳胶漆的办法解决，这只能治标不治本，没多久裂缝又会重现。如果是骨架或者板材本身的问题造成的，即使铲除重做也不能根治。解决的最佳办法还是一开始就严格选择材料和规范施工。

（4）吊顶不平是什么原因造成的？怎么解决？

答：吊顶不平通常是因为骨架不平造成的，也有可能是因为吊顶间距过大，龙骨受力过大导致不平。在施工时骨架安装要平直，牢固，此外轻钢龙骨吊杆间距应为 900～1200mm，不可过大；隔大概 200mm 钉一颗螺钉固定，螺钉与板边的距离大致为 15mm。

（5）吊顶整体塌落是什么原因？

答：吊顶使用一段时间后，整体塌落造成人员伤亡的事故时有所闻，这主要是因为受力不够造成的。原因主要有以下 3 点。

①“朝天钉”：吊杆或挂件与楼板固定只是简单的钻孔，然后用木榫打入楼板再用铁钉或螺丝朝天钉入木榫；由于朝天钉仅仅是靠钉子钉入木榫，依靠摩擦力承受平顶重量，时间一长，钉子松动，有可能就会导致吊顶整体塌落。

②“撑平顶”：没有利用吊杆承重，只是简单地将吊顶的龙骨直接用钉固定在四周墙上或

梁的侧面木榫中，以此固定吊平顶。吊顶仅靠四周固定，中间无吊杆承重，时间长了也容易造成吊顶塌落事故。

③ 吊顶过重：有些造型天花极其复杂，也造成了吊顶过重，超过吊杆所能承受的力也会造成吊顶塌落。

为了避免出现吊顶整体塌落的情况，在施工时不仅要依靠侧面钉入木榫受力，还必须在楼板顶面采用膨胀螺栓固定，加强受力。此外，吊顶分上人吊顶和不上人吊顶，选择材料时要有区分，同时必须保证所用材料的质量。

（6）吊顶设计需要注意什么？

答：首先需要注意空间的层高，尤其现在很多开发商不厚道，住宅空间层高普遍不是很高。当空间层高低于 2.6m 时，大面积的制作天花就不合适了，因为人处于 2.6m 高度以下的空间会感觉到压抑。如果空间层高低于 2.6m 时，最好只在局部空间如过道和空间四周制作一些局部天花。其次是对于一些对防水和清洁有较高要求的空间如卫生间和厨房等处，适合采用防水性能和清洁性能更好的铝扣板天花而不是石膏板天花。如果采用石膏板天花，则必须涂刷防水性能更好的外墙乳胶漆。

# 8.2　木质家具制作

柜的种类一般有衣柜、书柜、工艺柜、酒柜、电视柜、壁柜、储物柜、鞋柜、角柜、矮柜、吊柜、地柜等。虽然各种不同功能的柜子种类非常多，且又各具样式，但是各种柜子的制作工艺却是大同小异的。在本节中将重点讲解衣柜和书柜的制作安装，其他柜式的制作安装参照进行即可。

## 8.2.1　图解柜子制作流程及施工要点

24 施工工艺之木质家具制作（上）

25 施工工艺之木质家具制作（中）

26 施工工艺之木质家具制作（下）

柜体的制作和安装流程相当繁琐，一般可以分为八个步骤，分别是划线、确定固定点、下料、组装、贴饰面板、收口条、修整、喷漆。下面我们详细介绍一下柜体的制作与安装。

### 1. 划线

工人师傅制作前，要先熟悉柜体设计图纸。图纸对于柜体尺寸、安装位置必须有明确要求，如图 8-42 所示。看过设计师的方案，工人知道了具体要制作哪些柜子，并确认完柜子的尺寸后，在相应位置划线。

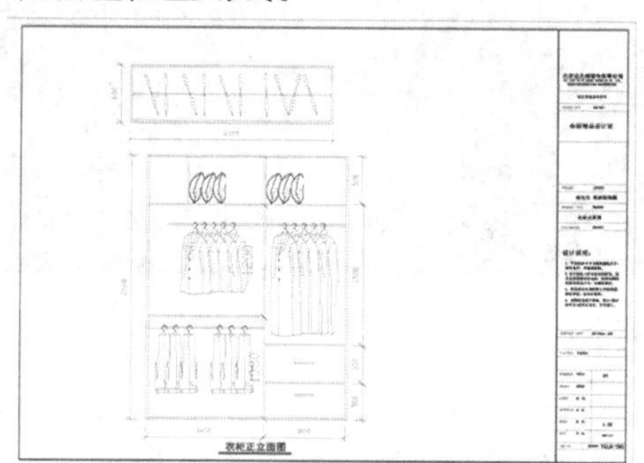



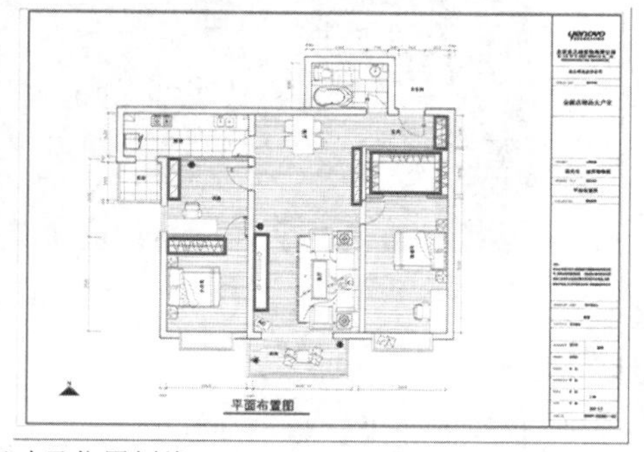



图 8-42　根据柜体尺寸及位置划线

### 2. 确定固定点

按照设计要求，如果柜子是固定在墙上的，工人师傅不仅要根据设计图纸划线，还必须根据固定家具尺寸在墙面上的确定固定点。

### 3. 下料

确定完柜子尺寸和安装位置之后，需要根据柜子尺寸、结构和墙体垂直线，划出柜体外框线，并根据设计尺寸裁切板材，如图 8-43 所示。

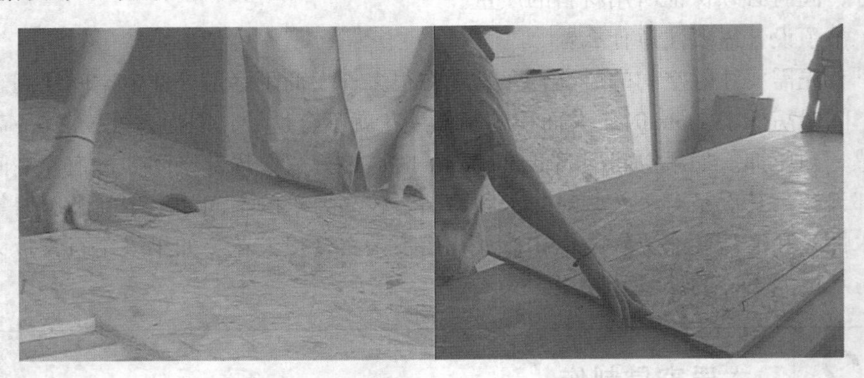

图 8-43 根据柜体尺寸切割板材

施工要点如下。

（1）柜体的结构板材要有很好的抗温、抗压性能。本次柜体制作使用的是欧松板和澳松板，如图 8-44 所示。欧松板和澳松板在之前的板材章节中已经有过介绍了，这里就不重复了。

（2）工人师傅下料，下料尺寸必须准确，不能有丝毫偏差，柜子做的好与坏是否符合要求，在很大程度上取决于前期的基础工作。

（3）审阅施工图是否与实地尺寸相符，如误差过大必须和设计师及监理现场更改，并签字为据，彻底解决问题后再下料制作。

（4）测量柜体与墙面接触的面积，一般按长宽延长 100mm 刷好墙面防潮涂料，衣柜背板刷光油。

（5）开料应计划好，剩余的边角料不得浪费，留下来做地台或其他用途。

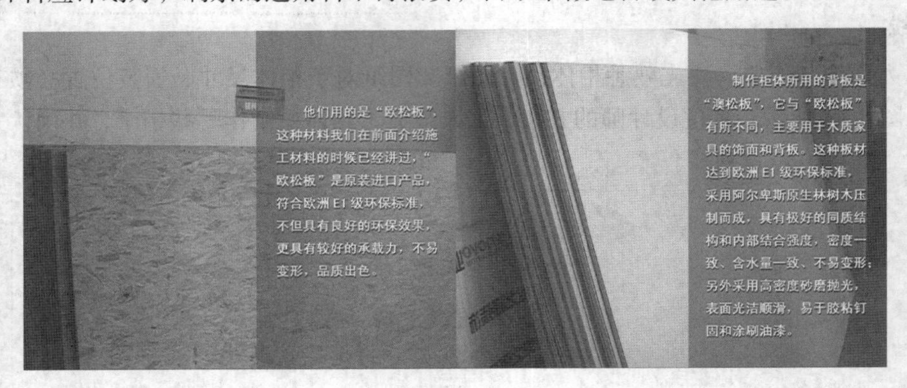


图 8-44 欧松板和澳松板

### 4. 组装

工人按照图纸要求，将一块块切割完成后的板材进行拼装，如图 8-45 所示。

图 8-45 将切割好的板材进行拼装

组装完之后，大概的柜体框架，如图 8-46 所示。组装完之后，工人要把柜体安装在墙体上，如图 8-47 所示。

图 8-46 大概的柜体框架

图 8-47 把柜体安装在墙体上

现在的柜子结实牢固，但是缺少美观，所以接下来要在柜子的上面贴饰面板。本次采用的饰面板为澳松板，然后在澳松板上刷白色混油。

注：在板材上刷上不透明的颜色漆进行遮盖，这种施工作法被称为混水或混油，白色混油指的就是在澳松板上刷白色油漆；有些饰面板材因为本身就具有漂亮纹理，所以即使上漆也通常是透明漆，这种施工作法通常叫做清水或清油。

## 5. 安装饰面板

准备安装饰面，在饰面板上涂上生态白胶，如图 8-48 所示。涂刷看似简单，却也有很多技巧。刷胶时，不仅要用力均匀，而且要在饰面上全面刷到，必须干净、仔细。

图 8-48 涂刷上生态白胶

注：专用生态白胶是环保型的白乳胶产品，无甲醛排放，成膜性好，化学稳定性和冻融稳定性强，无刺鼻气味。

刷好白乳胶后，就可以进行铺贴饰面板了，如图 8-49 所示。饰面板铺贴要平整牢固。铺贴好后可以用橡皮锤轻轻敲实，也可以用一快废弃板材贴着饰面板用锤子轻敲，避免锤子直接砸饰面板，对饰面板有所损伤，如图 8-50 所示。

图 8-49　铺贴饰面板

图 8-50　垫板敲实饰面板

粘贴并敲实饰面板后还要用气钉枪打入射钉将饰面板钉牢，如图 8-51 所示。待胶干之后，还要用修边机器进行修边处理，如图 8-52 所示。修边最主要目的是为了保证后面贴收口条的施工质量。

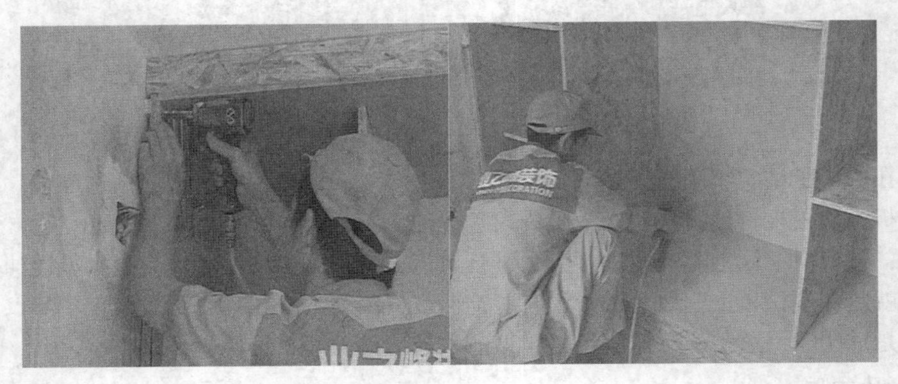

图 8-51　用气钉钉牢

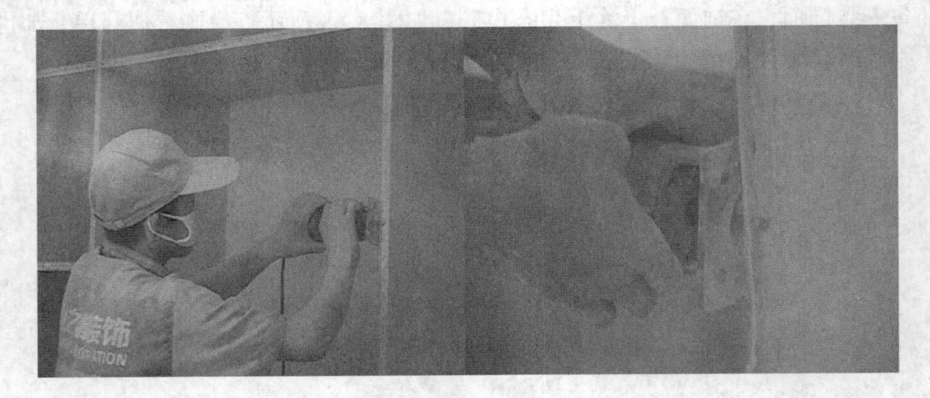

图 8-52　用修边机器进行修边

注：射钉用气钉枪打入板材内只会留下一个小凹点，补腻子、上油漆后完全看不到，不会影响到饰面板的美观性。

### 6. 收口条

收口条之前，要根据柜边尺寸下料，镶边用的材料同样是奥松板，它的表面光洁顺滑，易于胶黏粘固。将裁好的收口条，涂上生态白胶之后，贴在收口面上，如图 8-53 所示。用气钉钉固，如图 8-54 所示。

图 8-53　贴收口条

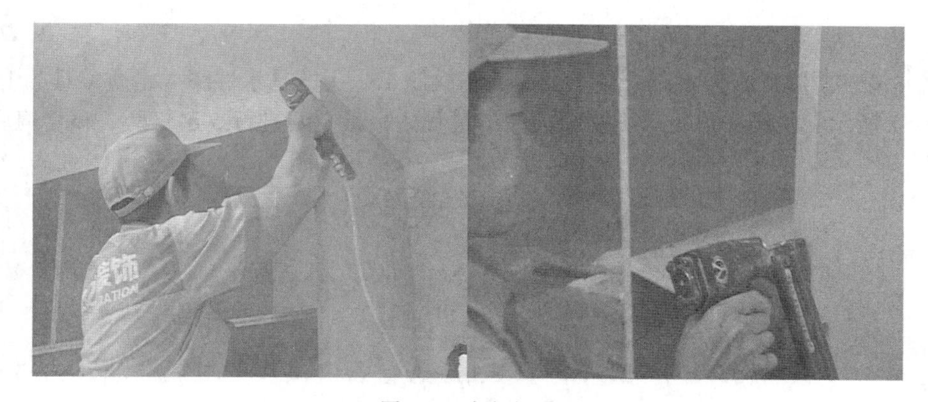

图 8-54　气钉钉固

### 7. 修整

收口条安装完之后，必须等到生态白胶干后，采用专用修边机对收口条进行修边，如图 8-55 所示。

图 8-55　对收口条进行修边

等修边完成之后，用砂纸进行对柜体表面打磨，并清理污物及粉尘，如图 8-56 所示。这是涂刷油漆前的必要工作。涂刷油漆之前，必须要进行基础处理，先除去柜体表面的污物和粉尘。然后对表面进行打磨，打磨后必须确保柜体表面平整、干燥、无油、无腊、无污渍，以免影响腻子的附着力，这点非常重要。修整工作完成之后，就可以上油漆了。

图 8-56　砂纸打磨并清理粉尘及污物

**8. 喷漆**

打磨并清理干净后，便可以开始上油漆，本次施工采用的是水性漆。木质家具的上漆流程如图 8-57 所示。从图中可见，在喷涂油漆的过程中，最少要进行 5 遍打磨，喷 2 遍底漆，3 遍面漆。

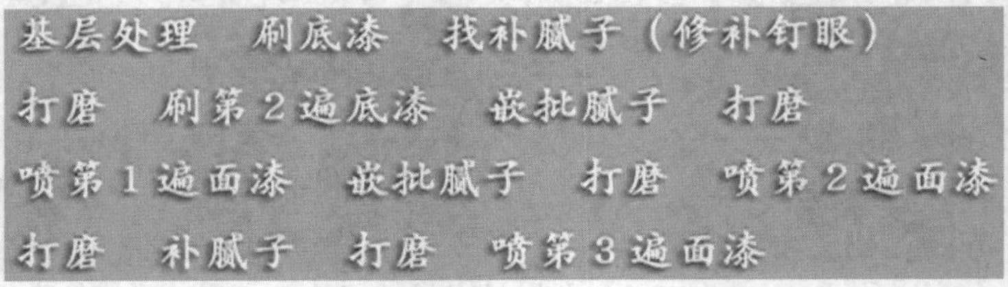

基层处理　刷底漆　找补腻子（修补钉眼）
打磨　刷第 2 遍底漆　嵌批腻子　打磨
喷第 1 遍面漆　嵌批腻子　打磨　喷第 2 遍面漆
打磨　补腻子　打磨　喷第 3 遍面漆

图 8-57　上漆流程图

（1）在对柜子进行了砂纸打磨并清理粉尘及污物等表面基层处理后，就要开始刷第一遍底漆，第一遍底漆不可过稀或过稠，如图 8-58 所示。

图 8-58　刷底漆

注：水性漆是用水稀释剂，这样避免了像普通油漆那样采用香蕉水、天拿水作为稀释剂，产生苯、甲苯、二甲苯等污染物。

（2）刷完第一遍底漆后，柜体饰面上那些小的射钉钉眼就很明显了。等油漆干燥后，用腻子对钉眼、勾缝等进行填缝，如图 8-59 所示。填缝、补钉眼最好采用专用腻子，专用腻子黏贴性好，防开裂，品质稳定。

图 8-59　填缝、补钉眼

（3）待腻子干燥 24h 之后，对柜体表面进行第 2 遍打磨。待打磨并清理粉尘及污物工作完成后，再进行第 2 道腻子的镶补，如图 8-60 所示。

（4）待腻子干透后，刷第 2 遍底漆。这遍底漆调配得“稀”一些。喷完底漆后，柜子表面已经很光滑了，如图 8-61 所示。施工人员还要进行最后检查，在暗角处可能还有一些非常模糊的钉眼痕迹，工人还必须用腻子做最后镶补，镶补要格外细致。

图 8-60　第二道腻子的镶补

图 8-61　刷了两遍底漆后的效果

（5）最后查看一遍柜体，确认表面没有任何的钉眼、缝隙等痕迹后，施工人员开始喷第一遍面漆，面漆要由薄逐渐喷厚，喷涂的距离也要由远至近，如图 8-62 所示。第一遍面漆喷好后效果如图 8-63 所示。

图 8-62　喷面漆

（6）按照以上施工流程，反复打磨，喷涂再打磨，如果施工过程中发现还有钉眼、缝隙等痕迹，还需要随时补腻子，这样依次进行二至三遍，喷漆工作就完成了。最终效果如图 8-64 所示。

柜体完成后，接着以类似的工艺完成柜门的制作，最后安装好合页铰链等即可。如果是选用玻璃推拉门或者工艺比较复制的柜门，则需要到商家或厂家定做。

图 8-63　第一遍面漆效果

图 8-64　三遍面漆后效果

施工要点如下。

①每一遍喷漆干燥后都要用 320 目水砂纸打磨平整并清洗干净，最后还要用 400～500 磨水砂纸打磨，使漆面光滑平整。320 目、400 目指的是砂纸的型号。

②面漆通常要喷 2~3 遍，要由薄逐渐喷厚，第一遍喷漆，稠度要小些，以使涂层干燥的快，第二三遍喷漆，黏度可大些，以使涂层显得丰满。

③柜类制作尺寸允许偏差及验收方法如表 8-1 所示。

**表 8-1　　柜类制作尺寸允许偏差及验收方法**

| 项目 | 允许偏差/mm | 验收方法 | |
|---|---|---|---|
| | | 量具 | 测量方法 |
| 柜门缝宽度 | ≤1.5 | 楔形塞尺 | 每柜随机选门一刻扇，测量不少于二处，取最大值 |
| 垂直度 | ≤2.0 | 线锤、钢卷尺 | |
| 对角线长度（柜体、柜门） | ≤2.0 | 线锤、钢卷尺 | |

## 8.2.2　图解木质家具防潮施工流程

对于一些贴墙的柜子，尤其是一些固定的柜子，做好防潮处理是非常必要的。特别是在南方地区低层建筑中，一到梅雨季节，空气非常潮湿，柜子内壁很容易发霉。此外，如果柜子背板贴着卫生间的墙面，那么防潮更是不得不做的了。

（1）清理基层，保证涂刷防潮层的位置平整干净，如图 8-65 所示。

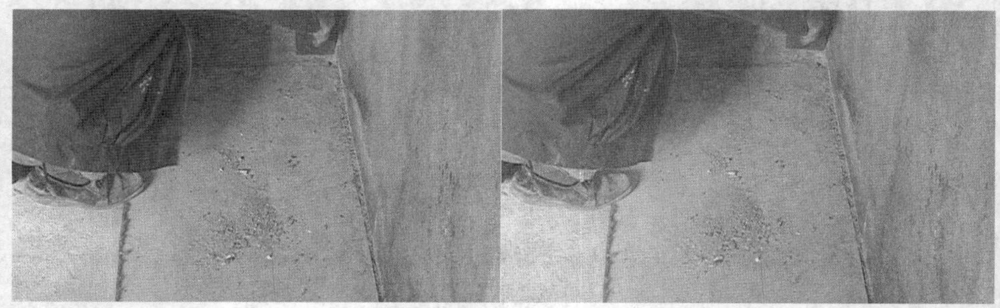

图 8-65　清理基层

（2）防潮油涂刷墙面和地面要超出木制品的长、宽度至少 100mm，如图 8-66 所示。

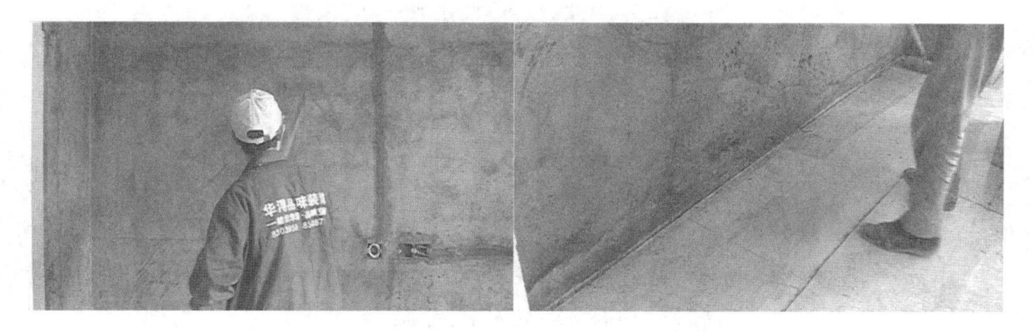

图 8-66　涂刷墙面和地面

（3）防潮油涂刷木制品背板，如图 8-67 所示。

（4）在涂好防潮油的木制品背板上沾上防潮棉，如图 8-68 所示。

图 8-67　涂刷木制品背板

图 8-68　沾上防潮棉

## 8.3 其他常见木工施工项目

### 8.3.1　图解成品门安装流程及施工要点

门安装操作步骤通常有现场质检、门套安装、配件定位、安装门扇、安装门套线等五个步骤。

35 施工工艺之成品门的验收及安装

#### 1. 现场质检

成品门运到现场时，由设计人员、安装工人和业主共同对门的质量、颜色等进行检查，打开包装，查看产品说明书和安装单，检查门扇、门套质量、尺寸，是否有扭曲等，确认无误后方可以进行安装。这样可以避免以后出现问题，不清楚是施工问题还是产品问题。

#### 2. 门套安装

门套的安装需要根据门扇及洞口尺寸做到对号入座。先安装门套固定点，门套固定点通常采用与门框等宽的板材，在板材背面涂胶并用钉子紧固在门洞内，固定时要保证固定点的垂直度，如图 8-69 所示。

确定和安装门套固定点后，对门套进行初步固定，门套的固定采用胶黏和气钉枪钉入射钉固定，注意门套的固定必须垂直和方正，如图 8-70 所示。

图 8-69　安装门套固定点

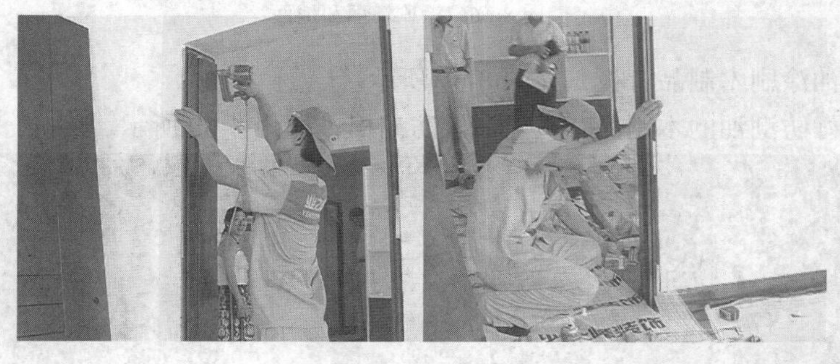

图 8-70　固定门套

### 3. 配件定位

门扇安装之前，应先将门扇放在门套内试装，如图 8-71 所示。根据门扇上安装合页的位置，来定位门套合页的位置，再取出门扇，在门角划出门合页线，如图 8-72 所示。

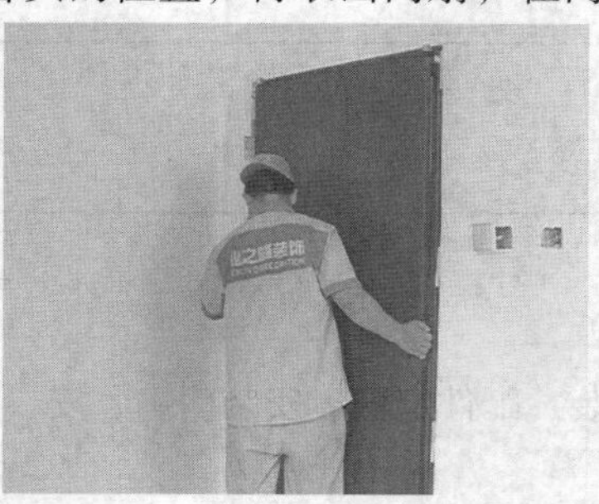

图 8-71　先将门扇放在门套内试装

图 8-72　划出门合页线

定位好后再在门套上进行劈槽打孔，准备安装合页，劈槽的深度与合页厚度为准，如图 8-73 所示。

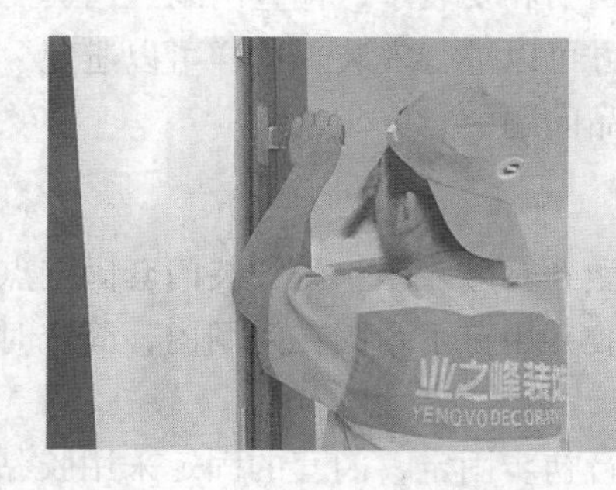

图 8-73　在门套上进行劈槽打孔

**4. 安装门扇**

安装时可以在门底下垫上小木块，将门调整到合适的高度。上下合页各固定一个螺丝后，检查边缝是否均匀，检查完毕后，固定其他螺丝，如图 8-74 所示。

图 8-74 安装门扇

**5. 安装门套线**

根据门套的高度和宽度锯裁好的门套线，先在门套边和门套线背面涂胶，如图 8-75 所示。接着将门套线贴在门套边上，并用手敲实，如图 8-76 所示。

图 8-75 在门套边和门套线背面涂胶

图 8-76 贴好门套线并敲实

贴好后效果如图 8-77 所示。

图 8-77　贴好后效果

### 8.3.2　图解木地板施工流程及施工要点

34 施工工艺之地板安装及其验收

地板安装是家居装修的重要环节，直接关系到未来家居生活的质量。之前章节中，我们已经介绍过地暖的安装。在安装了地暖的空间内，地面材料的选用需要特别注意，并不是什么地板都适用于地暖。比如实木地板一般厚度在 2cm 左右，安装时还要打龙骨，用做地暖地板的话，地板和地面之间有空气，空气和木材的热传导系数都非常低，这样热量不易传导到地表，会导致热量的浪费，地表温度不均匀。而且实木热胀冷缩系数较高，容易变形，因此用实木地板做地暖地板就不是很合适。地暖地板如图 8-78 所示。

地暖地板最好安装实木复合地板和强化木地板，其中又以强化木地板为最佳，因为强化地板表面有一层三氧化二铝的耐磨层，这个耐磨层有利于热量在地表快速扩散，与实木类地板比导热更好，节省能源。而且复合地板经过高温压制，内部水分含量非常少，所以地板不会因为长期受热导致水分散失而产生变形。多层实木复合地板则因为每层间横竖交错，互相牵制，背面还有密集的抗变形沟槽，分解了受热面产生的应力，因此变形量也很小。

当然，除了复合地板适合安装地暖外，也有不少人使用瓷砖安装地暖，因为瓷砖升温更快，一般要比木地板高 3～5℃，但是瓷砖也存在散热快，保温时间不长，能耗高等问题。本文考虑到市场主流是采用复合木地板作为地暖地板，也就采用复合木地板为例，讲解地暖地板的安装步骤。

图 8-78　地暖地板样板

## 1. 地面处理

铺装地板前应对地面的水平度、潮湿度进行检查，要求地面平整，干燥才可以铺装地板。

施工要点如下。

（1）如果地面不够平整，容易造成地板变形。如果地面很潮湿，施工后一旦加热，就会产生潮气而引起地板开裂。一般来说，地面经过找平处理后，需等待 28 天左右，并检查平整度，才能铺装地板。

（2）在施工过程中，地上绝对不允许电锤打眼和锤钉，以免破坏加热盘管。

## 2. 安装之前检查地板

在安装地板前，首先要对地板检查，检查产品合格证、质检报告和检测报告是否齐全，如图 8-79 所示。在包装好无损的情况下开箱检查，特别注意，地板是否有色差、起鼓、变形以及蛀眼、裂纹、划痕等。

图 8-79 在包装完好无损的情况下开箱检查

## 3. 地板安装

由于地暖采暖会使地面潮气释放，因此施工时，要在防潮处理上下足功夫。铺装时要在地面上铺一层专用防潮垫。专用防潮垫导热快，防潮能力强。防潮垫要铺设平整，接缝处不能叠加，并使用胶带固定，如图 8-80 所示。

图 8-80 在地面上铺一层防潮垫

施工要点如下。

（1）防潮垫也叫防潮膜，作用主要是防止地面潮气对地板背部的侵袭。其实房子装修好了后，地面里仍然蕴含很多水分，只是感觉不到而已。如果不用防潮膜，一旦使用地暖后，湿气上升可能造成地板背部出现湿气凝结问题，一段时间后，背板基本都会发霉。特别严重还会造成地板变形。如果坚持不铺设防潮垫，那也必须在铺设地板前就开启地暖，对地面进行三天以上烘烤，并开窗保持顺畅空气流通，保证地面真正干燥才行。

（2）注意地板与墙面之间，留 8～10mm 空隙，如图 8-81 所示。这个空隙叫做伸缩缝，是为木地板热胀冷缩预留的。不留这个空隙，木地板一旦受热涨大，直接顶住墙面，墙面会给木地板一个反作用力，这个力再挤压地板，时间一长，地面很容易起拱变形。

图 8-81　留 8-10 毫米伸缩缝

**4. 踢脚线安装**

地板铺装完成后，要安装踢脚线，如图 8-82 所示。踢脚线不仅可以起到保护墙根的作用，还能遮挡木地板与墙体之间预留的伸缩缝。

图 8-82　安装踢脚线

施工要点如下。

（1）踢脚线的安装整体统一，钉帽不外露，钉眼要覆盖。

（2）踢脚板安装完 48h 后，地面采暖系统才可以投入使用。

**5. 地板安装验收**

木地板安装完毕，应进行安装验收。标准是：地板安装应平整、牢固、无声响、无松动；颜色、木纹协调一致，洁净无污，无胶痕；地板拼缝要平直，缝隙宽度不大于 0.5mm，无溢胶现象，逆光检验地板有无划痕磕碰痕迹；踢脚板与地板连接紧密，踢脚板上沿平直，与墙面紧贴，无缝隙，出墙厚度一致，如图 8-83 所示。

图 8-83　安装完毕效果

### 8.3.3 图解实木板吊顶施工流程及施工要点

在室内装饰的生活阳台、休闲平台等空间，很多时候吊顶会设计成原木（实木板）吊顶，取其自然朴实的感觉。下面就讲解一下原木吊顶的施工流程及施工要点。

本次施工是在生活阳台做松木板吊顶，并在生活阳台地面做一个木地台。施工前，施工人员按照设计要求熟悉了阳台地台和吊顶布局，设计师给施工人做详细交代，如图 8-84 所示。在了解设计布局后，工人师傅根据设计图分别施工。原木吊顶施工的步骤是划线、下料、安装龙骨、刷防火涂料、安装松木板、刷面漆。

#### 1. 划线、下料

首先，需要根据吊顶的设计尺寸进行划线和下料（裁切板材），如图 8-85 所示。如何划线在之前许多施工环节中都有涉及，这里就不赘述了。

图 8-84　熟悉设计布局

图 8-85　裁切板材

#### 2. 安装吊顶龙骨

根据设计要求，在划线下料完之后，开始安装木质吊顶龙骨。木龙骨的安装，在使用气钉枪射钉和木钉固定后，还要用膨胀螺丝加固，以保证安全、可靠，如图 8-86 所示。

图 8-86　安装木质吊顶龙骨

#### 3. 刷防火涂料

出于防火考虑，木龙骨在面板安装前必须满刷防火涂料，刷完后木龙骨呈白色显示，如

注：在第二年使用地暖采暖系统时，一定要分阶段加热，逐渐加大温度，不要一次性把温度调到最高，这样会引起地板损坏。

图 8-87 所示。等待防火涂料干后，就可以安装松木板了。

图 8-87 满刷防火涂料

## 4. 安装松木板

松木本身质轻，木质较软，多用于基础板制作，比如木龙骨、大芯板木芯就多由松木制作。松木用于面板，必须经过厂家专门技术处理，使其具有耐潮、耐晒、耐腐蚀、不起层，不易变形等性能，方能使用。

松木板与木龙骨连接处要刷白乳胶用于粘贴并用气钉固定，以保证连接牢固，如图 8-88 所示。

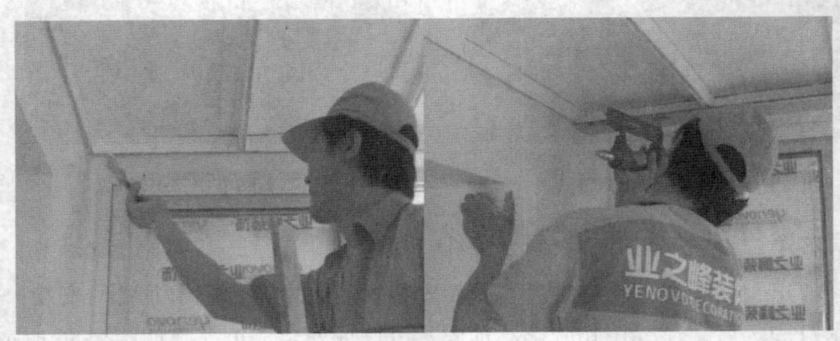

图 8-88 刷白乳胶并用气钉固定

## 5. 刷面漆

安装固定后，对松木板表层进行打磨处理，再刷面漆。如何刷、喷漆在前面木制家具的制作章节中有详细介绍，这里就不重复了。刷完漆整个原木吊顶施工就结束了，效果如图 8-89 所示。

图 8-89 最终效果

### 8.3.4 图解木地台制作流程及施工要点

33 施工工艺之
木地台的制作

木地台的制作步骤是划线、下料、安装龙骨、刷防火涂料、封面板、表面处理。

**1. 划线、下料**

首先，需要根据木地台的设计尺寸进行划线和下料（裁切板材），需要准备的材料有：地台木龙骨、地台面板，裁切板材完后就可以进行施工了。木地台划线、下料和松木板吊顶一样，这里就不赘述了。

**2. 安装龙骨**

进行木龙骨安装，按照工艺要求，地台木龙骨是用原装进口欧松板，采用气钉枪固定，如图 8-90 所示。最终要求完工后，呈现出单格尺寸不大于 300mm × 300mm 网络状分布结构，如图 8-91 所示。由于这次是在地面上完成工作，所以相对于吊顶龙骨安装更易于操作。

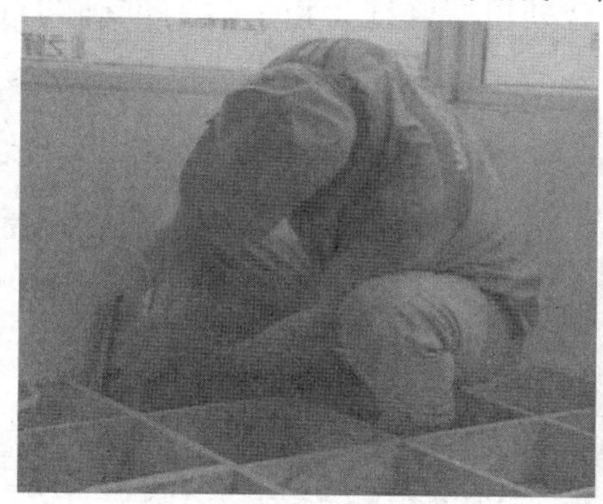

图 8-90　气钉枪固定龙骨

图 8-91　龙骨做成 300mm×300mm 网络

**3. 刷防火涂料**

接下来要在木板上满刷防火涂料，注意涂刷要均匀，不要漏刷，如图 8-92 所示。注意在刷完后，对地面要彻底清扫，以免垃圾灰尘藏在地台内，给今后的家居环境带来长期污染。

图 8-92　满刷防火涂料

**4. 封面板**

刷完防火涂料后，工人们开始封面板，面板材料也使用欧松板，主要是因为它的抗压能力和环保性比较好。

（1）把面板盖在木龙骨上，第一次一般为试装，因为下料时面板尺寸一般比实际尺寸要多出一些，试装时根据地台龙骨实际尺寸在面板上划出多余的线，裁掉多余的部分，如图 8-93 所示。

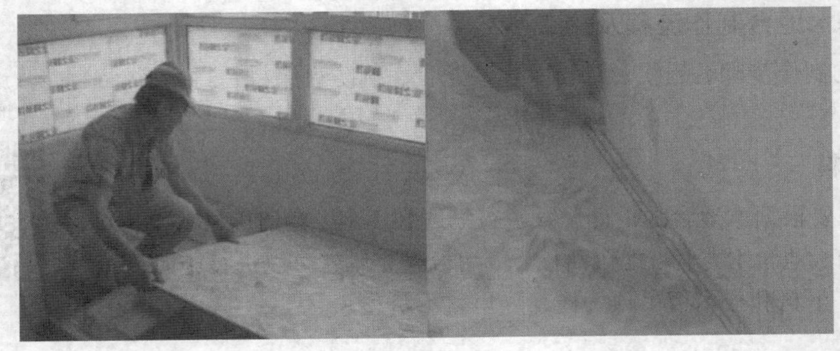
图 8-93　试装划出多余的线并裁掉多余部分

（2）确定尺寸后进行正式安装。安装前在面板与骨架的结合处刷白乳胶，如图 8-94 所示。将面板盖在地面木龙骨上，粘贴好后使用气钉枪固定，如图 8-95 所示。

施工要点：气钉枪固定前在面板与骨架的结合处位置弹线，以使气钉准确的钉入龙骨骨架内，避免钉入骨架空格处，如图 8-96 所示。

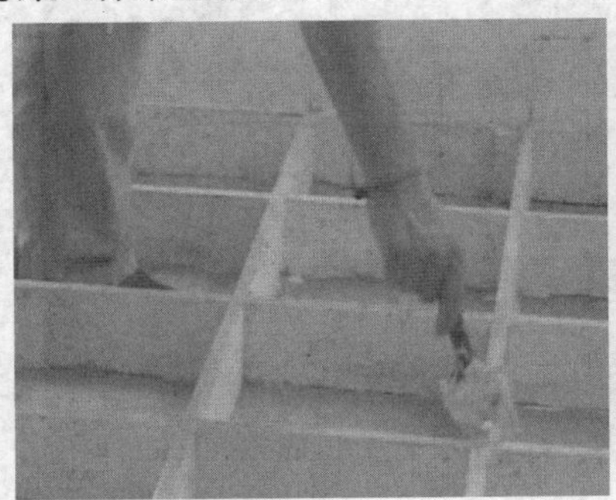
图 8-94　刷白乳胶

图 8-95　使用气钉枪固定

图 8-96　弹线并用气钉枪钉在弹线位置上

### 8.3.5　木工施工常见问题答疑

（1）北方天气干燥，能否使用竹木地板？

答：北方也能铺竹地板，尤其是竹木复合地板，也非常适用于地暖地板。因为竹木地板其实最怕浸水和暴晒，对于相对干燥的天气则完全可以适应。

（2）强化木地板怕水吗？

答：强化木地板的防水性能较好，但也不能浸在水中，因为只要是木材都怕水浸，无论什么品牌、品种。因为只有防潮的地板，没有绝对防水的地板。

（3）实木地板变形的原因是什么？

答：实木地板变形的原因有很多，主要原因大致可以归纳为以下几条。

① 木龙骨、垫层毛地板太湿或质量不好导致实木地板变形。

② 在安装时过量使用水性胶水。

③ 被水浸泡或者找平层防潮没有做好。

④ 木地板的施工不规范。

（4）木地板行走有响声怎么解决？

答：木地板行走有响声主要原因是木龙骨或垫层毛地板安装不牢固或者干脆是木地板安装不牢固造成的。有时打蜡时蜡渗入地板接缝处也会产生地板的响声。解决办法是施工时木地板和木龙骨及毛地板必须按规定钉粘牢固，一旦安装完毕再想整修那将非常麻烦，需要把所有木地板翘出再重新安装。而打蜡时则必须注意擦除渗入地板接缝处的蜡。

（5）木地板安装找商家好还是装修公司好？

答：现在不少商家销售木地板同时也提供木地板的安装。安装木地板最好还是找购买处的商家安装。因为一旦出现问题责任非常明确。而找装修公司安装出现问题有时候不好说清楚到底是木地板的问题还是安装的问题。

（6）清水和混水施工的区别是什么？

答：清水和混水是油漆施工的一种通俗叫法，有时也叫做清油和混油。其区别就是清水（清油）刷的是透明漆，混水（混油）刷的不透明的颜色漆。因为清水刷的是透明漆，因而就要求被刷清水的材料本身必须具有非常漂亮的纹理，比如饰面板就基本上都是搭配清水工艺。而一些材料本身没有什么漂亮的纹理，所以必须用一种不透明的颜色漆去遮盖，比如密度板、刨花板、胶合板、欧松板等就可以和混水施工搭配在一起。

（7）人造饰面板和天然饰面板哪个更好？

答：饰面板分为人造和天然的两种。人造饰面板的纹理基本为通直纹理，纹理图案有规则；而天然饰面板纹理为天然木质花纹，纹理图案自然变异性比较大，无规则。饰面板不能单纯地按照人工和天然来定义好坏，实际上人造饰面板的纹理也非常漂亮，而且整齐划一，用于一些现代风格的室内装饰中效果还要强过天然饰面板。

# 第9章

# 扇灰及油漆相关材料和常用工具

扇灰及油漆施工相对于其他工种而言，涉及的材料种类较少，因而将这两大工种合并到一起讲解。扇灰及油漆施工较为常用的主要是腻子、墙衬、乳胶漆和木器油漆等，其中木器油漆施工在之前木质家具制作中已经有了初步介绍，在本章中会对油漆的种类及施工再次进行详细介绍。此外，考虑到有部分扇灰工会承接一些壁纸粘贴的施工，因此在这里将壁纸也归入扇灰施工常用材料范畴。实际上，目前销售壁纸的商家大多都会提供壁纸的施工服务。

## 9.1 乳胶漆

乳胶漆和木器油漆其实都可以归属于涂料范畴，涂料可以理解为一种涂敷于物体表面能形成完整的漆膜，并能与物体表面牢固黏合的物质。涂料是装饰材料中的一个大类，品种很多，常见的主要有乳胶漆、木器漆、地面涂料、防腐涂料、防火涂料、防水涂料等。用于墙面装饰的涂料品种主要就是乳胶漆类涂料。

### 9.1.1 乳胶漆的主要种类及应用

乳胶漆是乳涂料的俗称，诞生于20世纪70年代中下期，是以合成树脂乳液为基料，配上经过研磨的填料和各种助剂精制而成的涂料。乳胶漆涂刷后的成膜物是不溶于水的，涂膜的耐水性和耐候性较好，并有平光、高光等不同装饰类型，此外还有多种颜色可以随意调配，通常乳胶漆品牌商家会提供很多的小色样供客户选择，如图9-1所示。

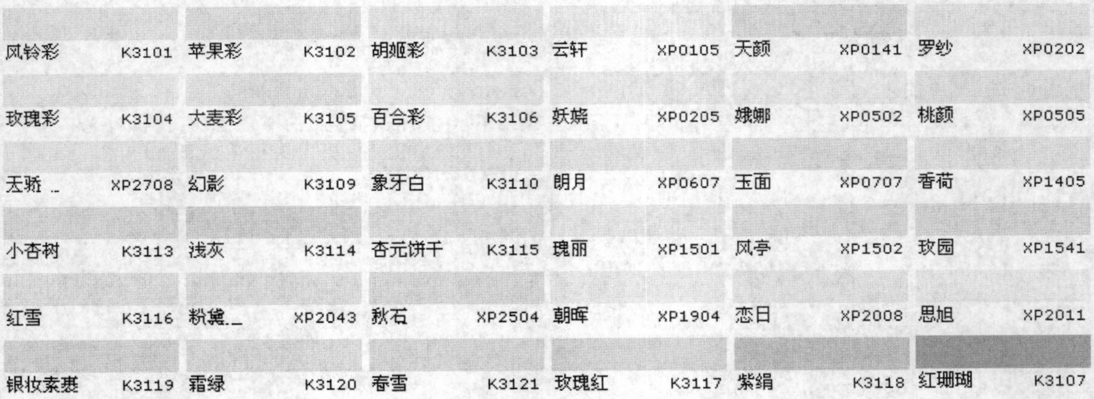

风铃彩 K3101　苹果彩 K3102　胡姬彩 K3103　云轩 XP0105　天颜 XP0141　罗纱 XP0202
玫瑰彩 K3104　大麦彩 K3105　百合彩 K3106　妖娆 XP0205　娥娜 XP0502　桃颜 XP0505
天骄 .. XP2708　幻影 K3109　象牙白 K3110　朗月 XP0607　玉面 XP0707　香荷 XP1405
小杏树 K3113　浅灰 K3114　杏元饼干 K3115　瑰丽 XP1501　风亭 XP1502　玫园 XP1541
红雪 K3116　粉黛._ XP2043　秋石 XP2504　朝晖 XP1904　恋日 XP2008　思旭 XP2011
银妆素裹 K3119　霜绿 K3120　春雪 K3121　玫瑰红 K3117　紫绢 K3118　红珊瑚 K3107

图9-1　乳胶漆小色样

乳胶漆的分类方法有很多：按光泽度可以分为亮光、半亮光和哑光，表面光泽度依次减弱；按照墙面不同分有内墙乳胶漆、外墙乳胶漆，我们常说的乳胶漆通常都是指内墙乳胶漆；

按照按涂层顺序有底漆和面漆之分，底漆主要作用是填充墙面的毛细孔，防止墙体碱性物质渗出侵害面漆，并有防霉和增强面漆吸附力的作用；面漆主要起装饰和防护作用。

乳胶漆市场目前基本上国外品牌的天下，占据了市场绝大多数的份额。市场上常见外国品牌有立邦、多乐士、大师等，国内品牌有嘉宝莉、千色花、都芳等。实际上根据国家化学建筑材料测试中心公布“涂料面对面·中外品牌对比实验”结果，国内品牌的耐洗刷性、干燥时间、遮盖力、有害物质含量等 11 项检测指标都达到国家颁布的《合成树脂乳液内墙涂料》、《室内装饰装修材料内墙涂料中有害物质限量》标准要求，并与国外名牌处于同一水平。乳胶漆价格便宜且耐擦洗，可多次擦洗不变色，是目前室内墙面装饰的主要装饰材料，乳胶漆装饰实景图如 9-2 所示。

乳胶漆是装修中一个特殊品种，它的价格及施工均较低廉，可能只会占到整个装修总费用的 5%左右，但是在装饰面积上却可以占整个装修面积的 70%以上，在墙面、天花都会大量的使用，由此也可见乳胶漆在室内装饰中的广泛性和重要性。不光在室内，不少建筑的表面也会刷上乳胶漆，只是这种乳胶漆不是我们常说的内墙乳胶漆，而是专用于室外的外墙乳胶漆。相比内墙用乳胶漆而言，外墙用乳胶漆在抗紫外线照射和抗水性能上要强很多，可以达到长时间阳光照射和雨淋不变色。如果卫生间等多水的空间也要刷乳胶漆，可以考虑采用外墙乳胶漆。

图 9-2 彩色乳胶漆实景效果

## 9.1.2 乳胶漆的选购

乳胶漆在室内通常都会大面积使用，对于室内装饰的整体效果影响极大，尤其是目前流行趋势是在室内采用各类颜色的乳胶漆提亮整个空间，甚至一个空间采用多个色系的乳胶漆，这就更需要整体考虑空间的功能要求和整体的色调协调性。比如在医院或者老人房就不适合采用一些视觉刺激很强的红、黄等颜色；而且不同色系的颜色最好不要太多，多则容易给人以很“花”的感觉。

购买乳胶漆时通常都是根据商家提供的乳胶漆小色样进行选择，挑选是要在阳光下或者光线充分的地方仔细查看。而且乳胶漆大面积涂刷后颜色会显得比小色样深，所以买墙面漆时可以买比小色样浅一号的颜色。除了从装饰性上考虑外，选购乳胶漆通常还需要从以下几个环节考虑。

（1）包装：看外包装上是否有明确的厂址、生产日期、防伪标志。最好选购知名品牌产品。

（2）环保：真正环保的乳胶漆应该是无毒无味的，所以开盖后如果可以闻到刺激性气味或工业香精味，都不是合格产品。好的乳胶漆没有刺激性气味，而假冒乳胶漆的低档水溶性涂料一般会含有甲醛，因此有很强的刺激性味道。

（3）稠度：用木棍将乳胶漆拌匀，再用木棍挑起来，优质乳胶漆往下流时会成扇面形，而稠度较稀的乳胶漆下流时呈滴溅状。

（4）外观：开盖后乳胶漆外观细腻丰满，不起粒，用手指摸，质量好的乳胶漆手感滑腻、黏度高；乳胶漆在储存一段时间后，会出现分层现象，乳胶漆颗粒下沉，在上层 1/4 以上形成一层胶水保护溶液，如果这层溶液呈无色或微黄色，较清晰干净，无或很少漂浮物，则说明质量很好，若胶水溶液较混浊状，呈现出乳胶漆颜色或漂浮物数量很多，说明乳胶漆质量不佳，很可能已经过期或者是低温储存所致，所以建议 0℃以上储存。

（5）指标：主要看两个指标，一个是耐刷洗次数，另一个是 VOC 和甲醛含量。前者是乳胶漆耐受性能的综合指标，它不仅代表着涂料的易清洁性，更代表着涂料的耐水、耐碱和漆膜的坚韧状况。优质乳胶漆用湿布擦拭后，涂膜颜色光亮如新，劣质乳胶漆耐洗刷性只有几次，擦洗过多涂层便发生褪色甚至破损；后者是乳胶漆的环保健康指标。乳胶漆最低应有 200 次以上的耐刷洗次数，VOC（挥发性有机化合物）不超过 200 g/L。耐刷洗次数越高越好，VOC 越低越好。

## 9.2 壁纸、壁布

壁纸、壁布也叫墙纸、墙布。墙纸和墙布其实并没有很严格的区别，一定要区分的话，只在于墙纸的基底是纸基，而墙布的基底是布基，二者表面的印花、压花、涂层可以完全做成一样的，所以在装饰效果上也是一样的，在市场上有时会被统称为壁纸或墙纸。也可以理解壁布是壁纸的升级产品，由于使用的是丝、毛、麻等纤维原料，价格档次比壁纸要高出不少。不少人有误区，认为壁纸是纸基，会不耐用，不耐水，其实壁纸目前有很多种，有些品种的壁纸不仅牢固耐用，而且防水性能也非常好，并不比壁布差。

### 9.2.1 壁纸、壁布的主要种类及应用

随着新技术在壁纸、壁布制造中的运用，壁纸、壁布不但变得色彩丰富、纹理多样，还在耐久性、透气性、环保性和清洁性上有了极大的提高，成为了室内装饰的一种潮流选择。壁纸、壁布和乳胶漆一样具有相当不错的耐磨性，同样可以经得起多次擦洗而不褪色，而且壁纸、壁布拥有更加丰富多样的纹理和颜色，其独具的柔性感觉可以掩盖墙体的冷漠和坚硬感，给人以温馨，亲切的感受，在装饰性上要明显强于乳胶漆。同时，壁纸的施工也相对简单，工期很短，需要替换也非常方便。各种壁纸装饰样板及实景效果如图 9-3 所示。

图 9-3 壁纸装饰样板及实景效果

壁纸、壁布的种类很多，但在各个品种中，塑料墙纸又是其中用量最多，发展最快的。

### 1. 塑料壁纸

塑料壁纸也叫胶面壁纸，为纯纸底，面层为 PVC 薄膜，再经印花、压花而成，表面有肌理感。胶面壁纸可分为普通壁纸（印花壁纸、压花壁纸）、发泡壁纸、特种壁纸、塑料壁纸等五大类，每一类有几个品种，每一品种又有几十及至几百种花色，是目前生产最多，应用最广的一种壁纸，是壁纸中最大的一个分类。其优点是结实、耐磨、耐擦洗、价格便宜，缺点是表层为 PVC 材质，所以刚打开时有点味道，要贴上墙后 2～3 天才会消失。

### 2. 纯纸类壁纸

在特殊耐热的纸上直接印花压纹的壁纸，优点是绿色环保，无有毒有害物质，同时质感好、透气，墙面的湿气、潮气都可透过壁纸，长期使用，不会有憋气的感觉，甚至被称为“会呼吸的壁纸”。因为完全为纸质，所以有非常好的上色效果，适合染各种鲜艳颜色甚至精致画面。但也因为纸质的原因，在防水、耐磨和耐刮性能相对要差一些，时间久了还有可能会略显泛黄。市场上还有一种日本和纸制作的壁纸，和纸被称为“纸中之王”，非常耐用，物理性能非常稳定，经久耐用，并兼具防水性能，不过大多价格昂贵。纯纸壁纸纸质密，但是终归是纸质，平时使用注意不可用硬物直接划刮。

### 3. 织物类壁纸、壁布

市场上常称为墙布，是较高级的品种，基层可以是纸也可以是布，纸基为壁纸，布基为壁布，面层主要是用丝、羊毛、棉、麻、布面（如提花布、纱线布等）等天然纤维织成，也可以印花、压纹，因为表面为纺织品类材料，所以在透气性和外在质感上都非常不错，显得很高档大气，缺点是价格偏高。

### 4. 无纺布壁纸、壁布

无纺布壁纸也可以算是纺织物壁纸的一种，根据其构成特点，也可以称为壁布。无纺壁布采用棉、麻等天然纤维或涤纶、腈纶、丙纶等化纤布，经过无纺成型、上树脂、印花而成。无纺布壁纸质感和弹性都不错，在视觉、触觉上都较显档次，性能优点是不易变形，使用寿命长，无毒、无味，对皮肤无刺激性，具有一定的透气性和防潮性，能擦洗而不褪色。同时通过印花技术可以制作出各种图案和颜色，适用于各个空间的内墙装饰。

**5. 金属壁纸**

金属壁纸是一种在基层用金属如铝，经特殊处理后，制成薄片贴饰于壁纸表面的新型壁纸，金属壁纸以金色、银色为主要色系，具有其独有的金属现代感，用于室内能够营造出一种金碧辉煌、繁富典雅的感觉。适合用于需要营造豪华氛围的公共场所，如酒店、大堂、夜总会等。豪华家居空间如客厅等墙面也可采用。

**6. 天然材质类壁纸**

用天然材质如草、木、藤、竹、芦苇等制成面层的墙纸，健康环保，装饰风格古朴自然，给人以返朴归真的感受，缺点是颜色图案不丰富,由于是纯天然材料，还会有一定色差。

**7. 肌理壁纸**

肌理壁纸是在壁纸和无纺布等材料上，压上沙粒、石粒、水晶材料，使表面看起来更有层次感，肌理感很强，装饰效果突出。

**8. 无缝壁布**

无缝壁布是墙布的一种，也称无缝墙布，是近几年来国内开发的一款新的墙布产品，"无缝"即整体施工，它可以根据室内墙面的高度和墙面的周长整体黏贴的墙布，一个房间用一块布粘贴，无需拼接。一般幅宽在 2.70～3.10m 的墙布都称为无缝墙布。无缝墙布除了具备普通纺织类墙布的优点外，还具有能够无缝粘贴，装饰效果统一整体和没有拼缝，不易翘边、起泡的优点。

**9. 特殊效果壁纸**

除了上述壁纸、壁布外，市场上还有采用玻璃纤维或石棉纤维纺织而成的防火壁纸；在印墨中加有荧光剂，在夜间会发光的荧光壁纸；采用使用吸光印墨，白天吸收光能，在夜间发光夜光壁纸等具有特殊效果的壁纸种类。

## 9.2.2 壁纸、壁布的选购

壁纸、壁布的选购首先需要注意风格协调，壁纸、壁布拥有丰富多彩的纹样，很适合营造出各种风格的室内空间，选购时需要按照不同风格色系进行挑选，还需要注意和家具的搭配。除此之外在质量上还需要注意以下几点。

（1）外观：看壁纸、壁布的表面是否存在色差、皱褶和气泡，壁纸、壁布的图案纹理是否清晰，色彩是否均匀。同时还要注意表面不要有抽丝、跳丝等现象，展开看看厚薄是否一致，应选择厚薄一致且光洁度较好的壁纸、壁布。

（2）擦洗性：可裁下一小块壁纸、壁布小样，用湿布用力擦拭，看看壁纸是否有脱色的现象。

（3）批号：选购壁纸、壁布时，要注意查看壁纸、壁布的编号与批号是否一致，因为有的壁纸、壁布尽管是同一品牌甚至同一编号，但由于生产日期不同，颜色上便可能产生细微差异，常常在购买时难于察觉，直到大面积铺贴后才发现。所以，选购时尽量保持编号和批号的一致，以避免墙纸颜色的不一致，影响装饰效果。

（4）环保：壁纸、壁布本身应无刺鼻气味。相对而言壁纸、壁布本身的环保问题不大，但是在施工中因为还是要采用胶黏的办法铺贴，因而在环保上不光要注意壁纸、壁布本身的环保性，还应该重点关注施工时的环保问题。

# 9.3 涂料

## 9.3.1 涂料的主要种类及应用

涂料包括乳胶漆、油漆和特种涂料，乳胶漆在之前的章节中已经详细讲解过了，在这里只重点介绍油漆和特种涂料。

### 1. 防火涂料

防火涂料是指涂在物体表面用于增加材料防火性能的涂料。当遭受到火灾温度骤然升高时，防火涂料层能迅速膨胀增加涂层的厚度或防火涂层受热分散出阻燃性气体，形成无氧不燃烧层起到防火、吸热、耐热、隔热的作用。

防火涂料多用于一些对于消防有较高要求的部位和一些易燃的材料上。比如，家居装修中的吊顶工程常用木龙骨作为骨架。木龙骨的防火性能很差，所以在作为装修材料使用时必须在木龙骨上在刷上防火涂料。

防火涂料的种类很多，也有多种分类方法，以防火涂料的防火机理不同，可将防火涂料分为膨胀型防火涂料和非膨胀型防火涂料两大类。膨胀型防火涂料是目前使用最广泛的一种防火涂料，它在火焰或在高温作用下，可产生比原来涂层厚几十倍甚至上百倍不易燃烧的海绵碳质层和 $CO_2$、$NH_3$、HCl、$Br_2$ 及水蒸气等不燃烧气体，从而有效地起到防火阻燃的作用。非膨胀型防火涂料在着火时涂层基本不发生膨胀变化，但是会形成釉状保护层，从而隔绝材料表面的氧气作用，延迟燃烧，但是其防火隔热效果不如膨胀型防火涂料。

按照使用材料不同，防火涂料可以分为钢结构防火涂料，混凝土防火涂料、饰面型防火涂料和木材防火涂料等类型。钢结构防火涂料可使钢结构构件的耐火能力从 15min 提高到 2h（根据涂层厚度而定）。木材防火涂料可大大提高木质材料的抗燃性能，当涂层厚度为 1mm 时，耐火极限可达 30min。其他各种类型的防火涂料的使用也都可以不同程度的提高材料的防火性能。

### 2. 地面涂料

地面涂料是采用耐磨树脂和耐磨颜料制成的用于地面涂刷的涂料。与一般涂料相比，地坪涂料的耐磨性和抗污染性特别突出，而且施工简便，因此广泛用于公共空间如商场、车库、仓库、工业厂房的地面装饰，尤其是在一些经常接触化工或者医疗物质的空间地面特别适用。在一些个性化的居室空间也可以采用，如图 9-4 所示。

地面涂料的种类很多，最为常见的有环氧树脂涂料和聚氨酯涂料两大类。这两类涂料都具有良好的耐化学品性、耐磨损和耐机械冲击性能。其中聚氨酯涂料有较高的强度和弹性，涂铺地面后涂层光洁平整、弹性好、耐磨、耐压、行走舒适且不积尘易清扫，是一种高级的地面涂料，但是聚氨酯对潮湿的耐受性差，且对水泥基层的黏结力也不如环氧树脂涂料。环氧树脂涂料是以环氧树脂等高分子材料加溶剂及颜料制成，能调配出多种颜色，涂料干燥快，涂层粘结力强，耐磨性更好，并且表面光洁，装饰效果也不错。如果在环氧树脂涂料中加入功能性材料，则可制成功能性涂料，如抗静电地坪涂料、砂浆型防滑地坪涂料等。一般来说，环氧地面涂料只适用于室内地面装饰，而聚氨酯地面涂料则可以在室外使用。

图 9-4　地面涂料应用效果

**3. 防锈、防霉涂料**

防锈漆分为油性防锈漆和树脂防锈漆两种。防锈漆的作用是防止金属生锈和增加涂层的附着力。金属涂刷防锈漆后，能有效隔绝金属与空气接触，而且防锈漆还能使金属表面钝化，阻止其他物质与金属发生化学或电化学反应，从而起到金属的防锈作用。另外由于防锈漆与金属表面反应后生成金属钝化层，这样油漆和金属之间的结合除了化学结合外还具有物理结合力，所以油漆对金属的附着力也特别强。

防霉涂料一般是由两种以上的防霉剂加上颜料、填料、助剂等材料制成的，是一种对各种霉菌、细菌和母菌具有杀灭或抑制生长作用，而对人体无害的特种涂料。防霉涂料同时还具有耐水性和耐擦洗性的优点。

**4. 油漆**

油漆可以大体分为木器漆和金属漆两大类。木器漆主要有硝基漆、聚氨酯漆等，金属漆主要是磁漆。

硝基清漆：硝基清漆是一种以硝化纤维素（硝化棉）为主要成膜物质，以醇酸树脂、增塑剂及有机溶剂调制而成的透明漆，属挥发性油漆，根据表面的光泽度可以分为亮光、半哑光和哑光三种。硝基清漆具有干燥速度快，光泽柔和，手感好，同时易翻新修复，层间不须打磨，施工简单方便的优点，但缺点是高湿天气易泛白、耐温、耐候（耐老化）性都比较差，硬度低，较易磨损，此外漆膜丰满度低，施工很难达到聚氨酯或聚酯漆的厚度，所以硝基清漆在施工中往往要刷很多遍才行。

聚酯漆：聚酯漆是以聚酯树脂为主要成膜物制成的一种厚质漆，是装修用漆的最主要品种之一，聚酯漆有聚酯清漆（高光、哑光、半哑光）、有色漆、磁漆等各种品种，聚酯漆通常是论“组”卖的，一组包括三个独立的包装罐：主漆、固化剂、稀释剂，这些也是聚酯漆的主要组成部分，缺一不可。聚酯漆的优点是丰满度、硬度、柔韧性比较好，耐酸碱、耐水性、耐候性也不错。缺点是不耐黄变，因为聚酯漆施工过程中需要进行固化，这些固化剂的主要成分是 TDI（甲苯二异氰酸酯）。这些处于游离状态的 TDI 会变黄，不但使家私漆面变黄，甚至还会使邻近的墙面变黄，这是聚酯漆最大的缺点。因此用聚酯漆装修的房屋应用较厚的窗帘避光，特别是浅色的家具不宜用一般的聚酯漆，以免黄变。目前市面上已经出现了耐黄变聚酯漆，但也只能做“耐黄”而已，还不能做到完全防止变黄。另外，超出标准的游离 TDI 是一种有毒有害物质，会对人体造成危害。而且聚酯漆对施工环境和施工工艺要求也较高，漆膜损坏不易修复。

不饱和聚酯钢琴漆：即市场上俗称的钢琴漆，它是以不饱和聚酯树脂为基础加入促进剂，引发剂，石蜡液制成。该漆属无溶剂型漆，涂层较厚，光泽性、附着力和耐腐蚀性能优良。

水性木器漆：以丙烯酸、聚氨酯或者丙烯酸与聚氨酯的合成物为主要成分，水做稀释剂。因为以水稀释剂，因此环保性能比较突出。此外还具有不燃烧、漆膜晶莹透亮、柔韧性好并且耐水、耐黄变性能好的优点。缺点是表面丰满度差，耐磨及抗化学性较差，油污易留痕迹，温度过低或者潮湿气候下不易施工。

手扫漆：属于硝基清漆的一种，是由硝化棉，各种合成树脂，颜料及有机溶剂调制而成的一种非透明漆。此漆专为人工施工而配制，具有快干特征。

原漆：又名铅油，是由颜料与干性油混合研磨而成，广泛用于面层的打底，也可单独作为面层涂饰。

磁漆：是以清漆为基料加颜料研磨制成，常用的有酚醛磁漆和醇酸磁漆两类。涂层干燥后呈磁质色彩，可用于金属材料表面。

根据施工做法的不同可以分为清油（又称清水）、混油（又称混水）。清油是在木质材料表面上一层透明漆，以体现木质本身材质、颜色为主，通常会在柚木、胡桃木、樱桃木等较名贵具有漂亮纹理的木材表面采用清油工艺。混油油漆则会覆盖了木质的本色，主要体现的是油漆本身的颜色，显得更为现代、简洁，在装饰中这两种做法都有广泛的采用。

（1）清油。

清油的做法即是在木质表面刷上一层透明的清漆，起到即保护木质材料又不掩盖木质本身纹理的作用。清漆又名凡立水，是一种不含颜料的透明油漆品种，又分油基清漆和树脂清漆两类。品种可以是酯胶清漆、酚醛清漆、醇酸清漆、硝基清漆及虫胶清漆等。特点是光泽好，成膜快，用途广，主要适用于木器、家具等。清油施工效果如图 9-5 所示。

清油工艺分为上底色和不上底色两种：不上底色的清油，就是油漆工人在对木材表面完成处理以后，直接在木材表面涂刷清漆，这样的结果是基本上能够反映出木材表面的纹路以及原来的色彩，真实感比较强；但是，由于这样做的工艺处理解决不了木材表面的色差变化，以及木材表面的结疤等木材本身的缺陷。而上底色的“清油工艺”则可以在一定程度上解决这个问题，油漆工人在木材表面上先做底色（油色或者水色），在底色做完并且干透以后，再上清漆。在木材的真实质感上要差一些，但是统一性会更好。

（2）混油。

混油工艺通常是在胶合板、密度板或者大芯板等木质材料上打磨、批原子灰和腻子，然后上带有颜色的油漆。做混油的木制品材料多用松木或椴木等经济型木种，如果采用柚木、樱桃木等贵重实木做混油，效果并不见得好而且还浪费材料。混油工艺分为喷漆、擦漆及刷漆等不同的施工工艺，相对来说刷漆工艺的效果一般，会在漆膜上留有刷痕，在平整性和光洁性上不如喷漆或擦漆工艺，显得较为低档。

目前，装修中混油可使用的油漆种类很多，常用的有醇酸调和漆、硝基调和漆、聚酯漆、水性漆等。相对于清油工艺而言混油工艺对于油漆工人的技术要求比较高，操作起来比较费工时，价格上也相对要高一些。此外，因为混油采用漆种的原因，其漆膜容易泛黄。混油施工实景效果如图 9-6 所示。

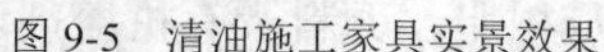

图 9-5　清油施工家具实景效果

图 9-6　白色混油家具

## 9.3.2　涂料的选购

涂料的选择以自己的需要为主，比如要求油漆漆膜的光泽均一，漆膜丰满可以选择聚酯漆；浅色板材则应该购买耐黄变系列油漆，以防止漆膜时间长了变黄；地板漆则可购买耐刮划系列油漆；要求绿色环保，则可选择水性环保木器漆，有毒有害物质较少。除了根据自己的需要选择外，在质量上需要考虑以下几点。

（1）选品牌：装饰涂料的选购最好选择知名品牌，因为大多数的涂料或多或少都含有一定量的有毒有害物质，尤其是木器漆，其危害更大。选择时还应从外包装上进行辨别，正规厂家生产的产品，各种标志齐全，厂名、厂址、商标明晰。此外正规厂家的产品都标明产品的净重，且分量充足，无缺斤短两的现象。

（2）看外观：涂料外观应呈现均一状态，无明显的分层及沉淀现象，黏稠度高；固化剂应清澈透明，无杂质；稀释剂应水白、透明。

（3）闻味道：涂料中的有毒有害物质主要有苯、游离 TDI、可溶性重金属、有机挥发物等，这些有毒有害物质的含量是否达标是选择涂料的一个重要指标。涂料开罐后，贴近罐口闻一闻气味，质量好的涂料味道不会很刺激，施工后气味排放快，在通风良好的情况下，5~7 天后不应再有明显的气味。

# 9.4　常用工具

在装饰施工项目中，扇灰和油漆施工是施工工序较少的工种，所以施工工具也相对较少，只是扇灰和油漆是最后的面子工程，对于工人的技术要求较高，光滑度、平整度要好，所以，这是一项考验工人技术的工序。下面是煽灰和油漆常用的工具。

### 1. 扇灰刀

扇灰刀由两项组成，一项是用于墙面抹灰的刮刀，另一项是将粉浆从灰桶里面挑出及修干净刮刀上面多余粉浆的铲刀，材质有铁质和不锈钢制两种，如图 9-7 所示。

在扇灰施工中，用于将双飞粉、腻子粉等粉浆刮抹于墙面上，用于找平墙面。减少墙面的粗糙感，为后期壁纸、涂料等施工创造条件。

### 2. 滚筒

滚筒由圆柱形滚轴和加长手柄组成，用于墙面和顶面滚涂乳胶漆、彩色涂料的施工，普通滚筒只能刷出平面效果，花式滚筒还可以在墙面上滚出漂亮的花纹，如图 9-8 所示。

图 9-7　扇灰刀

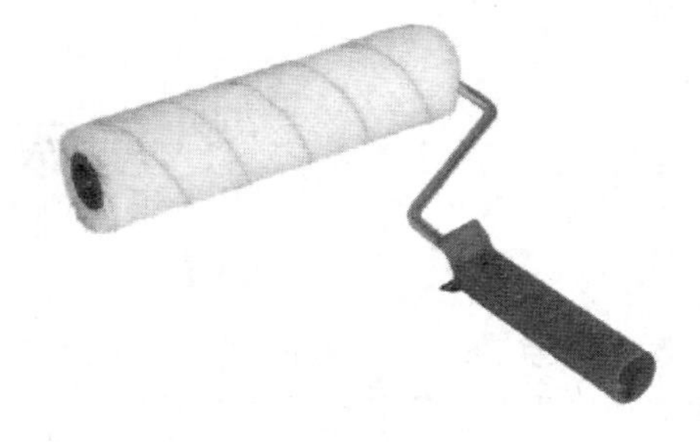

图 9-8　滚筒

**3. 砂纸夹板**

扇灰在每完成一遍工序的时候都要打磨一遍，将不平整的地方打磨平整，再进行下一道扇灰工序，而砂纸夹板就是一个省力的简便工具，它是将砂纸裁切成相应的大小，然后夹在砂纸板上进行打磨的工具，如图 9-9 所示。

**4. 羊毛刷**

羊毛刷是油漆施工最常用的工具，涂料和油漆可以通过羊毛刷进行刷涂，而且在一些狭窄的空间能进行操作。但是刷涂虽然不会造成原料的浪费，可羊毛刷容易掉毛，常常造成墙面或家具上留下许多痕迹。所以旧的羊毛刷反而更好用一点，前提是毛刷还是软的，如图 9-10 所示。

图 9-9　砂纸夹板

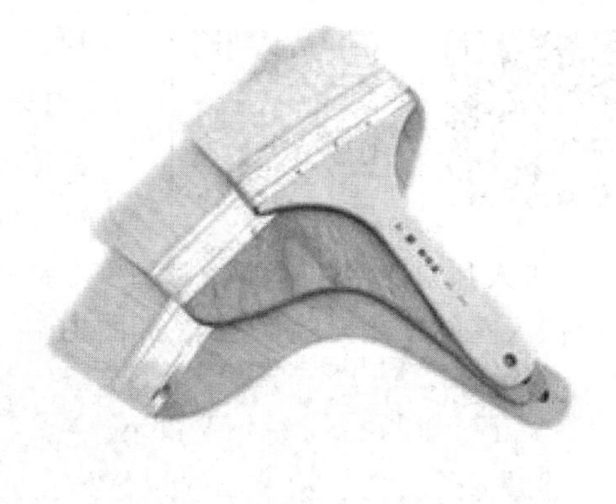

图 9-10　羊毛刷

**5. 其他常用工具及公共工具**

扇灰除以上一些工具之外，还有一些公共工具，如飞机钻、铅锤、铝合金靠尺等。

# 第10章

# 扇灰、油漆及壁纸施工

扇灰和油漆是两大工种，所用主要材料均为涂料，其中扇灰多用乳胶漆，油漆多用木器漆。扇灰的作用是保护墙体和改善室内卫生条件，增强光线反射，美化环境。油漆则是装修中的面子工程，木工做完后最终效果还是要靠油漆工程来完成，所以业内有“三分木，七分油”的说法。油漆工程通常包括木制品油漆及其他如防火、防腐涂料等各类特种涂料的施工。

## 10.1 扇灰及乳胶漆施工

在扇灰和乳胶漆施工中，可以分为两大部分，一个是顶面天花扇灰及乳胶漆施工，另一个是原建筑墙体扇灰及乳胶漆施工，其中的区别就在于顶面是采用石膏板做天花，需要一些必要的处理。如果墙面也同样做了轻钢龙骨石膏板隔墙，也是同样处理。

### 10.1.1 图解天花扇灰及乳胶漆施工流程和施工要点

27 施工工艺之顶面漆涂刷（上）

28 施工工艺之顶面漆涂刷（下）

顶面天花扇灰及乳胶漆施工主要分为钉帽防锈处理—嵌缝—防开裂处理—批腻子—砂纸打磨—刷底漆—刷面漆（两遍）等几个步骤。

#### 1. 钉帽防锈处理

顶面石膏板在进行安装固定的时候，使用了大量的自攻钉，安装后这些金属钉帽必须做防锈处理，在防锈处理环节，工人师傅使用防锈漆，对每一个钉帽进行涂刷，以免今后钉帽生锈时，影响粉刷质量（没有做天花的顶棚无此工艺），如图 10-1 所示。

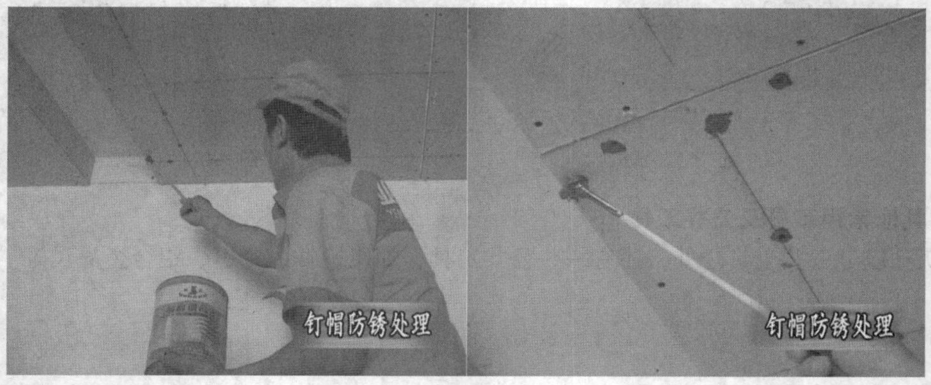


图 10-1　钉帽防锈处理

施工要点：这个环节最重要的部分就是不能漏涂任何一个钉帽。

**2. 嵌缝**

顶面吊顶面层使用石膏板和螺丝固定完成，石膏面板间的缝隙和螺丝口凹陷会影响顶面的美观，因此要使用嵌缝石膏进行嵌缝。嵌缝时嵌缝石膏应调和的稍硬些，当一次嵌补不平时，可以分几次嵌补，但必须要等到嵌补的前一道干后，才能嵌刮后一道，嵌补时要嵌的饱满，刮压平实，但不能高出基层顶面，如图 10-2 所示。

**3. 防开裂处理**

为了防止石膏板接缝等处开裂，影响顶面的美观，顶面要进行防开裂处理。施工时，常常会在接缝处粘贴一层 50mm 宽的网格绷带或牛皮纸袋，必要时也可以粘贴 2 层。其粘贴操作方法是：先在接缝处用毛刷涂刷白乳胶液，然后粘贴用水浸湿过的牛皮纸或网格绷带，粘贴后用胚板压平，刮实，如图 10-3 所示。

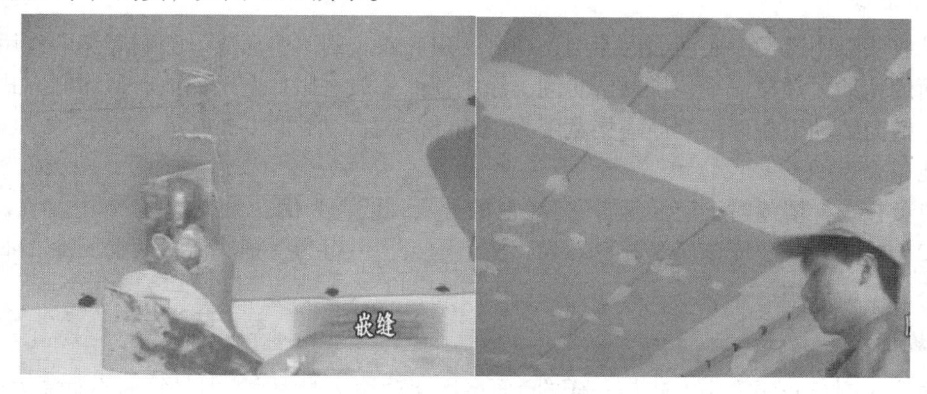


图 10-2 缝隙

图 10-3 涂刷白乳胶、粘贴牛皮纸、压平刮实（从左至右）

**4. 顶面批刮腻子**

顶面腻子的批刮，一般采用左右横批的方式，批刮 2~3 遍即可，不宜太多。批刮顶面腻子在遇到已经填好的缝隙和孔眼时，要批刮的平整。批刮腻子如图 10-4 所示。

**5. 砂纸打磨**

打磨是非常重要的工序，刮了几遍腻子就必须打磨几次，打磨质量关系到未来的美观与平整。腻子干透后，将砂纸固定在打磨架上，对顶面进行打磨，为了看清楚打磨的平整度，还必须使用光照灯照射着打磨。打磨完成后，对局部不平整或透底的顶面进行找补。打磨后进行认真检查，确认合格后将顶面清扫干净，做好喷刷底漆的准备。

图 10-4 批刮腻子

### 6. 涂刷底漆

乳胶漆涂刷遵循一底两面的原则，即刷一遍底漆，刷两遍面漆。涂刷底漆的作用在于提高墙面的粘结力和覆盖率，抗碱、防潮。涂刷顶面一般是用加上手柄滚筒，涂刷方式为自左向右，横向滚动，相邻涂刷面搭接宽度为 100mm 左右，如图 10-5 所示。

施工要点如下。

（1）在选择墙漆时，应注意考察 VOC 的含量，低者为优。

（2）面漆与底漆应该属于配套系列，按组购买，一组为一桶底漆，两桶面漆。不同品牌之间不能混搭使用。

### 7. 涂刷面漆

面漆涂刷与底漆涂刷方式是一样的，面层墙漆适涂 2 遍为宜，但是每遍不宜涂太厚太薄，等到面漆干燥后，顶面漆施工就结束了。

施工要点：用滚筒蘸取底漆、面漆时，只需将滚筒浸入三分之一处，然后在拖板上滚动几下，使滚筒被乳胶漆均匀浸透，如图 10-6 所示。如果面漆浸透不够，可再蘸一次。这样可以保证在滚漆时厚薄一致，防止浆料滴落。

图 10-5 涂刷底漆

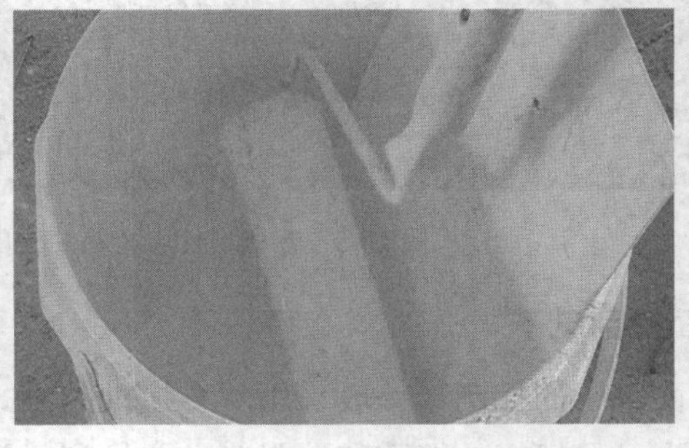

图 10-6 蘸取底漆、面漆

29 施工工艺之墙面漆涂刷（上）

30 施工工艺之墙面漆涂刷（中）

31 施工工艺之墙面漆涂刷（下）

## 10.1.2 图解墙面扇灰及乳胶漆施工流程和施工要点

墙面扇灰及乳胶漆施工主要包括防开裂处理—涂抹界面剂（墙宝）—找阴阳角方正—划定位线及粘石膏线—批腻子—砂纸打磨—涂刷底漆—涂

刷面漆（两遍）等步骤。

## 1. 墙面防开裂处理

墙面如果也采用了石膏板或其他板材做背景墙，板与板的拼接处以及墙面开槽接缝处，也必须粘贴一层50mm宽的网格绷带或牛皮纸袋，必要时也可以粘贴2层。

其粘贴操作方法是：先在接缝处用毛刷涂刷白乳胶，然后将纸袋用水浸泡，粘贴后，用胚板刮平、压实，如图10-7所示。具体方法和顶面防开裂处理一样，可参照。

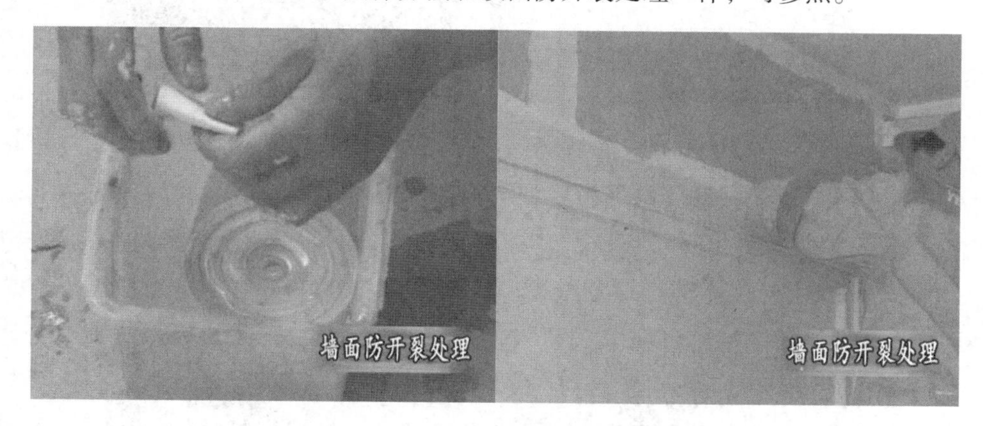


图 10-7　墙面防开裂处理

此外，如遇到内墙墙体基层裂缝多的情况，需要做全面的防裂开处理：具体方法是，先在墙面滚刷白乳胶液，白乳胶液要刷的均匀，更不能漏刷，如图10-8所示。然后用聚酯布板贴在墙上，如图10-9所示。用刮板刮出多余的胶液，使布粘贴平整、牢固，如图10-10所示。布与布之间的搭接头要裁下，以免影响平整度，如图10-11所示。

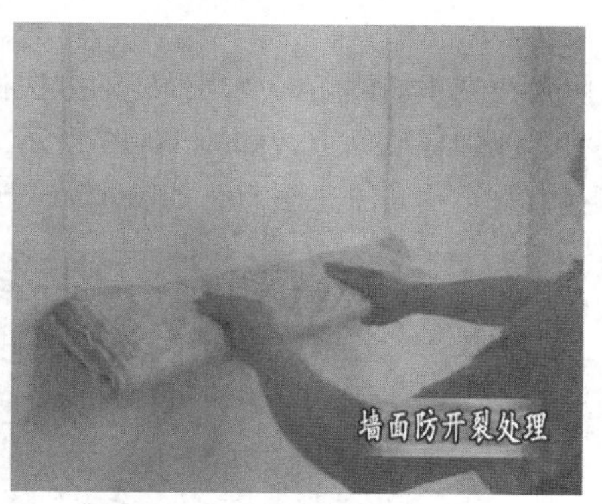


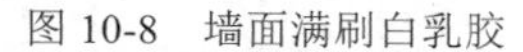

图 10-8　墙面满刷白乳胶

图 10-9　贴的聚酯布

## 2. 涂刷界面剂

在批腻子前，为了提高墙面的附着力，需要涂刷界面剂，涂刷时，一定要满刷，不能漏刷。界面剂一遍即可，涂刷搭接头不小于100mm为宜，如图10-12所示。这样能够保证涂刷后没有漏刷部分，同时界面整洁，均匀。如果不涂刷界面剂，则必须保证待刮腻子的墙面干

注：此方法也可以用于吊顶仿开裂施工，即在接缝处粘贴牛皮纸后，再在天花顶面全面贴上一层的确良布。实践表明，这种方法对于防止开裂有很好的效果。

净，对于一些污物以及不平处要处理好。

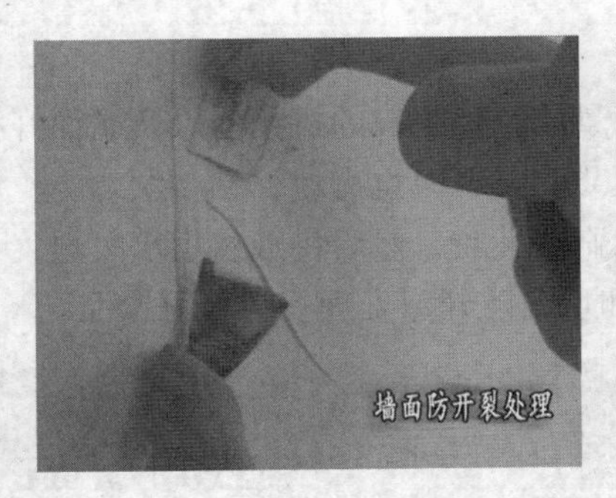

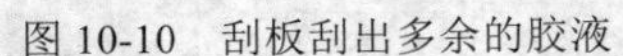

图 10-10　刮板刮出多余的胶液　　图 10-11　裁下搭接头

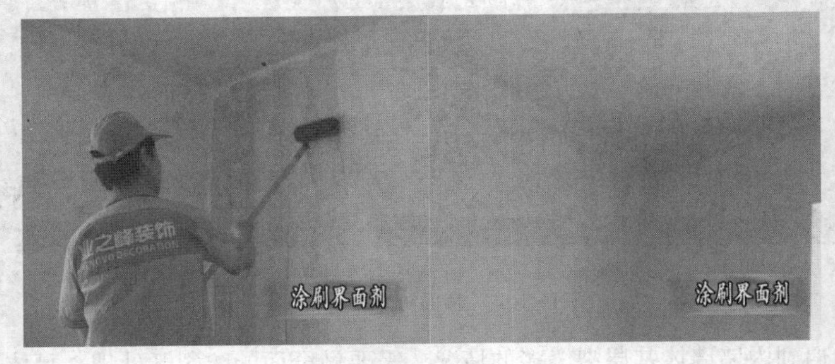


图 10-12　涂刷界面剂

### 3. 找阴阳角方正

一般情况下，房间的阴阳角部分有一定的误差，为保证平直度，需要对阴阳角进行找方正。

（1）阴角找方正。阴角需要用弹线的方法检查平直度，其具体方法是：在两个相邻墙角拉线，并将墨线弹在墙面上，如图 10-13 所示。然后以弹好的墨线为基准，用粉刷石膏，沿线进行修补，直至阴角方正垂直，如图 10-14 所示。

图 10-13　弹线　　图 10-14　沿线进行修补方正

注：界面剂是一种胶黏剂，一般都是由醋酸乙烯—乙烯制成。界面剂具有超强的粘结力，优良的耐水性，耐老化性。用于处理混凝土、加气混凝土、灰砂砖及粉煤灰砖等表面，解决由于这些表面吸水性强或光滑引起界面不易粘结，提高新抹腻子与基层材料的吸附力，避免出现扇灰层空鼓、开裂、剥落等问题。

（2）阳角找反正。用靠尺一边与阳角对齐，再用线坠将靠尺调整垂直，如图 10-15 所示。这样就可以检查出阳角垂直线，然后依托已经垂直的靠尺进行阳角修补，直至阳角垂直方正，如图 10-16 所示。

施工要点：嵌补粉刷石膏应该调和软硬适中，每次嵌补粉刷石膏不宜过厚，当一次嵌补不平时，可以分几次嵌补，但必须要等前一道干后，才能嵌补后一道，嵌补时，四周要刮干净。

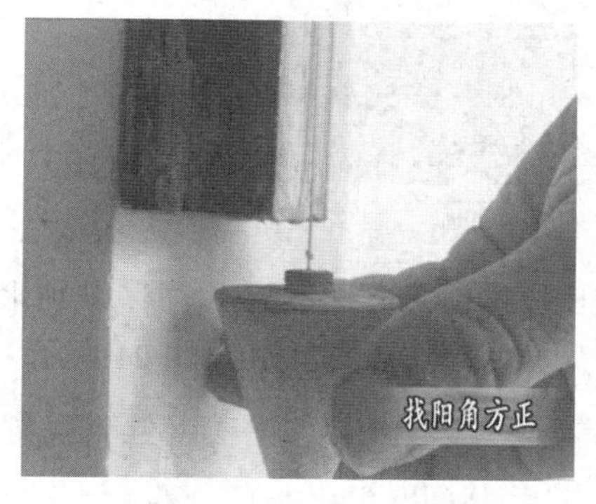


图 10-15　用线坠将靠尺调整垂直

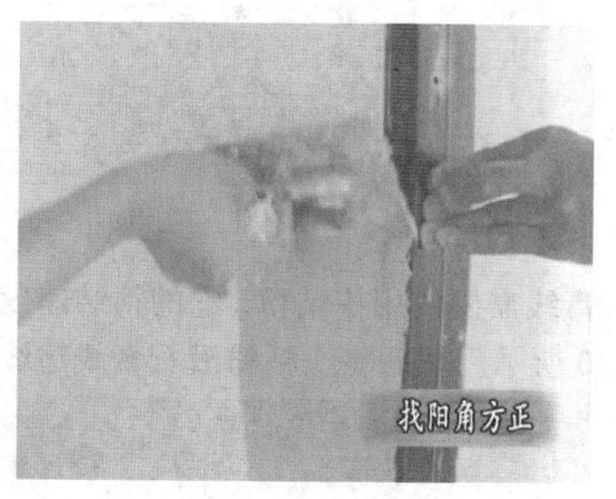


图 10-16　依托靠尺找阳角方正

### 4. 划定位线及粘石膏线

在安装石膏线前，要在相应的安装位置弹定位线，如图 10-17 所示。一般石膏线的端头都不太规整，要适当的裁掉一些，使端头平整，如图 10-18 所示。

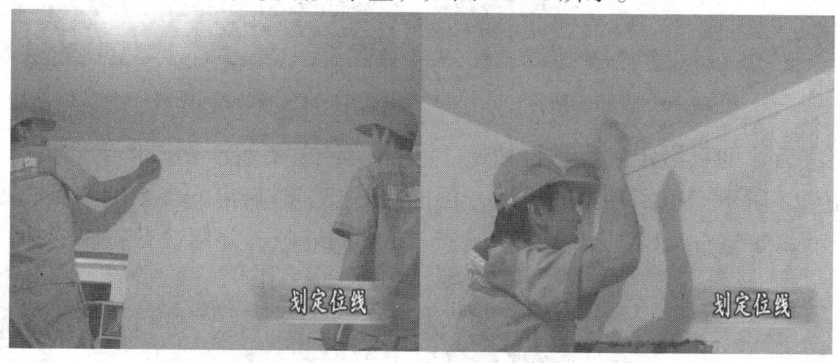


图 10-17　在安装位置弹定位线

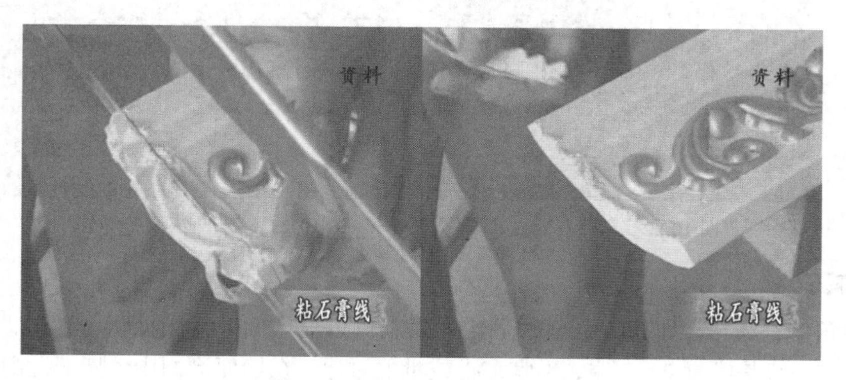


图 10-18　裁切使端头平整

施工时，石膏线在拐角处要碰角，需要做 45° 角切割，如图 10-19 所示

图 10-19 拐角处切割

贴石膏线需要使用快粘粉，它的粘结速度比较快，一般一次使用多少，就加水调和多少，如图 10-20 所示。然后将快粘粉沿石膏线边缘涂抹，动作要快，如图 10-21 所示。

图 10-20 调和快粘粉

图 10-21 将快粘粉沿石膏线边缘涂抹

涂抹完成后，即可沿定位线进行粘贴。注意：定位后一定要按压 2～3min，待其粘贴牢固，如图 10-22 所示。等到基本固定后，再把粘贴按牢时挤出的多余的快粘粉处理干净，如图 10-23 所示。如与石膏线连接时要留有 3～5mm 的缝隙，并用快粘粉嵌缝粘结。

图 10-22 粘贴石膏线

图 10-23 将快粘粉处理干净

### 5. 批刮腻子

阴阳角修补完毕、干透，石膏线固定好后，可以对墙面进行满批腻子施工，如图 10-24 所示。腻子一般是满批 2～3 遍，不宜多批或批的过厚。在墙面涂刷中，腻子批刮决定墙面是否平整、光滑、顺洁。

施工要点如下。

（1）墙面一般是上下左右直刮，来回批刮次数，一般一次即可，不宜太多。

（2）要刮的平整，四角方正，横平竖直、阴阳嵌角顺直，与其他面连接处整齐、清洁。应该注意墙面的高低平整和阴阳角的整齐。在墙面的稍低处应刮厚些，但每次批刮的厚度不超过2mm，一次批不平，可以分多次批。遇高处可以批薄些。也可以把基层腻子铲低些，以保证平整。

（3）满批阳角时腻子要向里面刮，把腻子收的四角方正、横线整齐。孔洞眼和缝隙腻子一定要压的结实，嵌的饱满，但不宜高出基层表面。

图 10-24 墙面满批腻子

## 6. 砂纸打磨

等腻子干透后，将砂纸固定在打磨架上，可选用120#磨砂纸和铁砂布进行打磨，把高出和较为粗糙的地方打磨平整，如图 10-25 所示。一般刮几遍腻子就需要打磨几次，尤其是到打磨最后一遍时，必须认真、细致，最好用120#半新旧的磨砂纸和砂布打磨。

图 10-25 砂纸打磨

施工要点如下。

（1）打磨要纵向直磨，手势要轻，用力均匀，否则墙面容易磨伤，打磨完成后，要将墙面清理干净。

（2）一般先用 3m 以上长度的靠尺进行测量，如有不平现象应及时补灰再打磨，然后灯光反射进行测量，如有高低不平现象再进一步打磨，直至表面光滑细腻，阴阳角方正线直。

## 7. 涂刷底漆

涂刷底漆主要是为了提高粘结力和覆盖率，抗碱、防潮。施工方法和天花底漆涂刷一样，具体参看天花底漆涂刷。

施工要点如下。

（1）底漆稀稠浓度要一致，涂刷时不能漏刷，底漆要刷的均匀，滚刷要拉直，不能左右摇摆成波浪形，更不能斜向涂刷，或横向涂刷。

（2）涂刷时涂刷面交接处的搭接头不小于 100mm 为宜，否则留下搭接头疤痕。

（3）底漆不能刷的太厚，尤其是阴阳角。在涂刷过程中，要做到清洁、完整。

（4）在底漆干燥后，应对墙面进行最后一次细致检查，遗留下来的一些不足之处，应及时进行修补处理，在修补的腻子干后，用 0 号砂纸打磨，只要轻轻地磨一下就可以了，但要全部磨到，磨平整，最后把墙面清理干净。

**8. 滚刷面漆**

用滚筒在墙面上滚涂，应该本着先难后易，先边角、后大面，先顶棚、后墙面，自上而下的顺序进行涂刷，施工过程中不得任意稀释，如图 10-26 所示。缝隙处或者墙面凹槽处也要用毛刷涂刷到，如图 10-27 所示。

图 10-26 滚涂面漆

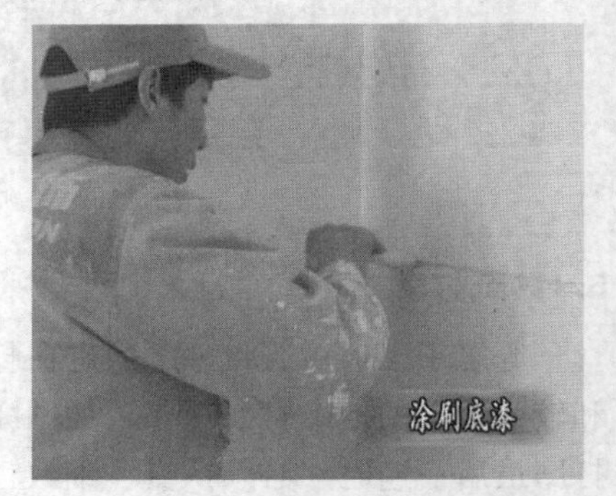


图 10-27 毛刷涂刷凹槽处

施工要点如下。

（1）滚涂时，先使毛辊按“Z”形运动，将涂料大致涂在墙面上再用滚筒使涂料均匀展开，最后按一定方向满滚一遍。阴角及上口仍需使用羊毛刷或排笔找齐。

（2）墙面应该顺着房间的高度，墙面滚涂滚筒应从下而上，再从上而下成 M 形活动，搭接头不少于 100mm 为宜，避免留下搭接头痕迹。

（3）当滚筒已经比较干燥时，再将刚刚滚过漆的表面，轻轻再滚一遍，以到达涂层薄厚一致的效果。

（4）阴阳角、门窗框边、分色线处、电器设备周围，同样使用 100mm 的小滚刷进行滚涂。

（5）墙面的滚涂方法与顶面的滚涂方法基本一致，面漆涂刷以 2 遍为宜，每遍不能涂得太厚太薄，在涂刷过程中，做到清洁、完整。

除了以上人工涂刷的方法外，乳胶漆还可以采用机械喷涂法，喷涂的效果比滚涂要更加光滑细致。

机械喷涂法：将涂料搅拌均匀，用纱布过滤后，倒入喷枪，注意喷枪与墙面的距离，如距离太近，涂料层增厚，易被涂料雾冲回，产生流淌。距离太远，涂料易散落，使涂层造成凹凸状，得不到平整光滑的效果，一般喷距为 200～300mm 为宜。

具体操作方法如下。

（1）纵行喷涂法：纵行喷涂法的喷枪嘴两侧小孔与出漆孔成垂直线，从被涂物左上方往下成直角移动，随即往上喷，并压住（覆盖）前一次宽度 1/3，如此依次喷过去和压过去，这样施工，涂膜光高度好。

（2）横行喷涂法：喷嘴两侧小孔下与出漆孔成水平直线，从被涂物右上角向左移动，喷涂到左端后随即往回喷，往回喷的喷雾流压住第一次的 1/3 宽度，依次往返的一层压一层，每次喷雾交接两侧均被压上一层薄膜就使整个喷涂层厚薄均匀一致，此法适用于较大面积的喷涂。

### 10.1.3 扇灰及乳胶漆施工常见问题答疑

（1）乳胶漆有毒吗？

答：乳胶漆有机物含量低，只有游离分子单体如各种丙烯酸酯、苯乙烯、醋酸乙烯等有不同程度的毒性，但其含量在 0.1%以下，且这些游离有毒物质挥发很快，施工完一个星期后基本上就挥发差不多了，不会对人体造成危害，所以可以说乳胶漆基本上无毒的。但是市场上还是有一些不法厂商用廉价的水溶性涂料冒充内墙乳胶漆，主要产品有 106、107、803 内墙涂料，其中 107 因为含有大量的游离甲醛早已经被国家明令禁止使用。而且这些水性涂料涂层耐水性差，易掉粉、脱落。

（2）乳胶漆色彩能够保持多长时间不变？

答：室内墙面如果刷优质乳胶漆，颜色至少可以保持 5 年不变。之后褪色的话也是均匀褪色。

（3）外墙乳胶漆和内墙乳胶漆能否混用？

答：不能混用。外墙乳胶漆在防水性能和防紫外线照射性能上要强于内墙乳胶漆，能够保证长时间日晒雨淋而不变色。所以内墙乳胶漆用于外墙不适合，但如果要把外墙乳胶漆用于内墙则没问题。

（4）乳胶漆涂膜为什么会发花，颜色不均匀？

答：墙面花、颜色不均匀有很多原因，乳胶漆有浮色、未搅拌均匀；涂刷时厚薄不均匀；基层碱性过大、粗糙不平都会导致这种情况。必须按照规范进行施工，满刮腻子及刷一遍底漆可以最大程度避免出现这种问题。另外，选购材料时要注意挑选同一厂家、同一品种和同一批号，否则也易于出现色差。

（5）乳胶漆漆膜为什么会起皮？

答：起皮主要原因是基层未处理好，基层太光滑或有油污以及腻子层未干透即涂刷乳胶漆都会导致这种情况。如果基层太光滑可用钢刷将基层刷毛并处理干净，也可以采用界面剂涂刷一遍。如果有油污要用溶剂做去污处理，尤其需要注意必须等腻子层干透再涂刷乳胶漆，未等腻子干透而刷涂乳胶漆，不光会导致起皮，还会导致墙面乳胶漆后期发生裂缝、发霉、起毛等现象。

（6）乳胶漆施工是否一定要刷上一遍底漆？

答：底漆可封闭基层碱性物质向乳胶漆涂层渗透，以减少碱性物质对面漆的侵蚀，还能够加强面漆的附着力。所以对于一些要求较高需要长时间使用的室内空间最好还是上一遍底漆后再上面漆。

# 10.2 木器油漆及壁纸施工

## 10.2.1 图解木器漆涂刷施工流程和施工要点

涂料在习惯上被称为油漆，但实际上油漆只能算是涂料的一种，随着许多有机合成树脂涂饰产品的出现，再不能用“油漆”名称来简单概括，称为“涂料”才比较科学合理。涂料的品种非常多，在装饰工程应用较多的涂料有乳胶漆、防水涂料、防火涂料、地面涂料和油漆（通常指的是木器油漆）。

油漆工程是装修中的面子工程，木工做完后最终效果还是要靠油漆工程来完成，所以业内有“三分木，七分油”的说法。油漆工程通常包括木制品油漆及其他如防火、防腐涂料等各类特种涂料的施工。本章所讲解的为木器漆的施工，至于防火及防腐等特种涂料的应用较少，且施工相对比较简单，只需要依照产品说明进行涂刷即可，限于篇幅，就不再赘述了。

油漆是采用不同的施工方法涂覆在物件表面，形成粘附牢固，具有一定的强度的连续固态薄膜。油漆的作用有两个，第一个用途是保护表面，第二个用途是修饰作用。木器漆施工工序为：涂底漆—涂刮腻子—打磨—涂第二遍漆—打磨—涂面漆和清漆—抛光上蜡—维护保养。其实木器漆施工在之前的木质家具制作中已经有了讲解，在这里我们做一个更加细致的介绍。

（1）调配油漆，把桶装的聚酯油漆和固化剂分别抱在手上，用力摇动 5min，如图 10-28 所示。接着按照厂家产品说明书要求，按比例调配，搅拌均匀，直至可以涂刷，如图 10-29 所示。

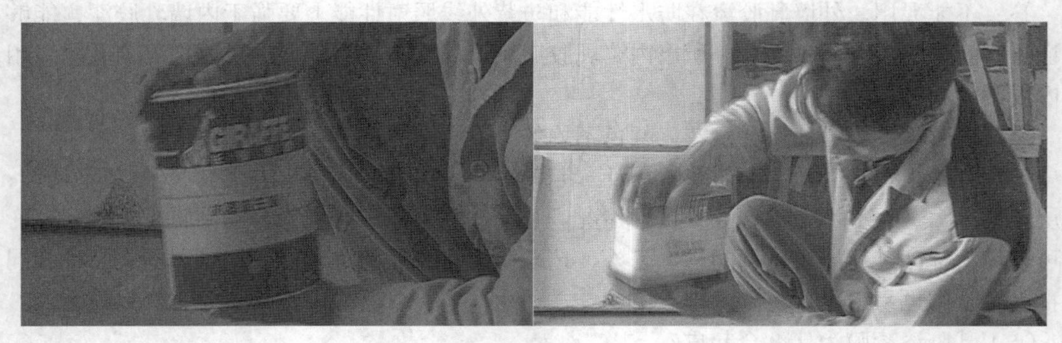

图 10-28　摇动油漆和固化剂

图 10-29　调配油漆和固化剂

（2）物品涂刷油漆前要打扫卫生，用毛巾把被刷物品清理干净，无灰尘，无挂胶，同时应除去上面凸出的疤痕，如图 10-30 所示。

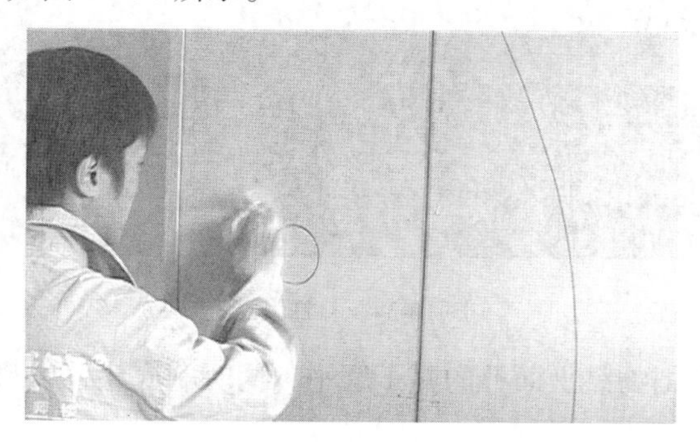

图 10-30 清理面层

（3）不同界面要用分色纸分开，无需上漆的物品，如家私、柜内吊轨、合页、门锁等用保护材料保护好，如图 10-31 所示。

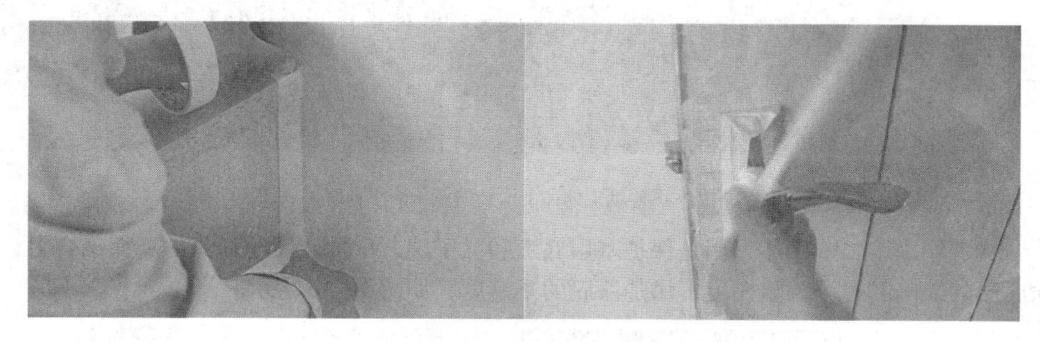

图 10-31 保护处理

（4）涂刷底漆，底漆可以使被刷物件表面具有良好的结合力，如图 10-32 所示。

（5）家具饰面板通常会用气钉枪打钉固定，需要补钉眼。将补钉眼的腻子调色，调色用的材料是腻子粉、胶水、铁红色粉、黄色粉、黑色粉，用这些材料按照一定比例调配出各种颜色的腻子，如图 10-33 所示。

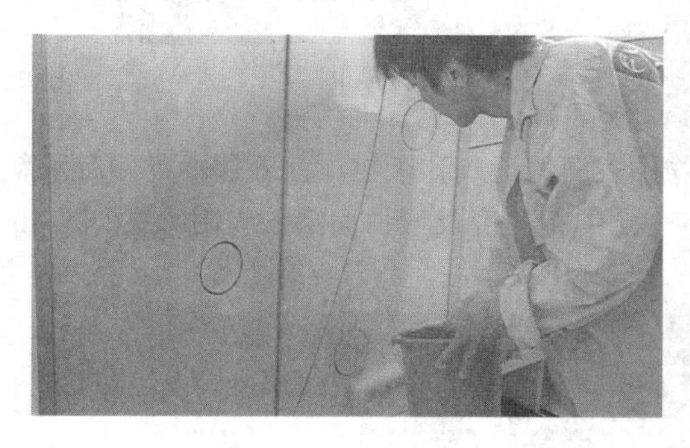

图 10-32 涂刷底漆

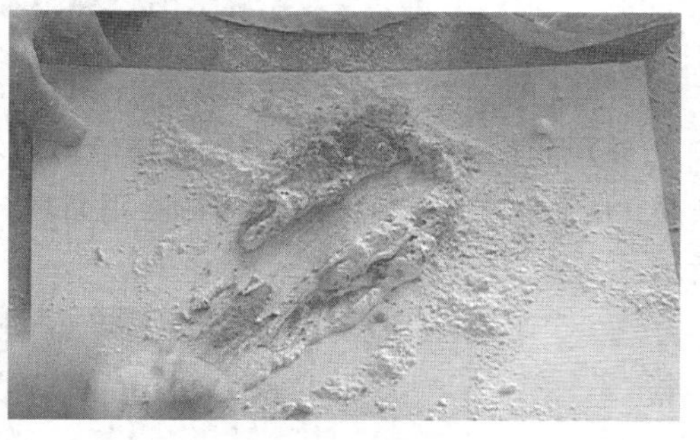

图 10-33 调配各种颜色腻子

（6）补钉眼腻子，什么样的木色补什么样颜色的腻子，补的腻子要高出物面，以防干后凹进物面，要顺着物面的直纹方向补腻子，如图 10-34 所示。

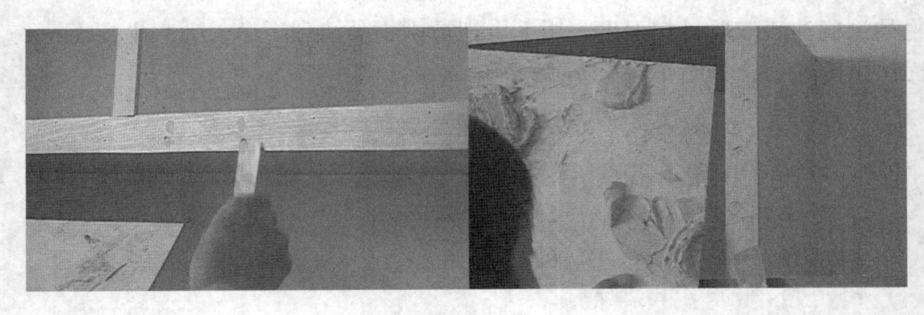

图 10-34　补钉眼腻子

（7）打磨，用砂纸把物品上面补的腻子磨平，同时刷底漆，以只见亮点不见亮面为准，如图 10-35 所示。

图 10-35　用砂纸把物品上面补的腻子磨平同时刷底漆

（8）涂刷第二遍底漆，用是保护基层底漆和腻子层，增加底漆与面漆的层面结合力，消除底层的缺陷和过分的粗糙度，增加漆膜的丰满度，如图 10-36 所示。

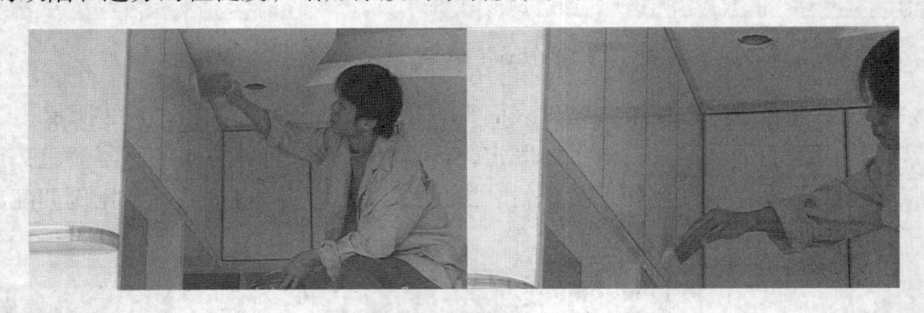

图 10-36　涂刷中漆

（9）油漆第二次打磨，目的是清除被漆物件表面的毛刺和杂物，清除层面的粗糙颗粒和杂质，从而获得一定平整度，使待涂刷面具有一定的粗糙度及增强面漆的吸附力，如图 10-37 所示。

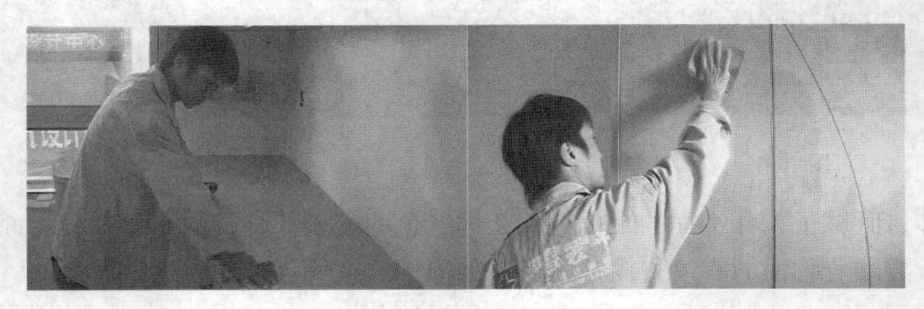

图 10-37　油漆第二次打磨

（10）涂刷面漆，有手工涂刷和机动工具喷漆两种，其中手工涂刷如图 10-38 所示。

机动工具喷漆，应使用压缩空气机（如图 10-39 所示）和喷枪（如图 10-40 所示），一般喷嘴口大小为 3.5～4.5mm，如图 10-41 所示。喷距为 200～250mm。分为纵形喷涂、横行喷涂和纵横交替喷涂，如图 10-42 所示。

图 10-38　手工涂刷

图 10-39　压缩空气机

图 10-40　喷枪

图 10-41　喷嘴口大小

图 10-42　纵形喷涂和横行喷涂

施工要点如下。

① 手工涂刷刷具的选用：通常情况下，刷调和漆选用硬毛刷；刷清漆选用猪鬃刷；刷硝基漆，丙烯酸等树脂类涂料用单毛刷或板刷；刷天然漆用马尾刷。

② 机动工具喷涂法是用压缩空气及喷枪使涂料雾化后刷涂的施工方法，通称为喷涂法。

a. 调整喷嘴大小，一般腻子喷嘴口 3.5～4.5mm，清漆、磁漆 2～3mm，文字图案 0.2～0.3mm。喷距一般为 200～250mm。

b. 喷涂压力一般为 0.34MPa，腻子、清漆、磁漆 0.24～0.29MPa。

c. 涂面漆可以使整个涂膜的平整度、光亮度、丰满度等装饰性能及保护性能满足要求。

施工时要求涂得薄而均匀，应在第一道漆干透后，方可涂第二道面漆。有时为了增强涂层的光泽、丰满度，可在涂层最后一道面漆中加入一定数量的同类型清漆。

d. 油漆施工一般是五遍打磨，喷两遍底漆，三遍面漆。

（11）抛光上蜡。

抛光上蜡是为了增强最后一道涂层的光泽和保护性，延长涂膜的使用寿命。施工时先将涂层表面用棉布、呢绒、海绵等浸润砂蜡，进行磨光，然后擦净，再用上光蜡进行抛光，使之表面更富有均匀的光泽。

（12）保养。

采用表面涂装完毕后，必须注意涂膜的保养，绝对避免摩擦、撞击以及沾染灰尘、油腻、水迹等，应根据涂膜的性质和使用气候条件，在 3~15 天之后方可使用。

### 10.2.2 图解壁纸铺贴施工流程和施工要点

41 施工工艺之粘贴壁纸

壁纸就像墙面的礼服，让整个家都充满生动活泼的表情，是目前墙面装饰的最为主要的方式，其操作步骤一般为墙壁丈量—选择壁纸—裁剪壁纸—贴壁纸—修整。壁纸铺贴通常是由壁纸专业厂家专业工人来完成。

**1. 墙壁丈量**

壁纸施工前要根据设计方案确认壁纸的粘贴范围，并量好墙壁尺寸，如图 10-43 所示。

图 10-43 墙壁丈量

**2. 选择壁纸**

丈量墙壁的尺寸后，要根据设计图纸的要求，选择相应的壁纸。

施工要点：在装修过程中，壁纸的选择是很有讲究的，比如，客厅是主人主要活动空间，应选用色彩大方明快的高档壁纸。建议选择环保透气性好，抗拉扯、耐擦洗性能强的壁纸；而卧室则一般选择暖色调的壁纸，制造一种温馨、舒适的感觉。如果有老人居住，就选择一些较能使人安静和沉稳的带些素花的壁纸。儿童房一般选择色彩明快的壁纸，饰以卡通腰线点缀，或上下搭配使用上部带卡通图案，下部素条或素色壁纸，营造出快乐整洁的效果。

**3. 裁剪壁纸**

选好壁纸后要进行裁剪，裁剪之前须先量好长度，一般标准壁纸每卷长 10m，宽 0.52m，可以铺 $5.2m^2$。根据丈量好的墙面和壁纸尺寸，进行壁纸的裁剪，如图 10-44 所示。

**4. 贴壁纸**

贴壁纸前，用滚筒将专用胶均匀涂在壁纸背面，以便于黏结，如图 10-45 所示。再将壁纸均匀地粘贴在墙上，相邻 2 块壁纸的两边要挤拢，使其吻合，浑然一体，如图 10-46 所示。

再用刮板刮平壁纸，把气泡和胶挤出，把接痕压好，并清理干净，如图 10-47 所示。

图 10-44 裁剪壁纸

图 10-45 在壁纸背面涂胶

图 10-46 贴壁纸并使相邻的 2 块壁纸挤拢，浑然一体

**5. 修整**

用刮板将贴上去的壁纸，用上至下赶平，最后多余的部分，用刀沿接缝小心裁剪掉，如图 10-48 所示。

图 10-47 刮平壁纸

图 10-48 刀沿接缝小心裁剪掉

## 10.2.3 木器油漆及壁纸施工常见问题答疑

（1）漆膜起皱、开裂的原因是什么？

答：很大可能是一次性涂刷油漆过厚造成的，过厚的漆膜尤其是水性漆漆膜在高温下，漆膜表面会迅速干燥成膜，而过厚的内层油漆却不容易干透，这样漆的流动产生张力差，导

致最终成膜表面不平，即起皱，有时这种情况也会导致漆膜开裂。因此施工时，应采取薄涂，保证涂层均匀干燥成膜，达到漆膜平整效果。

（2）漆膜表面起泡的原因是什么？

答：起泡多是和水分过多有关，比如潮湿高温天气做油漆施工，油漆吸水使漆中水分含量升高，水分与固化剂发生反应生成二氧化碳气体，气体从涂膜中逸出形成起泡；腻子没有干透或者木材表面水分过多，水分向外蒸发也会形成气泡。

（3）油漆可以整片撕下是什么造成的？

答：油漆可以整片撕下说明漆膜附着力很差，涂层层间粘接不牢。这很可能是一遍油漆和下一遍油漆之间没有打磨造成的。在施工时，每遍油漆之间都要进行打磨，增进附着力。

（4）漆膜泛白的原因是什么？

答：在梅雨季节和湿度高的地方容易出现这个问题。在施工时，必须要等到完全干透后才能上下一遍漆，有时表面干了，实际并没有干透，这时马上上下一遍漆，否则在梅雨季节和湿度高的地方，很容易就会产生漆膜发白的现象。

（5）壁纸是否不容易打理？

答：早年常见的纸基壁纸确实不易打理，但随着生产技术的提高，不少壁纸的品种都具有了非常良好的可擦洗性，一点都不比乳胶漆差。比如塑料壁纸就十分容易打理，脏了用湿布一擦即可，颜色也不会变化。

（6）壁纸能否和乳胶漆混用？

答：可以，通常作法是在墙面先贴上较便宜的带有纹路的塑料壁纸，再在壁纸上刷乳胶漆，这样即外表看起来像是乳胶漆，但又带有壁纸细密的纹路。这种作法甚至不少样板房都有采用，这样得出的效果确实与众不同。

（7）壁纸中有凸起或气泡怎么解决？

答：壁纸中有凸起或气泡通常是因为裱糊壁纸时赶压不当造成的，要不是赶压力气小，多余胶液未被赶出，形成胶液；要不是未能将壁纸内空气赶净，形成气泡；同时涂刷胶液厚薄不匀和基层不平或不干净都有可能导致这种问题。所以在裱糊施工中必须做到基层平整、干净，涂刷胶液要均匀，赶压墙纸应细致。

# 第11章 工程验收

Chapter 11

项目工程完工后，必须对项目进行检验，合格后才可以进入下一道工序，而且在全部工程完工后，还必须进行一次全面的验收，最后的验收必须由设计师、监理（质检员）和业主共同验收。

验收按照泥工、木工、电工、水工、油漆、扇灰六大工种进行，对其中各个子项目要进行一一验收。施工验收后应由公司的相关负责人签字确认。

## 11.1 隐蔽工程验收

装修隐蔽工程指的是隐蔽在装饰表面内部管线工程和结构工程，管线工程包括电路、给排水、暖气、煤气管道、空调系统等，结构工程是用于固定支持房屋荷载的内部构造，由于这些工程在装修中被隐蔽起来，在表面是无法看到，所以验收至关重要，隐蔽工程验收项目主要包括水路、电路、防水、地板、墙面、门窗、吊顶龙骨等，由客户、工程监理、施工人负责人参与，验收合格签字后，方可继续施工。有部分验收要求在之前的施工环节中已经有了详细介绍，本节主要针对水电等隐蔽工程验收环节，做个回顾与总结。

### 11.1.1 图解给排水工程验收要点及不合格施工错误分析

36 施工工艺之隐蔽工程之水路改造

（1）检查水管及配件是否符合客户使用要求，应该尽可能地使用质量好的水管以及水管配件。

（2）检查水管的走向是否合理，在水路改造工程中，管道敷设应横平竖直，冷热水管安装，应左热右冷，冷热水管平行间距应小于200mm（墙面开槽敷设水管墙槽内需加涂防水与地面防水施工做法一致），如图 11-1 所示；各出水口的位置是否与卫生洁具的接口相对应，是否存在过多的转角和接头。

图 11-1　冷热水管间距在 200mm

图 11-2　住宅试验压力在 0.6～1MPa 之间

（3）检查软管是否有死弯，连接距离是否大于 1m（软管的连接距离应该尽可能的短一些）。

（4）检查所有连接处是否发生渗漏，这可以通过压力测试来检验，管道安装完成 24h 后，进行管道压力测试，方法是：试验前管道应进行安全有效的固定，接头部位必须明露，对管道缓慢注水，以便排出管内气体，待管道内充满水后，进行水密性检测，确认无渗漏后，用手动试压泵缓慢升压，试验压力为管道系统压力的 1.5 倍，且不小于 0.6MPa，住宅一般不超过 1MPa，如图 11-2 所示。在完成管道安装和测试后，将管道槽填平并做好墙面和地面基层处理。

（5）检查软管处是否安装截门（防止水管开裂以后无法更换）。

（6）下水的检查就是采取排水的办法。

（7）管线走天花时，电线管钉在水管的上面，热水管应在冷水管上方，电线管和水管分别用专用管卡固定牢固，间距符合规范要求，管与管交叉处，使用过桥弯管连接，冷热水管的平行间距应不小于 200mm，如图 11-3 所示。

图 11-3　管线走天花要求

不合格施工错误分析。

（1）图 11-4 所示施工错误在于冷热水管的间距太小，不符合国家施工规范 200mm 要求。会造成冷水和热水相互影响，容易使冷水不冷，热水不热，能耗损失大。

（2）图 11-5 所示施工错误在于冷热水管并行布置无间距，未使用专用管卡安装。会造成的危害为施工不符合规范要求，冷水、热水相互影响，能耗损失大，未使用专用管卡安装，管子难以有效固定，留下工程隐患。

图 11-4　错误范例 1

图 11-5　错误范例 2

（3）图 11-6 所示施工错误在于墙体横向开槽，管线与管配件为非配套 PPR 材质，冷热水管之间，多处无间距。会造成的危害为：横向开槽，严重违反国家住宅装饰装修施工规范，容易引起墙体受力结构发生改变，形成安全隐患。管线与管配件为非配套 PPR 材质，易发生漏水事故。

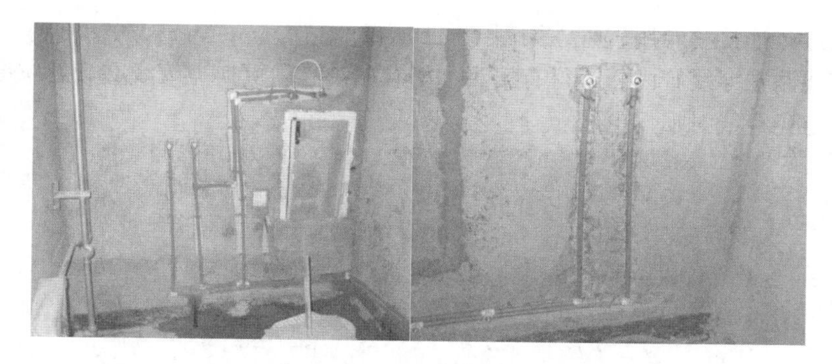

图 11-6 错误范例 3

### 11.1.2 防水工程验收要点

为确保卫生间不漏水，做完防水层后，做 24h 蓄水试验，这是防水施工中最重要的环节，方法如下。

（1）验收人员在准备验收的房间门口做起 150mm 高的挡水“堤”，如图 11-7 所示。

（2）在房间里蓄水，水面最低处，不能低于 20mm。注意要做好水面的高度标记，如图 11-8 所示。

图 11-7 门口做挡水“堤”

图 11-8 蓄水试验

（3）48h 以后验收人员来观察水面高度是否发生了明显变化，同时必须到楼下检查相同位置房间的天花板是否出现渗水现象。

（4）如果没有出现上述现象，验收人员即可认为防水工程施工验收合格；反之，如有渗漏现象，即可认为防水工程施工不合格。如验收不合格，防水工程必须整体重做后，重新进行验收；对于轻质墙体防水施工的验收，应采取淋水试验，即使用水管在做好防水涂料的墙面上自上而下不间断喷淋 3min，4h 以后观察墙体的另一侧是否会出现渗透现象，如果无渗透现象出现即可认为墙面防水施工验收合格。

### 11.1.3 图解配电工程验收要点及不合格施工错误分析

（1）所用各种材料是否符合设计要求，地面布强、弱电管线，应横平竖直，固定牢固，煨弯半径应采用专业弯管器进行弯管处理，如图 11-9 所示，做到便于穿线和维修。且强、弱电线管之间的水平间距不小于 500mm，以免影响网络、电视、电话的信号，如图 11-10 所示。

37 施工工艺之隐蔽工程之电路改造

（2）线管是否固定。

（3）天花板内穿管布线，接线盒与线管连接使用专用接头，固定牢固，线盒应加盖与灯具连接的专用软管，如图 11-11 所示。

（4）所有线路在穿线管内，不得有接头，如有接头必须更换。管线交叉处应煨弯处理，管口加护口，避免穿线时损伤电线。

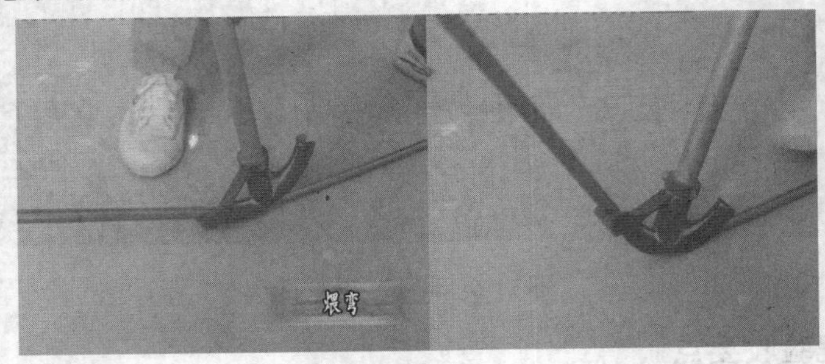


图 11-9　采用专用弯管器弯管，必须符合规范

图 11-10　强、弱电间距不小于 500mm

图 11-11　连接的专用软管

（5）电视电缆是否存在接头，或在接头处使用分配器。

（6）网络线是否存在接头，如有接头必须更换。

（7）暗盒是否安装方正，是否在要求的高度。

（8）施工队是否在敷设线管的部位做出标记。

（9）暗盒位置、线管走向及线接头位置是否合理。对安装完成的强弱电线头用绝缘胶布包裹或压线帽保护，并把线头放入线盒内，既保护好电线头，也保证现场人员的安全，如图 11-12 所示。

图 11-12　保护好电线头

不合格施工错误分析。

（1）图 11-13 所示施工错误在于没有安装接线盒，线头裸露。会造成缺少接线盒直接将线接入面板，且线头暴露，加大了安全隐患，容易造成触电事故。

（2）图 11-14 所示施工错误在于没有规范施工，横向开槽走管。会容易引起墙体受力结构发生改变，形成安全隐患。

图 11-13　无接线盒且线头裸露

图 11-14　横向开槽走管

（3）图 11-15 所示施工错误在于走线布管不规范，显得很凌乱。如走线不明确，会给后续维修造成很大不便。

（4）图 11-16 所示施工错误在于强弱电之间的间距不足 500mm，且没有穿管。会造成强、弱电线管间距太小，会影响网络、电视、电话的信号。此外，没有穿管，一旦电线绝缘皮破损，容易发生漏电事故，危及人身安全，而且没有穿管后续维修也很难进行。

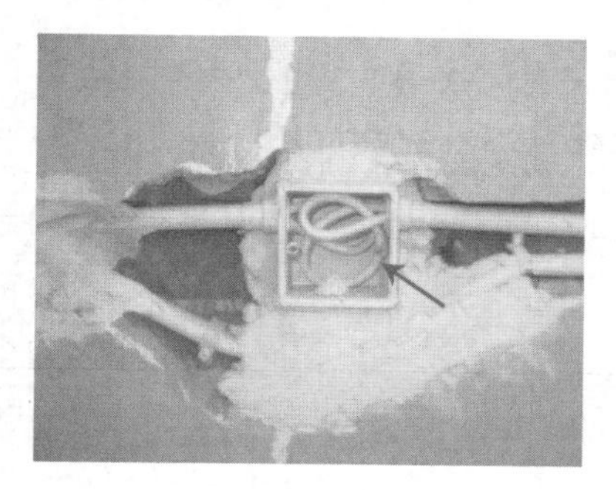

图 11-15　走线布管不规范

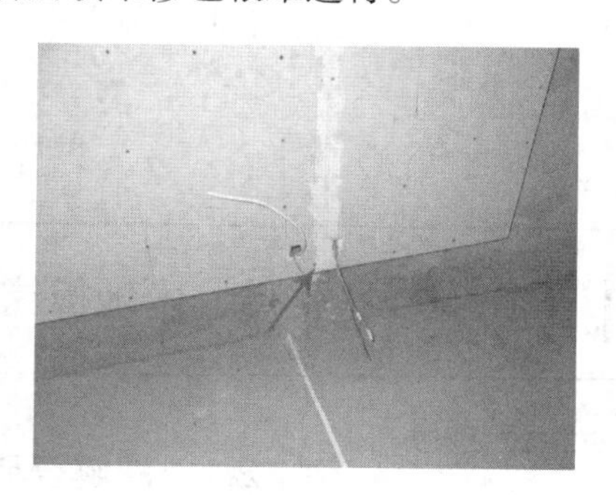

图 11-16　间距不足 500mm，且没有穿管

（5）图 11-17 所示施工错误在于电源线没有穿管，只埋在墙体内，是最不可取的电路施工错误。会造成没有穿管，一点电线绝缘皮破损，容易发生漏电事故，危及人身安全，而且没有穿管后续维修也很难进行。

（6）图 11-18 所示施工错误在于电源线与电视线虽然穿了 PVC 管，但弯管处已经压扁，此外，两管间未能保持正确间距。会造成弯管处已经压扁，导致今后无法抽出电线维修。此外，强弱电太近，强电线会影响电视信号。

图 11-17　电源线没有穿管

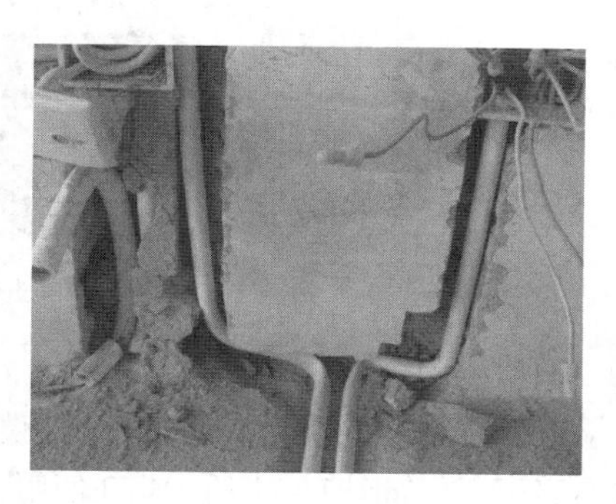

图 11-18　弯管处压扁且未能保持正确间距

（7）图 11-19 所示插座电源线，未使用双色接地线，线管与线连接无锁扣，线头无绝缘保护。会造成无接地保护，容易造成在日后使用过程中出现触电安全施工；线管与线连接无锁扣，容易造成线路松动；线头无绝缘保护，也容易导致施工过程中触电安全事故的发生。

图 11-19　未使用双色接地线

# 11.2 瓷砖、木地板铺贴验收

23 施工工艺之厨房瓷砖验收

## 11.2.1　图解瓷砖铺贴验收要点

（1）检查工作所需的工具：响鼓棰、检测尺、角度尺，如图 11-20 所示。

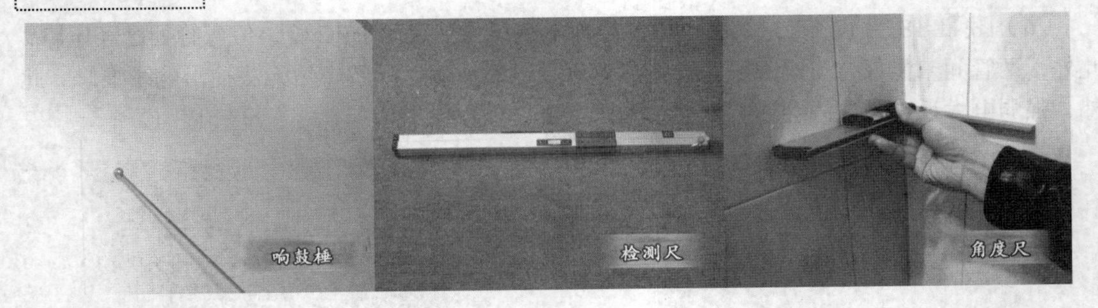


图 11-20　检测工具

（2）检测内容。

检查瓷砖粘贴的质量，通常使用响鼓棰沿着砖的四边和四角轻轻敲击，如有空鼓会发出清脆不实声音，如图 11-21 所示。在使用响鼓棰进行敲击检查时，要保证每一块瓷砖都敲到，不能漏敲；同时注意不要敲击脚踩到的瓷砖，因为可能脚踩的瓷砖有空鼓，却被临时踩实，所以检测不出。墙面砖铺贴应全数检查，不允许空鼓（空鼓面积不大于该块墙面砖面积 15%时，不计作空鼓）。

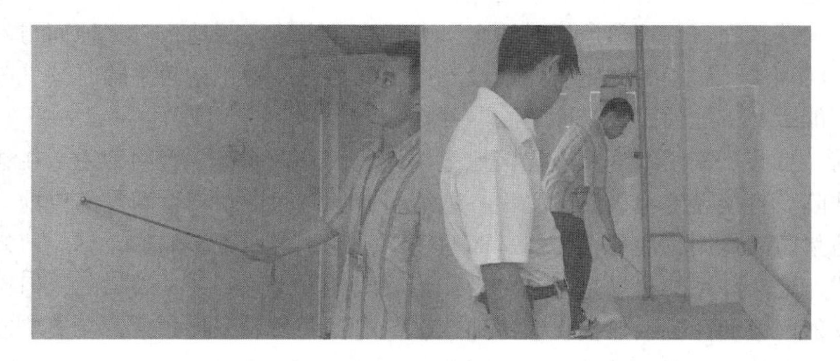

图 11-21　检测墙面地面空鼓

检测尺主要用于检查地面墙面的平整度和垂直度。使用较短的检测尺检查横竖两块相邻之间水平。使用较长的检测尺，检查墙面整体和地面整体水平，如图 11-22 所示。

使用专业的阴阳角角度尺，可以很精确的检查出房间里阴阳角是否平直、规范，如图 11-23 所示。

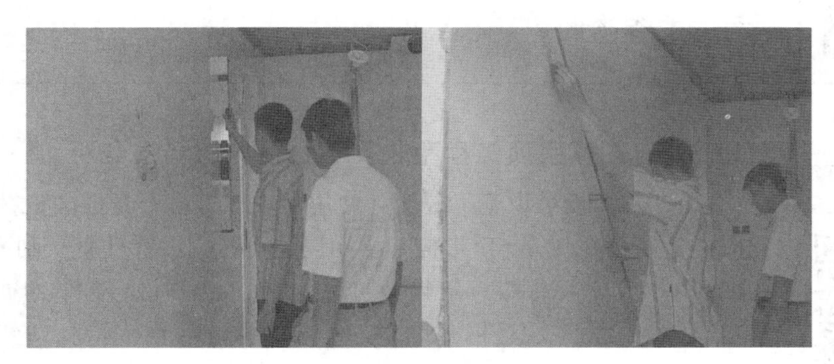

图 11-22　检测地面墙面的平整度和垂直度

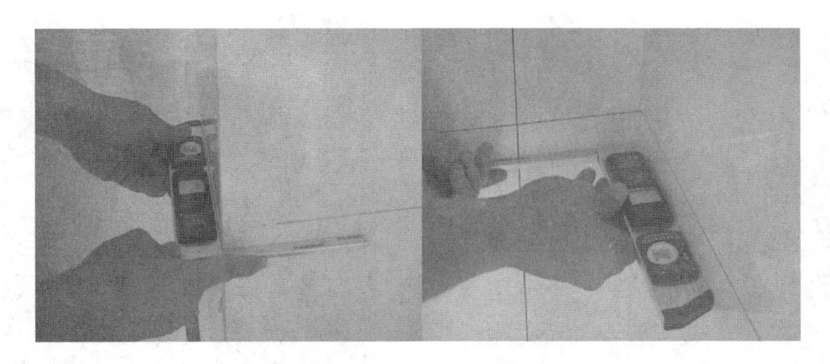

图 11-23　检查阴阳角是否平直、规范

### 11.2.2　木地板铺贴验收要点

木地板铺贴验收在木地板施工环节其实已经有了介绍，在这里再做一个回顾和强调。木地板验收总原则为：木地板安装完毕，应进行安装验收。标准是：地板安装应平整、牢固、无声响、无松动；颜色、木纹协调一致，洁净无污，无胶痕；地板拼缝要平直，缝隙宽度不

大于 0.5mm，无溢胶现象；踢脚板与地板连接紧密，踢脚板上沿平直，与墙面紧贴，无缝隙，出墙厚度一致。逆光目测无划痕起鼓。

如果采用地热地板还需要注意以下几点。

（1）建议消费者在安装地热地板时注意以下几点在安装地暖地板时，地面与木板面之间必须要有一层防潮层。施工时一定要要铺设专用防潮垫，以防止地暖采暖时潮气破坏地板。注意接缝处不能重叠，加固用胶带固定。

（2）目前，有些厂家用纸地垫或铝箔地垫作为地板采暖地垫，这两种地垫在地暖方面都有着明显的缺陷，直接导致地板质量受损。纸地垫在长时间地暖蒸发潮气的侵蚀下，会逐渐腐烂，丧失地垫防潮作用，使地板损坏；而使用铝箔地垫将严重影响热效率。地板采暖不涉及对流的方式，地热体系的热量是通过传导和辐射两种方式达到采暖效果的，但铝箔地垫的铝箔将热量反射回地面，导致热辐射无法到达居室内，既影响采暖效果，又浪费能源。

（3）由于地热地板的板面是散热面，因此地板尽量不做固定装饰件或安放无腿的家具，以免影响热空气流动导致热效应减弱；在第一次升温或长久未开启使用地板采暖时应先设定在最低温度，然后缓慢升温，不能操之过急，最好 1h 升温 1℃左右。在升温前要保持地面干净干燥以防地板因升温过快发生开裂扭曲。

## 11.3 木工工程验收

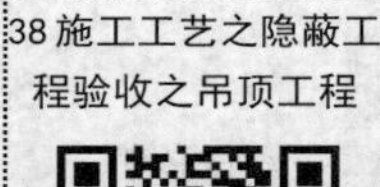

### 11.3.1 图解吊顶工程验收及不合格施工错误分析

（1）石膏板吊顶施工一般为使用自攻螺钉把石膏板固定在辅龙骨上，板接缝处倒 5～7mmV 形槽，再用嵌缝石膏或者弹性腻子刮平 V 形槽；粘结牛皮纸或者绷带；钉帽做防锈处理，完工后如图 11-24 所示。

（2）吊顶采用轻钢龙骨，防火，防蛀要强于木龙骨，轻工龙骨应采用专用配套连接件连接，与顶板使用膨胀螺栓固定，如图 11-25 所示。

图 11-24 石膏板吊顶完工后效果

图 11-25 使用膨胀螺栓固定

（3）安装异型吊顶时，需采用轻钢龙骨与木材结合的方式，注意木材必须刷满防火涂料，顶面用膨胀螺栓固定，如图 11-26 所示。完工后异形吊顶效果如图 11-27 所示。

不合格施工错误分析如图 11-28 和图 11-29 所示。

图 11-26 安装异型吊顶

图 11-27 完工后异形吊顶效果

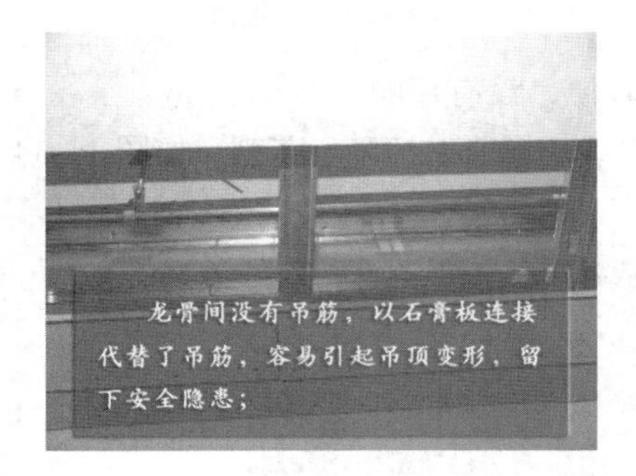


图 11-28 吊顶施工错误 1

图 11-29 吊顶施工错误 2

### 11.3.2 图解木工工程验收要点

39 施工工艺之规范木工工程展示

在装修工程中，木工项目往往属于一个大项，木工工程质量的优劣，直接影响到以后家居生活的质量。木工项目有很多，除了独立的吊顶工程外，所有家具的制作，门及门锁、把手的安装等施工都是木工工程范畴，在这里我们就不分类了，统一讲一讲木工工程验收要点。

（1）构造是否直、平，无论水平方向还是垂直方向，正确的木工做法应该平直，如图 11-30 所示。

（2）制作木质框架时，框架交接处转角是否准确，正确的转角都是 90°，如图 11-31 所示。特殊造型设计除外。

（3）实木板天花拼接是否严密准确，正确的木质天花要做到相互间无缝隙，或者保持统一的间隔距离，如图 11-32 所示。

图 11-30 水平、垂直方向必须平直

图 11-31 转角都是 90°

（4）弧度与圆度造型是否顺畅、圆滑，如图 11-33 所示。如果有多个圆度或者弧度造型的，还要确保造型一致。

图 11-32　拼接要做到相互间无缝隙

图 11-33　弧度与圆度造型顺畅、圆滑

（5）柜体柜门开关是否正常，柜门开启时，应操作轻便，没有声响。

（6）固定的柜体与墙面、顶棚等交界处要严密，交界线应顺直、清晰、美观，如图 11-34 所示。

图 11-34　交界线应顺直、清晰、美观

（7）木工项目是否存在破缺现象，应保证木工项目表面平整、洁净、不露钉帽，无锤印、无缺损，如图 11-35 所示。

图 11-35　木工项目表面平整、洁净、不露钉帽，无锤印、无缺损

（8）木工分割线应均匀一致，线角直顺，无弯曲变形、裂缝、及损坏现象。柜门与边框缝隙均匀一致，如图 11-36 所示。

（9）装饰面板钉眼有没有补好，钉眼必须补好，不能漏补，如图 11-37 所示。当然这是油漆工程的活，再由于存在木工项目，所以在此一提。

图 11-36 柜门与边框缝隙均匀一致

图 11-37 钉眼必须补好

（10）天花角线接驳处是否顺畅，有没有明显对称和变形，天花角线表面应端正、洁净、美观，接缝应严密、吻合无歪斜，拼缝无错位，如图 11-38 所示。

图 11-38 天花角线表面应端正、洁净、美观，接缝应严密、吻合无歪斜，拼缝无错位

（11）地脚线安装是否平直、出墙一致，如图 11-39 所示。

图 11-39 地脚线安装平直、出墙一致

（12）铝扣板与 PVC 扣板等天花板表面是否平整，接缝严密，无错位、变形现象。角线必须宽窄一致、阴阳角分正，没有变形现象，如图 11-40 所示。

图 11-40 铝扣板天花及角线安装要求

（13）把手、锁具安装位置是否正确，开启正常，如图 11-41 所示。

（14）卧室门开启关闭是否正常，特别是关闭时，上下左右门缝必须基本上一致，缝隙要适度，如图 11-42 所示。

图 11-41 把手、锁具安装正确，开启正常

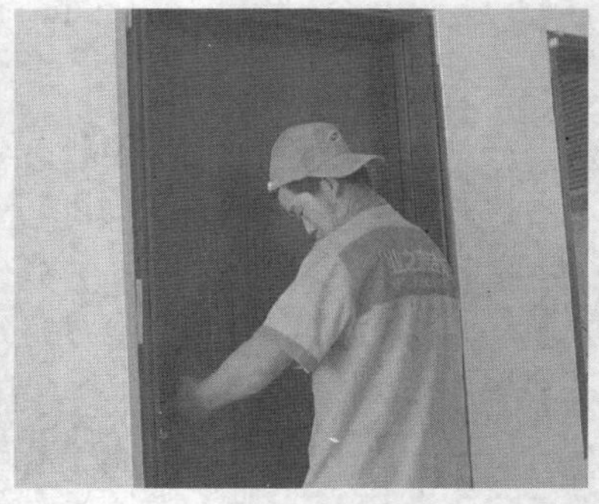

图 11-42 关闭时上下左右门缝必须一致

（15）卫生间门套必须做防水处理，以防潮适环境中门套受潮，如图 11-43 所示。

（16）实木门套线的拼接，凹凸线槽对应要整齐，拼接顺畅，如图 11-44 所示。

图 11-43 做防水处理

图 11-44 凹凸线槽对应要整齐，拼接顺畅

## 11.4 乳胶漆、油漆工程验收

乳胶漆及油漆施工在之前已经详细介绍了，这里再强调一次。乳胶漆施工工序一般为做 2~3 遍扇灰，每遍扇灰后都打磨 1 次，然后一底两面上乳胶漆。在木质家具油漆相对麻烦一

些，一般要进行 5 遍打磨，喷 2 遍底漆，3 遍面漆。具体为对柜体表面做基层处理后，刷第 1 遍底漆，第 1 遍底漆不可以过稀或过稠。等油漆干燥后，用腻子对钉眼、勾缝等进行填补，建议使用油漆的专用腻子，它具有粘贴性好，防开裂等特点，品质稳定。待腻子干燥 24h 之后，对柜体表面进行重新打磨。打磨后嵌补第 2 道腻子。待腻子干透后，喷涂第 2 遍底漆，喷完底漆后，做最后的检查，并对钉眼痕迹进行最后的嵌补。确认表面没有任何钉眼、缝隙等痕迹后，开始喷第 1 遍面漆，面漆要由薄逐渐喷厚，喷头距离也要由远至近。每 1 遍喷漆干燥后，用砂纸打磨平整，并清洗干净，使漆面光滑平整。按照以上的施工流程，反复打磨、喷涂、再打磨、再喷涂、重复进行 2~3 遍，喷漆工作完成。

40 施工工艺之规范油工工程展示

验收要点如下。

（1）墙面、吊顶乳胶漆涂刷厚度均匀，颜色一致，如图 11-45 所示。

（2）木器油漆喷刷均匀，色泽一致，木纹清晰可见，如图 11-46 所示。

图 11-45　乳胶漆涂刷厚度均匀、颜色一致

图 11-46　喷刷均匀、色泽一致，木纹清晰可见

（3）涂饰与其他装饰衔接吻合、界面清晰，如图 11-47 所示。

（4）在木饰面上采用清油工艺，应将木材本身美感再度升华，色泽均匀一致，做工精细、界面清晰，如图 11-48 所示。

如果施工中不注意劣质油漆，工程常常会出现油漆皱皮和流坠现象。

图 11-47　涂饰与其他装饰衔接吻合、界面清晰

图 11-48　清油工艺

# 参 考 文 献


[1] 张绮曼，郑曙旸．室内设计资料集，北京：中国建筑工业出版社，1991.

[2] 田原．杨冬丹．装饰材料设计与应用，北京：中国建筑工业出版社，2006.

[3] 王勇．室内装饰材料与应用，北京：中国建筑工业出版社，2006.

[4] 曾昭远．装修完全手册：家居篇，深圳：深圳海天出版社，2003.

[5] 姜长勇，姬长武，周立新．家庭装修全程指南：你装修，我监工，青岛：山东科学技术出版社，2006。

[6] 苍生图书工作室．你的房子我做主之轻松采购，北京：中国建筑工业出版社，2005.

[7] 苍生图书工作室．你的房子我做主之明白家装，北京：中国建筑工业出版社，2005.

[8] 张峰．室内装饰材料应用与施工，北京：中国电力出版社，2009.